国防电子信息技术丛书

安全关键软件开发与审定
——DO-178C标准实践指南

Developing Safety-Critical Software
A Practical Guide for Aviation Software and DO-178C Compliance

〔美〕 Leanna Rierson 著

崔晓峰 译

电子工业出版社

Publishing House of Electronics Industry

北京 · BEIJING

内容简介

本书以民用航空机载软件适航标准制定者的视角，详细介绍了如何基于目前最新版的DO-178C标准进行安全关键软件的开发与管理，给出了如何获得成功审定的实用指南。主要内容包括：在系统与安全大视野中的软件，DO-178C标准的深入解读和推荐实践，4个标准技术补充（软件工具鉴定、基于模型的开发、面向对象技术和形式化方法）的讲解说明，以及10个相关特别专题（未覆盖代码、外场可加载软件、用户可修改软件、实时操作系统、配置数据、软件复用和逆向工程等）的指导建议。

本书重点面向的读者是安全关键领域（例如航空、航天和军事等）的软件开发、管理和审定人员。本书同时能够为各领域（基于DO-178C和CMMI等标准）开展软件过程管理和质量保证的组织和个人，尤其是负责建立组织的软件过程体系和改进方法以及从事软件过程能力评价的专业人员，提供具体有效的帮助。

Developing Safety-Critical Software: A Practical Guide for Aviation Software and DO-178C Compliance, Leanna Rierson

ISBN: 978-1-4398-1368-3

Copyright © 2013 by Taylor & Francis Group, LLC

Authorized translation from the English language edition published by CRC Press, a member of the Taylor & Francis Group, LLC. All rights reserved.

Publishing House of Electronics Industry is authorized to publish and distribute exclusively the Chinese (Simplified Characters) language edition. This edition is authorized for sale throughout Mainland of China. No part of the publication may be reproduced or distributed by any means, or stored in a database or retrieval system, without the prior written permission of the publisher.

Copies of this book sold without a Taylor & Francis sticker on the cover are unauthorized and illegal.

本书原版由Taylor & Francis出版集团旗下的CRC出版公司出版，并经其授权翻译出版。版权所有，侵权必究。本书中文简体翻译版授权由电子工业出版社独家出版并限在中国大陆地区销售。未经出版者书面许可，不得以任何方式复制或发行本书的任何部分。

本书封面贴有Taylor & Francis公司防伪标签，无标签者不得销售。

版权贸易合同登记号　图字：01-2013-7215

图书在版编目（CIP）数据

安全关键软件开发与审定：DO-178C标准实践指南/（美）利安娜·瑞尔森（Leanna Rierson）著；崔晓峰译.
北京：电子工业出版社，2020.12
（国防电子信息技术丛书）
书名原文：Developing Safety-Critical Software: A Practical Guide for Aviation Software and DO-178C Compliance
ISBN 978-7-121-40155-8

Ⅰ.①安…　Ⅱ.①利…　②崔…　Ⅲ.①安全技术—软件开发—指南　Ⅳ.①TP311.52-62

中国版本图书馆CIP数据核字（2020）第244091号

责任编辑：马　岚　文字编辑：李　蕊
印　　刷：天津千鹤文化传播有限公司
装　　订：天津千鹤文化传播有限公司
出版发行：电子工业出版社
　　　　　北京市海淀区万寿路173信箱　　邮编：100036
开　　本：787×1092　1/16　印张：24　字数：614千字
版　　次：2020年12月第1版
印　　次：2020年12月第1次印刷
定　　价：139.00元

凡所购买电子工业出版社图书有缺损问题，请向购买书店调换。若书店售缺，请与本社发行部联系，联系及邮购电话：（010）88254888，88258888。

质量投诉请发邮件至zlts@phei.com.cn，盗版侵权举报请发邮件至dbqq@phei.com.cn。

本书咨询联系方式：classic-series-info@phei.com.cn。

译 者 序

安全关键软件（safety-critical software）是指应用于航空、航天、交通、能源、医疗、军事等领域，其运行情况会影响到人身和设施安危的软件系统。该类软件无疑应当被投以格外的关注、施以有效的方法，为追求"万无一失"而极尽所能。

在这一目标下，基于"高质量的过程产生高质量的产品"这一理念，出现了一系列"以过程为中心"的软件工程方法、标准和实践，广为人知的"能力成熟度模型集成（CMMI）"与本书将要介绍的"民用航空机载软件适航标准（DO-178）"均属此列。CMMI影响之大自不待言，而DO-178的成熟和成功同样卓著。实际上可以说在近30年以来，每个有过飞行经历的人都已在不知不觉中，获得过包含DO-178一份贡献的安全保障。

DO-178是民用航空领域用于保证机载软件符合飞行安全要求（即"适航性"）的规范性文件，它由美、欧航空组织建立，已成为在全球航空领域（包括中国）得到广泛认可和使用的事实标准。该系列标准起始于20世纪80年代初，最新版本（DO-178C）于2011年12月发布。DO-178C继承了上一版本（DO-178B）的主体，这本身就是对上一版本自1992年开始将近20年成功运用的最好肯定。新版在概念和结构的清晰性、与系统过程和新技术发展的协调性方面进行了积极有益的改进，将会进一步提升其实践的效能。

DO-178C在作用和思想上与CMMI（以及类似或等同的标准）有一定的相近性，但在另一些方面又存在实质性的不同。CMMI最终评判的是一个组织（企业）的"能力"；DO-178C最终评判的是一个产品（项目）是否合格。CMMI涵盖工程活动和辅助活动、项目管理、过程管理；DO-178C聚焦于工程及其直接相关的管理活动。此外，即使在二者的交集上，DO-178C的特色也十分突出。CMMI是一个"模型"（"框架"），以抽象原则为主（除了明确的"目标"和"实践"），没有强制性的特定做法，更不提供系统化的实施途径。这种方式为实践者针对具体情况创造具体方法保留了灵活性，但是也时常令一些实施者和评价者无所适从。与之不同的是，DO-178C从头到脚都极具实践性、操作性，它所规定的每一件事、每一个要求都更直截了当、更清晰明确，此外还尽可能地针对各种可能用到的新技术和特殊技术，给出专门的使用指导和要求。这种方式体现了一个高安全领域对产品近似"刻板"的限定，而事实也雄辩地证明了它的卓越成效。使用DO-178C无论开展研制还是检查，可能会牺牲一些"发挥"的空间，但是更强的可依据性、易判定性也将避免不少疑问与纠结的可能。对于许多正为难以驾驭CMMI而困扰的实践者，DO-178C恰似一份难得的"消化药"和"实战图"，在过程改进的道路上正好可以与CMMI相辅相成，相得益彰。

作为一个行业标准，DO-178C对于航空软件工作者自然是必修与必从的"法典"，但实际上对于其他领域软件而言，DO-178C同样具有宝贵的指导作用。软件工程难题的根源是软件状态空间超大、需求抽象漂移、人为因素交织等内在特征，而与软件应用的领域并无太大关联。DO-178C所针对和解决的各种问题，其实就是软件工程的基本和普遍问题。因此，对外界而言"深山人未知"的DO-178C，作为一套成熟的工程准则和指南，完全可以在更广阔的空间发挥积极作用，尤其是那些具有高安全性要求的领域，无论天空还是地面，无论民用还是军事，无论是否以通过审定为目的。事实上，他山之石，可以攻玉，有机会深入了解一下不同领域的成功经验和不同背景的专家思维，往往可以获得超出预想的裨益。当然这种学习应当是启发式的而不是拘泥不化的，软件工程这门特殊的学科应当格外崇尚向实践学习、向成功学习，同时也应当格外谨记不会有"一只鞋子适合所有的脚"。

伴随着最新版DO-178C标准的发布，本书给出了对该系列标准的全面深入解读和具体实践指导。作者是直接参与标准文件修订的资深专家，以其对标准的把握，传递了标准的本真的思想、方法，以及制定者的观点甚至争议。同时，作者作为航空软件审定的官方代表和权威专家，以其20多年的研发、审定和授课经历，将其积累的宝贵经验汇聚转化为丰富翔实且细致入微的最佳实践、推荐实践、建议、风险、挑战和陷阱等，并间或呈现鞭辟入里的箴言警句，能令读者在领略教益之余，还不时会萌发"心有戚戚"的称快之感。

国际上，软件过程和质量方面的标准早已在关键应用领域中发挥出重要作用。在国内，相关的概念、模型、标准的重视和推行也已有相当时日。但是，抽象的标准本身难以透射如何在实际工作中实施和见效，以及如何准确审查和评价的法门要义，这也许是过程改进道路上常常遇到的真正难题。从这个意义上讲，相信这本来自实践、用于实践的朴实读物，能为读者跨越从理论到实效的鸿沟，发挥一份真实、快捷的导航和助力作用。

最后需要说明的是，本书涉及专业领域和术语较多，许多术语在不同的群体和语境中有着不同的中文惯用词汇。译者在翻译这些术语时，尽量以传递原意、遵从规范、照顾习惯为兼顾目标，并对所做的一些考虑进行了注解说明。此外，由于译者的知识不足和时间仓促，全书翻译中难免有不当或谬误之处，敬请读者原谅和指正。任何意见、建议和探讨都欢迎致信：qualitysoftware@yeah.net。

译　者

作 者 简 介

Leanna Rierson 安全关键软件和复杂电子系统领域的资深专家，独立咨询师。多年担任美国联邦航空局（FAA）的软件和航空电子专家、航空计算机软件首席科学家和技术顾问。作为在软件和复杂硬件技术领域具有A级授权的FAA委任工程代表（DER），与众多航空器和航空电子公司有过合作，包括波音、赛斯纳、里尔喷气、巴西航空工业、罗克韦尔–柯林斯、通用电气航空和霍尼韦尔等公司。

她是DO-178C标准的主要参与制定者之一，在负责制定该标准的美国航空无线电技术委员会（RTCA）中担任一个工作组的联合主席和编写组负责人，发表过大量关于安全关键软件和综合模块化航空电子（IMA）的论文，领导过许多国际工程团队和工作会议，为FAA编制了一系列课程、政策、手册和指南材料，为数百名专业人士讲授过DO-178B和DO-178C标准。

译 者 简 介

崔晓峰 研究员，北京大学计算机软件与理论专业博士，英国约克大学访问学者。长期从事软件工程理论与方法研究、大型关键任务软件系统设计与工程化管理，以及软件研制能力评价工作。主要研究和实践领域包括软件体系结构、软件需求工程、软件项目管理、软件过程改进、业务流程管理、系统工程、领域工程等。

前　　言

　　我深感重任在肩又忐忑不安地将这本书呈现给您。经过两年的研究和写作，我感到完成的还只是浮光掠影。我希望自己的经验和分享会对您的职业生涯带来帮助。

　　我很早就热衷于关注安全性及其现实的实现。在高中时代，我为一家本地报纸撰写一个关于安全性小建议的专栏，深入地研究了（作为互联网时代之前的美国乡镇所能做到的极致）：浴盆安全、拖拉机安全、电力安全，以及其他许多方面。在高中最后一年，我参加了州举办的演讲比赛，主题是座椅安全带的安全性。对提高安全性的愿望引领我进入了美国联邦航空局（FAA），这个愿望也是撰写这本书的主要动因。

　　软件只是整个安全链条中的一环，但却是一个重要环节，并且变得越来越关键。随着软件变得更加普及并且以更加关键的方式得到使用，它的风险和对安全性的作用日益增长。与软件相关的安全性增长的同时，许多公司的业务模型似乎也在变化——以少博多、进度至上，软件工程师被当成棋盘上的棋子一样东挡西挪。

　　本书的意图是成为那些在业界奋斗的人们的有益工具。可能您是一位系统工程师或经理、软件经理、软件工程师、质量保证工程师，或者一位努力从他人那里汲取经验的学生。您想要做出色的工作，却被进度和预算的压力拖累。希望这本书，基于我过去20年在航空工业中的经验，可以在您追求质量和卓越的时候助一臂之力。

Leanna Rierson

目 录

第一部分 引 言

第1章 引言和概览 ·· 2

1.1 安全关键软件的定义 ··· 2

1.2 安全性问题的重要性 ··· 2

1.3 本书目的和重要提示 ··· 4

1.4 本书概览 ··· 6

第二部分 安全关键软件开发的语境

第2章 系统语境中的软件 ·· 8

2.1 系统开发概览 ·· 8

2.2 系统需求 ··· 10

    2.2.1 系统需求的重要性 ··· 10

    2.2.2 系统需求的类型 ·· 10

    2.2.3 良好的需求的特性 ··· 10

    2.2.4 系统需求考虑 ·· 11

    2.2.5 需求假设 ··· 14

    2.2.6 分配到软/硬件项 ·· 14

2.3 系统需求确认与验证 ··· 15

    2.3.1 需求确认 ··· 15

    2.3.2 实现验证 ··· 15

    2.3.3 确认与验证建议 ·· 15

2.4 系统工程师最佳实践 ··· 17

2.5 软件与系统的关系 ·· 19

第3章 系统安全性评估语境中的软件 ··· 20

3.1 航空器与系统安全性评估过程概览 ··· 20

    3.1.1 安全性工作计划 ·· 21

    3.1.2 功能危险评估 ·· 21

3.1.3 系统功能危险评估 ·· 22

3.1.4 初步航空器安全性评估 ·· 22

3.1.5 初步系统安全性评估 ·· 22

3.1.6 共因分析 ·· 23

3.1.7 航空器安全性评估和系统安全性评估 ······························ 24

3.2 开发保证 ·· 24

3.2.1 开发保证等级 ··· 25

3.3 软件如何置于安全性过程 ··· 26

3.3.1 软件的独特性 ··· 26

3.3.2 软件开发保证 ··· 26

3.3.3 其他观点 ·· 28

3.3.4 在系统安全性过程关注软件的建议 ···································· 28

~~~~~~

第三部分　使用DO-178C开发安全关键软件

第4章 DO-178C及支持文件概览 ·· 32

4.1 DO-178历史 ··· 32

4.2 DO-178C和DO-278A核心文件 ··· 34

4.2.1 DO-278A与DO-178C的不同 ··· 39

4.2.2 DO-178C附件A的目标表概览 ·· 39

4.3 DO-330：软件工具鉴定考虑 ··· 43

4.4 DO-178C技术补充 ··· 43

4.4.1 DO-331：基于模型的开发补充 ··· 43

4.4.2 DO-332：面向对象技术补充 ·· 44

4.4.3 DO-333：形式化方法补充 ··· 44

4.5 DO-248C：支持材料 ·· 44

第5章 软件策划 ··· 46

5.1 引言 ·· 46

5.2 一般策划建议 ··· 46

5.3 5个软件计划 ·· 49

5.3.1 软件合格审定计划 ·· 49

5.3.2 软件开发计划 ··· 50

5.3.3 软件验证计划 ··· 52

5.3.4 软件配置管理计划 ·· 54

    5.3.5　软件质量保证计划 ·· 56

5.4　3个开发标准 ··· 57

    5.4.1　软件需求标准 ··· 58

    5.4.2　软件设计标准 ··· 58

    5.4.3　软件编码标准 ··· 59

5.5　工具鉴定计划 ··· 60

5.6　其他计划 ··· 60

    5.6.1　项目管理计划 ··· 60

    5.6.2　需求管理计划 ··· 60

    5.6.3　测试计划 ··· 60

第6章　软件需求 ·· 61

6.1　引言 ··· 61

6.2　定义需求 ··· 61

6.3　良好的需求的重要性 ·· 62

    6.3.1　原因1：需求是软件开发的基础 ··································· 62

    6.3.2　原因2：好的需求节省时间和金钱 ································· 63

    6.3.3　原因3：好的需求对安全性至关重要 ······························ 64

    6.3.4　原因4：好的需求对满足客户需要是必需的 ························· 64

    6.3.5　原因5：好的需求对测试很重要 ··································· 64

6.4　软件需求工程师 ··· 65

6.5　软件需求开发概览 ·· 66

6.6　收集和分析软件需求的输入 ··· 67

    6.6.1　需求收集活动 ··· 67

    6.6.2　需求分析活动 ··· 68

6.7　编写软件需求 ··· 69

    6.7.1　任务1：确定方法 ·· 69

    6.7.2　任务2：确定软件需求文档格式 ··································· 70

    6.7.3　任务3：将软件功能划分为子系统和/或特征 ························ 70

    6.7.4　任务4：确定需求优先级 ··· 71

    6.7.5　避免滑下的斜坡 ··· 71

    6.7.6　任务5：编档需求 ·· 72

    6.7.7　任务6：提供系统需求的反馈 ····································· 77

6.8　验证（评审）需求 ·· 77

    6.8.1　同行评审推荐实践 ··· 78

6.9　管理需求 ··· 81

6.9.1 需求管理基础 ··· 81

6.9.2 需求管理工具 ··· 81

6.10 需求原型 ··· 83

6.11 可追踪性 ··· 83

6.11.1 可追踪性的重要性和好处 ·· 84

6.11.2 双向可追踪性 ··· 84

6.11.3 DO-178C 和可追踪性 ··· 85

6.11.4 可追踪性挑战 ··· 86

第7章 软件设计 ··· 88

7.1 软件设计概览 ·· 88

7.1.1 软件体系结构 ··· 88

7.1.2 软件低层需求 ··· 89

7.1.3 设计打包 ··· 90

7.2 设计方法 ··· 90

7.2.1 基于结构的设计（传统） ··· 90

7.2.2 面向对象的设计 ·· 91

7.3 良好设计的特性 ··· 92

7.4 设计验证 ··· 95

第8章 软件实现：编码与集成 ··· 97

8.1 引言 ··· 97

8.2 编码 ··· 97

8.2.1 DO-178C 编码指南概览 ·· 97

8.2.2 安全关键软件中使用的语言 ·· 98

8.2.3 选择一种语言和编译器 ·· 100

8.2.4 编程的一般建议 ··· 102

8.2.5 代码相关的特别话题 ··· 109

8.3 验证源代码 ··· 110

8.4 开发集成 ·· 111

8.4.1 构建过程 ··· 111

8.4.2 加载过程 ··· 112

8.5 验证开发集成 ·· 112

第9章 软件验证 ··· 113

9.1 引言 ··· 113

9.2 验证的重要性 ·· 113

9.3　独立性与验证 ·· 114

9.4　评审 ·· 115

　　9.4.1　软件计划评审 ·· 115

　　9.4.2　软件需求、设计和代码评审 ······························ 115

　　9.4.3　测试资料评审 ·· 115

　　9.4.4　其他资料项评审 ·· 116

9.5　分析 ·· 116

　　9.5.1　最坏情况执行时间分析 ···································· 117

　　9.5.2　内存余量分析 ·· 117

　　9.5.3　链接和内存映像分析 ······································ 118

　　9.5.4　加载分析 ·· 118

　　9.5.5　中断分析 ·· 118

　　9.5.6　数学分析 ·· 119

　　9.5.7　错误和警告分析 ·· 119

　　9.5.8　分区分析 ·· 119

9.6　软件测试 ·· 119

　　9.6.1　软件测试的目的 ·· 120

　　9.6.2　DO-178C软件测试指南概览 ······························ 121

　　9.6.3　测试策略综述 ·· 123

　　9.6.4　测试策划 ·· 126

　　9.6.5　测试开发 ·· 128

　　9.6.6　测试执行 ·· 130

　　9.6.7　测试报告 ·· 132

　　9.6.8　测试可追踪性 ·· 132

　　9.6.9　回归测试 ·· 132

　　9.6.10　易测试性 ·· 133

　　9.6.11　验证过程中的自动化 ···································· 133

9.7　验证的验证 ·· 134

　　9.7.1　测试规程评审 ·· 135

　　9.7.2　测试结果的评审 ·· 135

　　9.7.3　需求覆盖分析 ·· 136

　　9.7.4　结构覆盖分析 ·· 136

9.8　问题报告 ·· 142

9.9　验证过程建议 ·· 145

第 10 章　软件配置管理 ·· 148

10.1　引言 ·· 148

　　10.1.1　什么是软件配置管理 ·· 148

　　10.1.2　为什么需要软件配置管理 ·· 148

　　10.1.3　谁负责实现软件配置管理 ·· 149

　　10.1.4　软件配置管理涉及什么 ·· 150

10.2　软件配置管理活动 ·· 150

　　10.2.1　配置标识 ·· 150

　　10.2.2　基线 ·· 151

　　10.2.3　可追踪性 ·· 151

　　10.2.4　问题报告 ·· 151

　　10.2.5　变更控制和评审 ·· 154

　　10.2.6　配置状态记录 ·· 155

　　10.2.7　发布 ·· 156

　　10.2.8　归档和提取 ·· 156

　　10.2.9　资料控制类别 ·· 157

　　10.2.10　加载控制 ·· 158

　　10.2.11　软件生命周期环境控制 ·· 159

10.3　特别的软件配置管理技能 ·· 159

10.4　软件配置管理资料 ·· 160

　　10.4.1　软件配置管理计划 ·· 160

　　10.4.2　问题报告 ·· 160

　　10.4.3　软件生命周期环境配置索引 ·· 160

　　10.4.4　软件配置索引 ·· 160

　　10.4.5　软件配置管理记录 ·· 161

10.5　软件配置管理陷阱 ·· 161

10.6　变更影响分析 ·· 163

第 11 章　软件质量保证 ·· 166

11.1　引言：软件质量和软件质量保证 ·· 166

　　11.1.1　定义软件质量 ·· 166

　　11.1.2　高质量软件的特性 ·· 166

　　11.1.3　软件质量保证 ·· 167

　　11.1.4　常见质量过程和产品问题的例子 ·· 168

11.2　有效和无效的软件质量保证的特征 ·· 169

　　11.2.1　有效的软件质量保证 ·· 169

        11.2.2　无效的软件质量保证 ·· 170
　11.3　软件质量保证活动 ·· 170

第12章　合格审定联络 ·· 174
　12.1　什么是合格审定联络 ·· 174
　12.2　与合格审定机构的沟通 ·· 174
        12.2.1　与合格审定机构协调的最佳实践 ·························· 175
　12.3　软件完成总结 ·· 177
　12.4　介入阶段审核 ·· 178
        12.4.1　介入阶段审核概览 ·· 178
        12.4.2　软件作业辅助概览 ·· 179
        12.4.3　使用软件作业辅助 ·· 181
        12.4.4　对审核者的一般建议 ··· 181
        12.4.5　对被审核者的一般建议 ······································ 186
        12.4.6　介入阶段审核细节 ·· 188
　12.5　合格审定飞行试验之前的软件成熟度 ···························· 195

第四部分　工具鉴定和DO-178C补充

第13章　DO-330和软件工具鉴定 ··· 198
　13.1　引言 ··· 198
　13.2　确定工具鉴定需要和等级（DO-178C的12.2节） ················ 199
　13.3　鉴定一个工具（DO-330概览） ····································· 202
        13.3.1　DO-330的需要 ·· 202
        13.3.2　DO-330工具鉴定过程 ·· 203
　13.4　工具鉴定特别话题 ·· 210
        13.4.1　FAA规定8110.49 ·· 210
        13.4.2　工具确定性 ·· 211
        13.4.3　额外的工具鉴定考虑 ··· 211
        13.4.4　工具鉴定陷阱 ··· 212
        13.4.5　DO-330和DO-178C补充 ······································ 214
        13.4.6　DO-330用于其他领域 ·· 214

第14章　DO-331和基于模型的开发与验证 ····························· 215
　14.1　引言 ··· 215
　14.2　基于模型开发的潜在好处 ··· 216

14.3　基于模型开发的潜在风险 ···························· 218

14.4　DO-331 概览 ····································· 221

14.5　合格审定机构对 DO-331 的认识 ···················· 225

第15章　DO-332 和面向对象技术及相关技术 ················· 226

15.1　面向对象技术介绍 ······························· 226

15.2　OOT 在航空中的使用 ···························· 226

15.3　航空手册中的 OOT ····························· 227

15.4　FAA 资助的 OOT 和结构覆盖研究 ·················· 227

15.5　DO-332 概览 ································· 228

15.5.1　策划 ································· 228

15.5.2　开发 ································· 228

15.5.3　验证 ································· 228

15.5.4　脆弱性 ······························ 229

15.5.5　类型安全 ···························· 229

15.5.6　相关技术 ···························· 230

15.5.7　常见问题 ···························· 230

15.6　OOT 建议 ·································· 230

15.7　结论 ···································· 230

第16章　DO-333 和形式化方法 ······················· 231

16.1　形式化方法介绍 ······························· 231

16.2　什么是形式化方法 ····························· 232

16.3　形式化方法的潜在好处 ·························· 233

16.4　形式化方法的挑战 ···························· 234

16.5　DO-333 概览 ································ 235

16.5.1　DO-333 的目的 ······················· 235

16.5.2　DO-333 与 DO-178C 的比较 ·············· 236

16.6　其他资源 ·································· 238

第五部分　特别专题

第17章　未覆盖代码（无关代码、死代码和非激活代码） ·········· 240

17.1　引言 ···································· 240

17.2　无关代码和死代码 ···························· 240

17.2.1　避免无关代码和死代码的晚发现 ·············· 241

17.2.2　评价无关代码或死代码 ·· 242

17.3　非激活代码 ·· 243

17.3.1　策划 ·· 245

17.3.2　开发 ·· 245

17.3.3　验证 ·· 246

第18章　外场可加载软件 ·· 247

18.1　引言 ·· 247

18.2　什么是外场可加载软件 ·· 247

18.3　外场可加载软件的好处 ·· 247

18.4　外场可加载软件的挑战 ·· 248

18.5　开发和加载外场可加载软件 ·· 248

18.5.1　开发支持外场加载的系统 ·· 248

18.5.2　开发外场可加载软件 ·· 249

18.5.3　加载外场可加载软件 ·· 249

18.5.4　修改外场可加载软件 ·· 250

18.6　总结 ·· 250

第19章　用户可修改软件 ·· 251

19.1　引言 ·· 251

19.2　什么是用户可修改软件 ·· 251

19.3　UMS例子 ·· 252

19.4　为UMS设计系统 ·· 252

19.5　修改和维护UMS ·· 254

第20章　实时操作系统 ·· 256

20.1　引言 ·· 256

20.2　什么是RTOS ·· 256

20.3　为什么使用RTOS ·· 257

20.4　RTOS内核及其支持软件 ·· 258

20.4.1　RTOS内核 ·· 258

20.4.2　应用编程接口 ·· 258

20.4.3　主板支持包 ·· 259

20.4.4　设备驱动 ·· 260

20.4.5　支持库 ·· 260

20.5　安全关键系统中使用的RTOS的特性 ·· 260

20.5.1　确定性 ·· 260

20.5.2　可靠的性能 ·· 260

20.5.3 硬件兼容 ··· 261

20.5.4 环境兼容 ··· 261

20.5.5 容错 ··· 261

20.5.6 健康监控 ··· 261

20.5.7 可审定 ··· 262

20.5.8 可维护 ··· 262

20.5.9 可复用 ··· 262

20.6 安全关键系统中使用的RTOS的功能 ··························· 262

20.6.1 多任务 ··· 262

20.6.2 有保证和确定性的可调度性 ································· 263

20.6.3 确定性的任务间通信 ······································· 264

20.6.4 可靠的内存管理 ··· 265

20.6.5 中断处理 ··· 265

20.6.6 钩子函数 ··· 265

20.6.7 健壮性检查 ··· 266

20.6.8 文件系统 ··· 266

20.6.9 健壮分区 ··· 266

20.7 需考虑的RTOS问题 ··· 266

20.7.1 要考虑的技术问题 ··· 267

20.7.2 要考虑的合格审定问题 ····································· 269

20.8 RTOS相关的其他话题 ······································· 271

20.8.1 ARINC 653概览 ··· 271

20.8.2 工具支持 ··· 273

20.8.3 开源RTOS ··· 274

20.8.4 多核处理器、虚拟化和虚拟机管理器 ······················· 274

20.8.5 保密性 ··· 275

20.8.6 RTOS选择问题 ··· 275

第21章 软件分区 ··· 276

21.1 引言 ··· 276

21.1.1 分区：保护的一个子集 ····································· 276

21.1.2 DO-178C和分区 ··· 277

21.1.3 健壮分区 ··· 277

21.2 共享内存（空间分区） ······································· 279

21.3 共享中央处理器（时间分区） ································· 279

21.4 共享输入/输出 ·· 280

21.5 一些与分区相关的挑战 ·· 281

    21.5.1 直接内存访问 ·· 281

    21.5.2 高速缓存 ·· 281

    21.5.3 中断 ··· 282

    21.5.4 分区间通信 ·· 282

21.6 分区的建议 ··· 282

第22章 配置数据 ··· 287

22.1 引言 ··· 287

22.2 术语和例子 ··· 287

22.3 DO-178C关于参数数据项的指南总结 ··· 289

22.4 建议 ··· 289

第23章 航空数据 ··· 293

23.1 引言 ··· 293

23.2 DO-200A：航空数据处理标准 ·· 293

23.3 FAA咨询通告 AC 20-153A ··· 296

23.4 用于处理航空数据的工具 ·· 297

23.5 与航空数据相关的其他工业文件 ··· 298

    23.5.1 DO-201A：航空信息标准 ·· 298

    23.5.2 DO-236B：航空系统性能最低标准：区域导航要求的导航性能 ········· 298

    23.5.3 DO-272C：机场地图信息的用户需求 ··· 298

    23.5.4 DO-276A：地形和障碍数据的用户需求 ·· 298

    23.5.5 DO-291B：地形、障碍和机场地图数据互换标准 ····································· 298

    23.5.6 ARINC 424：导航系统数据库标准 ·· 299

    23.5.7 ARINC 816-1：机场地图数据库的嵌入式互换格式 ··································· 299

第24章 软件复用 ··· 300

24.1 引言 ··· 300

24.2 设计可复用构件 ·· 301

24.3 复用先前开发的软件 ·· 304

    24.3.1 为在民用航空产品中使用而评价PDS ··· 305

    24.3.2 复用未使用DO-178［］开发的PDS ·· 308

    24.3.3 COTS软件的额外考虑 ·· 310

24.4 产品服役历史 ·· 311

    24.4.1 产品服役历史的定义 ·· 311

    24.4.2 使用产品服役历史寻求置信度的困难 ··· 311

    24.4.3 使用产品服役历史声明置信度时考虑的因素 ·· 312

第25章 逆向工程 ··· 313

  25.1 引言 ·· 313

  25.2 什么是逆向工程 ·· 313

  25.3 逆向工程的例子 ·· 314

  25.4 逆向工程要考虑的问题 ··· 314

  25.5 逆向工程的建议 ·· 315

第26章 外包和离岸外包软件生命周期活动 ·································· 321

  26.1 引言 ·· 321

  26.2 外包的原因 ·· 322

  26.3 外包的挑战和风险 ··· 322

  26.4 克服挑战和风险的建议 ··· 325

  26.5 总结 ··· 331

附录A 活动转换准则举例 ··· 332

附录B 实时操作系统关注点 ··· 338

附录C 为安全关键系统选择实时操作系统时考虑的问题 ················· 341

附录D 软件服役历史问题 ·· 344

缩略语 ··· 348

参考文献 ·· 353

推荐读物 ·· 365

第一部分

引　言

　　第一部分是全书的基础。该部分解释了什么是安全关键软件，以及它为什么在当今环境中至关重要。此外还给出了本书的概览，以及所使用方法的说明。

第1章 引言和概览[①]

1.1 安全关键软件的定义

安全性（safety）的一个一般性定义是"避免那些可能引起人员死亡、伤害、疾病，或者设备、财产的破坏或损失，或者环境危害的情况发生"[1]。安全关键软件（safety-critical software）的定义则更带有主观性。美国电气和电子工程师协会（IEEE）定义安全关键软件为："用于一个系统中，可能导致不可接受的风险的软件。安全关键软件包括那些其运行或者运行的失败能够导致一个危险状态的软件，以及那些用于缓解一个事故的严重性的软件"[2]。美国国家航空航天局（NASA）发布的《软件安全性标准》[3]将那些至少满足以下准则之一的软件识别为安全关键的[4]。

1.驻留于一个（通过危险分析而确定的）安全关键系统并至少满足以下条件之一：
- 引起或助长一个危险；
- 提供对危险的控制或缓解；
- 控制安全关键功能；
- 处理安全关键命令或数据；
- 如果系统达到一个指定的危险状态，则检测、报告或者采取纠正动作；
- 当一个危险发生时，减少其破坏性；
- 与安全关键软件驻留于同一个系统（处理器）。
2.进行直接导致安全性决策的数据处理或趋势分析。
3.提供安全关键系统的全部或部分验证或确认，包括硬件或软件系统。

从这些定义可以得出结论：软件本身即不是安全的也不是不安全的，然而，当它是一个安全关键系统的一部分时，就有可能引起或助长不安全的条件。这样的软件被认为是安全关键的，这即是本书的主题。

1.2 安全性问题的重要性

1993年，Ruth Wiener在其著作《数字化之痛：为什么我们不应依赖于软件》[5]中写道："软件产品——即使是中等规模的程序——是人类制造的最复杂制品之一，而软件开发项目是我们最复杂的事务之一。无论它们吞噬了多少时间或金钱，无论我们在其中投入了多少人力，其结果仅仅是大致可靠而已。即便在最彻底和严格的测试之后，仍会留有一些隐错（bug）。

---

① 关于书中所用缩略语及其全称可查阅本书348页的缩略语清单。——编者注

我们永远无法用所有可能的输入去测试系统中的所有执行路径"。从那时到现在，社会已经变得越来越依赖于软件。我们已经不可能回到纯模拟系统的时代，因此必须竭尽全力确保软件密集型系统是可靠的和安全的。航空工业有一个良好的历史记录，但是由于复杂性和关键性的增长，我们必须更加小心地对待安全问题。

类似这样的说法屡见不鲜："软件并没有引起过严重的航空器事故，所以何必大惊小怪？"关于软件对航空器事故的作用存在争执，因为软件是一个更大的系统中的一部分，而多数调查都是聚焦于系统层的方面。然而，在其他领域（如核能、医疗、空间），软件的错误确实导致了生命的丧失或任务的失败。著名的事例包括阿里安5号火箭爆炸、Therac-25辐射过量，以及海湾战争中的爱国者导弹系统宕机，等等。民用航空中的安全关键软件有令人钦佩的历史记录，然而现在并不是坐下来赞叹过去的时候。以下原因使得未来更具风险性。[①]

- **代码行数的增长**。安全关键系统中使用的代码的行数正在增长。例如，从波音777到最近审定的波音787中的代码行数已经增加了8～10倍，并且未来的航空器还将有更多软件。

- **复杂性的增长**。系统和软件的复杂性在增长。例如，综合模块化航空电子（IMA）带来了重量减轻、安装容易、维护高效，以及降低更改成本的好处。然而，IMA也增加了系统复杂性，并使得原先隔离于物理上不同的硬件联合体的功能被组合到单个硬件平台，一旦出现硬件故障，则相关的多个功能都会失效。这种复杂性的增长使得更加难以对安全性影响进行全面分析，且难以证明可以在不产生非预期后果的情况下实现预期的功能。

- **关键性的增长**。在软件规模和复杂性增长的同时，关键性也在增长。例如，飞行操纵面接口在10年前几乎全部是机械的。如今，许多航空器制造商在改用电传操纵软件控制飞行操纵面，通过软件实现提高航空器性能和稳定性的算法。

- **技术上的变化**。电子和软件技术在快速发展。要避免技术陈旧又保证其成熟性，是具有挑战性的。例如，安全性领域要求健壮[②]的和经过证实的微处理器，然而，由于一个新航空器的开发需要花费大约5年的时间，经常在进行飞行试验之前，微处理器就已经接近过时了。另外，软件技术的变化使得要聘用到懂得汇编、C或者Ada（机载软件的最常用语言）的程序员很困难。这些实时语言在许多大学中是不讲授的。软件开发者也正在与实际生成的机器代码渐行渐远。

- **以少搏多**。由于经济性的驱动和盈利的压力，许多（甚至是大多数）工程组织被要求以更少的投入做更多的事情。作者听到过这样的描述："我们先是被撤走了秘书，然后被撤走了技术文档编写人员，接下来被撤走了开发同伴。"大多数优秀的工程师一个人在做以往是由两个或者更多人做的事。他们被"摊得太开，耗得太狠"。人们在数月的超时加班之后会变得低效。作者的一位同事这样说："超时加班是用于冲刺的，不是用于马拉松的。"然而，许多工程师在数月甚至成年地超时工作。

---

① 近年来世界范围内发生的多起严重空难，已经验证了作者的担忧。——译者注
② 在有些文献中，将robust表述为"鲁棒""稳健"等，本书按照当前软件领域的主要使用习惯，将其译为"健壮"。相关词汇还有"健壮分区"等。——译者注

- **外包和离岸外包的增加。**由于市场的要求和工程师的短缺，越来越多的安全关键软件被外包和离岸外包。虽然不总是这样，但是外包和离岸团队经常不具备系统领域的知识，以及有效发现与去除关键错误所需要的安全性背景。事实上，在缺乏有效监控的情况下，他们甚至可能人为地注入错误。
- **有经验工程师的缺失。**许多为现在的安全记录做出贡献的工程师将要退休。如果没有严格的培训和辅导规划，年轻的工程师和管理者就理解不到关键的决策和实践实施的原因，因此他们要么不认真遵守，要么全然抛弃。一位同事最近就表达了他的郁闷，他的团队在向合格审定机构的一位系统专家做了 2 小时的关于减速板的演示报告之后，这位作为新任系统工程师的专家问道："你们说的不是轮子，对吧？"[①]
- **可用培训的缺乏。**以安全性为焦点的学位教育基本上没有。此外，关于系统和软件确认与验证的正式教育也基本没有。

由于这些以及其他的风险驱动因素，当前比以往更加关注安全性就显得尤为重要了。

1.3 本书目的和重要提示

本书的目的是为实践中的工程师和管理者提供开发航空用安全关键软件所需的信息。在过去的 20 年间，作者有幸从事了航空电子开发、航空器开发、合格审定机构、美国联邦航空局（FAA）委任工程代表（DER）、咨询师以及培训师的工作。作者已经评价过几十个系统中的安全关键软件，这些系统包括飞行控制、综合模块化航空电子、起落架、襟翼、防结冰、前轮转弯、飞行管理、电池管理、显示、导航、地形感知与告警、空中交通防撞、实时操作系统，以及其他许多系统。作者曾与多到 500 人、少到 3 人的团队一起工作。这些始终都是令人激动的经历。

丰富多样的职位和系统令作者能够体验和观察到安全关键软件开发中的共同问题和有效解决方案。本书的写作就是为了利用这些经验来帮助实践中的航空器系统工程师、航空电子和电子系统工程师、软件经理、软件开发和验证工程师、合格审定机构及其委任者、质量保证工程师，以及有意愿实现和保证软件安全的其他人。

作为一个开发和验证安全关键软件的实践指南，本书提供基于现实项目的具体指导和建议。不过，这里还需要给出以下重要提示：

- 本书给出的信息代表的是个人观点。本书的编写是基于个人的经验和观察、个人研究，以及与世界上一些最聪明的人的交流。本书已尽全力给出在目前看来准确和完整的建议。在全书中做了许多一般化概括，这是基于作者参加过的许多项目得出的。然而，还有许多项目以及无数行的代码作者并未看到。您的经验也许有所不同，作者十分欢迎不同的见解。如果想对某个话题进行澄清或者辩论、询问某个问题，或者分享您的想法，则可以发电子邮件给 LRierson1@aol.com 和 Digital_Safety@sbcglobal.net。
- 本书的叙述使用的是个人的和稍微非正式的口吻。作者给数百名学生讲授过 DO-178B（以及现在的 DO-178C），希望本书成为作者（培训师）与您（工程师）之间的一个交

---

① 向不了解的读者解释一下，减速板在机翼上。

互通道。由于作者不知道您的背景，因此努力让写出的内容对于任何背景的您都能有所帮助。作者就像在课堂中那样，在书中加入了一些故事经历和间或的幽默。与此同时，专业性当然也是本书的一个恒定目标。

- 由于本书聚焦于安全关键软件，书中的内容是围绕较高关键等级软件（例如DO-178C的A级和B级软件）的。对于较低关键等级的情况，一些活动可能不需要。

- 虽然本书的焦点是航空软件、DO-178C符合性，以及航空器合格审定，但是许多概念和最佳实践适用于其他安全关键或任务关键领域，例如医疗、核能、军事、汽车以及航天。

- 由于作者有作为合格审定机构和委任工程代表的背景，阅读本书可能时常好似进入了合格审定机构的大脑。本书讨论了FAA与欧洲航空安全局（EASA）的原则和指南材料，不过主要使用的是FAA的指南，除非二者存在显著的不同。虽然本书的意图是进行解释，并与写作当时的合格审定机构的原则和指南保持一致，但是本书并不构成合格审定机构的原则和指南。请向您的本地机构咨询适用于特定项目的原则和指南。

- 经过全球旅行和与六大洲的工程师的交流，作者已尽力呈现一个关于安全关键软件和合格审定的国际化视野。不过由于作者的大部分工作是在美国和FAA审定的项目上，主要的视角也是在这些方面。

- 本书通篇援引了包括DO-178C在内的许多美国航空无线电技术委员会（RTCA）文件。作者在RTCA的3个专委会中担任领导角色，并在所引用的文件的编写中发挥关键作用，这是令人激动的。正如在前言中指出的，RTCA非常友善地允许作者引用和引述其文件。然而，本书并不是简单复制这些文件。作者努力覆盖其中的要点，引领您贯通DO-178C与相关文件的细微之处。但是如果您正在开发一个必须符合RTCA文件的软件，则应确保阅读其整个文件。您可以更多地了解RTCA，或者通过以下地址联络他们购买文件：

  RTCA, Inc.
  1150 18th Street NW
  Suite 910
  Washington, DC 20036
  Phone: (202) 833-9339
  Fax: (202) 833-9434
  Web: www.rtca.org

- 本书的编排使您既可以从头到尾通读，也可以根据需要选读其中的章节。不同章节的内容偶有重复，是特意如此安排的，因为有些读者会把本书作为一本参考手册，而不是通篇阅读。全书中都有对相关章节的引用说明，为那些并未从头到尾阅读的人提供便利。

1.4 本书概览

本书共五部分。第一部分（本部分）提供介绍和基础。第二部分对于软件在整个系统中的角色进行说明，并给出用于航空的系统和软件安全性评估过程的概括。第三部分首先概览RTCA的DO-178C，名为《机载系统和设备合格审定中的软件考虑》（*Software Considerations in Airborne Systems and Equipment Certifications*），以及与DO-178C一起发布的其他6份文件；然后介绍DO-178C过程——提供关于如何有效实施的深入指导和建议。第四部分介绍与DO-178C一起发布的4份RTCA指南文件，主题包括软件工具鉴定考虑（DO-330）、DO-178C和DO-278A的基于模型的开发与验证补充（DO-331）、DO-178C和DO-278A的面向对象技术与相关技术补充（DO-332），以及DO-178C和DO-278A的形式化方法补充（DO-333）。第五部分覆盖了与DO-178C和安全关键软件开发相关的专题。这些专题聚焦于航空，但是也可以适用于其他领域。它们包括未覆盖代码（无关代码、死代码、非激活代码）、外场可加载软件、用户可修改软件、实时操作系统、软件分区、配置数据、航空数据、软件复用、先前开发的软件、逆向工程，以及外包和离岸外包。

还有许多未覆盖的专题，包括航空器电子硬件、电子飞行包，以及软件保密安全。这些专题与软件相关，在书中偶有提及。不过由于篇幅和时间所限，未能尽述其详。

第二部分

安全关键软件开发的语境

第二部分概述了软件是如何存在于整个系统开发活动之中的。为了成功实现安全软件，必须首先理解它在系统中的角色。仅仅聚焦于软件而不考虑系统及其安全特性，就如同对重症只治其标而不问其本。以作者的经验，在开发安全关键软件时，如下5个关键要素必须全面而始终地加以关注。

1. 良好编档的系统体系结构和需求定义。系统体系结构和需求必须关注安全性并加以编档。要想成功实现一个没有编档的需求，基本上是不可能的。为了确保其是正确的需求，还需要对系统需求的正确性和完整性进行确认。

2. 在所有开发层次上的牢固的安全性实践。在整个开发中，必须识别和解决潜在的危险和风险。对于所有开发层次上的所有过程，安全性都应该是不可或缺的，它不仅仅是安全组织的职责。

3. 严格的实现。得到编档的需求和安全性属性必须被准确地实现。这包括确保需求被实现，并且没有增加非预期的功能。一个良好定义的变更管理过程对于成功的实现和迭代式的开发非常重要。

4. 良好资质的人员。安全关键系统是由人实现的。人员必须具备用于实现系统的领域知识、安全性以及技术知识。工作在安全关键领域的人员应当是精英——对于每项任务追求极致的完美主义者。安全关键系统要求对卓越（而不仅仅是"够好"）的承诺。

5. 在所有层次上的全面测试。评审和分析固然有其重要作用，但是并不能代替基于已完成集成的软件和硬件来证实所声称的功能和安全性。

本书虽然专注于软件，但永远记住软件只是整个系统中的一个方面。上述5个要素在整个系统开发过程中，应当自始至终地加以关注。本部分的系统开发与安全性为后续部分（第三部分和第四部分）将要详述的软件开发和整体性过程以及特别的软件专题建立了语境。

第2章 系统语境中的软件

2.1 系统开发概览

在开始具体讨论如何开发安全关键软件之前，理解软件在整个系统中的语境至关重要。软件运行于一个系统环境中，而安全性是整个系统的一个特性。软件自身从本质上无从谈起是安全的或不安全的。然而，软件影响各种类型系统的安全性，包括航空器系统、汽车系统、核能系统、医疗系统等。为了开发出增强而不是削弱安全性的软件，必须首先理解软件所运行的系统，以及整个系统的安全性过程。本章介绍安全关键系统的开发过程，第3章介绍系统安全性评估过程，它是整个系统开发生命周期的一部分。虽然给出的系统和安全性评估概览是基于航空视角的，但是这些概念也可以用于其他的安全关键领域。

一个航空器是一个包含了多个系统的大型系统——实质上是一个"系统的系统"。航空器系统可以包含导航、通信、起落架、飞行控制、显示、碰撞规避、环境控制、航行娱乐、电力动力、发动机控制、地面转弯、反推力装置、燃油、大气数据，等等。每个系统都对整个航空器的运行产生作用。显然，有些系统比另一些系统具有更大的安全性影响。因此，民用航空规章和支持的咨询材料根据风险对失效状态类别进行区分。使用的失效状态类别有5种：灾难性的、危险的/极其严重的、严重的、不严重的，以及无安全影响的（这些类别将在第3章中讨论）。需要评估每个系统中的每个功能，以及这些功能的组合对于航空器安全运行的整体影响。航空器的运行包括多个阶段，例如滑行、起飞、爬升、巡航、下降，以及着陆。对每个阶段都要进行系统安全性评估，因为根据阶段不同，失效状态的影响会有很大的不同。

一个安全系统的开发通常需要具备特定类型系统的多年的领域专业知识，包括全面理解航空器及其系统是如何运行和相互交互，以及与操作人员交互的。近年来，令作者吃惊的是，一些组织似乎相信任何人只要拥有一个工程学位就可以开发一个航空器系统。作者并不反对全球化和追求经济利益，但是用于构建安全关键系统的核心专业知识和能力的建立，需要大量的时间、资源，以及职业忠诚。

就民用航空而言，开发者被鼓励使用美国汽车工程师学会（SAE）的航空航天推荐准则（ARP）4754修订版A（引用为ARP4754A），即《民用航空器与系统开发指南》（*Guidelines for Development of Civil Aircraft and Systems*）[①]。ARP4754由SAE于1996年发布，是一个航空器和航空电子制造商小组根据从合格审定机构获得的输入编制的。欧洲民用航空设备组织（EUROCAE）也发布了一个与之对等的文件：ED-79。2010年12月，SAE和EUROCAE分别发布了推荐实践的修订版：ARP4754A和ED-79A。2011年9月30日，美国联邦航空局（FAA）发布了咨询通告AC 20-174，即《民用航空器系统开发》（*Development of Civil Aircraft Systems*）。AC 20-174将ARP4754A认可为"一种用于建立一个开发保证过程的可接受的方法"。

---

① 在有些文献中，根据不同的语境，将development分别译为"研制"和"开发"，本书统一将其译为"开发"。相关词汇还有"开发保证"等。——译者注

　　ARP4754A将系统开发过程划分为6个阶段：策划、航空器功能开发、航空器功能分配到系统、系统体系结构开发、系统需求分配到软/硬件项（分别分配到软件和硬件），以及系统实现（包括软件和硬件开发）[1]。此外，ARP4754A还标识出了以下的整体性过程：安全性评估、开发保证等级（DAL）指定、需求捕获、需求确认、实现验证、配置管理①、过程保证，以及合格审定机构协调[1]。ARP4754A的范围包括系统开发直至合格审定完成。然而，除了ARP4754A描述的系统阶段，系统开发还包括产品启动之前［例如，需要（needs）确定和概念探索］和合格证颁发之后（例如，生产和制造、交付/部署、运行、维护和支持，以及退役/废弃）[2,3]。图2.1说明了整个系统开发框架，其中ARP4754A过程用灰色表示。

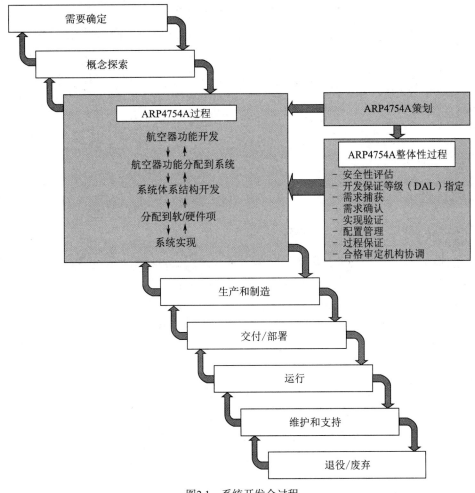

图2.1　系统开发全过程

　　如第3章将要讨论的，安全性评估过程与系统开发过程是并行进行的。当系统从高层设计进展到实现时，要对安全性方面进行评价，以确保系统满足所需要的安全性等级。虽然ARP4754A给出的是一个自顶向下的方法，它也认识到大多数系统是通过迭代和并行的方法进行开发的，自顶向下和自底向上的策略都会用到。大多数航空器并不是由那些从零开发

---

① 配置管理（configuration management）在有些行业中称为"构型管理"。软件工程领域中的术语是"配置管理"（GB/T 11457-2006，中华人民共和国国家标准—信息技术—软件工程术语）。——译者注

的系统构成的。相反，航空器和系统更多是建立在已有的功能和产品之上的衍生式项目。因此，重要的是整个开发生命周期要考虑它们基于的原有系统，建立一个能够同时满足客户需要（以需求的形式进行编档）和安全性目标的现实的生命周期。

2.2　系统需求

2.2.1　系统需求的重要性

第3章将对安全性评估过程进行探究。在这里先考虑系统开发的一些重要方面。作者在经历了许多产品开发之后认识到，软件开发中遇到的许多问题来自不良定义的系统需求和体系结构。软件开发者确实有自身的问题（这将在后面的章节中讨论），但是许多的软件问题是由不成熟、不完整、不正确、模糊和/或不良定义的系统需求而导致恶化的。以作者的经验，大多数公司都应该在定义、确认和验证系统需求上投入更多的努力。在系统复杂性和关键性增长的情况下，这一点应当是强制性的。目前虽然有一些进步，但是如果我们要不断开发安全、可靠、可信的系统，则还需要更加努力。合格审定机构也认识到了这方面的需要，如ARP4754A所正式体现的，对系统开发过程的关注已经得到加强，特别是需求的定义、确认，以及实现的验证。

2.2.2　系统需求的类型

ARPA4754A建议开发以下类型的需求[1]。

- **安全性需求**。标识有助于或直接作用于航空器安全的功能。安全性需求是通过安全性评估过程识别的，包括为了可用性（功能连续）和完好性（行为正确）而要求的最低执行约束。它们应当在整个系统生命周期中被唯一标识和追踪。
- **功能需求**。指定为了获得想要的执行能力的系统功能。功能需求通常是客户需求、操作需求、性能需求（例如，时间、速度、范围、精确度和分辨率）、物理和安装需求、可维护性需求、界面需求，以及约束的组合。功能需求可能也是安全性需求，或者具有安全性后果，对此应该评价其安全性影响。
- **其他需求**。包括规章需求和衍生需求。衍生需求通常是随着体系结构的成熟而做出的设计决策的结果。由于它们可能无法追踪到高层需求，因此需要通过系统安全性过程进行确认和评估。

2.2.3　良好的需求的特性

良好的需求不会自己出现，它们需要相当的努力、专注和方法。为了编写出良好的需求，理解这样的需求的特性至关重要。需求的编写者和评审者应当使良好的系统需求具备以下特性。

- **原子性**。每个需求应当是一个单独的需求。
- **完整性**。每个需求应当包含用于定义想要的系统功能的全部必要信息，能够无须进一步扩展而独立存在。

- **简洁性**。每个需求应当简单而清晰地描述要做什么，并且只限于必须做的。它应当易于阅读和理解——即使对于系统的非技术用户。一般来说，一个文本型需求不应包含超过30～50个词。用图形表示的需求也应当是简洁的。
- **一致性**。需求之间不应当有冲突或重复。一致性的需求应当在整个规格说明中使用同一套术语。需求不是用来进行创造性写作的。
- **正确性**。每个需求应当对于被定义的系统是正确的需求。它应当传递准确的信息。这个属性由需求的确认工作来保证。
- **实现无关性**。每个需求应当陈述需要的是什么，而不指定如何实现它。一般来说，需求不应指定设计或实现。不过有时会有一些例外，例如界面需求或衍生的系统需求。
- **必要性**。每个需求应当陈述一个核心能力、特性，或质量要素。如果去掉一个需求，就会产生一个缺失。
- **可追踪性**。每个需求应当被唯一标识，并且易于追踪到更低层需求、设计和测试。
- **无模糊性**。每个需求应当只有一种解释。
- **可验证性**。对每个需求的实现都应当是能被证实的。因此，需求应当是可量化的，并包含适当的容限。每个需求的编写都应当使之能够通过评审[①]、分析或测试[②]而得到验证。除了很少数的情况，如果行为不能在验证中得到观察，需求就应当重写。例如，否定性需求一般是不可验证的，需要重写。
- **可实现性**。每个需求应当能够被实现，在实现之后是可用的，并且对整个系统的构造是有帮助的。

建议给出一个需求标准、需求管理计划，或者最佳实践指南，为需求编写者提供指导。即使你确信知道想要建成的是什么，编写良好的需求也不是件易事。作者在为FAA讲授DO-178B时组织过这样的需求编写练习：全班被分为小组，给每个小组分发一个乐高模型，并要求他们为这个模型编写一份需求。然后将该模型拆散，将散块和写好的需求装入一个袋子，传递给另一个小组并要求按照该需求进行组装。最终的产品经常是令人捧腹的，因为它与原来的模型风马牛不相及。不是每个人都能编写出良好的需求。事实上，以作者的经验来看，擅长此事者寥寥无几。好的指南、范例，以及基于特定领域的培训尤为宝贵。如果用图形化的表示来解释需求，则标准应当给出规则和图形的限制。例如，标准应该限制一页之中的符号数量、一个图的页数、模型的深度，并提供库中每个符号的详细含义（因为不同的建模工具对同一个符号有不同的解释，并且开发者有不同的理解水平）。第5章、第6章和第14章分别给出关于需求标准、软件需求开发，以及基于模型的开发的更多讨论。这些后续章节聚焦于需求的软件方面，但是大多数建议也适用于系统需求定义。

2.2.4　系统需求考虑

安全关键系统的需求指定众多的功能。本节给出了为软件密集和安全关键系统开发系统需求时要考虑的一些基本概念。

---

① 在一些文献中，评审（review）又称为审查（inspection）。
② 在一些文献中，测试（test）又称为演示（demonstration）。大多数合格审定机构都倾向于将测试作为首选的验证方法。

2.2.4.1 完好性和可用性考虑

系统需求应当关注完好性①（正确的功能和运行）和可用性（功能的持续）。ARP4754A定义完好性和可用性如下[1]。

- **完好性（integrity）。**一个系统或软/硬件项的定性或定量的属性，表明它的正确工作是可以依赖的。有时将其表示为不能满足正确工作准则的概率。
- **可用性（availability）。**一个系统或软/硬件项在某个时间点上处于一种功能状态的定性或定量的属性。有时将其表示为系统或软/硬件项不能提供其输出的概率（即不可用性）。

失去完好性导致系统的不正确运行（一个故障）。例子包括主飞行显示屏上的误导数据、空中交通防撞系统（TCAS）给出的不正确的解决建议，或者一个自动驾驶仪失控。为了针对完好性进行设计，通常需要体系结构层次的缓解措施来防止和/或消除故障。这可能会用到冗余、分区、监视、差异化，或者其他缓解策略，来防止完好性故障，或者对这种故障实施保护。此外，为了解决完好性问题，通常使用故障检测和响应，或者故障围堵（containment），这些都应当被作为系统需求进行捕获。

许多系统要求防止丧失可用性。与完好性不同，可用性是指在任何可以预见的运行条件下（包括正常的和非正常的），功能运行必须是连续的和/或可恢复的。在出现随机硬件故障、数据故障或软/硬件复位时（以及之后），关键的功能必须仍然可用。要求高可用性的系统或功能通常需要配以很高的可靠性和/或利用冗余。如果采用冗余设计来确保系统可用性，则系统应当能够容忍故障和/或快速地检测故障并从故障中恢复。对于加入冗余设计的系统，通常要有冗余管理和故障管理的需求。

应当指出，一些设计决策可能同时影响完好性和可用性，二者都必须加以考虑。例如，一个系统可能需要缓解完好性故障并且不牺牲可用性。初始版本的ARP4754A指出在考虑使用差异化时，完好性与可用性之间的关系："应当注意到，体系结构差异化同时影响完好性和可用性。由于完好性的提高可能与可用性的降低相关联，或者反之，特定的应用应当从两种视角加以分析，以确保其恰当[4]。"

2.2.4.2 其他的系统需求考虑

除了完好性和可用性，在系统需求规格说明中还有如下方面要考虑。

1. 安全性需求，就是功能危险评估或后续的安全性分析导出的需求。

2. 容错对于系统的影响，综合安全系统电子体系结构与系统工程（EASIS）协会将一个故障区域定义为"一组部件，其内部的混乱被计为仅仅是一个故障，无论该混乱是在什么位置、发生了多少，以及在故障区域之内蔓延了多大[5]。"

3. 优雅降级［如失效安全（fail-safe）模式］，包括对围堵区域的需要。EASIS解释说："一个围堵区域是一组部件，它们会受到各自故障的不利影响。换句话说，围堵区域定义了故障传播必须终止的边界[5]。"例如，在飞行操纵面做动作之前的自动驾驶仪故障检测，或者在飞行员响应之前对失效数据做标记。

---

① 完好性（integrity），又常称为"完整性"。为了能更好体现其本意（强调无误）并区分于另一常用特性"完整性（completeness）"（强调无缺），本书将integrity译为"完好性"。——译者注

4. 错误检测。例如[5]：

　　a）数据检查，以确定它们是否有效、未超限、时新、短路或开路等；

　　b）冗余数据比较，比较冗余的传感器或处理单元的输出；

　　c）检测处理器和内存中的错误，例如执行内置测试、使用看门狗计时器、对只读存储器（ROM）或闪存计算校验和、使用内置的处理器异常处理、执行内存检查，或者测试随机存储器（RAM）的读/写；

　　d）通信监视，在一个分布式系统中，对进入的电文执行检查。例如，检查电文的超时、电文顺序计数，或者校验和。

5. 对检测到的错误的处理。例如[5]：

　　a）关闭功能；

　　b）进入一个降级模式；

　　c）向用户提供通报；

　　d）向与失效系统有交互的其他系统发送电文；

　　e）复位系统，回到先前状态；

　　f）使用其他可信数据（当检测到一个输入错误时）；

　　g）当不断检测到一个错误时，超时或关闭通道或系统。

6. 故障检测与处理，包括系统如何对硬件故障进行响应（如连续或随机响应）。

7. 故障避免，方法包括选择高质量的部件［具有更高的平均故障间隔时间（MTBF）指标］、加强防护以免受到例如电磁干扰的外界影响、在需求中明确禁止某些故障的发生，以及通过体系结构设计消除脆弱性。

8. 针对体系结构或设计的需求（例如，冗余、比较检查和表决机制）。虽然这有些混淆了需求与设计的边界，但是识别出需要在实现中考虑的各种事情非常重要。对需求加以标注是标识设计考虑而又不过早定义设计的一种通常做法。

9. 针对制造过程的需求。这些需求记录硬件生产和制造过程的关键特性。

10. 功能限制。在需求中需要对系统的任何已知的或需要的限制进行指定。例如，一些功能只能在某些飞行阶段或使用范围内被允许。

11. 关键功能。需要这些需求来防止由于一个失效导致关键功能的丧失。

12. 分区或保护，提供故障的隔离或围堵。分区或保护也可以用于降低确认与验证的工作量，因为关键功能的减少，所需的确认与验证严格度就会降低。分区和保护将在第21章中讨论。

13. 多样性，可以用于避免两个或多个软/硬件项上的共同故障。多样性的例子包括不同的设计、算法、工具（例如编译器）或技术[5]。

14. 冗余，可以用于容错或避免一个单点故障。冗余部件包括多个处理器、传感器等。

15. 计时相关的需求，关注诸如座舱响应时间、故障监测与响应、加电时间、重启时间等。

16. 顺序，包括初始化、冷启动、热启动，以及关机需求。

17. 模式和状态转换，例如飞行阶段、连接与断开的决策，以及模式选择等。

18. 环境鉴定等级，反映需要的环境健壮性。该等级依赖于系统关键等级、预期的安装环境，以及规章需求。RTCA DO-160〔 〕[1]解释了安装于民用航空器上的设备的环境鉴定过程。

19. 提供测试，用于确保安全性考虑得到了恰当的实现。例子包括激励输入、数据记录，或者用于辅助测试工作的其他设备接口。

20. 单粒子和多粒子翻转保护，一些航空器项目需要保护航空器系统免受高空辐射的影响。通常的解决方案包括连续自检测、纠错编码、表决机制，以及加固防护的硬件。

21. 可靠性和可维护性考虑，尤其为了支持安全性分析假设。例如，故障和相关数据的记日志、启动的测试。

22. 潜在故障需求，降低潜在（隐藏）故障的可能性。例子包括故障识别告警，以及维护或内置测试的间隔。

23. 用户和人员界面需求，以确保正确的系统使用。有大量的合格审定的指南、标准关注人因[2]需求，并最小化操作性问题。

24. 维护需求或限制，确保正确的使用和维护。

25. 安全性监控需求（当系统体系结构要求使用安全性监控器时）。

26. 保密考虑，包括保护手段例如加密、配置和加载检查，以及界面拦截。

27. 未来增长和灵活性需要，例如计时和内存余量、技术过时可能性的最小化等。

2.2.5 需求假设

在开发系统需求和设计时，需要把假设记录在文档中。一个假设就是一个在编写需求的时候尚未确定的陈述、原则或前提[1]。记录假设的方法有许多，常用的方法是将它们作为需求的注释包含进去；或者建立一个单独的文档或数据库，并链接到需求（例如，一个单独的需求模块或者字段）。对需求进行确认时，也要对假设进行确认。随着时间的推移，假设可能成为需求或设计的一部分，而不是一个单独的类别。例如，可能在一开始假设某个维护周期，并将其记录为一个假设。在需求被确认时，维护周期可能被记录为一个需求（可能在一个更高的层级上），于是它不再是一个假设。

2.2.6 分配到软/硬件项

系统需求通常有多个层级（例如，航空器、系统、子系统）。较低的层级是从较高的层级分解出来的，在每个较低层级上有更多的细节（粒度）。系统需求的最低层级被分配给软件或硬件进行实现。在ARP4754A中，软件和硬件被称为"项"。因此RTCA DO-178C是应用于软件项的，RTCA DO-254，即《机载电子硬件的设计保证指南》（*Design Assurance Guidelines for Airborne Electronic Hardware*），是应用于电子硬件项的[3]。

---

① 〔 〕指最新修订版本，或者合格审定基础要求的修订版本。

② 人因（human factors）是指人机交互中的人的因素考虑，目的是改进用户体验，提高人机工效。——译者注

③ 现在还不完全清楚哪个指南可用于DO-254不适用的硬件项（如非电子硬件或简单硬件）。这种模糊有望在将来DO-254更新到DO-254A时得到澄清。目前，ARP4754A、DO-254或者额外的合格审定机构指南（例如，FAA规定8110.105、欧洲航空安全局合格审定备忘录CM-SWCEH-001，或者项目特定的问题纪要）用于覆盖这个模糊的领域。

2.3　系统需求确认与验证

不仅要开发需求，还要对它们进行确认，对它们的实现进行验证。本节关注确认和验证。

2.3.1　需求确认

确认是保证需求正确和完整的过程。它可以包括追踪、分析、测试、评审、建模和/或相似性声明[1]。根据ARP4754A，开发保证等级（DAL）越高，需要应用越多的确认方法。理想地，分配给软件的系统需求要在软件组开始正式实现之前得到确认。否则，在识别出有效的系统需求时，软件可能需要被重新构架或重新编写。遗憾的是，在没有一些可以运行的软件之前，要确认某些系统需求经常是困难的。建立软件原型是一个支持需求确认的常用方法，但是如第6章将要讨论的，使用原型要小心。在交给软件组之前没有得到完全确认的系统需求应当被清楚地标识出来，使得利益相关方能够对风险进行管理。

2.3.2　实现验证

验证是保证系统依照所指定的那样得以实现的过程。它主要涉及基于需求的测试（RBT），不过也可以使用分析、评审或审查，以及演示。与需求确认相同，ARP4754A对于较高DAL的功能，要求更多的验证方法。验证是一个持续不断的活动。然而，对实现的正式验证[①]发生在硬件和软件的开发与集成之后。

2.3.3　确认与验证建议

以下是一些为了有效地确认与验证系统需求的建议。

建议1　制定一个确认与验证计划[②]。确认与验证计划说明将要使用的过程、标准、环境等。计划应当说明角色和职责（谁应该做什么）、事件的顺序（何时做），以及过程和标准（如何完成）。计划还应当包含ARP4754A指定的内容，并且应当是执行确认与验证的工程师可以理解和实现的。

建议2　培训所有的确认与验证团队成员。执行确认与验证活动的所有工程师应该得到计划、标准、过程、技术、期望等方面的培训。大多数工程师不是有意失败的，他们的不足通常是因为缺乏理解。培训有助于确认与验证工程师理解为什么一项任务是重要的，以及如何有效地完成它。

建议3　运用恰当的方法。确认方法聚焦于需求的正确性和完整性，包括追踪、分析、测试、评审、建模，以及相似性比较[1]。验证方法聚焦于实现的正确性，从而满足一组给定的需求。验证方法包括评审或审查、分析、测试、演示，以及服役经历比较[1]。对于没有将测试作为确认与验证方法的部分，应当给出理由说明。

建议4　制定一个供团队使用的检查单。确认与验证检查单帮助保证工程师不会无意间遗忘一些东西。检查单并非代替思考，而是作为记忆的提醒。完成的检查单也提供了确认和验证工作得到执行的客观证据。

---

① 正式验证用于合格审定置信度。
② 确认与验证计划可以列在单独的计划中。

建议5 设计易测试的系统和需求。易测试性是安全关键系统的一个重要属性，应当在需求捕获和设计过程中得到考虑。一个很好的例子是实现可以在开发和测试中监测错误的测试机制（例如，总线超频检测器、分区违背监视器、空闲检查器、执行时间监视器、越界检查、超出配置检查、内置测试、异常日志、监视器，等等）。

建议6 建立和实现一个集成的、跨功能的测试准则。尽可能多地吸纳所需的专业，在正确的时间获得正确的人员，包括软件工程师。

建议7 及早地、经常地开发和运行测试。主动在先的测试开发和执行是重要的。及早的测试工作对需求的确认和实现的验证都提供支持。当编写需求时，编写者应当想到如何执行测试。有帮助的实践包括：1）在需求评审和决策中吸纳测试者；2）尽可能早地建立一个可运行的系统测试工作站。

建议8 及早策划测试实验室和测试工作站。测试设施应当尽可能早地可供多个专业（如软件、系统、飞行试验以及硬件组）使用。在策划阶段，应当考虑使用者的数量和测试进度，以保证恰当的测试设施（数量和能力）。由于客户可能有一些特别的需要和期望，建议在策划过程中也吸纳他们参加。

建议9 开发有效的功能测试或验收测试，并清晰地给出通过和失败的准则。由于许多工程师需要在整个系统开发过程中使用测试工作站和执行测试，投入时间使测试环境有效、可重复并配有清晰的说明，是很重要的。理想的是尽可能实现自动化，不过，通常至少会有一些测试无法代价又小、效果又好地实现自动化。

建议10 建立一个综合的实验室，使用准确的模型作为仿真输入。集成设施越完整，团队对航空器或者客户的设施的依赖就越小。仿真输入越真实越好，目的是在实验室中消除尽可能多的问题，以避免在航空器或客户设施上检修的需要。

建议11 使用确认与验证矩阵。矩阵是一个确保所有需求得到确认与验证，并跟踪该工作完成情况的简单方式。

建议12 执行健壮性测试。健壮性测试确保系统在收到非预期的或无效的输入，或者当事件的一个不正常的组合或顺序发生时，仍能够按照预期进行响应。健壮性测试在系统层通常被低估了，因而很少使用，但一旦做到了这一点，就能使系统及其中的软件在交付给客户之前加快成熟。对于高等级系统（开发保证等级A和B），ARP4754A要求在验证中考虑非预期的功能。健壮性测试提供了即使事件不像预期的那样发生，系统也将会正确执行的信心。

建议13 认识确认与验证活动的价值。确认与验证对于安全性和合格审定都是重要的。它们不仅仅是打勾符号，或者主计划中的里程碑。安全性依赖于确认与验证工作做得如何。

建议14 聚焦于安全性。团队应当深谙安全性相关的需求，并在确认与验证活动中，在其上花费大比重的时间。他们还应当在测试其他功能时，认识到非预期的危及安全性的迹象。例如，测试者不应忽视极端值、监视器上出现的标记、异常或者复位。

建议15 当出现问题时标记它们。问题很少自己消失，它们通常随着时间变得恶化。如果观察到一个问题，就不应当忽视或隐藏它，而是应当标注和评价它。一旦确定是一个确实存在的问题，就应当对其进行编档，用于进一步的调查和解决。典型的做法是使用一个问题日志（在建立基线前）和问题报告（在建立基线后）。在基线之前没有得到修正的问题日志中的问题，应当被转移到问题报告系统中，以免被忽视。

建议16　不要为了补偿其他环节的进度滞后而牺牲系统测试。验证是链条中的最后一步，并且面临着补偿进度表中已有的滞后的强烈压力，这是现实中的一个悲哀事实。这会导致问题的晚发现，其修复的代价很大，并且会严重影响与客户的关系。

建议17　与软件和硬件组相协调。系统、软件以及硬件测试之间的协调可以较早地发现问题（例如，可能发现一个软件错误影响到了系统）和优化使用资源（例如，会有一些系统测试也验证了软件需求，或者相反）。

建议18　收集有意义的度量。度量可以用于跟踪有效性、强项、脆弱性、进度等。收集正确的度量对于有效管理确认与验证工作是很重要的。由于确认与验证可以消耗一半的项目预算[①]，并且对于合格审定至关重要，它需要被很好地管理。度量可以通过指示哪里进展得好以及哪里需要额外的注意，从而提供帮助。

2.4　系统工程师最佳实践

第1章指出，高资质的工程师是建立安全系统的核心条件。工程师是系统背后的灵魂，没有他们就没有系统。以下是建议系统工程组实现的一些实践，使得他们能够最佳地发挥其才能和技巧。这些实践是建立在2.3.3节给出的确认与验证建议基础上的。

最佳实践1　策划在先并编写成文。书面的计划对于成功的合格审定至关重要。要为项目管理、安全性、开发、确认与验证、合格审定等制定计划。计划应当是实用的、现实的，并且对所有使用它的人员是可见的。

最佳实践2　为变化做策划。为系统开发和实现的所有层级建立一个有效的变更过程。变更过程应当在计划中清晰说明，并应当包含一个系统层的变更影响分析过程。

最佳实践3　培养一个关注安全的文化。对团队进行安全性及其在安全性上的角色的教育。安全性应当被嵌入组织过程，并且应当是团队和管理绩效考核的一部分。此外，张贴安全教育方面的海报、邀请专业演讲者来激发安全意识，并提醒工程师：他们的家庭的安全也许就依赖于他们的行动。安全应当影响企业所有层级的所有决策和行为。

最佳实践4　编档最佳实践。捕捉值得推荐的实践，并补充基于多年经验的实际例子，是极具价值的。一旦记录下来，最佳实践应当成为所有新工程师和团队成员的必读物。通常，最佳实践会演变为公司的标准和过程。

最佳实践5　建立一个顶层的、企业范围的设计哲学。组织级的实践，例如，失效安全方法、维护边界、消息方法（例如报警、警告、颜色以及事件）等，应当被记录下来。一旦记录，应当对团队培训这些理念，使得他们的日常决策能够与公司的优先选择相一致。

最佳实践6　确保系统体系结构关注了航空器与系统危险评估得出的已知危险。通常的做法是，提出并评价多个体系结构，以决定哪个最满足安全性期望、合格审定需求，以及客户需要。

最佳实践7　尽早通过功能分解开发系统体系结构。尽可能早地将体系结构组织成逻辑分组，并使用它来驱动策划、危险评估、需求、标准、项目跟踪等。

[①]　许多项目经理指出，他们超过一半的预算和时间花费在确认与验证上。

最佳实践8 执行早期的安全性评估。安全性评估决定了系统体系结构的可行性，在早期阶段，它不必是一个完整的初步系统安全性评估（PSSA），只是用于确认概念。

最佳实践9 捕获明确的安全性需求。安全性需求需要被编档，使得他们可以被向下传递到软件和硬件组。通常，使用一个"应当"（以表示强制性）和一个安全性属性来标识安全性需求。

最佳实践10 解释需求背后的理由。解释每个需求的来源以及与其他需求、标准、指南等的关系是很有帮助的。

最佳实践11 记录衍生需求的全部假设和合理性说明。在编写需求时，假设和合理性说明应当被记录下来。不要推迟到以后，因为原来的思考过程到那时可能已经被忘掉了。

最佳实践12 开发一个概念验证或原型。概念验证或原型能够有助于需求和设计的成熟。然而，团队应当能够扔掉原型。原型是到达目标的一条途径，但并不是目标。试图升级原型来满足合格审定标准的做法常常比从头开始要花费更多的时间。原型将在第6章进一步讨论。

最佳实践13 在需求开发过程中吸纳硬件和软件工程师。硬件和软件工程师越早理解系统，他们的设计决策将越有基础，同时系统实现也能够更快、更有效。

最佳实践14 在得到确认之前，不要假设需求是正确的。最好保持一个开放的意识，寻找方法改进和优化需求，直到确认。客户并非总是正确的，尽管一些市场宣传那么说。如果有些东西好像不正确或不清楚，则应尽早向客户提出来。

最佳实践15 尽可能早地确认需求。需求确认是一个持续的过程，但是使用具有正确经验的工程师并尽早开始确认，是很重要的。2.3.3节提供了对确认活动的更多建议。

最佳实践16 安排及早和经常的验证。客户、人因人员、飞行员、维护机组、系统和航空器集成商、合格审定机构等的早期验证有助于确保利益相关方的全部期望得到满足。

最佳实践17 基于输入更新需求。使用来自硬件、软件、安全工程师以及其他利益相关方的输入改进需求和使之成熟。

最佳实践18 组织及早和持续的同行间非正式评审。同行评审有助于及早发现问题，并确保团队成员之间的一致性。

最佳实践19 使用一个需求管理工具。由于需求是安全和成功实现的基础，将它们管理好就很重要。需求管理工具可以帮助有效地管理需求，使得系统需求能够更快和更高质量地实现。一些制造商使用Word/文本文档记录需求，但是除非小心处理，这种方法可能产生不唯一或未清晰标识的需求，并且难以对需求进行"入"和"出"的追踪。这会迫使软件和硬件开发者做出解释和假设。有时候这些解释和假设是正确的，但是更经常是不正确的。如果恰当地使用需求管理工具，则可以避免一些这种问题。但是，当在工具中捕获需求时，要小心不丢失需求的整体语境和关系。

最佳实践20 制定和强制执行一个公司范围的系统需求与设计的标准和模板。需求标准和模板应当有助于提升本章中先前讨论的质量。设计标准和模板应当包含：设计理由、约束、分配、限制、安全性路径、初始化、模式和控制、余量、建模标准等问题。

最佳实践21 适当地使用图形表示。图形（例如，用户界面、显示图形以及控制系统模型）帮助有效交流概念。不过它们应当辅以适当的文本进行支持。

最佳实践22 执行正式评审。正式评审在系统开发整个过程的关键转换点上执行。第6章讨论同行评审过程。

最佳实践23 为系统组提供培训。持续的系统培训对于系统工程师很重要。建议的培训专题包括：需求编写、公司标准、领域或语境（如航空器设计或电子）、体系结构、安全属性、安全技术、安全思想，以及最佳实践。培训应当包含具体的例子。

2.5 软件与系统的关系

软件是系统实现的一部分。系统体系结构和需求驱动软件开发。因此，系统工程师、软件工程师、安全工程师、硬件工程师的沟通至关重要。在整个开发过程中，沟通得越早、越频繁，就能越少出问题。在整个项目中，系统、安全、软件、硬件负责人应该建立一种密切的工作关系。这四支团队就像椅子的四条腿：缺少其中一条，椅子就难以坐稳；缺少其中两条，椅子就完全报废。四项工作之间的沟通失败带来的是不必要的挑战，可能导致对系统需求的错误解释和实现、依赖关系的缺失、不恰当的测试，以及时间和金钱的浪费。在最近一次对一个安全关键航空应用的测试数据的评估中，评估小组发现一些软件需求没有得到测试。软件测试负责人说："系统测试组在测试那些需求"。而当问到系统测试负责人时，他的反应是："我们没有测试，因为软件测试组在做。"由于沟通和测试矩阵共享的缺失，导致了一部分系统功能无人测试的结果。避免这种情况所需要的仅仅是简单的沟通。

以下一些建议可用于培养系统、安全、软件、硬件团队之间的集成关系。

- 把这些团队安排在同一地点。
- 建立一个包含每个团队的关键利益相关方的核心小组。这个小组起领导作用，做出关键决策，维护一致性，评价和批准变更等。
- 作为一个核心小组共同工作，建立整体设计哲学并将其编档，然后与整个团队分享该设计哲学。
- 协调四项工作之间的交接和转换（确保交给下一个团队使用的资料足够成熟）。
- 鼓励一个开放的无过激反应的环境，用于识别、上传、解决问题。
- 在需要的时候，不要害怕吸纳客户和合格审定机构。对不确定的问题进行澄清，能够防止错误的决策。
- 鼓励通过工作之余的活动（共同的午餐、宴会、聚会、异地会议、体育活动等）来增强团队的活力。
- 经常性地在整个范围内分享经验教训。
- 推动跨团队的关键技术领域培训（例如，安排每周或每月的演示报告）。
- 让安全代表提供关于系统安全性评估结果的培训，使得每个人熟悉安全驱动因素。
- 使用增量和迭代式模型，有助于建立系统和支持频繁的协调。
- 鼓励团队在产品的制造过程中融入安全性和质量。而要想事后把它们追加进去，则几乎是不可能的。
- 跟踪那些鼓励团队互相考虑和帮助的度量（例如，测量成功集成于硬件的软件功能，而不仅仅是硬件或软件的完成）。

第3章 系统安全性评估语境中的软件

3.1 航空器与系统安全性评估过程概览

如第2章讨论的，安全性评估是与航空器和系统开发并行进行的。本章给出民用航空安全性评估过程的一个概览，并解释软件是如何置入系统和安全性框架中的。图3.1显示了系统与安全性评估过程概览。随着系统的开发，安全性方面的因素被识别并通过设计加以解决。美国汽车工程师学会（SAE）的ARP4761，即《民用机载系统和设备的安全性评估过程指南与方法》(*Guidelines and Methods for Conducting the Safety Assessment Process on Civil Airborne Systems and Equipment*)，详细说明了对民用航空的期望[①]。其他领域使用了类似的方法，例如美国军用标准882，即美国国防部的系统安全性标准。这里将介绍ARP4761安全性评估过程的主要内容。

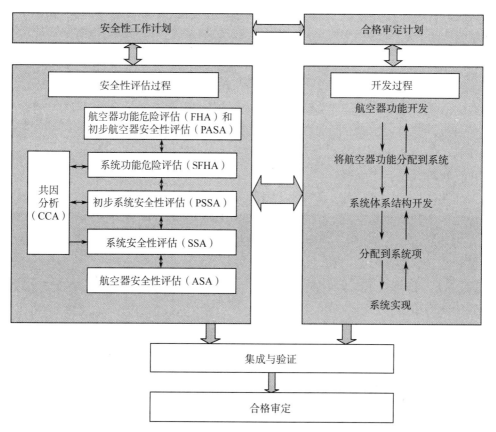

图3.1 系统与安全性评估过程概览

---

① 目前ARP4761正在进行更新。当可用的时候，ARP4761A将会替代ARP4761。

3.1.1　安全性工作计划

安全性工作计划的制定通常是整个航空器安全性评估中要进行的第一项任务。该计划阐明将怎样保证航空器安全性、怎样识别安全性相关的需求、使用哪些安全性标准、生成哪些资料、使用哪些方法、由谁执行该任务、关键里程碑，以及怎样协调各项任务从而保证正确性、完整性和一致性。ARP4574A附录B提供了一个安全性工作计划的样例，可以作为一个模板来启动一个特定航空器的安全性计划。在使用时，ARP4754A附录B的例子需要被剪裁，以适应特定项目中的利益相关方的特别需要和组织结构[1]。ARP4761提供了特定的技术，用于完成安全性工作计划中标识的分析工作，包括例子和检查单样例。除了航空器层的安全性工作计划，许多系统还会有一个自己的系统层安全性工作计划。这些较低层的安全性计划可以在航空器层的安全性工作计划中引用。无论安全性工作计划还是航空器层的合格审定计划，通常都要说明各种航空器层和系统层的计划与资料之间的关系。

3.1.2　功能危险评估

一旦基本的航空器功能和概念设计得到编档，就要建立功能危险评估（FHA）。FHA对航空器功能及其组合相关的失效状态进行识别和分类。依据规章和支持的指南，评估失效状态对航空器的影响。这些规章和指南建立了航空器的安全性需求和目标。在航空界，不同的航空器类型所要求的安全性目标也不同（例如，运输类飞机［第25部分］、小飞机［第23部分］、小旋翼机［第27部分］、运输类旋翼机［第29部分］、发动机［第33部分］、螺旋桨［第35部分］）①。大型运输类航空器有最严格的需求，原因是它关乎人员生命的全部风险。对小航空器的要求则有一些降低，取决于航空器的尺寸和它的运行区域。表3.1显示了严重性分类、失效状态影响，以及对于一个大型运输类航空器要求的发生概率②（还显示了保证等级，将在3.2节中讨论）。其他航空器类型、发动机、螺旋桨也有相似的分类。不过，对于第23部分的航空器的概率等级可能更低，这取决于航空器的类型。FHA的结果并不是一成不变的，而是在航空器开发过程中随着附加的航空器功能和状态的识别不断更新。最终的FHA的内容包括识别功能、失效状态、每个功能的运行阶段、功能失效的影响、失效的分类，以及验证方法。

FHA的建立并不是一个轻松的过程。它包含对于整个航空器的以下工作：1）分析一个失效发生的可能场景；2）评估其一旦发生则可能产生的结果；3）确定是否需要进行更改。FHA的输入来自过去的项目、事故以及飞行经验。FHA的建立要吸纳有经验的工程师、飞行员、人因专家、安全人员以及监管机构。虽然人们一般容易理解单个危险的后果，但是多个实际失效的组合使得FHA很有挑战性。每个航空器有其自己的特性，不过相似平台的历史证据（如事故和事件）可以发挥很大作用。

---

① 每一部分来自《美国联邦法规》的第14篇。
② 详见《美国联邦法规》的第14篇的第25部分。

表3.1 失效状态的严重性、概率和等级

严重性分类	潜在失效状态影响	失效发生的可能性	每飞行小时发生概率（第25部分）	保证等级
灾难性的	该失效将导致大量灾害，通常损失飞机	极不可能	1E-9	A
危险的/极其严重的	该失效将降低飞机的能力或者飞行机组应对不利操作条件的能力，达到的程度包括： ● 安全余量或实现功能的能力的大幅降低 ● 飞行机组身体痛苦或过度负荷，以至于无法准确或完整地执行任务 ● 对相对少量的乘客而不是飞行机组的严重或致命的伤害	极小	1E-7	B
严重的	该失效将降低飞机的能力或者飞行机组应对不利操作条件的能力，达到的程度包括：显著降低安全余量或实现功能的能力；机组负荷的显著增加或者损害机组效率；令飞行机组感到身体不适，或者令乘客、客舱机组感到身体痛苦，可能包括伤害	较小	1E-5	C
不严重的	该失效将不会显著降低飞机的安全性，引起的机组行为完全在其能力之内。失效的状态包括：安全余量或实现功能的能力的轻微降低；机组负荷的轻微增加，例如例行飞行计划变更；或者令乘客、客舱机组感到身体不适	有可能	1E-3	D
无安全影响的	该失效对安全性没有影响，例如不影响飞机运行能力或增加机组负荷	很可能	1.0	E

3.1.3 系统功能危险评估

系统功能危险评估（SFHA）与FHA相似，只是它对航空器上的每个系统进行更多的细节分析①。它分析系统的体系结构，从而对失效状态及其组合进行识别和分类。这可能会导致FHA以及整个航空器或系统设计的更新。

3.1.4 初步航空器安全性评估

初步航空器安全性评估（PASA）是"对提出的体系结构的系统化检查，从而确定失效怎样能够引发由FHA识别出的那些失效状态"[1]。PASA是最高层的初步安全性分析，它是从航空器FHA建立起来的。PASA通常由航空器制造商执行，考虑各系统的组合以及它们之间的接口。PASA的输入包括航空器层的和系统层的FHA、初步的共因分析，以及提出的系统体系结构和接口。PASA可能引起FHA和SFHA的更新，通常会生成更低层的安全性需求。

3.1.5 初步系统安全性评估

与PASA相同，初步系统安全性评估（PSSA）也是自顶向下地检查失效怎样能够导致FHA和SFHA中识别出那些功能危险。PASA聚焦于航空器体系结构和系统的集成，而PSSA

---

① 通常对航空器上的每个系统都有一个SFHA。

聚焦于一个特定系统、子系统，或产品的体系结构。航空器的每个主要系统要有一个PSSA。对于有多个子系统的系统，可以有多个分层的PSSA。

PSSA通常由系统开发商执行，关注航空器的每个系统的细节。随着航空器系统的成熟，PSSA提供反馈给PASA。

PASA和PSSA过程会导致额外的保护或体系结构缓解措施（例如，监视、分区、冗余，或内置测试）。PASA和PSSA的输出作为FHA和SFHA、系统体系结构、系统需求的反馈或输入。PASA和PSSA也影响软件和硬件需求。

总而言之，PASA和PSSA用于说明提出的设计可以满足规章以及FHA和SFHA的安全性需求。PASA和PSSA作为最终完成的航空器安全性评估（ASA）和系统安全性评估（SSA）的输入。PASA和PSSA通常是用于为系统和软件与电子硬件提供开发保证等级的评估，前者是功能开发保证等级，后者是软/硬件项开发保证等级。

3.1.6　共因分析

共因分析（CCA）评价系统体系结构和航空器设计，以确定对于任何共同原因事件的敏感性。共因分析帮助确保：1）在需要的部位获得独立性；2）任何依赖是可以接受的，从而为要求的安全性等级提供支持。CCA验证安全性所需要的独立性以及规章符合性是存在的，或者独立性的缺乏是可以接受的。ARP4754A解释说，CCA"建立和验证系统与软/硬件项之间的物理与功能隔离、孤立、独立的需求，并验证这些需求已得到满足"[1]。CCA的输出是PASA和/或PSSA，以及ASA和/或SSA的输入。3个单独的分析通常用于评价共因，分别说明如下。

1. 特别风险分析（PRA），评价"系统和软/硬件项考虑之外的，但是会违背失效独立性声明的事件或影响"[2]。ARP4761提供了被评价的航空器、系统或软/硬件项的外部事件或影响的多个例子。航空器外部事件的一个例子是鸟类撞击。一些商务飞机在飞机头部安装航空电子设备，在低空对于鸟类撞击很敏感。因此，冗余系统（例如导航和通信）从物理上放置于头部的相反面，从而杜绝共因。航空器外部风险的其他例子包括冰、高强度辐射场（HIRF）或光线[2]。系统外部事件的一个例子是发动机转子可能发生爆裂，切穿航空器的机壳。为了降低对于这种事件的敏感性，通常要求电力动力、飞行控制、水压系统等的物理隔离。系统外部的其他风险包括火灾、舱壁破裂、液体泄漏、保密篡改，以及轮胎胎面分离[2]。

2. 区域安全性分析（ZSA），指的是对航空器上的每个区域进行分析。区域的例子包括头部、驾驶舱、客舱、左翼、右翼、尾锥、油箱、货舱，以及航空电子舱。ZSA确保安装"就基本安装、系统之间的干扰，或者维护错误而言，满足安全性需求"[1]。对航空器的每个识别出的区域执行ZSA，包括设计/安装指南、确保与指南的符合性的检查，以及为识别所有干扰进行的审查（基于失效模式与影响分析以及总结）。

3. 共模分析（CMA），考虑开发、实现、测试、制造、安装、维护或机组操作过程中可能导致一个共同模式失效的任何一种共同影响。CMA在航空器开发的多个层级上执行——从最高的航空器层向下，直到单个电路板的全部层级。CMA验证故障树分析、依赖图和/或马尔可夫分析中"与操作（AND）"的事件确实是独立的[2]。这种分析对于软件开发有影响，因为它考虑了共模，例如软件开发错误、系统需求错误、函数及其监视器，以及接口。CMA有助于为系统、软件和硬件确定开发保证等级。开发保证在3.2节说明。

3.1.7　航空器安全性评估和系统安全性评估

航空器安全性评估（ASA）和系统安全性评估（SSA）验证航空器和系统设计的实现满足FHA、SFHA、PASA以及PSSA所定义的安全性需求。ASA和SSA用于完成的、实现的设计，而PASA和PSSA则基于提出的设计。ASA和SSA是航空器满足规定的安全性需求的最终证据。

与PASA和PSSA相同，ASA常常由航空器制造商执行，SSA由系统开发商执行。ASA考虑系统的组合与集成，并与多个SSA紧密协调。

3.2　开发保证

在复杂和高度集成、包含软件与/或可编程硬件的电子系统中，通过测试输入与输出的全部组合以得到失效概率的方法是不可行的。这个限制，加之计算机程序不会像物理部件那样变质或随着时间推移而失效的事实，使得需要建立一个称为"开发保证"（development assurance）的概念。开发保证用于在开发系统及其软/硬件项的过程中确保信心。开发保证是"所有那些在一个适当的信任级别上，用于证实需求、设计和实现中的错误都已经被识别和纠正，因而系统满足适用的合格审定基本条件的、有计划的和系统化的行动"[1]。开发保证假设一个更严格的过程比一个不严格的过程更有可能在产品交付之前识别和去除错误。起初引入开发保证的概念是用于软件的，然而它也适用于穷举型测试不可行的其他领域。表3.2标识了在民用航空中开发保证所适用的领域，以及为每个领域提供指南的工业文件①。

表3.2　民用航空的开发保证文件

文件编号和内容主题	关注的领域
SAE/ARP4754A（EUROCAE/ED-79A）:《民用航空器与系统指南》	民用航空器及其系统
RTCA/DO-297（EUROCAE/ED-124）:《综合模块化航空电子（IMA）开发指南和合格审定考虑》	综合模块化航空电子
RTCA/DO-178C（EUROCAE/ED-12C）:《机载系统和设备合格审定中的软件考虑》	机载软件
RTCA/DO-278A（EUROCAE/ED-109A）:《通信、导航、监视和空中交通管理（CNS/ATM）系统软件完好性保证指南》	CNS/ATM基于地面的软件
RTCA/DO-254（EUROCAE/ED-80）:《机载电子硬件设计保证指南》	机载电子硬件
RTCA/DO-330（EUROCAE/ED-215）:《软件工具鉴定考虑》	软件工具
RTCA/DO-331（EUROCAE/ED-218）:《DO-178C和DO-278A的基于模型的开发与验证补充》	机载和CNS/ATM基于地面的软件
RTCA/DO-332（EUROCAE/ED-217）:《DO-178C和DO-278A的面向对象技术与相关技术补充》	机载和CNS/ATM基于地面的软件

---

① 　还包含了对等的EUROCAE文件编号。

（续表）

文件编号和内容主题	关注的领域
RTCA/DO-333（EUROCAE/ED-216）:《DO-178C 和 DO-278A 的形式化方法补充》	机载和 CNS/ATM 基于地面的软件
RTCA/DO-200A（EUROCAE/ED-76）:《航空数据处理标准》	航空数据库

　　开发保证等级是通过安全性评估过程，基于系统潜在的安全性影响确定的。ARP4754A 定义开发保证等级为"对应用于开发过程的严格度的度量，从而在对于安全性的一个可接受的等级上，限制航空器/系统功能或软/硬件项的开发过程中的错误发生的可能性。这些错误如果暴露在服役期间，则会产生不利的安全性后果"[1]。对于大多数航空器和发动机，表3.1 中的保证等级是适用的①。表3.1 中每个类别的概率是用于硬件项的，可靠性的概念对于它们是适用的。

3.2.1　开发保证等级

　　ARP4754A 识别了系统开发的两个阶段：功能开发阶段和软/硬件项开发阶段。功能开发阶段包括系统的开发、确认、验证、配置管理、过程保证，以及合格审定联络。在软/硬件项开发阶段，系统需求被分配到软件或硬件，称为"项"。软件或硬件项有自己的开发阶段。ARP4754A 指南适用于系统开发阶段，DO-178B/C 适用于软件开发阶段，DO-254 适用于电子硬件开发阶段。

　　图3.2 的系统开发的传统 V 模型表示了功能和软/硬件项开发阶段。对于功能开发，基于系统对安全性的潜在影响，指定功能开发保证等级（FDAL）。对于软/硬件项开发，指定软/硬件项开发保证等级（IDAL）。

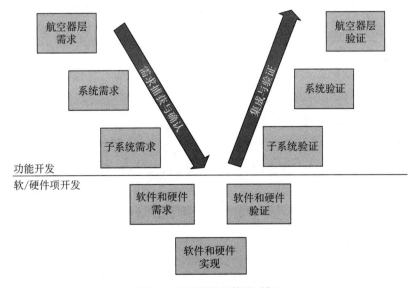

图3.2　系统开发的传统V模型

---

①　对于一些小航空器，保证等级更低，参见美国联邦航空局（FAA）咨询通告23. 1309-1［］（"［］"表示最新版本）。

FDAL确定系统层所要求的严格度（例如，需求评审、测试、独立性的程度）。IDAL确定特定项开发（软件或电子硬件开发）所要求的严格度。依赖于体系结构，IDAL会比FDAL低。ARP4754A解释了FDAL和IDAL指定方法。FDAL决定ARP4754A的什么目标应用于系统层。类似地，IDAL决定DO-178C（或其补充）的什么目标应用于软件，或DO-254的什么目标应用于电子硬件。

需要指出的是，FDAL和IDAL是在系统层上指定，是安全评估过程的结果。初始的IDAL指定应该在DO-178C或DO-254策划活动结束之前完成。IDAL在DO-178C（及其补充）以及本书的后面章节中被称为"软件层"。DO-178C的目标将在第三部分（第4章至第12章）说明。

3.3　软件如何置于安全性过程

在过去的20年间，软件的作用不断增长。由于软件变得更加普遍，系统和安全性过程也发生了演变。由于其复杂性和独特性，传统的模拟和机械系统失效分析和可靠性技术不能用于软件。本节说明：1）软件的独特性，这些独特性驱动了开发保证过程的需要；2）软件如何置于系统和安全性过程。

3.3.1　软件的独特性

与硬件不同，软件并不遵从物理规律：不会耗尽，不会在已知条件下毁坏，也不会或者以可预测的方式失效。其他一些独特性如下[3]。

- 程序即使很短，也可以很复杂、难以理解。
- 由于潜在错误的发现和纠正，软件将随着时间趋于改善。
- 在一个区域纠正一个错误可能引入另一个错误，引入的这个错误甚至可能位于似乎没有关联的区域。
- 软件可以与数十个甚至数百个其他软件模块产生接口。
- 与硬件不同，软件在失效之前不会给出预先征兆。潜在的软件错误可以隐藏多年看不到，却突然间出现。
- 软件可以很容易地被更改（因而被称为"软"件）。
- 寻找软件中的一个错误可能非常耗时费力（尤其是如果没有主动在先地采取措施）。

目前，证明软件完美无缺，或者判断它距离完美有多远，都是不可能的。事实上，不妨说所有的软件都是包含某些错误的，因为它是由不够完美的人类开发出来的。适用于硬件的可靠性技术不能简单地应用于软件。如果依赖于硬件可靠性方法，则只能允许航空器使用非常简单的软件。

3.3.2　软件开发保证

由于不能在软件上精确地应用可靠性模型，开发保证的概念在大多数关注安全性的工业中得到应用，包括航空业。开发保证的定义在3.2节中已给出。开发保证的目标是在开发过程中应用严格的过程，从而防止、识别以及去除错误。对越关键的功能要应用越多的开发和验证活动。对于航空工业，DO-178B和现在的DO-178C基于安全性过程划分了5个软件等级（DO-178和DO-178A有3个等级）。表3.1说明了软件等级之间的关系以及失效状态类别。A级软件是最严格的，适用于可能引起或助长灾难性航空器层事件的软件功能。对于A级，要应用DO-178C的全部目标[1]。E级软件没有安全性影响，因此，不要求任何DO-178C目标。

表3.3说明了随着软件等级的上升，开发和验证如何变得严格，并且目标数量如何增加。随着等级的上升，要求更多的活动和更多的依赖性。表3.3中总结的每个目标将在第三部分具体说明。在这里，重要的是理解：软件等级越高，就要执行越多的验证、要求越多的独立性、发现和排除越多的错误。

表3.3　DO-178C目标总结

等级	目标数	带独立性的目标	目标总结
E	0	0	没有要求的活动
D	26	2	计划（5个计划） 开发的高层需求 开发的体系结构 开发的可执行目标代码 开发的参数数据项文件（如果需要）并验证了正确性和完整性 高层需求的一些评审和分析 高层需求的正常和健壮性测试 高层需求的需求覆盖 验证目标计算机兼容性的测试 配置管理 质量保证（符合计划和符合性评审） 完成总结和配置索引
C	62	5	D级活动 开发标准（3个标准） 开发的低层需求 开发的追踪资料 开发的源代码 高层需求的额外评审和分析 低层需求的一些评审和分析 体系结构的一些评审和分析 一些源代码的评审和分析 参数数据项文件的验证 低层需求的正常和健壮性测试 低层需求的需求覆盖 评审测试规程 评审测试结果 语句覆盖分析 数据和控制耦合分析 额外的质量保证（评审计划和标准、对标准的符合，以及转换准则）

---

[1]　DO-178C目标将在本书第三部分解释。

（续表）

等级	目标数	带独立性的目标	目标总结
B	69	18	C级和D级活动 高层需求的额外评审和分析（目标机的兼容性） 低层需求的额外评审和分析（目标机的兼容性和可验证性） 体系结构的额外评审和分析（目标机的兼容性和可验证性） 源代码的额外评审和分析（可验证性） 判定覆盖
A	71	30	B级、C级和D级活动 修改的条件/判定覆盖分析 源代码到目标代码的可追踪性验证

3.3.3　其他观点

实际上，科学地证明开发保证方法的作用是不可能的。一个好的过程也并不一定意味着一个健壮的安全产品。例如，作者常说："并非所有的A级软件都是以同样的方式建立的。"一个项目可能有一个很好的过程，却仍然制造出问题成堆的软件，这通常是由于使用了没有经验的人员或不良的系统需求。类似地，一个团队可以有一个不够标准的过程，却制造出健壮可靠的软件，主要是因为使用了能力很强、经验丰富的工程师。DO-178C假设使用有资质的、受到良好培训的人员，然而人员的适合性是不容易度量的。一些机构检查简历和培训记录来确保使用的是有资质的和受过恰当培训的人员。

一个没有很强安全性基础的公司，会有一种通病，就是在并不理解为什么需要一个安全性等级的情况下选择这个等级。将软件开发过程与系统需求和安全性驱动因素相割裂，会导致严重的安全性问题。因此，DO-178C、ARP4754A以及ARP4761都力图针对软件在系统中的实现给出更好的指南。不过，这种通病依然存在，必须得到监控。

由于开发保证方法不能得到科学的支持，有些人质疑甚至指责这种方法的使用。大多数批评者支持在软件层使用安全性和可靠性模型。批评者扩展SSA过程以包含软件，最小化对于开发保证的依赖。这些方法使用安全用况（safety use case）和模型，表明系统在一组可能遇到的给定条件下是可靠的。这些场景的开发和在这些场景下对系统进行验证，需要大量的工作和技术。安全性焦点对于确保软件设计支持系统安全性是有益的。然而，目前为止，软件可靠性建模技术仍然存在局限性和争议。

3.3.4　在系统安全性过程关注软件的建议

如前面指出，安全性是一个系统属性，而不是一个软件属性。健全的系统、安全、硬件，以及软件工程，对于安全系统的实现是必要的。以下是对于加强这些领域之间的关联的建议。

- 将安全性属性分配到软件需求，尤其支持安全性保护，目的是识别出哪些软件需求对于安全性是至关重要的。这也有助于确保软件更改对于安全性的影响得到充分考虑。
- 吸纳系统工程师和安全工程师参加软件需求和体系结构评审。

- 衍生的软件需求一旦被识别就尽早与安全组进行协调，以确保它们没有影响到安全性。在衍生的需求中包含理由说明，使得它们能够被理解、针对安全性进行评价以及维护。
- 将系统组、安全组、硬件组和软件组安排在同一地点。
- 及早执行PSSA，目的是识别软件等级，清晰地识别哪些系统功能具有安全性影响。也就是说，弄清楚什么驱动了软件等级指定，或者在软件中需要什么缓解（保护）措施。
- 向整个软件组提供一个PSSA的概括，以确保他们理解软件等级的原因，以及他们的工作对于安全性的影响。
- 考虑向下执行安全性评估直至软件，以支持整个安全性评估过程。在软件中实现保护（如分区或监控）的情况下，这尤其有益。
- 培训软件人员，针对系统开发、SSA过程、开发保证等级指定、用于开发安全关键系统的公共技术，以及他们对自己的系统需要了解什么。
- 使用有经验的人员。如果使用缺少经验的工程师（大家都有开始的时候），则应将他们与有经验的工程师进行配对结合。
- 建立一个关注安全的文化。如果最高管理者支持安全工作并且言行一致，就会对一线开发人员如何看待和实现安全性产生巨大的影响。

第三部分

使用DO-178C开发安全关键软件

　　RTCA DO-178C（本书中简称为DO-178C）的全称为《机载系统和设备合格审定中的软件考虑》（*Software Considerations in Airborne Systems and Equipment Certification*）。它是在美国航空无线电技术委员会（RTCA）[1]和欧洲民用航空设备组织（EUROCAE）[2]发起下，由国际团体[3]形成共识，从而产生的一组建议，于2011年12月13日发布。预期中，美国联邦航空局（FAA）、欧洲航空安全局（EASA），以及其他民用航空机构将很快认可该文件，将其作为一种可接受的检查规章符合性的手段[4]。DO-178C与其EUROCAE对等物（ED-12C）的前身为DO-178/ED-12、DO-178A/ED-12A和DO-178B/ED-12B。DO-178C提供了开发机载软件的指南。不过，这些指南中的绝大多数也都适用于其他的安全关键领域。第三部分提供了DO-178C的概览、DO-178C与DO-178B的主要区别，以及开发符合DO-178C的软件的建议。这一部分不重复DO-178C所包含的内容，而是针对如何将DO-178C应用于实际项目提供实用信息。

---

[1] RTCA是位于美国的一个政府与工业航空组织的联盟，从联邦政府得到一些基金，同时也从会员年费和文件销售获得资金支持。

[2] EUROCAE是一个国际化组织，其成员资格对欧洲航空电子设备的制造商和用户、国家民用航空局、贸易协会，以及欧洲以外的成员（特定条件下）开放。

[3] 这个团体的联合委员会包含来自美国、加拿大、欧洲、南美洲和亚洲的工业界、监管机构及学术界的成员。

[4] 该认可通常以FAA的咨询通告（AC）或者其他合格审定机构的对等咨询材料的形式出现。预期中，FAA AC20-115C在发布时将会认可DO-178C。

目前，航空工业正从 DO-178B 向 DO-178C 迁移。这两个版本文件的许多指南是相同的。因此，第三部分中的多数内容同时适用于 DO-178B 和 DO-178C 的使用者。预期于向 DO-178C 的迁移，本书中都将使用名称 DO-178C。除非特别指出与 DO-178B 有所不同，其余内容一般都同样适用于 DO-178B 的使用者。

第三部分概括如下。

第 4 章给出了 DO-178 的历史、DO-178C 的概览、DO-178C 与 DO-178B 之间的主要区别，以及与 DO-178C 一起发布的 6 份文件。

第 5 章说明了 DO-178C 的策划过程，以及用于有效策划的最佳推荐实践。

第 6 章至第 8 章分别讨论了软件需求捕获、设计以及实现。每一章探索 DO-178C 目标的要求，并讨论用于满足这些目标的建议。

第 9 章至第 12 章分别说明了验证、软件配置管理、软件质量保证，以及合格审定联络等整体性过程。这些章也将讨论 DO-178C 目标，并着重说明满足这些目标的实践方法。

第 6 章（需求）和第 9 章（验证）比其他章更长，因为这两个专题对于满足 DO-178C 符合性至关重要。

第4章 DO-178C及支持文件概览

4.1 DO-178历史

　　DO-178和它的EUROCAE对等物（ED-12）已有30年的历史。表4.1总结了DO-178及其相关文件的演化。

表4.1 DO-178及其相关文件的演化

文 件	发布年份	内 容
DO-178	1982	为开发机载软件提供了非常基本的信息
DO-178A	1985	包含比DO-178更强的软件工程原则，包含需求的验证与确认
DO-178B	1992	比DO-178A的篇幅长得多。以"做什么（what）"（目标）而不是"怎样做（how）"的形式提供指南。提供了生命周期过程和资料的讲解。不包含需求确认
DO-248B	2001	包含对DO-178B印刷错误的勘误，还提供了常见问题（FAQ）和讨论纪要（DP）来澄清DO-178B。其前身是1999年的DO-248和2000年的DO-248A。不被认为是指南，只是澄清
DO-278	2002	将DO-178B应用到通信、导航、监视和空中交通管理（CNS/ATM）软件。增加了一些CNS/ATM特定的术语和指南
DO-178C	2011	内容与DO-178B很相似，但是澄清了几个方面，增加了对参数数据项的指南，以及对用于工具鉴定的DO-330的引用
DO-278A	2011	独立于DO-178C，不像DO-278那样对DO-178B直接引用。与DO-178C非常相似，有一些术语变化和CNS/ATM系统软件需要的额外指南
DO-248C	2011	更新了DO-248B，使FAQ和DP与DO-178C的更新一致。同时扩展关注DO-278A话题，以澄清DO-248B发布以来增加的话题，并增加DO-178C目标和补充文件的理由说明
DO-330	2011	提供工具鉴定的指南，是一个独立文件。DO-178C和DO-278A引用DO-330
DO-331	2011	DO-178C和DO-278A的技术补充，提供基于模型的开发与验证的指南
DO-332	2011	DO-178C和DO-278A的技术补充，提供面向对象技术与相关技术的指南
DO-333	2011	DO-178C和DO-278A的技术补充，提供形式化方法的指南

　　1982年，DO-178的第一版发布。该文件十分简短，只提供了软件开发的一个高层框架。

　　1982年至1985年间，软件工程学科成熟了许多，DO-178也是如此。DO-178A于1985年发布。许多今天仍然存在的系统是使用DO-178A作为其符合性方法。然而，DO-178A存在一些被质疑的特点。首先，DO-178A同时关注需求验证和确认。DO-178和DO-178A的制定先于ARP4754和ARP4761，后者建立了系统和安全性评估框架。在ARP4754中明确了需求确认（确保有正确的需求）是一个系统活动，而需求验证（确保分配给软件的需求被正确地实现）是一个软件活动。其次，DO-178A不是基于目标的，因此难以客观地评估其符合性。第三，DO-178A实行结构化测试，而不是结构覆盖分析。正如第9章将解释的，结构化测试不适用于识别非预期的功能，或者衡量基于需求的测试的完整性。

DO-178B在1992年底发布。它的开发是与ARP4754和ARP4761并行的，后者的发布稍晚一些。DO-178B比DO-178A增添了更多的细节，成为航空软件开发的事实标准。DO-178B是基于目标的，它力求标识出什么是开发者必须做到的，而同时对于如何完成则给予灵活性。该文件还要求，通过为所有用于合格审定置信度的活动要求提供编档的证据（生命周期资料[①]），对"做了什么"给予更多的洞察，这使得符合性的客观评价成为可能。此外，如前面指出的，DO-178B不关注需求确认，那是系统组的职责。同时，DO-178B着重明确了对于结构覆盖分析的期望。

1999年至2001年，RTCA发布了DO-248、DO-248A以及DO-248B。DO-248最初是一个年度报告，用以澄清DO-178B中一些较有难度的内容。该报告的最终版本于2001年发布，标识为DO-248B（它的EUROCAE对等物是ED-94B），其中包含了先前发布的内容。DO-248B包含DO-178B的12项勘误（小的印刷错误）、76个常见问题（FAQ），以及15篇讨论纪要（DP）。一个FAQ是一个不到一页的简短说明，形式上是一问一答。一个DP也是一个说明，但长过一页，并且采用主题说明的形式。DO-248B绝不是指南材料，而只是DO-178B已有内容的澄清。它是非正式和教育性的文件，用于帮助使用者理解和应用DO-178B。正如本章后面将要解释的，DO-248B已经被DO-248C替代。

2005年，RTCA和EUROCAE建立了一个联合委员会[②]来更新DO-178B（和ED-12B），以跟进软件技术的发展。这个委员会的目标是继续[1,2]：

- 推进航空软件的安全实现；
- 提供与系统和安全过程的清晰和一致的连接；
- 关注新出现的软件趋势和技术；
- 实现一个灵活的方法以跟随技术进行改变。

委员会工作的输入是DO-178B、DO-278、DO-248B、合格审定机构的发布文档［包括原则、指南、问题纪要、合格审定机构软件组（CAST）[③]纪要、研究报告，等等］、委员会的参考术语、一个持续的问题列表，以及数百名专业人士的经验和专业知识。输出是7份文件，通常称为"绿皮书"，因为每份RTCA文件的纸质版都带有一个绿色的封皮。RTCA在2011年底发布了以下文件（对于我们这些在委员会中为这项工作奉献了6年半时间的人来说，是一份不错的圣诞礼物）：

- DO-178C/ED-12C，机载系统和设备合格审定中的软件考虑；
- DO-278A/ED-109A，通信、导航、监视和空中交通管理（CNS/ATM）系统软件完好性保证指南；
- DO-248C/ED-94C，DO-178C 和 DO-278A 的支持信息；
- DO-330/ED-215，软件工具鉴定考虑；
- DO-331/ED-218，DO-178C 和 DO-278A 的基于模型的开发与验证补充；
- DO-332/ED-217，DO-178C 和 DO-278A 的面向对象技术与相关技术补充；
- DO-333/ED-216，DO-178C 和 DO-278A 的形式化方法补充。

图4.1说明了以上7份文件的关系。每份文件将在后面简要描述，并在后续章节中给出更具体的解释。RTCA的DO-文件和EUROCAE的ED-文件是相同的，除了页面布局（RTCA使用信纸大小页面，而EUROCAE使用A4页面）以及附加的EUROCAE文件的法语翻译。本书后面将只提及RTCA编号。

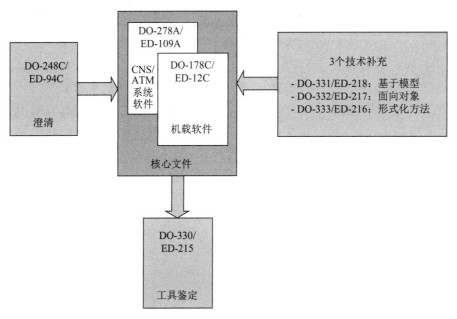

图4.1　DO-178C与相关文件的关系

4.2　DO-178C和DO-278A核心文件

DO-178C 和 DO-278A 几乎是相同的，除了 DO-178C 聚焦于机载软件，而 DO-278A 是 CNS/ATM 地面软件。4.2.1节总结了两份文件的主要不同，由于 DO-178C 和 DO-278A 基本相同，而 DO-178C 比 DO-278A 有更大的用户群体，在4.2.1节之后，只有 DO-178C 会被提到，除非存在明显的不同。

DO-178C 和 DO-278A 通常被称为核心文件，因为它们提供了其他文件所基于的核心概念和组织。这些核心文件尽可能保持技术独立性。DO-248C 和补充文件引用这两个核心文件，并提供技术特定的细节。

　　DO-178C与DO-178B非常相似，所做更新是为了解决DO-178B不清晰的方面，从而与系统和安全性文件（ARP4754A和ARP4761）相一致，并建立一个与文件的正文相一致的目标表的全集。与DO-178B相同，DO-178C由12节组成，附件A总结了正文中的目标，附件B包含了一个词汇表，此外还有一些支持性附录。DO-178C各节之间的关系在图4.2中表示，并简要描述如下。

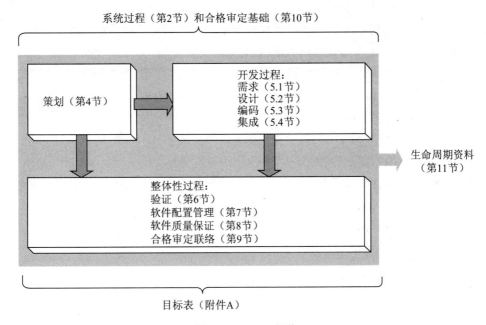

图4.2　DO-178C概览

- DO-178C第1节给出文件的一个引言。
- DO-178C第2节包含与ARP4754A相一致的系统框架。
- DO-178C第3节给出DO-178C软件生命周期过程的一个简要概览：策划、开发（需求、设计、编码、集成）、验证、软件配置管理、软件质量保证，以及合格审定联络。
- DO-178C第4节解释策划过程目标和活动。策划目标在DO-178C的表A-1中总结。
- DO-178C第5节解释开发过程目标和活动。开发过程包括需求、设计、编码以及集成阶段。开发目标在DO-178C的表A-2中总结。
- DO-178C第6节描述验证过程。验证是一个整体性过程，开始于计划的验证，直至验证结果的报告和评审。验证包括评审、分析、测试。验证在软件开发保证中起到重要作用。超过一半以上的DO-178C的目标是验证目标。验证目标在DO-178C的表A-3至表A-7中总结。
- DO-178C第7节解释软件配置管理过程，包括变更控制和问题报告。配置管理目标在DO-178C的表A-8中总结。
- DO-178C第8节提供软件质量保证过程的指南。软件质量保证过程的目标在DO-178C的表A-9中总结。
- DO-178C第9节和第10节总结合格审定联络过程，以及整体航空器或发动机合格审定过程。合格审定联络目标在DO-178C的表A-10中总结。

- DO-178C第11节标识在软件策划、开发及验证中产生的生命周期资料。在许多情况下，软件的"生命周期资料"也称为资料项或制品。每个生命周期资料项的预期内容在DO-178C第11节中给出简要解释。每个资料项在前面的章节中进行讨论。
- DO-178C第12节包含对一些超出前面章节的额外问题的指南，包括先前开发的软件（PDS）、工具鉴定等级、替代方法（例如，穷举输入测试、多版本不相似软件、软件可靠性模型，以及产品服役历史）。
- DO-178C附件A包含将每个过程的目标与输出相关联的表格。DO-178B附件A中的表以及DO-178C的正文部分被稍加修改以保证一致性。DO-178C附件A总结了目标、针对软件等级的适用性、目标的独立性需求、为满足目标而生成的典型输出，以及对于输出进行配置控制的程度。4.2.2节给出了DO-178C附件A中的表与DO-178C文件正文之间关系的更多解释，以及如何理解这些表。
- DO-178C附件B包含DO-178C中使用的术语词汇表。DO-178C使用软件工程的通常定义，但是针对航空特定领域，对其中的一些有所修改。
- DO-178C附录A提供了背景信息，DO-178B到DO-178C的主要变化的简要总结，以及委员会的工作范围。
- DO-178C附录B列出了委员名单。所有至少参加过两次会议的人员都包含在成员列表中，因而这是一个很长的列表。

表4.2简要总结了从DO-178B到DO-178C的主要变化（括号中给出了DO-178C中的节号）。相关细节在本书的后续章节中给出解释。

表4.2　DO-178B到DO-178C的主要变化

节　　号	主要变化
全文	统一了：目标与活动 统一了：正文与附件A的目标 澄清了：目标与活动的区分
1 （引言）	扩展了：关于如何使用文件的要点（1.4节） 增加了：对技术补充文件的解释，并解释了为什么需要在软件计划中对如何使用补充文件进行说明（1.4.0节）
2 （系统）	更新了：实现与ARP4754A的一致性（2.1节至2.5节，以及2.5.6节和2.6节） 提供了：系统与软件之间的信息交换的更多细节（2.2节） 增加了：参数数据项的解释和例子（2.5.1节）
4 （策划）	增加了：当使用参数数据项时，关于参数数据项的策划活动（4.2.j节） 增加了：将外包和供应商监督作为计划中要解释的一个专题（4.2.1节） 澄清了：当开发环境存在已知的工具问题和限制时，需要评估其对机载软件的影响（4.4.1.f节） 增加了：一个活动，用于关注开发标准中的健壮性（4.5.d节）

（续表）

节　号	主要变化
5 （开发）	增加了：衍生需求的例子（5.0节） 增加了：参数数据项的指南（5.1.2.j节和5.4.2节） 提供了：软件部件之间的数据流和控制流形式的接口的一些澄清（5.2.2.d节） 增加了：在关于设计指南的小节新增非激活代码的设计考虑（5.2.4节） 增加了：一个编码阶段的活动，以保证如果使用代码生成器，则自动代码生成器符合计划的约束（5.3.2.d节） 增加了：关于补丁的指南（5.4.2.e节和5.4.2.f节） 增加了：将追踪资料作为开发工作的一个输出（5.5节和表A-2），并去除了DO-178B的5.1.2节、5.2.2节和5.3.2节中的追踪项 澄清了：层级之间的双向可追踪性的需要（5.5节）
6 （验证）	澄清了：健壮性是验证的关键，以及健壮性测试（6.1.e节和6.4.2.b节） 澄清了：验证过程活动（6.2节） 更新了：测试图，以说明第6节的指南如何成为一个整体（图6-1） 更新了：体系结构一致性评审的准则（6.3.3.b节） 增加了：解释编译器、链接器以及一些硬件选项可能影响最坏情况执行时间（WCET），并且应当被评估（6.3.4.f节） 澄清了：集成目标（6.3.5节） 增加了：将编译器警告作为集成过程中的一个潜在问题（6.3.5节） 更新了：将测试用例、规程和结果的评审与分析从DO-178B的6.3.6节移到了DO-178C的6.4.5节 解释了：测试规程是从测试用例生成的（6.4.2.c节） 更新了：为与附件A一致而更新了目标（6.4节、6.4.4节和6.4.5节） 澄清了：基于需求的测试覆盖分析（6.4.4.1节） 澄清了：结构覆盖分析，也要对接口进行评价（6.4.4.2节） 澄清了：结构覆盖指南，特别是对于目标代码覆盖及其与基于需求的测试的关系（6.4.4.2节） 澄清了：数据和控制耦合分析是以基于需求的测试为基础的（6.4.4.2.c节） 增加了：一种未覆盖代码，称其为无关代码（其中包括死代码）(6.4.4.3.c节） 澄清了：非激活代码指南（6.4.4.3.d节） 增加了：需求与测试用例、测试用例与测试规程，以及测试规程与测试结果之间的双向可追踪性（6.5节） 增加了：将追踪资料作为测试开发工作的一个输出（6.5节和表A-6） 增加了：参数数据项验证指南（6.6节）
7 （软件配置管理）	增加了：当使用参数数据项时的参数数据项配置管理（7.0.b节、7.1.h节、7.2.1.e节、7.2.7.c节和7.2.7.d节） 更新了：重新组织几节的位置，从而更流畅（7.4节和7.5节）
8 （软件质量保证）	更新了：软件质量保证目标，以包含计划和标准的一致性评审（8.1.a节和表A-9） 更新了：将DO-178B的8.1.a节的目标移到DO-178C的8.1.b节，并在该目标中增加了关于供应商过程的评价（8.1.b节） 增加了：活动，以保证供应商过程和输出的符合性（8.2.i节）
9 （合格审定联络）	增加了：当使用参数数据项时，将参数数据项文件作为型号设计资料（9.4.d节）

（续表）

节　号	主要变化
11 （生命周期资料）	增加了：在PSAC中包含对供应商监督信息的需要（11.1.h节） 增加了：在软件开发计划的"开发环境"节中新增了自动代码生成器选项和约束（适用时）（11.2.c.3节） 增加了：在软件开发计划中包含编译器、链接器和加载器信息的需要（11.2.c.4节） 澄清了：软件验证计划中的重新验证内容还包括受影响的软件，而不仅仅是变更的软件（11.3.h节） 澄清了：将编译器、链接器和加载数据与源代码一起使用，而不是只使用其中一部分（11.11节） 增加了：关注支持系统过程的软件验证的指南（11.14节） 增加了：在软件生命周期环境配置索引的信息列表中新增了自动代码选项（11.15.b节） 增加了：如果用到了参数数据项文件，则将其放入软件配置索引中（11.16.b节和11.16.g节） 增加了：如果用到了对用户可修改软件进行修改的规程、方法和工具，则将其放入软件配置索引中（11.16.j节） 增加了：将加载规程和方法放入软件配置索引中（11.16.k节） 更新了：稍微重新组织了软件完成总结（SAS）的内容（11.20节） 澄清了：在SAS中对软件配置索引的引用（11.20.g节） 增加了：在SAS中新增关于供应商监督的小节（11.20.g节） 澄清了：应包含在SAS中的未解决的问题报告总结信息（11.20.k节） 增加了：解释追踪资料（11.21节）和参数数据项文件（11.22节）的内容
12 （额外考虑）	增加了：在可能影响软件的变更列表中新增了自动代码生成器和硬件变更（12.1.3.c节和12.1.3.f节） 更新了：工具鉴定指南，新增对DO-330的引用（12.2节） 删除了：作为替代方法的形式化方法，因为已在DO-333中关注它 澄清了：产品服役历史指南（12.3.4节）
附件A （目标表）	更新了：附件A中的目标表，新增对活动的引用（所有的表） 澄清了：附件A中的目标表的输出（所有的表） 增加或修改了：参数数据文件的目标（表A-2的目标7，以及表A-5的目标8和目标9） 更新了：目标用语，为了与引用的指南一致（表A-1的目标2和目标7，表A-2的目标2和目标5，以及表A-9的目标5） 删除了：对于D级的设计目标的适用性（表A-2的目标4至目标6） 增加了：将追踪资料作为一个输出（表A-2和表A-6） 增加了：目标，以关注源代码到目标代码的追踪（表A-7的目标9） 更新了：关于质量保证在策划过程中的作用的目标（表A-9的目标1） 增加了：单独的目标，用于关注质量保证在对计划和标准的符合性评价中的作用（表A-9的目标2和目标3）
附件B （词汇表）	澄清了：一些术语（如衍生需求） 增加了：一些缺少的术语 删除了：一些在DO-178C中不使用的术语

4.2.1　DO-278A与DO-178C的不同

DO-278A，即《通信、导航、监视和空中交通管理（CNS/ATM）系统软件完好性保证指南》[*Guidelines for Communication, Navigation, Surveillance, and Air Traffic Management (CNS/ATM) Systems Software Integrity Assurance*]。DO-278A聚焦于地面的CNS/ATM软件，它们可以对航空器的安全产生直接影响。DO-178C与DO-278A的主要区别如下：

- DO-178C用于机载软件，而DO-278A用于CNS/ATM软件；
- DO-178C使用"合格审定"，而DO-278A使用"批准"；
- DO-178C使用"适航性需求"，而DO-278A使用"适用的批准需求"；
- DO-178C使用"参数数据项文件"，而DO-278A使用"适应性数据项文件"；
- DO-178C使用"软件合格审定计划（PSAC）"，而DO-278A使用"软件批准计划（PSAA）"；
- DO-278A第2节与DO-178C略有不同，因为对CNS/ATM地面系统和航空器而言，与安全性评估过程的关联是不同的；
- DO-278A使用保证等级1～6（AL1至AL6），而不是软件等级A～E，DO-278A保证等级与DO-178C的等级是对等的，除了DO-278A在DO-178C的C级和D级之间有一个额外的等级。

表4.3所示为DO-178C与DO-278A的等级对应关系。

表4.3　DO-178C与DO-278A的等级对应关系

DO-178C软件等级	DO-278A保证等级
A	AL1
B	AL2
C	AL3
无对应等级	AL4
D	AL5
E	AL6

来源：RTCA DO-278A, *Guidelines for Communications, Navigation, Surveillance, and Air Traffic Management (CNS/ATM) Systems Software Integrity Assurance*, RTCA, Inc., Washington, DC, December 2011.
基于DO-278A的表2-2。使用得到RTCA的许可。

- DO-278A有关于保密性需求、适应性、切换（热插拔），以及DO-178C没有提供的开发后生命周期的小节。
- DO-278A关于服役经历的小节与DO-178C关于产品服役历史的小节略有不同。
- DO-278A有关于商业货架产品（COTS）软件的较长的一节，而DO-178C中没有。

4.2.2　DO-178C附件A的目标表概览

常有人说DO-178C的最好阅读方式是从后往前看。DO-178C附件A总结了目标、适用的章节，以及从DO-178C第4节至第11节所要求的资料。但是，如果没有读过前面的内容，那么仅靠DO-178C附件A的目标表还不能完整地理解该主题。DO-178C附件A实质上提供了一个根据软件等级应用目标的路线图。本节简要解释每个表的主题、表之间的关联，以及如何理解这些表。在第5章至第12章中，将随着技术问题的更深入探索，对目标进行进一步的讨论。

表4.4列出了DO-178C附件A的10个表的主题，以及每个表中包含的目标数。表4.5表明了各个软件等级适用的目标数。图4.3显示了DO-178C附件A的各表之间的关系。策划过程驱动其他过程，而配置管理、质量保证和合格审定联络过程发生在整个项目期间。

表4.4　DO-178C附件A的目标表的总结

表　号	目标数	主　题
A-1	7	软件策划过程
A-2	7	软件开发过程
A-3	7	软件需求过程的输出的验证
A-4	13	软件开发过程的输出的验证
A-5	9	软件编码与集成过程的输出的验证
A-6	5	集成过程的输出的测试
A-7	9	验证过程的结果的验证
A-8	6	软件配置管理过程
A-9	5	软件质量保证过程
A-10	3	合格审定联络过程

来源：RTCA DO-178C, *Software Considerations in Airborne Systems and Equipment Certification*, RTCA, Inc., Washington, DC, December 2011.

表4.5　DO-178C的各个软件等级适用的目标数

软件等级	A	B	C	D	E
目标数	71	69	62	26	0

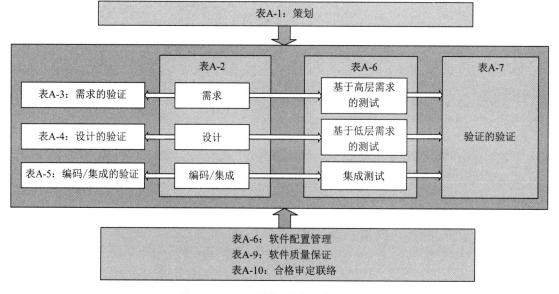

图4.3　DO-178C附件A的各表之间的关系

表4.6显示了DO-178C中的一个有代表性的目标（表A-6的目标3）。每个目标表有5个主要部分，每一部分简要说明如下。

表4.6　DO-178C目标举例

	目标		活动	各软件等级的适用性				输出		各软件等级的控制类别			
	描述	相应的正文节号	相应的正文节号	A	B	C	D	资料项	相应的正文节号	A	B	C	D
3	可执行目标代码符合低层需求	6.4.c	6.4.2 6.4.2.1 6.4.3 6.5	●	●	○		软件验证用例与规程	11.13	1	1	2	
								软件验证结果	11.14	2	2	2	
								追踪资料	11.21	1	1	2	

来源：RTCA DO-178C, *Software Considerations in Airborne Systems and Equipment Certification*, RTCA, Inc., Washington, DC, December 2011.

使用得到RTCA的许可。

1. 目标，概括目标，并指明文件正文中解释该目标的节号。目标就是需要"做什么（what）"，不解释"怎样做（how）"。为了完全理解目标而阅读引用的章节是重要的。大部分描述很直接，不过有一些比较复杂。这些目标将在第5章至第12章解释，包括更有挑战性的目标。

2. 活动，指明文件正文中给出如何满足该目标的建议活动的节号。这些活动提供用于满足目标的典型方法，但是在计划中可以提出其他方法。

3. 根据软件等级的适用性，标识出不同的软件等级适用的目标。正如前面所指出的，所有的目标适用于A级软件，而B级到D级是一个子集。列A、B、C或D中的●或○表示该目标对于该软件等级要求必须满足。●表示该目标必须以具备"独立性"的方式满足。对于验证目标，独立性仅仅意味着一个单独的人员或工具（即不是生成被验证的原始制品的人或工具）执行验证。独立性在本书后面解释（9.3节是关于验证的独立性的，11.1.3节是关于软件质量保证的独立性的）。

DO-178C中有71个目标。对于A级软件，需要满足所有71个目标。对于B级和更低级，目标数少于此，如表4.5所示。依赖于软件开发方法，一些目标可能不适用（例如，如果没有使用分区，则表A-4的目标13不适用；如果没有参数数据项，则表A-5的目标8和目标9不适用）。

4. 输出列，标识为了证明目标的满足应该输出的资料，以及指向DO-178C第11节的一个适用的索引，在那里对每个资料项给出一个简要的解释。在合格审定世界中有一个说法："如果没有写下来，就是没有发生过。"输出列标识了用于证明与目标符合的资料。表4.7汇总了附件A的目标表中引用的DO-178C第11节的所有资料项，带有星号的项是要提交给合格审定机构的。其他项根据需要提供，或者在审查时现场提供。

5. 按软件等级区分的控制类别，规定了适用于输出资料项的配置管理级别。其中"1"代表控制类别1（CC1），要求一个更严格的配置管理过程。"2"代表控制类别2（CC2），严格度较弱。CC1和CC2将在第11章中解释。

表4.7　软件生命周期资料汇总

DO-178C 节号	生命周期资料项	描　述
11.1	*软件合格审定计划	顶层软件计划，用于编档与合格审定机构的协定
11.2	软件开发计划	描述软件开发规程和生命周期，以指导开发团队和保证与DO-178C开发目标的符合性
11.3	软件验证计划	描述软件验证规程，以指导验证和保证与DO-178C验证目标的符合性
11.4	软件配置管理计划	建立将要在整个软件开发和验证活动中使用的软件配置管理环境、规程、活动和过程
11.5	软件质量保证计划	建立计划，说明软件质量保证人员如何对项目进行监督，以保证对DO-178C目标以及计划和标准的符合性
11.6	软件需求标准	为需求编写者提供指南、方法、规则和工具
11.7	软件设计标准	为设计者提供指南、方法、规则和工具
11.8	软件编码标准	为有效使用编程语言提供指南、方法、规则和工具
11.9	软件需求资料	定义高层软件需求和衍生的高层软件需求
11.10	软件设计说明	定义软件体系结构、低层需求以及衍生的低层需求
11.11	源代码	包括代码文件，它们与编译、链接和加载数据一起用于建立可执行目标代码，并将其集成到目标计算机
11.12	可执行目标代码	被目标计算机的处理器直接读取的代码
11.13	软件验证用例与规程	具体说明软件验证过程是如何实现的
11.14	软件验证结果	验证过程的输出
11.15	软件生命周期过程环境配置索引	标识软件环境，包括用于开发、控制、构建、验证和加载软件的任何工具
11.16	*软件配置索引	标识软件产品的配置，包括源代码、可执行目标代码，以及支持的生命周期资料，还包括构建和加载指令
11.17	问题报告	标识产品和过程问题以保证解决
11.18	软件配置管理记录	包含各种软件配置管理活动的结果
11.19	软件质量保证记录	包含软件质量保证活动的结果，包括软件符合性评审
11.20	*软件完成总结	总结对DO-178C的符合性、与PSAC的任何偏差、软件特性，以及开放的问题报告
11.21	追踪资料	提供需求、设计、代码和验证资料之间的追踪的证据
11.22	参数数据项文件	包含目标计算机的处理器可直接使用的数据（例如配置数据）

来源：RTCA DO-178C, *Software Considerations in Airborne Systems and Equipment Certification*, RTCA, Inc., Washington, DC, December 2011.

带 "*" 的文档是要提供给合格审定机构的最低要求。

4.3　DO-330：软件工具鉴定考虑

　　DO-178C将软件工具定义为"一个用于帮助开发、测试、分析、制造，或修改另一个程序或其文档的计算机程序。例如一个自动化的设计工具、编译器、测试工具以及修改工具"[1]。由于使用工具数量的增长，以及第三方工具制造商数量的增长，工具鉴定指南得到扩展并从DO-178C核心中分离出来，成为一个单独的文件DO-330，即《软件工具鉴定考虑》(*Software Tool Qualification Considerations*)。DO-178C的12.2节解释了如何确定一个工具是否需要鉴定，以及需要按照什么等级鉴定。一共定义了5个工具鉴定等级（TQL），其中TQL-1是最严格的。DO-330解释了为鉴定一个工具需要做什么。DO-330的组织与DO-178C类似，并有自己的目标集。DO-330是一个独立文件，使得工具开发商可以开发合格的工具，而无须具备DO-178C本身的详细知识。DO-330的编写尽可能做到领域独立，使之可用于其他领域（例如，航空数据库开发、电子硬件开发、系统安全性评估工具开发或系统开发）。DO-330指南适用于通过软件实现的工具（即不适用于通过硬件实现的工具）。对于使用该指南来识别适当的TQL和为在其生命周期中使用工具的特定领域，可能需要做一些适应性调整。不过，整个鉴定过程是相对独立于工具所使用的领域的。DO-330附录C和附录D提供了关于工具鉴定的多个FAQ。DO-330和工具鉴定将在第13章说明。

4.4　DO-178C技术补充

　　为了建立一个可以随着技术和趋势而改变的方法，RTCA和EUROCAE委员会决定建立技术补充。这样做是考虑到，当技术改变时可以使DO-178C的主体保持不变，并随需要修改或增加技术补充。与DO-178C同时发布的是3个技术补充。每个技术补充都是面向目标的，并且为其特定技术扩展了DO-178C核心中的目标。每个技术补充解释了DO-178C核心中的目标是如何适用的、如何修改的，或者被替代的。以下对每个技术补充进行简要概括，并将在后续章节中给出更详细解释。如果同时使用多个补充，则PSAC需要解释软件生命周期和结果资料的每一部分应用哪个补充和哪些目标。

4.4.1　DO-331：基于模型的开发补充

　　DO-331，即《DO-178C和DO-278A的基于模型的开发与验证补充》(*Model-Based Development and Verification Supplement to DO-178C and DO-278A*)，定义"模型"为[3]：系统的一组软件方面的一个抽象表示，用于支持软件开发过程或软件验证过程。本补充文件（DO-331）关注的模型具有以下特性：

- 模型是用一种明确标识的建模符号完整描述的。建模符号可以是图形的和/或文本的。
- 模型包含软件需求和/或软件体系结构定义。
- 模型具有一个形式和类型，用于直接的分析或行为评价，就像软件开发过程或软件验证过程支持的那样。

　　DO-331基于DO-178C核心，并进行修改或增加指南。DO-331同时关注基于模型的开发和基于模型的验证。DO-331对（需求）规格模型和设计模型，以及模型覆盖分析和模型仿真提供指南。DO-178C和DO-331之间的主要差异在第5节和第6节（开发和验证过程）。对策划（第4节）、软件生命周期资料（第11节），以及附件A的目标表也有影响。基于模型的开发与验证以及DO-331将在第14章进一步讨论。

4.4.2　DO-332：面向对象技术补充

DO-332，即《DO-178C和DO-278A的面向对象技术与相关技术补充》（*Object-Oriented Technology and Related Techniques Supplement to DO-178C and DO-278A*），解释说："面向对象技术是一个以对象为核心的系统分析、设计、建模以及编程范型。在考虑软件安全性时，需要注意一些在面向对象语言中通常使用的概念和技术"[4]。DO-332标识了围绕面向对象技术（OOT）的最相关问题，并对于怎样解决这些问题提供了指导。此外，DO-332还关注了通常有关联，但并不限于OOT的6项相关技术：参数化多态、重载、类型转换、异常管理、动态内存管理，以及虚拟化。正如第15章将要解释的，当编程语言利用了这些高级技术时，针对这些相关技术的指南可用于非OOT项目。

与其他补充一样，DO-332补充是基于DO-178C核心的，并标识出指南需要被修改或增强的地方。对DO-178C的一些改变在DO-332第4节至第6节以及第11节中进行了标识。不过，一般而言，这些改变都是相对很小的。除了DO-332第1节至第12节提供的指南，该补充还包含一个附件D，标识了面向对象技术与相关技术（OOT&RT）中的脆弱性，并提供了怎样解决这些脆弱性的指南。附件D和技术脆弱性是DO-332独有的，其他补充文件都没有这一节。与DO-330和其他补充文件相同，DO-332有一个概括FAQ的附录。面向对象技术与相关技术FAQ分为以下类别：1）一般问题；2）需求；3）设计；4）编码；5）验证。DO-332和OOT将在第15章进一步讨论。

4.4.3　DO-333：形式化方法补充

DO-333，即《DO-178C和DO-278A的形式化方法补充》（*Formal Methods Supplement to DO-178C and DO-278A*），定义形式化方法为"用于对系统行为的数学模型进行构造、开发和推理的描述性符号和分析方法。一个形式化方法是在一个形式化模型上进行的一个形式化分析"[5]。DO-178B将形式化方法标识为一个替代方法，但是该指南比较模糊，并且没有得到广泛应用。从DO-178B发布以后，形式化方法领域已经取得了发展，工具和技术都得以改进，使得这项技术更加实用。因此，形式化方法一节从DO-178C中移出，并在一个补充文件（DO-333）中加以关注。DO-333使用DO-178C核心作为基础，并补充了形式化方法特定的指南。DO-333与DO-178C不同的主要章节是第5节、第6节和第11节，以及附件A的目标表。多数其他节保持相对不变。第16章给出关于形式化方法和DO-333的更多内容。

4.5　DO-248C：支持材料

DO-248C，即《DO-178C和DO-278A的支持信息》（*Supporting Information for DO-178C and DO-278A*），是关于DO-178C话题的FAQ和DP的汇集。它代替了DO-248B，但与DO-248B十分相似，不同之处如下。

- 从名称中就可以知道，DO-248C不但针对DO-178C，还针对DO-278A[①]。
- DO-248C没有勘误表，因为当DO-248C发布时，DO-178C没有勘误表。
- DO-248C去除了DO-248B的一些FAQ和DP，因为这些信息已经体现在其他文档中（例如DO-178C、DO-330、补充文件，或系统与安全性文件［ARP4754A和ARP4761］）。
- 一些FAQ和DP被更新，从而与DO-178C一致（例如，FAQ42是关于在目标代码层的结构覆盖的，FAQ67是关于数据和控制耦合分析的）。
- 一些新的FAQ和DP被加入，以澄清相关的话题。新增FAQ或DP中的一些用于澄清新的DO-178C话题（如DP20是关于参数数据项的）。其他一些新增的FAQ或DP用于澄清DO-248B发布之后变得更加相关的一些主题（例如，DP16是关于高速缓存管理的，DP17是关于浮点算术的，DP21是关于单粒子翻转的）。还有一些新增的FAQ或DP用于关注一些常见的合格审定话题（例如，FAQ81是关于融合高层和低层需求的，FAQ83是关于伪码形式的低层需求的，DP19是关于独立性的）。
- DO-248C新增第5节，包含DO-178C、DO-278A、DO-330，以及补充文件的理由说明。

DO-248C的编写不是用于从头到尾阅读的，而是一系列解释DO-178C的常见误解或疑惑方面的短文。DO-248C的关键内容是其附录C和附录D。DO-248C附录C给出了文件中的关键字的索引。DO-248附录D给出了DO-248C章节到DO-178C章节的映射。当研究一个话题或者DO-178C中的一个章节时，可以使用附录C或附录D来找到相关的DO-248C章节。在电子版中包含了超链接以增强易用性。DO-248C的许多FAQ和DP会在本书中涉及相关主题时提到。

需要指出的是，关于工具鉴定或技术补充的FAQ和DP包含在上述文件中，而不是DO-248C中。

预计随着航空界对DO-178C使用经验的获得，DO-248C将得到更新，以增加勘误和新的解释。

---

① 在本节的其余部分，当提到DO-178C时，也同样适用于DO-278A。

第5章 软件策划

5.1 引言

你大概听说过这样的格言："如果你不做策划，你就是在策划失败"。或者，你可能听说过另一句话，也是作者最喜欢的一句："如果你瞄准的是空，你射中的就是空。"好的软件不是随意产生的——它需要深入的策划，以及良好资质的人员去执行和调整计划。DO-178C策划过程涉及项目特定的计划和标准的建立。DO-178C符合性（以及一般而言的开发保证）要求计划是得到编档的和得到遵守的。如果计划的编制关注了适用的DO-178C目标，则对计划的遵守就保证了目标的符合性。因此，DO-178C符合性和合格审定机构的批准取决于一个成功的策划活动。

DO-178C标识了5个计划和3个标准，并解释了每份文档中的期望内容。虽然大多数组织遵守"5个计划与3个标准"建议，但将计划和标准进行打包，从而最适合组织需要的做法也是可以接受的。尽管不建议这样做，但开发者可以将所有的计划和标准组合为一份文档（记住在这种情况下，整个文档需要提交给合格审定机构）。使用一个非传统的策划结构会在第一次呈现给合格审定机构时引起一些质疑，并且可能需要额外提交文档。不过，只要DO-178C中标识的所有必要主题都得到了充分讨论，就是可以接受的。无论计划和标准如何打包，DO-178C的11.1节至11.8节建议的内容需要被关注，并且文档必须是一致的。

5.2 一般策划建议

在逐个解释5个计划之前，首先看一下关于策划的一些一般性建议。

建议1 确保计划覆盖了所有适用的DO-178C目标，以及任何适用的补充目标[①]。计划的编写应使团队在执行计划时符合所有适用的目标。为了保证这一点，建立DO-178C（以及适用的补充）的目标与计划之间的一个映射很有帮助。在完成时，这个映射通常包含在软件合格审定计划（PSAC）的一个附录中[②]。作者建议将此映射制成一个4列表格来呈现，每列说明如下。

1. 表/目标编号：标识DO-178C（以及适用的补充文件）的附件A中的表和目标编号。
2. 目标概述：包含目标概述，与出现在DO-178C附件A和/或适用的补充文件中的相同。
3. PSAC引用：标识PSAC中解释目标如何得到满足的章节。

---

① 第4章给出了技术补充文件的一个概览。第14章至第16章对每个技术补充文件给出了更具体的说明。

② PSAC是提交给合格审定机构的顶层软件计划。本章后面将讨论它。

4. 其他计划引用：标识说明用于满足目标的具体活动的团队计划［例如，软件开发计划（SDP）、软件验证计划（SVP）、软件配置管理计划（SCMP），以及软件质量保证计划（SQAP）］中的章节。

建议2 以一种让实现计划的团队可以遵守的方式来编写计划和标准。PSAC的目标读者是合格审定机构，而其他计划和标准的预期读者是将要执行计划的团队（例如，开发组、验证组和质量保证组）。计划的编写应当在适当的层面上，让团队成员能够理解和正确执行它。如果是一个有经验的团队，则计划可能无须太多细节。然而，对于一个缺少经验的团队或者一个涉及大量外包的项目，通常需要更详细的计划。

建议3 指明"做什么（what）"、"怎样做（how）"、"何时做（when）"以及"谁来做（who）"。在每个计划中，解释要做什么、怎样做、何时做（不是特定的日期，而是在活动的整体进展中的时间），以及谁来做（不必是特定工程师的名字，而是执行该任务的小组。）

建议4 在软件开发开始之前完成计划，并将其纳入配置管理。除非计划在项目中及早定稿，否则难以确立实施方向，更难以在之后找到时间再编写并让审定机构相信它们是被遵守了的。即使计划没有在开发开始之前发布，它们也应起草并纳入配置管理。正式化（即评审和发布）应当发生得越早越好。计划从草稿版本到发布版本之间的任何更改都应该传达给团队，以保证他们能够相应地更新资料和执行。

建议5 保证每个计划内部是一致的，并且计划之间是一致的。这听起来人人皆知，但是作者评审计划时发现的最普遍问题之一就是不一致。当计划不一致时，一个团队的工作可能会破坏另一个团队的工作。如果SDP说了一件事，而SVP说了另一件事，团队就会按照自己的判断遵守哪一个。有许多方法确保计划之间的一致性，包括使用共同的写作人员和评审人员。作者发现建立一致计划的最有效方法之一是将技术负责人召集在一起，花费一些时间共同确定从头到尾的软件生命周期，包括每个阶段的活动、入口准则、出口准则，以及输出。一个用于建立共识的大白板或计算机投影非常有用。一旦生命周期被记录下来并得到认同，就可以开始编写计划。

建议6 标识各计划中的过程的一致转换准则。要谨慎地定义所有计划中的过程之间的一致转换准则，特别是开发和验证计划。

建议7 如果开发多个软件产品，给出一个公司范围的计划模板就会很有帮助。模板可以为项目特定的计划提供一个起点。最好使用已经至少用于一个成功项目，并且吸取了经验的一组计划来建立模板。作者建议模板要基于获得的经验和来自合格审定机构、客户、委任者、其他团队等的反馈，经常进行更新。

建议8 在策划过程中尽可能早地吸纳合格审定专家（如授权的委任者[①]）。从委任者或者具有合格审定经验的人那里得到输入，能够节省时间和防止项目后期的不必要麻烦。

建议9 获得管理者对计划的认可。有效的计划执行依赖于管理者对计划的理解和支持。有许多方式来促进管理者认可。最有效的方法之一是在策划阶段吸纳管理者，就像吸纳编写者和评审者一样。一旦计划编写好，管理者将需要建立一个具体的策略来实现计划（如标识必要的资源），该策略的成功依赖于他们对计划的理解。

---

① 委任者是合格审定机构或委派的组织代表，被授权评审资料，并批准或建议批准。项目通常在与合格审定机构交互之前，先与委任者进行协调。

建议10 在计划中包含适当层次的细节。规程可以放在工程手册或作业指导书中，而不是把具体的规程包含在计划中。计划应当标识规程，提供对规程的概述，但是细节无须放在计划本身中。例如，结构覆盖分析和数据与控制耦合分析通常要求一些特定的规程和说明，这些规程可以打包放在SVP之外的其他地方。当实际执行SVP的时候，这种方法具有选择最好解决方案的灵活性。重要的是计划中要清楚说明应用的规程、规程如何被配置控制、修改如何发生，以及修改如何被传达给团队。

建议11 在提交PSAC之前，向合格审定机构进行报告。除了向合格审定机构提交PSAC以及可能的其他计划，提供一个关于策划方法的演示汇报给合格审定机构是有价值的。对于新产品或者可能未与本地合格审定机构建立紧密工作关系的公司而言，尤其建议。通常情况下，在提交计划给合格审定机构之前，口头讨论就可以发现需要解决的问题。

建议12 将计划分发给团队。一旦计划成熟，确保团队理解计划的内容。令人惊讶的是，在作者审核过的许多项目中，工程师都不知道哪里能找到计划，或者计划上说的什么。由于工程师往往对文档不感兴趣，作者建议强制要求所有的团队成员参加培训环节，以及阅读其特定角色的分工。确保保留准确的培训记录，因为一些合格审定机构会要求看到这样的证据。

建议13 建立将来可以更改的计划。一个超前思考的项目认识到计划会随着项目的进展而改变，因此将用于计划变更的过程编档在计划中是明智的。DO-178C的4.2.e节指出，PSAC应当包含一个对于在整个项目过程中的计划修订手段的解释。

有时候，策划的过程没有像预期的那样工作，可能需要对过程进行改进或者完全翻改。计划需要被更新以反映这些改动。在策划过程中，应当考虑到以一个及时的方式更新计划的过程。这会使之在实际发生时比较容易。

有时候，简单地将变化记录于软件完成总结（SAS）[①]而不更新计划的做法很有诱惑力。对于在过程后期发生的变化，这是可以接受的。然而，存在一些风险。首先，合格审定机构可能不允许这样，因为许多机构要求始终保持计划是时新的。其次，使用计划的下一个团队（无论升级软件还是以此作为下一个项目的起点）会不知道这些变化。因此，如果计划没有更新，变化就应该被清晰编档，并且得到合格审定机构的同意。变化还应当正式传达给工程团队，并编档于针对计划的问题报告中，以确保它们没有被忽视。

建议14 对合格审定后的过程进行策划。除了在初始的合格审定活动中的变化，还建议在计划结构中纳入审定后的过程。要考虑的问题包括：审定后的变化是否需要一个新的PSAC？或者在作为PSAC追加内容的一个变更影响分析中描述变化？或者在PSAC的一个附录中描述变化？或者使用其他的打包方法？

如果在初始的合格审定中没有考虑审定后的过程，在后来就可能要花费更多的时间，并且可能会带来一个针对变化更新PSAC的要求，无论这个变化可能多不重要。值得指出的是，如果计划在初始的开发活动中被保持更新，就会使审定后的变化容易得多。

本章其余部分逐个解释DO-178C中的5个计划和3个标准，包括建立它们时要考虑的建议。

---

① SAS是符合DO-178C的软件的符合性报告，提交给合格审定机构。它是在软件项目结束时完成的，标识出与计划的偏离。SAS将在第12章讨论。

5.3 5个软件计划

本节解释5个计划的期望内容，并给出建议。本章中会引入读者可能不太熟悉的多个技术话题，会在后面的章节中进一步解释。

5.3.1 软件合格审定计划

软件合格审定计划（PSAC）是一个一定要提交给合格审定机构的计划。它如同申请者与合格审定机构之间的一个合约，因此越早准备并取得认可就越好。一个直到项目后期才提交的PSAC会给项目带来风险。这个风险就是项目团队到了项目的最后才发现其过程和/或资料是不符合的。这会引起进度和预算的超出、大量的返工，以及合格审定机构额外的仔细审查。

PSAC提供整个项目的一个高层描述，并解释DO-178C（以及适用的补充文件）目标将如何得到满足，还提供对其他4个计划的一个概括。由于PSAC常常是提交给合格审定机构的唯一计划，它应当是独立的，无须对开发、验证、配置管理、质量保证计划中的每件事进行重复，但是应当提供一个对这些计划的准确而一致的概括。有时候，作者会遇到仅仅指向其他文档的PSAC（作者称之为一个"指针PSAC"）。这样的文档没有概括开发、验证、配置管理，以及软件质量保证过程，而只是指向其他计划。这样虽然减少了冗余文字，但是也意味着其他计划也需要提交给合格审定机构才能使其完全理解这些过程。理想情况下，PSAC应包含足够的细节，使得合格审定机构能够理解这些过程，并能够对符合性做出准确的判断，而又不要有太多细节重复其他计划的内容。

PSAC应当编写得清晰和简明。作者曾经评审过多次重复同一件事情，并且实际上复制了DO-178B章节的PSAC。文档越清晰，产生的疑惑就越少，得到合格审定机构批准的可能就越大。

DO-178C的11.1节给出了期望的PSAC内容的一个概括，常常被用作PSAC的大纲。以下是PSAC的典型章节，同时给出每一节内容的简要概括[1]。

- **系统概述**。说明整个系统，以及软件在系统中的位置。通常是几页篇幅。
- **软件概述**。说明软件的预期功能，以及体系结构考虑。也是几页篇幅。由于计划是关于软件的，重要的是对将要开发的软件进行说明，而不仅仅是系统。
- **合格审定考虑**。说明符合性手段。如果使用了DO-178C补充，本节就要解释哪个补充将应用于哪部分软件。此外，本节通常概括安全性评估，以证明指定的软件等级的合理性。即使对于A级软件，具体说明什么驱动了该决策，以及是否需要额外的体系结构缓解措施，也是重要的。许多项目还在PSAC的这一节说明支持介入阶段（SOI）审核的计划。SOI审核将在第12章解释。
- **软件生命周期**。说明软件开发和整体性过程的阶段，并且通常是其他计划（SDP、SVP、SCMP和SQAP）的一个概括。
- **软件生命周期资料**。列出项目整个过程将要开发的生命周期资料。通常要分配文档编号，尽管偶尔会有待定（TBD）或XXX。本节经常包含一个表格，列出DO-178C

第11节的22个资料项，并包含文档名称和编号。通常还包含一个指示，说明该资料是将要提交给合格审定机构的，还是仅仅"可以得到"。一些申请者标识资料是否被作为控制类别1（CC1）或控制类别2（CC2）处理，以及资料是否将被委任者批准或者建议批准。另一种方式是将CC1/CC2信息包含于SCMP。然而，如果使用了一个公司范围的SCMP，PSAC就应当标识项目特定的配置管理细节。CC1和CC2将在第10章讨论。

- **进度**。包含软件开发和审批的进度表。作者还未曾见过与实际没有出入的进度表，因此，经常会提出这样一个疑问："既然从来无法符合，为什么还需要这个进度表？"进度表的作用是帮助项目和合格审定机构策划它们的资源。在整个项目中的任何进度变化都应当与审批机构协调（这不要求更新PSAC，但是如果PSAC为了其他目的进行了更新，则进度表也应当一并更新）。通常，PSAC中的进度表是相对高层的，包含主要的软件里程碑，例如何时发布计划、完成需求、完成设计、完成编码、编写和评审测试用例、执行测试，以及编写和提交SAS。一些申请者还在其进度表中包含了SOI审核准备就绪的日期。

- **额外考虑**。这是PSAC中最重要的章节之一，因为它传递给合格审定机构需要知道的任何特别问题。在合格审定中，尽可能地避免"惊奇"至关重要。将所有的额外事项考虑清晰，简洁地进行编档，是最小化"惊奇"和获得合格审定机构认可的一种方法。DO-178C包含一个非穷尽的额外考虑事项列表，例如先前开发的软件（PDS）、商业货架产品（COTS）软件，以及工具鉴定。如果关于项目有任何不寻常的问题要考虑，PSAC的该章节就是找到答案的最好地方，例如分区的实时操作系统（RTOS）、离岸外包团队或者自动化技术的使用。此外，应当对准备使用的所有非激活代码或可选项软件做出解释。尽管DO-178C未要求，作者建议PSAC的额外考虑一节包含一个项目中将要使用的所有工具的列表，连同简要描述工具将如何被使用，以及工具为什么需要或不需要鉴定的理由说明。在策划中揭示这些信息能够防止一些问题在后期才被发现。例如，一个工具应当被鉴定，但是前期没有被标识为需要鉴定。

正如前面的建议1中指出的，在PSAC的一个附录中包含一个所有适用的DO-178C的（以及适用的补充）目标列表，连同简要解释每个目标将如何得到满足，以及每个目标在计划中的何处得到关注，这些信息是很有用的。委任者和合格审定机构都会非常欢迎这种信息，因为它提供了项目全面考虑DO-178C符合性细节的证据。作为一个附加提示，如果你想要在PSAC中包含目标映射，则应当确保它是准确的。由于委任者和合格审定机构喜欢这种信息，他们通常会阅读它，使之准确和完整将有助于建立他们对项目的信心。

5.3.2　软件开发计划

软件开发计划（SDP）说明软件开发，包括需求、设计、编码，以及集成阶段（见DO-178C的表A-2）。此外，SDP经常简要说明需求、设计、代码、集成的验证（见DO-178C的表A-3至表A-5）。SDP是为将要编写需求、设计、代码，以及执行集成活动的开发者编写的。SDP的编写应该能够指导开发者进行成功的实现。这意味着它需要足够具体，从而提供良好的指向，但又不要过于细节而限制他们做出工程判断的能力。这是一个精妙的平衡。正如建议10中指出的，可以有更具体的规程或说明。如果是这种情况，SDP就应该清晰地解释哪些规程适用，以及何时使用它们（即SDP指出规程而不是将其细节包含在计划中）。偶尔对于详细的规程需要更多的灵活性，例如，在计划发布之后规程仍然还在建立之中。在这种情况下，SDP应当解释建立和控制该规程的过程。不过，使用这种方法时要小心，因为它难以保证所有的工程师都遵守了正确版本的规程。

DO-178C的11.2节标识了希望的SDP内容。SDP包含3项主要内容的描述：1）用于开发的标准（偶尔，标准就包含在计划中）；2）软件生命周期，并说明每个阶段以及阶段之间的转换准则；3）开发环境（用于需求、设计、编码的方法和工具，以及预期的编译器、链接器、加载器，还有硬件平台）。每一项内容解释如下。

1. **标准**。每个项目应当标识需求、设计和编码的标准。这些标准为开发者提供规则和指南，帮助他们编写有效的需求、设计和代码。标准还标识约束，帮助开发者避免可能影响安全性或者软件功能的缺陷。标准应当适用于使用的方法或语言。SDP通常引用标准，但是在一些情况下，标准可以被包含于SDP（有时发生于仅做有限的软件开发或仅有很小的项目的公司）。3个开发标准在本章后面讨论。

2. **软件生命周期**。SDP对预期的软件开发生命周期进行标识。这通常基于一个生命周期模型。除了根据名字标识生命周期模型，还建议对模型进行解释，因为并非每个人对所有的生命周期模型的理解都一样。一个生命周期以及每个阶段产生的资料的图示是有帮助的。一些已经被成功用于合格审定项目的生命周期模型有瀑布、迭代瀑布、快速原型、螺旋以及逆向工程。作者强烈建议避免大爆炸、龙卷风、烟雾与镜子生命周期模型[1]。

遗憾的是，一些项目在计划中标识了一个生命周期模型，但实际执行了另外的模型。例如，项目有时声称使用瀑布模型，因为他们相信那是DO-178C要求的和合格审定机构喜欢的。但是，DO-178C并没有要求瀑布模型，而声称瀑布模型却并未实际使用它，则会带来严重的问题。重要的是标识出实际要使用的生命周期模型，以确保它满足DO-178C目标，并遵守已经编档的生命周期模型。如果发现已经编档的生命周期模型不是所需要的，则应当相应地更新计划，除非得到合格审定机构的认可。

正如前面提到的，SDP编档软件开发的转换准则。这包括开发的每个阶段的入口准则和出口准则。有许多方式来编档转换准则。表格可以是一个记录这些信息的有效而直接的方式。表格列出每个阶段、该阶段执行的活动、进入该阶段的准则和离开该阶段的准则。本书附录A给出了用于开发活动的一组转换准则的例子。重要的是记住DO-178C不规定开发活动的顺序，但是验证活动需要是自顶向下的（即在验证设计之前验证需求，在验证代码之前验证设计）。

3. **软件开发环境**。除了标识标准和描述软件生命周期，SDP还标识开发环境。这包括用于开发需求、设计、源代码，以及可执行目标代码的工具（例如，编译器、链接器、编辑

---

[1] "大爆炸"是一个假设的模型，其中所有东西都是在项目结束时神奇出现。"龙卷风"和"烟雾与镜子"模型是作者自创的说法。"龙卷风"模型用来形容一个走向灾难的项目，"烟雾与镜子"模型用来形容一个实际没有计划的项目。

器、加载器，以及硬件平台）。如果像建议的那样在PSAC中包含了一个工具的完整列表，SDP就可以简单地指向PSAC。然而，SDP可以给出关于工具如何在软件开发中使用的更多细节。许多时候，PSAC和SDP不提供工具的零部件号，因为该信息包含在软件生命周期环境配置索引（SLECI）中。为了避免冗余，一些项目在项目早期建立SLECI，并在SDP中引用它。在这种情况下，一个SLECI的初始版本应当与计划一起完成，尽管SLECI在后来随着项目成熟可能需要进行更新。

环境的标识提供了一个控制它和确保软件能够被一致地重新生产的手段。没有控制的工具可能导致在实现、集成以及验证阶段的问题。作者见证过一个这样的情形：不同的开发者使用不同的编译器版本和设置，当他们的模块在一起集成时，其结果可想而知有多神奇。

如果有任何工具需要鉴定，则应当在SDP中进行解释。PSAC可能已经提供了鉴定的概括，但是SDP应当解释工具如何用于整个生命周期，以及工具使用者将如何知道正确的工具操作（例如一个对工具操作需求或用户指南的引用）。关于工具鉴定的内容见第13章。

第6章至第8章分别给出了软件需求、设计和实现的更多信息。

5.3.3 软件验证计划

软件验证计划（SVP）的主要读者是将要执行包括测试在内的验证活动的团队成员。SVP与SDP密切相关，因为验证活动包含对开发阶段中生成的资料的评价。正如前面提到的，SDP通常提供需求、设计、代码，以及集成验证（如同行评审）的一个高层概括。SVP通常提供关于评审的更多细节（包括评审过程细节、检查单、要求的参加者，等等）。在SDP中包含评审细节，使用SVP聚焦测试与分析的做法也是可接受的。无论如何打包，哪个计划覆盖了哪些活动必须是清晰的。

在所有的计划中，SVP可能随着软件等级的不同而变化最大。这是因为大多数DO-178C等级差异是关于验证目标的。典型的做法是，SVP说明验证组将如何满足DO-178C的表A-3至表A-7中的目标。

SVP说明验证组的组织和组成，以及DO-178C要求的独立性是如何满足的。尽管没有要求，多数项目有一个单独的验证队伍来完成测试的开发和执行。DO-178C标识了要求独立性的多个验证目标（在DO-178C附件A的表中由一个实心圈［●］表示）。DO-178C的验证独立性不要求一个单独的组织，但是要求一个或多个非验证对象开发者的人员（或者可能是一个工具）来执行验证。根本而言，独立性意味着另一组眼睛和大脑（可能带有一个工具）用于检查资料的正确性、完整性、对标准的符合性等。第9章对验证独立性进行更多的解释。

DO-178C的验证包括评审、分析和测试。SVP说明评审、分析和测试是如何执行的。验证用到的任何检查单也要包含在SVP中，或者在SVP中引用。

DO-178C的许多目标可以通过评审得到满足。表A-3至表A-5的大部分目标都倾向于使用一个同行评审过程（将在第6章进一步讨论）得到满足。此外，表A-7的一些目标（如目标1和目标2）通过评审得到满足。SVP说明评审过程（包含或引用详细的评审规程）、评审的转换准则，以及用于记录评审的检查单和记录。SVP或者标准通常包含（或引用）需求、设计、代码评审的检查单。工程师使用检查单来确保他们在评审中没有忽视重要的准则。简明的检查单往往是最有效的，如果过于细节，则通常不会被完全利用。为了建立一个简明而全面的检查单，作者建议将检查项和具体的指南分成不同的列。检查项列是简明的，而指南列则提供详细的信息，以保证评审者理解每个检查项的意图。这个方法对于大型团队、包含新工程师的团队，或者使用外包资源的团队特别有效。它帮助建立评审的标杆，并保证一致性。检查单通常包含确保要求的DO-178C目标得到评价（包括可追踪性、准确性和一致性）并且标准得到满足的检查项，但是它们不受限于DO-178C指南。

DO-178C的表A-6通常由测试的开发和执行来满足。SVP说明测试的方法是什么、如何开发正常和健壮性测试、用于执行测试的是什么环境、需求与验证用例及验证规程之间的可追踪性如何建立、验证结果如何维护、如何标识通过/失败准则，以及测试结果将在哪里进行记录。在许多情况下，SVP引用一个软件验证用例与规程（SVCP）文档，该文档详细说明测试计划、特定的测试用例和规程、测试设备和设置等。

DO-178C的表A-5（目标6和目标7）和表A-7（目标3至目标8）通常由执行分析来满足（至少是部分的）。每个有计划的分析应该在SVP中进行解释。典型的分析包括可追踪性分析（确保系统需求、高层软件需求、低层软件需求，以及测试之间的完整而准确的双向可追踪性）、最坏情况执行时间分析、栈使用率分析、链接分析、负载分析、内存映射分析、结构覆盖分析，以及需求覆盖分析。这些分析将在第9章解释。SVP应当标识对每个分析将要使用的方法，以及将在哪里对过程和结果进行记录。

由于在验证活动中经常要用到工具，SVP要列出这些工具。如果PSAC列表是全面的（如前面建议的那样），则可以只给出一个对PASC的引用，而不必在SVP中重复相同的列表。然而，SVP通常更详细说明每个工具如何用于软件验证，并引用正确使用工具所必要的说明。对于开发工具，SVP可以引用SLECI标识工具细节（版本和零部件号），而不是在SVP本身中包含信息。在这种情况下，SLECI应当与计划一起完成，并且可能需要在正式验证过程开始之前进行更新。SLECI将在第10章说明。

如果一个模拟器或仿真器将被用于对软件进行验证，SVP则应当对它的使用进行解释，并证明其合理。在许多情况下，模拟器或仿真器可能需要得到鉴定。第9章讨论模拟和仿真。

SVP还应标识验证活动的转换准则。本书附录A包含了针对一个项目的验证活动的入口准则、活动以及出口准则的例子。

如果开发和验证的软件包含分区，SVP则应当解释如何验证分区的完好性（见DO-178C的表A-4的目标13）。分区将在第21章讨论。

DO-178C的11.3节还提到，SVP应当讨论关于编译器、链接器以及加载器的正确性所做的假设。如果使用了编译器优化，则应当在计划中进行解释，因为它会影响到获得结构覆盖分析或者执行源代码到目标代码分析的能力。SVP还应当解释如何验证链接器的准确性。如果在没有完好性检测，例如循环冗余校验（CRC）的情况下使用一个加载器，则加载器的功能需要得到验证。如果使用了一个完好性检测，SVP则应当对方法进行解释，并证明检测是足够的，例如对算法准确性进行数学计算，以确保CRC对于被保护的数据是足够的。

最后，SVP还应当说明如何执行重新验证。如果在开发过程中进行了更改，那么是所有项都要重新测试，还是执行一个回归分析且只对受到影响的和有更改的项进行重新测试？SVP应当解释策划的方法、将要使用的准则，以及将要在哪里记录决策。重新验证要同时考虑更改的和受影响的软件。

如果使用了先前开发的软件，如COTS软件或复用软件，则可能需要一些重新验证（例如，安装到一个新环境中，或者以不同的方式进行使用）。SVP应当对此进行说明。如果无须重新验证，则SVP应当说明其合理性。

第9章将给出验证的更多细节。

5.3.4　软件配置管理计划

软件配置管理计划（SCMP）说明如何在整个软件开发和验证活动中，管理生命周期资料的配置。软件配置管理（SCM）开始于策划阶段，并持续于整个软件生命周期，包括软件部署、维护，以及退役的整个过程。

DO-178C的11.4节提供了SCMP应包含内容的概括。SCMP说明了两种SCM的规程、工具和方法，以及SCM过程的转换准则。这两种SCM是"开发SCM"（在正式基线或发布之前由工程使用）和"正式SCM"。

DO-178C的7.2节说明SCM活动，这些活动要在SCMP中详细说明。以下是针对每个活动在SCMP中应当包含内容的简要概括。

1. **配置标识**。SCMP说明每个配置项（包括单个的源代码和测试文件）如何被唯一标识。唯一标识通常包括文档或数据编号以及版本或修订号。

2. **基线和可追踪性**。SCMP说明建立和标识基线的方法。如果要在项目的整个过程中建立工程基线，则要加以说明。类似地，正式基线的建立也应说明，包括合格审定和生产基线。基线之间的可追踪性也在SCMP中具体说明。

3. **问题报告**。问题报告（PR）过程是SCM过程的一部分，应当在SCMP中进行说明，包括何时开始PR过程、PR要求的内容，以及验证和关闭PR的过程。PR过程对于一个有效的变更管理过程至关重要，应该在计划中很好定义。应当对工程师进行PR过程的培训。通常，SCMP包含一个PR表单，连同一个如何填写每个字段的简要说明。大多数PR包含一个分类字段（对PR的严重程度进行分类）和一个状态字段（标识PR的状态，如开放、工作中、已验证、已关闭，或者推迟）。问题报告将在第9章和第10章讨论。

如果除了PR过程还有任何其他过程用于收集问题或行动，则应当在SCMP中说明。当公司在问题报告系统之外有额外的变更请求、偏差和/或行动项跟踪过程时，会发生这种情况。

4. **变更控制**。SCMP说明如何控制生命周期资料的变更，以确保在对一个资料项更改之前，变更的驱动已经建立并得到批准。这与问题报告过程紧密相关。

5. **变更评审**。变更评审过程的目的是确保变更是有计划的、得到批准的、有编档的、正确实现的，以及得到关闭的。这通常是由一个批准变更实现并保证变更在关闭之前已被验证的变更评审委员会监督。变更评审过程与问题报告过程密切相关。

6. **配置状态记录**[①]。在项目的整个过程中，了解工作的状态是必要的。配置状态记录提供了这种能力。大多数SCM工具提供了生成状态报告的能力。SCMP说明状态报告中要包含什么、何时生成状态报告、如何使用状态报告，以及工具（如果可用）如何支持该过程。在整

---

① 配置状态记录（configuration status accounting），在有些行业里称为"技术状态记实"，在软件工程领域中称为"配置状态记录"（GB/T 11457-2006，中华人民共和国国家标准‐信息技术‐软件工程术语）。——译者注

个开发过程中的问题报告的状态和分类与合格审定特别相关。DO-178C的7.2.6节提供了关于在状态报告中要考虑什么的信息。

7. 归档、发布和提取。许多公司有归档、发布和提取的详细规程。在这种情况下，在SCMP中可以引用公司规程，但是应当确保这些公司规程足够覆盖DO-178C指南的7.2.7节和11.4.b.7节[1]。以下是在SCMP中要说明或引用的特别项：

 a）归档。SCMP说明如何进行归档。典型的做法是，包含一个异地的归档过程，以及对介质类型、存储、刷新率的说明。要考虑介质的长期可靠性和可读性。

 b）发布。在SCMP中说明资料的正式发布过程。项目也应当维护那些不发布的资料。SCMP应当指出这些资料如何存储。

 c）提取。还应说明或引用提取过程。提取过程考虑长期的提取和介质兼容性（例如，该过程可能为了将来提取资料而要求对某个设备进行归档）。

8. 软件加载控制。SCMP说明软件如何被准确加载到目标计算机上。如果使用了一个完好性检测，则应当详细说明。如果没有完好性检测，则应当定义确保准确、完整、无损坏的加载方法。

9. 软件生命周期环境控制。SDP、SVP和/或SLECI中标识的软件生命周期环境必须得到控制。一个受控的环境确保所有的团队成员在用的是获准的环境，确保了一个可重复的过程。SCMP说明环境如何得到控制。一般来说，这涉及一个发布的SLECI，以及一个评估用于确保SLECI中列出的工具是完整、准确和得到使用的。经常会在正式软件构建和正式测试执行步骤之前要求一个配置审核（或符合性检查）。SQA可以执行或见证配置审核。

10. 软件生命周期资料控制。SCMP标识所有将要产生的软件生命周期资料，连同其CC1/CC2类别。还应说明项目怎样为其资料实现CC1和CC2。DO-178C的CC1/CC2准则定义了需要的最低SCM，但是许多项目高出最低要求，有的对资料项进行组合，或者采取不同于DO-178C建议的某种方式。如果在PSAC中为每个配置项标识了CC1/CC2，则在SCMP中可以引用PSAC，而不是重复它。通常，SCMP列出DO-178C最低要求的CC1/CC2分配，PSAC给出项目特定的分配，从而能使用一个公司范围的通用SCMP。CC1/CC2将在第10章说明。

如果用到供应商（包括分包商或离岸资源），则SCMP还应说明供应商的SCM过程。通常，供应商有一个单独的SCMP，可以对其进行引用。或者，供应商遵从客户的SCMP。如果用到多个SCMP，则要对它们进行评审以保证一致性和兼容性。

对供应商的问题报告过程进行监督的计划也应该包含在SCMP中（或者在另一个计划中，并在SCMP中引用）。美国联邦航空局（FAA）规定8110.49的14.3a节说："为了确保软件问题被一致地报告和解决，并且在合格审定之前完成软件开发保证，申请者应该在其SCMP中，或其他适当的计划文档中，讨论他们将如何监督供应商和更下级供应商的软件问题解决过程"[2]。该规定进而说明了FAA对SCMP的期望，包含一个关于供应商问题如何被"报告、评估、解决、实现、重新验证（回归测试与分析）、关闭以及控制"[2]的说明。欧洲航空安全局（EASA）在其合格审定备忘录CM-SWCEH-002[3]中表明了相似的期望。

最后，SCMP对生成的SCM特有的资料进行标识，包括问题报告（PR）、软件配置索引（SCI）、SLECI以及SCM记录。所有这些SCM资料项将在第10章讨论。

作者经过对数十份SCMP的阅读，发现了许多共同的缺陷，这里列出以供读者了解。

- 问题报告过程经常没有被解释得足够详细，以供开发和验证团队正确地执行。此外，可能没有明确何时启动问题报告过程。
- 环境控制的过程很少定义，其结果是许多项目没有足够好的环境控制。
- 没有描述归档的方法，包括如何对环境（用于开发、验证、配置以及管理软件的工具）进行归档。
- 工程日常使用的开发SCM过程很少被详细说明。
- 经常没有具体说明怎样进行供应商控制，公司之间的各种SCM过程很少被评审以保证一致性。
- 建立开发基线的计划没有被详细说明。
- SCM工具经常没有被标识或控制。

多数公司有公司范围的SCMP。在这种情况下，项目特定的细节仍然需要在某个地方进行说明，可以是在一个单独的、项目特定的SCMP中，用以补充公司范围的SCMP，或者是在PSAC（或者其他某个合理的文档）中。无论是在PSAC、SDP还是SVP中，都应当是清晰的，使项目成员能够理解和遵守已得到批准的过程。

5.3.5 软件质量保证计划

软件质量保证计划（SQAP）描述软件质量组用于保证软件符合批准的计划和标准，以及DO-178C目标的相关计划。SQAP包含公司内的SQA组的组织，并强调其独立性。

SQAP还说明了软件质量工程师[①]的职责，通常包括：

- 评审计划和标准；
- 参加同行评审过程，以确保同行评审过程被正确地遵从；
- 确保计划中标识的转换准则的严格执行；
- 对环境进行审核，以确保开发者和验证者真正使用SLECI中标识的工具（包括编译器、链接器、测试工具和设备等），以及恰当的设置；
- 评估对计划的遵从性；
- 见证软件的构建和测试；
- 签字/批准关键文档；
- 关闭问题报告；
- 参加变更控制委员会；
- 执行软件符合性评审。

SQA将在第11章进一步讨论。软件质量工程师在履行其职责时产生SQA记录，这些记录说明了他们的工作以及发现的任何不符合之处。通常使用一个通用的表格，对各种SQA活动进行记录，在SQAP中给出一个空表。SQAP应当说明保留SQA记录的方法，包括要保留哪些记录、在哪里存储它们，以及如何管理它们的配置。

---

① 多数软件项目被指派一个SQA工程师，但是大型或分散的项目可以有多个质量工程师。

许多时候，SQAP标识质量活动介入的目标百分比，可以包括参与同行评审和见证测试的百分比。在这种情况下，应该明确如何收集测量值。

SQAP应当说明SQA过程的转换准则（即SQA活动何时开始），以及SQA活动何时执行的任何关键时间细节。

除了SQA，许多公司还实现了产品质量保证（PQA）。产品质量工程师（PQE）监督项目的日常活动，关注点除了过程符合性，还包括技术质量。如果使用PQA来满足DO-178C的表A-9的任何目标，SQAP则应当描述PQA的角色，以及它是如何与SQA角色相协调的。

如果供应商帮助进行软件开发或验证，SQAP则应当说明SQA如何对他们进行监督。如果供应商有自己的SQA组和SQA计划，则应当对其进行评价，从而与高层SQAP保持一致。

注意，如果SQAP是一个公司范围的计划，应当确保它与项目特定的计划相一致。常见的情况是，有一些项目特定的需求未在公司范围的计划中提到。在这种情况下，应当使用一个单独的SQAP、PSAC或者一个SQAP附录来关注项目特定的需求。

5.4　3个开发标准

除了5个计划，DO-178C还标识出对3个标准的需要：需求标准、设计标准和编码标准。许多新接触DO-178C的公司会将这些标准与工业范围的标准［如美国电气和电子工程师协会（IEEE）标准］混淆。业界标准可以作为项目特定的标准的输入，但是每个项目会存在业界标准中没有涉及的特别需要。如果多个项目使用同样的方法和语言，则应当建立和应用公司范围的标准。然而，应当对每个项目评估公司范围标准的适用性。标准提供规则和约束来帮助开发者正确地做工作，并避免可能对安全性和功能产生不利影响的活动。许多标准不够有效的原因有以下几个方面：

- 标准的建立只是表示满足了一项DO-178C符合性的一个"打勾"动作，对于项目没什么实际价值；
- 标准是从业界标准中复制粘贴过来的，没有满足项目特定的需要；
- 标准没有被读过，直到验证阶段之前（开发者不知道这些标准，或者忽视它们）。

本节的目的是为开发有效的标准提供一些实际建议。

尽管没有要求，多数标准包含强制性和建议性内容。强制条目通常称为规则（rule），建议条目称为指南（guideline）。在许多情况下，规则和指南的应用因软件等级而异，例如一个条目可能对于C级是建议的，而对于A级和B级是强制的。应当指出，DO-178C对于D级软件不要求标准，尽管并不禁止。

在讨论标准之前，作者想要强调一下其重要性。它们是让开发者实现安全而有效的实践的指令。如果它们编写清晰，并包含理由说明和良好的例子，就能为开发者提供宝贵的资源。一旦建立了标准，对所有的开发者进行培训就很重要。培训应当覆盖标准的内容，解释如何使用标准，并强调标准的阅读和遵守的强制性。

5.4.1　软件需求标准

软件需求标准为软件需求开发定义方法、工具、规则和约束[1]。它们通常应用于高层需求，不过一些项目也将需求标准应用于低层需求。一般来说，需求标准是团队编写需求的指南。例如，它们解释如何编写有效的和可实现的需求、使用需求管理工具、执行追踪、处理衍生的需求，以及建立满足DO-178C准则的需求。需求标准可以为需求评审提供通过准则，还可以作为工程师的一个培训工具。

以下列出了通常包含在需求标准中的条目。

- 来自DO-178C的表A-3的准则，目的是主动在先地关注DO-178C的期望。
- 高层需求、低层需求、衍生需求的定义和例子（目的是为了被引用）。
- 需求的质量属性（可验证、无模糊、一致性等）。第2章（见2.2.3节）和第6章（见6.7.6.9节）解释了良好的需求的特性。
- 可追踪性的方法和说明。
- 使用需求管理工具的准则，包括对需求的各个质量属性的解释，以及关于它们是强制的还是可选的指南。
- 标识需求的准则，例如编号规则，或者禁止重用一个编号。
- 如果使用表格来表示需求，就要说明如何正确地使用和标识它们（例如每行和列的编号）。
- 如果使用图形来表示或补充需求，就要说明如何使用每种图形和符号。此外，可能有必要制定一种标识和追踪每个块或符号的方式。关于基于模型的开发的信息，见第14章。
- 区分需求与解释性材料的准则。
- 编档衍生需求的准则，包括衍生需求的理由，用于帮助安全人员进行安全性评估。
- 对于使用的任何工具的约束或限制。
- 开发健壮性需求的准则。
- 处理需求内部的相容性的准则。
- 使用接口控制文档，以及对引用它们的需求进行编档的准则。
- 所应用的规则和指南的例子。

第6章将讨论软件需求。第6章中讨论的许多概念可能适合包含在需求标准中。

5.4.2　软件设计标准

软件设计标准为软件设计定义方法、工具、规则和约束[1]。在DO-178C中，设计包括低层需求和软件体系结构。设计标准是对开发设计的团队的一个指导。标准解释如何编写有效且可实现的设计、使用设计工具、执行追踪、处理衍生的低层需求，以及建立满足DO-178C标准的设计资料。设计标准还可以为设计评审提供准则，以及作为工程师的培训工具。

由于设计可以用不同的方法表现，建立一个一般性的设计标准是有挑战性的。许多公司有一般性的设计标准，但是它们对于项目特定的需要经常不够有效。每个项目应当确定其想要的方法，并为设计者正确使用该方法提供说明。可以使用公司范围的标准作为一个起点，但是通常需要一些剪裁。如果剪裁很微小，则在SDP中进行说明而不是更新标准，这种方法是可行的。

以下列出了在设计标准中通常包含的条目。

- 来自DO-178C的表A-4的准则（为了主动在先地关注DO-178C目标）。
- 设计文档的推荐格式。
- 低层需求的准则。低层需求将具有与高层需求相同的质量属性，然而低层需求是设计，将要描述"怎样做（how）"，而不是"做什么（what）"。
- 对衍生的低层需求及其理由进行编档的准则。
- 有效的体系结构的指南，体系结构可以包含块状图、结构图、状态转换图、控制和数据流图、流程图、调用树、实体—关系图等。
- 模块的命名习惯，应当与将来代码中的实现是一致的。
- 设计约束，例如对嵌套条件层数、递归功能、无条件分支、重入中断服务例程以及自修改代码的限制。
- 健壮性设计的指南。
- 关于怎样在设计中对非激活代码进行编档的要求（第17章将讨论非激活代码）。

第7章提供了良好软件设计的建议，所讨论的许多概念可能适合包含在设计标准中。

5.4.3 软件编码标准

与需求和设计标准一样，编码标准用于为编码者提供指南。编码标准说明如何正确使用特定的语言、限制一些在安全关键领域不建议使用的语言构造、标识命名习惯、解释全局数据的使用，以及开发易读和易维护的代码。

编码标准在软件开发中相对比较普遍。在开发编码标准时，有一些有益的业界资源可以使用。例如，英国汽车工业软件可靠性协会的C语言标准（MISRA-C），就是一个可以作为C编码标准参考的优秀例子。

编码标准是语言特定的。如果一个项目使用多种语言，则应当在标准中对每种语言进行讨论。即使是汇编语言也应该有使用指南。

以下列出一些通常包含在编码标准中的条目。

- 来自DO-178C的表A-5的准则（为了主动在先地关注目标）。
- 对代码与低层需求之间的可追踪性进行编档的方法。
- 模块和函数或过程的命名习惯。
- 使用局部和全局数据的指南。
- 代码可读性和可维护性的指南（例如，使用注释和空白、使用摘要、限制文件大小，以及限制嵌套条件的深度）。
- 模块结构的说明（包括头部格式和模块段）。
- 函数设计的指南（例如，头部格式、函数布局、唯一的函数标识/名字、要求的非递归和非重入函数，以及入口和出口规则）。

- 条件编译代码的约束。
- 使用宏的指南。
- 其他约束（例如，限制或禁止使用指针、禁止重入和递归代码）。

对编码标准中标识的每条指南，给出理由和例子是很有用的。如果一个编码者理解为什么一些事情是要求的和禁止的，他就更容易应用这个指南。

第8章提供了编写安全关键代码的建议。第8章中讨论的许多概念可能适合包含在编码标准中。

5.5　工具鉴定计划

如果一个工具需要被鉴定，就需要一些策划。策划信息可以包含在PSAC中。然而，对于具有较高鉴定等级的工具，或者将会在其他项目中复用的工具，可能需要额外的工具计划。工具鉴定将在第13章讨论。在这里，只要知道工具鉴定要求一些特别的策划。

5.6　其他计划

除了DO-178C中标识的5个计划，项目可能有一些其他计划帮助进行项目管理。它们可能不那么正式，但是对于整个项目管理也很重要。本节讨论3个这种计划。

5.6.1　项目管理计划

该计划标识团队成员和职责（包括名字和特定的分工）、详细进度表、活动状态，以及收集的测量等。它在项目组织方面比SDP和SVP有更多的细节，提供了一个方式来确保每件事得到正确管理。

5.6.2　需求管理计划

这个计划有时是作为SDP和软件需求标准的补充而建立的，用于确保需求的正确编档、分配、追踪。它还帮助确保系统组、硬件组、安全组、软件组之间的需求编档的一致性。

5.6.3　测试计划

这个计划解释测试策略的细节，包括需要的设备、规程、工具、测试用例格式、追踪策略等。它可以是软件验证用例与规程（SVCP）文档的一部分，也可以是一个独立文档。测试计划经常包括测试就绪评审检查单和准则，团队用它们来确保做好执行正式测试的准备。测试计划将在第9章讨论。

第6章 软件需求

6.1 引言

软件需求是DO-178C符合性和安全关键软件开发的基础。一个项目的成功和失败依赖于需求的质量。正如Nancy Leveson[①]写道：

"涉及软件的绝大多数事故可以追溯到需求缺陷。更具体而言，所规约的和实现的软件行为的不完整性。也就是说，关于被控系统的运行或者对计算机要求的运行的不完整或错误假设，以及未处理的被控系统状态和环境条件。尽管编码错误经常引起最多注意，但是它们对可靠性和其他质量的影响比对安全性的影响更大些[1]。"

需求引导项目。作者经历或见证过的最混乱的项目是从不良的需求开始，并从那里开始失败的。反之，作者见到的最好的项目是那些努力将需求做正确的项目。第2章中在讨论系统需求时，详细阐述了有效需求的一些基本要点。因此，如果你最近没阅读或复习过2.2节，那么建议你这样做。本章建立在2.2节概念的基础上，这里的重点是软件需求而不是系统需求。

本章讨论的许多问题也适用于系统需求，可以算是对第2章材料的补充。系统需求与软件需求之间的界限经常十分模糊。一般而言，软件需求是对经过确认的系统需求的精化，被软件设计者用来设计和实现软件。同时，软件需求标识出软件做什么，而不是系统做什么。在编写软件需求时，可能发现系统需求中的错误、不足、遗漏，这些应该编档在问题报告中，并由系统组解决。

本章说明良好的需求的重要性，以及如何编写、验证和管理需求。此外，本章在最后讨论原型和可追踪性这两个与需求开发紧密相关的话题。

6.2 定义需求

美国电气和电子工程师协会（IEEE）定义"需求"如下[2]：

1. 用户需要用于解决一个问题或达到一个目标的一个条件或能力。

2. 一个系统或系统部件为了满足一个合同、标准、规格说明，或其他正式施加的文件，必须达到或具有的一个条件或能力。

3. 对前两项中的条件或能力的一个文档化的表示。

---

① Nancy Leveson，系统和软件安全领域的国际知名专家，代表作有《安全件：系统安全性与计算机》（*Safeware: System Safety and Computers*）和《基于系统思维构筑安全系统》（*Engineering a Safer World: Systems Thinking Applied to Safety*）等。——译者注

DO-178C词汇表定义软件需求、高层需求、低层需求，以及衍生需求如下[3]。

- **软件需求**。"对于软件在给定输入和约束条件下，将要生成什么的一个描述。软件需求包括高层需求和低层需求。"
- **高层需求**。"从分析系统需求、安全性相关需求，以及系统体系结构而开发得到的软件需求。"
- **低层需求**。"从高层需求、衍生需求，以及设计约束而开发得到的软件需求，源代码可以无须更多信息，根据低层需求直接实现。"
- **衍生需求**。"软件开发过程产生的需求，它无法直接追踪到更高层的需求，并且/或者定义的行为超出了系统需求或更高层软件需求所定义的行为。"

与IEEE的定义不同，DO-178C定义了两层软件需求：高层需求（HLR）和低层需求（LLR）。本章专注于HLR，在本章中将其简单地称为需求。DO-178C在软件设计中包含LLR，将在下一章中讨论。

一般而言，需求的意图是"描述我们在项目完成时将要获得什么"。软件需求通常关注功能、外部接口、性能、质量属性（例如，可移植性或可维护性）、设计约束、安全性和保密性。

好的需求不关注设计或实现细节、项目管理细节（例如成本、进度、开发方法）或测试细节。

6.3　良好的需求的重要性

让我们看一下需求对于安全关键软件的开发如此重要的5个原因。

6.3.1　原因1：需求是软件开发的基础

作者不是一位建筑师，但是常识告诉作者：当建造一座房屋时，地基是极其重要的。如果地基是用脆弱的或有问题的材料筑成的，或者部分缺失，或者地基不平，那么建造于其上的房屋就会有长期性的问题。软件开发中的情况也是如此。如果需求（地基）是脆弱的，就会有长期性的影响，并给涉及的每个人，包括客户，带来难以形容的问题和困难。

回顾作者多年来见过的那些糟糕的项目，它们具有一些导致不良需求的共同特征。首先，软件需求是由没有经验的团队开发的；其次，团队在没有准备好之前就被催促着向客户交材料；第三，系统需求没有在传递给软件之前进行确认。

这些特征导致如下的共同结果：

- 客户不满意；
- 产品被提出了极多数量的问题报告；
- 软件需要至少一次完全重新设计（有几次情况下花费了两次额外迭代）；
- 项目严重超时和超预算；
- 多位负责人被解职（马上投入另外的倒霉项目），事业受挫。

不良需求导致了作者称为"雪球效应"的结果。问题和复杂性不断积累直至项目成为一个巨大的、不可控的雪球。图6.1示意了出现的问题。如果开发的制品在进入下一个开发阶段之前没有评审和达到成熟，在后来要发现和去除错误就会变得更加困难，且代价高昂。在一些实例中，甚至会变得不可能发现错误，因为其根本起因被深埋在资料（雪球）中。在项目进行过程中，所有的开发步骤是迭代的且可能变更的。然而，在不完整和不正确的输入上面建立相继的开发活动，是软件工程中最常见的错误和无效率行为之一。

需求绝不会一开始就是完美的，但是目标是至少获得一部分尽可能完整和准确的需求，从而在一个可以接受的风险水平上进行设计和实现。随着时间的推移，需求被更新以增加或修改功能，以及基于设计和实现的成熟做出更改。这种迭代式方法是获得高质量需求并同时满足客户需要的最通常方式。在《软件需求》[4]一书中，Karl Wieger写道：

"迭代是需求开发成功的一把钥匙。策划多次循环来探索需求，精化高层需求到细节，并与用户确认正确性。这要花费时间，并且不会一帆风顺，但这是在定义一个新的软件产品时，应对模糊和不确定性的根本方法。"

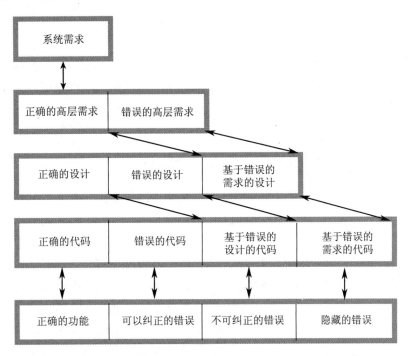

图6.1　不良需求和不足的评审过程的影响

6.3.2　原因2：好的需求节省时间和金钱

有效的需求工程可能是任何项目能够实现最高投入回报的途径。多项研究表明，最昂贵的错误是那些开始于需求阶段的错误，而软件返工的最大原因是不良需求。一项研究甚至显示"需求错误占到返工成本的70%到85%"[5]。

Standish Group的一项研究给出了软件项目失败的以下原因（许多原因是与需求相关的）[6]：

- 不完整的需求——13.1%
- 缺少用户参与——12.4%
- 不足的资源/进度——10.6%
- 不现实的期望——9.9%
- 缺少管理者支持——9.3%
- 需求的变化——8.7%
- 低水平的策划——8.1%
- 软件不再需要——7.4%

尽管这些研究稍微有些过时，但其结果与作者在年复一年的航空项目中看到的是一致的。为了获得成功的结果，必须要有良好的需求。作者总是感到吃惊，为什么那么多项目没有时间在第一次做对，最终却有时间和金钱去做第二次或者第三次。

6.3.3　原因3：好的需求对安全性至关重要

美国联邦航空局（FAA）在研究报告《需求工程管理发现报告》[7]中指出："聚焦于安全关键系统的调查者们发现，与设计或实现中引入的错误相比，需求错误最有可能影响一个嵌入式系统的安全性"。没有好的需求，就不可能满足规章。FAA和全世界的其他监管机构已经发布具有法律约束力的规章，要求航空器上的每个系统表明其在任何可以预见的运行条件下，满足预期的功能。这意味着预期的功能必须得到标识和证实。需求是表达安全性考虑和预期功能的正式方式。

6.3.4　原因4：好的需求对满足客户需要是必需的

没有准确和完整的需求，客户的期望就不会达到。需求是用于在客户和开发者之间交流的。劣质的需求表明劣质的交流，通常导致劣质的产品。

作者多年前评审过的一个A级项目有着极差的软件需求，根本没有可能按时完成A级活动以支持航空器的进度。由于软件的短板，客户不得不对航空器的一部分重新设计，在安全关键运行中屏蔽该系统，增加硬件来补偿本应由软件做的事，从而降低对软件的依赖到等级D。在初始合格审定之后，客户选择了一个新的供应商，原来的供应商被解约了。这个悲剧的主要原因是：1）软件需求不符合客户的系统需求；2）在系统需求不清楚时，软件组不去询问客户需要什么，而是进行自我发挥。就算系统需求有它的问题，但如果在两个公司间有好的沟通和需求开发，这场灾难就应该是可以避免的。

6.3.5　原因5：好的需求对测试很重要

需求驱动测试活动。如果需求写得很差或不完整，就可能：

- 导致基于需求的测试可能是测了错误的东西，和/或对正确东西的测试不完整；
- 在测试中可能需要大量的工作来开发和找出真正的需求；
- 将难以证实预期的功能；
- 将难以或者不可能证实不存在非预期功能，即难以证明软件做且仅做了应该做的事。

安全性取决于是否有能力表明预期的功能得到满足，并且没有非预期的功能会影响安全。

6.4 软件需求工程师

需求开发通常是由一个或多个需求工程师（也称为需求分析师）[①]完成的。多数成功的项目至少有两位高级需求工程师，在项目整个过程中密切工作。他们在开发需求时一起工作，并随着进展持续地互相评审彼此的工作。他们还进行持续的"合理性快判（sanity checks）"，以确保需求是一致的和可行的。让一些初级工程师与高级工程师一起工作是有益之举，他们学到的知识可能会在未来的项目中用到，并且组织也需要培养未来的需求专家。组织在挑选信任的工程师进行需求开发时应当小心，并非每个人都有能力开发和编档出良好的需求。一个有效的需求工程师所需的技能讨论如下。

技能1 需求写作经验。经验无可替代。经历了多个项目的人知道什么可行，什么不可行。如果他们的经验是基于成功的项目的，那当然最好。不过只要能够吸取教训，那么从不怎么成功的项目中也可以获得经验。

技能2 团队工作。由于需求工程师与团队中的几乎每个人交互，他们应当是能与别人良好相处的团队型人员，这一点非常重要。软件需求工程师将与系统工程师（以及可能是客户）、设计者和编码者、项目经理、质量保证人员、测试者一起密切工作。独行侠和自我主义者难以一起工作，他们经常不把团队的最佳利益放在头脑中。

技能3 倾听和观察技能。需求工程师经常要从系统工程师或客户那里分辨细微的线索。这需要他们具备检测和找到缺失的要素的能力，不仅要理解那里是什么，还要确定那里没什么以及应该有什么。

技能4 注意到大局和细节。一个需求工程师不能只是看到软件、硬件和系统如何组成在一起，还要能够呈现和记录细节。需求工程师必须既能自顶而下也能自底向上地思考。

技能5 书面交流技能。显然，需求工程师的主要职责之一是需求编档。他必须能够以一种有组织的和清晰的风格写作。成功的需求工程师是那些能够清晰表达复杂观点和问题的人。此外，需求工程师应当善于使用图形技术来表达那些用文本难以解释的事情。图形技术的例子有表格、流程图、数据流图、控制流图、用况图、状态图，以及顺序图和时间图。

技能6 承诺。需求工程师负责人应当是承诺跟随项目直至最后的人。作者曾经看到多个项目受困，都是由于负责的需求工程师去做其他工作，而将许多重要的知识留在了自己脑中。这也是作者建议用团队方式进行需求开发的另一个原因。

技能7 领域经验。建议有一个富有领域经验的需求工程师。有些人可能对导航系统有经验，却不了解刹车或燃油系统的细节。作者发现，一个团队中拥有领域经验的人最好能过半数（虽然这个说法显得有点主观）。

[①] 需求工程师可能还有其他职责，但本章关注其作为需求写作者的角色。因此，在本章通篇使用需求工程师这个名词。

技能8　创造性。粗暴的需求通常不是最有效的。好的需求是艺术与科学的结合。它需要通过创造性的思维（跳出框框思考的能力），开发出最佳的需求，捕获预期的功能，同时排除非预期的功能。

技能9　有条理性。需求工程师必须是有条理性的，否则他的输出就不会有效地传达他的意图。同时，由于需求工程师对于项目非常重要，却经常受到次要任务的干扰，因此他们必须能够保持条理性，分清优先级，并保持专注。

6.5　软件需求开发概览

第5章介绍了需求开发之前的策划过程。在策划中，有多个需求方面的问题需要考虑，包括需求方法和格式、需求管理工具的使用、开发团队标识、需求评审过程、追踪策略、需求标准定义等。策划对于有效的需求开发至关重要。

需求开发可以被组织为7项活动：1）收集和分析输入；2）编写需求；3）验证（评审）需求；4）建立基线，发布和归档需求；5）实现需求；6）测试需求；7）使用变更管理过程更改需求。图6.2表示了这些活动。活动1至活动3在本章中讨论，活动4和活动7将在第10章讨论，活动5将在第7章和第8章讨论，活动6将在第9章讨论。

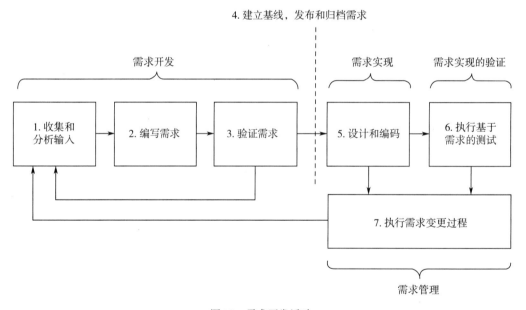

图6.2　需求开发活动

每个项目开展系统需求和软件需求开发的方式略有不同。表6.1总结了开发系统需求和软件需求的最通常方法，还有每个方法的优势和不足。随着更多的系统组和认证机构采用ARP4754A，系统需求的状况应该可以改善。高质量的需求依赖于利益相关方之间的沟通和参与，包括客户、系统组（包括安全人员）、硬件组以及软件组。

表6.1 系统需求和软件需求开发方法

方　法	优　势	不　足
供应商主导的产品：系统需求和软件需求由同一个公司开发	• 有利于更开放的沟通 • 通常意味着系统和软件有相同的（或非常相似的）评审和发布过程 • 供应商内部具有领域技能 • 再次使用和再次应用的潜力大	• 客户和系统组提出的要求可能不够具体 • 团队可能不在同一地点，即使在同一个公司（如不同的大楼或不同的地理位置） • 常见的情况是，软件组编写需求比系统组更规范（由于DO-178C的要求）
客户主导的产品：系统需求由客户（如航空器公司）开发，然后交给供应商用于软件实现	• 当客户意向于外包时，需求通常会非常详细 • 允许客户选择一个有适当的领域技能的供应商，该领域技能在客户内部不存在	• 可能有一种"甩手掌柜"的心态 • 系统需求可能编写在一个错误的层次，过于规定性，限制了软件设计的选择 • 当发现缺陷时，客户可能迟缓或者抵制更新系统需求 • 供应商可能没有能力测试所有的需求
组合式需求：系统需求和软件需求被组合为一个单层（被同一个公司）	• 保证系统需求与软件需求之间的一致性 • 有希望减少重复的测试工作 • 如果是一个简单的产品，就可以减少制品需求层次	• 不利于在需求中达到适当层次的粒度和细节 • 可能迫使系统需求过于细节化，或者将软件需求置于一个不适当的高层 • 可能引起软件和硬件需求的分配问题 • 如果不是一个简单产品，就难以向合格审定机构表明所有的目标被覆盖

6.6　收集和分析软件需求的输入

　　DO-178C假设交给软件组的系统需求是完整编档并得到确认的。但是以作者的经验，实际情况是很少能做到这样。系统需求最终必须是完整、准确、正确和一致的，并且越早能这样越好。然而，对系统需求中的缺陷或模糊性的识别经常成为软件组的工作。软件组还要与系统组联手协同，以建立一个完全确认的系统需求集合。

　　需求工程师经常面临很大的压力，在没有时间先对问题进行分析的情况下建立需求规格说明，其结果是产生庞大、混乱、不清晰的粗暴需求。就像一位艺术家花时间谋划一件杰作一样，需求工程师需要时间收集、分析和组织需求，从而把问题清晰地呈现出来。一旦做到这样，需求规格说明的实际编写相对很快且较少需要返工。

　　软件需求工程师为了开发软件需求，通常执行下述的收集和分析活动。

6.6.1　需求收集活动

　　在编写任何一条需求之前，需求工程师要收集资料和知识，目的是全面理解他们正在建立需求规格的产品。收集活动包括如下几方面。

　　1. 反复阅读和努力彻底理解系统和安全性需求，无论它们以什么状态存在。软件工程师应当非常熟悉系统需求。为了理解安全性驱动因素，对初步安全性评估的理解也很必要。

　　2. 会见客户、系统工程师和领域专家，求解关于系统需求的任何问题和补充缺失的信息。

3. 在开发软件需求之前，确定系统和安全性需求的成熟性和完整性。

4. 与系统工程师一起工作，对系统需求进行修改。在软件组能够将系统需求精化为软件需求之前，系统需求需要相对成熟和稳定。一些系统组响应很快，并与软件组密切工作来更新系统需求。然而在许多情况下，软件组必须主动在先地推动系统组进行所需的更改。

5. 参考以往的项目，以及那些项目的问题报告。通常，客户、系统工程师或者软件开发者会在相关领域中有一些过去的经验。过去的需求作为其原先的形式可能在现在是没用的，但是它们能够帮助理解过去实现了什么、什么可以有效发挥作用，以及什么不能有效发挥作用。

6. 得到对需求标准和合格审定期望的全面培训。

6.6.2　需求分析活动

分析活动是工程师编写需求的准备工作。有时候很容易匆忙地直接开始需求规格说明的编写。然而，如果没有先进行分析和从多个角度考虑问题，就可能会导致将来的大量返工。通常一些迭代和微调总是会有，但是分析过程可以帮助使之最小化。在需求分析中考虑以下问题。

1. 将收集过程中获得的输入组织得尽可能清晰和完整。需求工程师必须从多个角度分析将要解决的问题。通常利用用况（use case）①来从用户角度阐述问题。

2. 建立需求规格说明的框架。通过识别哪些将被纳入目录，可以将需求组织为一个逻辑流。这个框架也作为完整性的一个度量。确定需求框架的一个通常策略是列出将要提供的安全性和系统功能，然后确定需要什么软件使得每项功能能够如想要的那样运行，并防止产生不想要的影响。

3. 开发软件行为的模型，目的是确保对客户需要的理解。这些模型中的一部分将被精化和集成到软件需求，另一些将只是作为一个辅助需求开发的媒介。如果发现系统需求存在的不足，则可能还有一些模型会被加入系统需求。

4. 在一些情况下，可能使用一个原型帮助需求的开发。可以开发一个原型，帮助进行需求分析，或者使用原型来记录需求。一个快速原型对于演示功能和使需求细节成熟十分有益。原型的风险是，虽然底层的设计和代码很粗陋，但表面看起来却很吸引人，于是项目经理或客户会坚持使用已能正常运行的原型中的代码。作者已经见到多个项目在面临成本和进度的压力时，放弃原先（经过批准）的计划，试图使用原型代码进行飞行试验和合格审定。作者还不曾看到这样的做法有好结果，因为这样会使成本、进度和客户关系都受损。6.10节将给出关于原型的更多考虑。

---

① 用况是在分析中用来识别、澄清和组织需求的方法。每个用况由软件与其使用者之间的一组可能的交互顺序组成，这些交互发生在一个特定环境下，并与某个目标相关。"一个用况可以被认为是与一个特定目标相关的一组可能场景，实际上，用况和目标有时候被认为是同义词"[8]。用况可用于组织功能需求、建模用户交互、记录从事件到目标的场景、描述事件的主要流程，以及描述功能的多个层次[8]。

6.7 编写软件需求

收集和分析的活动是持续性的。一旦获得足够的知识并对问题进行了充分分析，实际的需求编写就可以开始着手了。需求编写涉及许多并行和迭代的活动，这里称之为任务，因为它们不是线性的活动。接下来说明6个任务。

6.7.1 任务1：确定方法

编写需求文档的方法有多个——从纯文本到全图形到图文结合，各种各样。由于可追踪性和可验证性的需要，许多安全关键软件的需求是以文字为主，用图形对文字做进一步说明。然而，图形在需求开发工作中确实扮演一个重要角色。"图形帮助架起语言和词汇障碍的桥梁……"[4]。在这个阶段，图形聚焦于需求［软件要"做什么（what）"］而不是设计［软件要"怎样做（how）"］。许多图形可以在设计阶段进一步精细化，但是在需求阶段，它们应当努力做到与实现无关。开发者或许选择在编写需求的时候记录一些设计概念，但那些应当是为设计者做的标注，并不是软件需求规格说明的一部分。

提醒一下，小心不要单纯依赖于图形，它们是难以测试的。在使用图形描述需求的时候，应当始终考虑需求的可测试性。

用于增强文字表达力的图形技术的一些例子如下[9]。

- **环境图或用况图**。表示与外部实体的接口。接口的细节通常在接口控制规格说明中标识。
- **高层数据字典**。定义进程之间流动的数据。数据字典将在设计阶段进一步精化。
- **实体–关系图或类图**。显示实体之间的逻辑关系。
- **状态转移图**。显示软件内的状态之间的转移。每个状态通常用文本格式描述。
- **顺序图**。显示执行中的事件的顺序，以及一些定时信息。
- **逻辑图和/或判定表**。标识功能元素的逻辑判定。
- **流程图或活动图**。标识循序渐进的流程和决策。
- **图形用户界面**。表明文字难以描述的交互关系。

基于模型的开发方法应努力通过使用模型增强需求的图形表示，尽管目前有些模型也需要一些文字描述。基于模型的开发将在第14章说明。

选择的技术应当注意文字和图形表示之间的联系。文字通常提供图形的上下文说明和对图形的引用，这有助于可追踪性和完整性，以及测试。有时候，图形被作为支持需求的"仅供参考"，如果是这种情况，则应当清楚地说明。

在深入需求编写之前，关于方法，要考虑的另一方面是计算机辅助软件工程（CASE）工具以及需求模板的使用，因为它们会影响到方法。

理想的方法是，在需求标准中对所选择方法的应用进行解释和演示。标准帮助指导需求编写者，并确保每个人遵守同样的方法。如果需求的编写涉及多个开发者，则应当写出一个方法的例子和格式，使每个人能够以同样的方式使用它。例子和细节提供得越多越好。

6.7.2　任务2：确定软件需求文档格式

软件需求编档过程的最终结果是软件需求文档（SWRD）。它"叙述软件系统必须提供的功能和能力，以及必须服从的约束。SWRS（SWRD）是所有后续的项目策划、设计和编码的基础，以及系统测试和用户文档编写的基础。它必须以必要的完好性，描述（软件）系统在各种条件下的行为。它不应包含设计、构造、测试或项目管理的细节，除了已知的设计和实现约束[4]。"

SWRD应当全面地解释软件功能和限制，不应当留有假设的余地。如果一些功能或质量没有出现在SWRD中，那么谁也不应期望它神奇地出现在最终产品中[4]。

在需求开发过程的前期，应当确定SWRD的一般格式。后来可以对它进行修改，但是有一个一般的提纲或框架作为开始是很有好处的，尤其在涉及多个开发者时。提纲或模板有助于每个人保持聚焦于他所负责部分的目标，并能够理解其他地方将要覆盖的内容。为了提高SWRD的可读性和易用性，给出以下建议。

- 给出带有子章节的目录。
- 给出文档格式的概览，包括对每章节以及章节之间关系的简要概括。
- 定义将要在需求中通篇出现的关键术语，并一致地使用它们。其中可能包括诸如坐标系和外部特征命名等。如果需求将由不熟悉该领域或相关术语的人员来实现或验证，这部分内容在SWRD中就更加重要。
- 给出缩略语的一个完整且准确的列表。
- 解释文档中的需求分组（图形可能有助于此，如环境图）。
- 有逻辑地组织文档，使用节/子节标号和编号（通常需求根据特征或关键功能进行组织）。
- 标识软件将要运行的环境。
- 通过留白增加可读性。
- 使用粗体、斜体和下画线用于强调，并通篇一致地使用它们。确保对任何惯例、文字样式等的含义做出解释。
- 标识功能需求、非功能需求或非行为需求，以及外部接口。
- 包含任何将要应用的约束（例如，工具约束、语言约束、兼容性约束、硬件限制或接口约定）。
- 对任何图形和表格给出标号和编号，并在文字需求中清楚地引用它们。
- 根据需要给出需求规格说明中的交叉引用，以及对其他资料的引用。

6.7.3　任务3：将软件功能划分为子系统和/或特征

将软件分解为合理且易于集成和可以管理的组是很重要的。在多数情况下，用一个环境图或用况图来给出需求组织的一个高层视图。

对于较大的系统，软件可以被划分为子系统。对于较小的系统和子系统，软件通常被进一步划分为特征，每个特征包含了特定的功能。

正如前面指出的，对功能进行组织的一种方式是与安全和系统工程师共同工作，来定义将要提供的安全性和系统功能。然后这个输入被用于确定需要什么软件，以使每项功能能够如想要的那样运行，以及确定需要什么保护以防止不想要的影响。

还有其他方式来组织需求。无论选择什么方法，复用和最小化变更影响通常是划分功能时要考虑的重要特性。

6.7.4 任务4：确定需求优先级

由于项目经常处在紧迫的进度要求下，并且使用迭代或螺旋生命周期模型，可能有必要确定需求的优先级，明确哪些需求必须首先定义和实现。优先级应当与系统组和客户协调。除了使软件能工作（如开机、执行，以及输入输出）的功能，对系统功能或安全性关键的，或者高度复杂的软件功能应当有最高的优先级。优先级经常是基于客户定义的紧迫性以及对于整个系统功能的重要性。为了正确建立优先级，有时将子系统、特征和/或功能划分为4个分组：1）紧急/重要（高优先级）；2）不紧急/重要（中优先级）；3）紧急/不重要（低优先级）；4）不紧急/不重要（可能不是必须实现的）。对于大型和复杂的项目，在确定优先级时有许多因素要评估。一般而言，最好尽可能保持优先级评定过程简单。在项目管理计划中应当标识出子系统、特征和/或功能的优先级。记住，在项目进行过程中，优先级可能需要再次调整，这依赖于客户的反馈和项目需要。

6.7.5 避免滑下的斜坡

在讨论需求编档任务之前，让我们快速讨论一些许多不成功的项目可能会尝试的"斜坡"。在这里讨论是因为项目有时候会滑下一个或多个这种斜坡，而不是聚焦于需求。一旦项目滑下一个斜坡，就不容易从中跳出和重新聚焦于需求。

6.7.5.1 斜坡1：太快涉足设计工作

在需求写作中，最具挑战的部分之一是要避免做设计。工程师天生倾向作为问题解决者，想要直接进入设计。进度压力也迫使工程师在真正弄清想要建造的是什么之前，过快地进入设计。然而，太快涉足设计工作会导致一种妥协的实现，因为在问题没有完全定义之前，最佳实现经常是不明显的。需求工程师可以考虑多个潜在的解决方案进行权衡，不受限地想出新选择，这样有助于其获得成熟的需求，并识别出软件中真正需要什么。然而，实现细节本身并不属于需求。

为了避免这种斜坡，建议工程师按如下方式做：

1. 在标准中清楚定义需求"做什么（what）"和设计"怎样做（how）"之间的区分；

2. 确保需求过程允许提示或备注，利用备注提供有价值的信息，传递意图而又不给高层需求带来设计细节的负担。

3. 确保该过程允许记录设计思路，拥有一些潜在的解决方案可以使设计过程快速启动。

6.7.5.2 斜坡2：单层需求

DO-178C标识了高层需求和低层需求的需要。高层需求编档在SWRD中，而低层需求是设计的一部分。开发者经常试图建立可以直接从其开始编程的单层软件需求（也就是说，他们把高层需求和低层需求组合成一个单层需求），而好的软件工程实践和经验一直对此提出警告。需求和设计是单独的和不同的过程。在作者曾经评估过的众多项目中，很少看到高层需求和低层需求成功组合成一层的。因此，建议避免这种方法，除非在可以很好证明其合理性的案例中。作者发现在编写需求文档时，把实现思路写入一个草稿设计文档的方法更有好处（即并行工作于需求和设计，但不组合它们）。一些人相信建模的方法可以消除这种两层需求的需要，然而正如第14章将要讨论的，事实并非如此。作者提醒想要使用单层需求获得更快实现的人小心。这种方法也许一开始看上去很好，但是最终会趋向失败。测试和验证阶段就是发生问题的地方。对于更关键的软件（A级和B级），如果需求没有足够详细，就难以实现结构覆盖（单层的需求可能没有足够的细节用于完全的结构覆盖）。对于不要求低层测试的D级项目，把需求组合在一起会导致更多的测试（因为融合高层和低层需求会导致产生比传统的高层需求更详细的需求）。

DO-248C的FAQ81的主题为"在只有一层需求（或者融合了高层需求和低层需求）时应当考虑哪些方面"，合格审定机构软件组（CAST）纪要CAST-15的主题为"融合高层需求和低层需求"，两者都警示性地反对将软件需求融合为一层[10,11]。有些项目只需要一层软件需求（例如，操作系统的一部分或者一个数学库函数这样的低层功能），但这是极少数。

6.7.5.3　斜坡3：直接到代码

在过去的几年中，项目有一个增长的趋势就是立即开始编码。他们可能对部分概念和需求进行了编档，但是当面临提供现场可用软件的压力时，就会尽自己所能去尽快实现它。之后，开发者被强迫使用笨拙的或即兴的代码进行生产。代码经常与最终开发的需求不一致、没有编档的设计决策，也经常不考虑异常条件。而且，原型软件一般是粗暴的，不是最优且安全的解决方案。作者已经看到当项目试图从原型代码对设计决策和丢失的需求进行逆向工程时，项目进度又多出了数月甚至数年的时间。常见的情况是，在逆向工程中，项目发现代码不完整或不健壮，更不要说安全。

6.7.6　任务5：编档需求

编写需求文档的挑战之一是确定细节程度。有时候系统需求非常详细，于是迫使软件需求中出现比想要的更低层的细节。另一些时候，系统需求过于模糊，就要求软件需求编写者做更多的工作且进行分解。细节程度需要一个主观判断，然而，需求应当充分解释软件要做什么，但不进入实现细节。当编写软件高层需求时，重要的是记住设计层（其中包含软件低层需求）还没发生。软件高层需求应当为设计提供恰当的细节，但不是进入设计。

6.7.6.1　编档功能需求

SWRD中需求的主体是功能需求（也称为行为需求）。功能需求"准确定义软件期望什么输入、软件生成什么输出，以及这些输入和输出之间存在的具体关系。简而言之，行为需求描述软件与其环境（即硬件、人，以及其他软件）之间的接口的全部方面[12]。"

根本而言，功能需求定义软件做什么。正如前面所讨论的，它们通常被组织为子系统或特征，并使用自然语言文本与图形的结合进行编档。

在编档功能需求时，要考虑以下概念。

- 将需求组织为逻辑分组。
- 目标是对于作为非软件专家的客户和使用者的可理解性。
- 编写对于设计者清晰的需求（使用备注或提示来扩充可能有难度的地方）。
- 聚焦软件的外部行为而不是内部行为（把它留给设计）。
- 编写能够被测试的需求。
- 使用一个易于修改的方法（包括需求编号和组织）。
- 标识需求的来源（见6.7.6.6节和6.11节关于可追踪性的更多内容）。
- 一致地使用文字和图形。
- 标识每个需求（关于唯一标识见6.7.6.4节）。
- 最小化冗余。每当需求被重复叙述时，就增加了不一致的可能性。
- 遵守需求标准以及取得认可的技术和模板。如果一个标准、技术或模板不满足特定需要，则要确定是否对计划、标准或规程进行更新或者取得弃用许可。
- 如果使用一个需求管理工具，则要遵守认可的格式，预填好所有适用的字段（6.9节将进一步讨论）。
- 实现良好的需求的特性（见6.7.6.9节）。
- 与团队同伴协调，获得早期反馈，确保团队内的一致性。
- 标识安全性需求。许多公司发现标识出直接有助于安全性的需求很有好处。这些需求与安全性评估有直接关联，并支持ARP4754A符合性。
- 编档衍生需求，并给出它们存在的原因（即理由或证明。衍生需求在后面讨论）。
- 包含和标识健壮性需求。健壮性是"一个系统当面临无效输入，或者与之连接的软件或硬件部件的缺陷，或者非预期的运行条件时，继续完成正常功能的程度"[4]。对于每个需求，考虑是否有任何潜在的异常条件（即无效的输入或无效的状态），确保对每个条件都有一个得到定义的行为。

6.7.6.2 编档非功能需求

非功能（非行为）需求是那些"定义了结果软件将展现的整体质量或属性"[12]的需求。虽然它们不描述功能，但是编档这些需求非常重要，因为它们是客户的期望，并且它们驱动设计决策。这些需求的重要性在于它们说明了产品将会工作得多好。它们包括诸如运行速度、易于使用、失效率和响应，以及异常条件处置[4]等特性。本质上，非功能需求包含设计者必须理解的约束。

当非功能需求因特征或功能而异时，应当随特征或功能一起指定。当非功能需求适用于全部特征或功能时，则通常把它们包含在一个单独章节。非功能需求应当用需求文档的单独一节或用某种属性进行标识，因为此类需求通常追踪不到代码，并且会影响测试策略。非功能需求也需要被验证，但是经常通过分析或审查而不是测试来验证，因为它们可能不表现为可以测试的功能。

以下是一些被标识为非功能需求的常见需求类型。

1. 性能需求。可能是最常见的非功能需求类型，其中包含的信息对设计者很重要，例如，响应时间、计算精度、计时预期、内存需求，以及吞吐。

2. 可能没有作为功能的一部分的安全性需求，被编档为非功能需求。例如：

　　a）数据保护——防止数据的丢失或破坏；

　　b）安全规章——指定必须遵守的特别的规章指南或规则；

　　c）可用性——定义软件可用且可以全功能运行的时间；

　　d）可靠性——当软件的一些方面用于支持系统可靠性时，进行识别；

　　e）安全余量——定义支持安全性所需的余量或宽限，如定时或内存余量需求；

　　f）分区——确保分区的完好性得到维护；

　　g）服务降级——说明软件在出现一个失效时，将如何优雅降级或进行动作；

　　h）健壮性——标识软件在出现异常条件时如何响应；

　　i）完好性——保护数据避免损坏或不正确执行；

　　j）潜伏时间——保护防止潜在失效。

3. 保密性需求。可能需要用于支持安全性、确保系统可靠性，或者保护专有信息。

4. 效率需求。是系统对处理器能力、内存或通信利用情况的一个度量[4]。它们与性能需求密切相关，但是可能标识软件的其他重要特性。

5. 易用性需求。定义需要哪些特性使软件对用户友好，其中包括人因的考虑。

6. 可维护性需求。描述易于修改或纠正软件的需要。这包括初始开发过程中、集成过程中，以及软件已经进入生产后的可维护性。

7. 可移植性需求。关注易于将软件转移到其他环境或目标计算机的需要。

8. 可复用性定义。将软件用于其他应用或系统的需要。

9. 易测试性需求。描述为了测试而需要在软件中构建的能力，包括系统或软件开发测试、集成测试、客户测试、航空器测试以及生产测试。

10. 互操作性需求。说明软件与其他部件如何很好地交换数据。可以应用特定的互操作性标准。

11. 灵活性需求。描述易于增加新功能到软件的需要，无论在初始开发中还是在产品的整个生命中。

6.7.6.3　编档接口

接口包括用户界面（例如在显示系统中）、硬件接口（例如对一个特定设备的通信协议）、软件接口（例如一个应用编程接口或库接口）和通信接口（例如当使用一个数据总线或网络时）。与硬件、软件和数据库的接口需求需要被编档。通常的做法是，SWRD引用一个接口控制文档。在一些情况下，用专门的SWRD章节、独立的标准或一个数据字典描述数据和控制接口。接口应当以一种支持数据和控制耦合分析的方式编档。数据和控制耦合分析将在第9章讨论。

任何从需求中引用的接口文档需要置于配置控制下，因为它们影响需求、测试、系统运行，以及软件维护。

6.7.6.4 唯一标识每个需求

每个需求应当有一个唯一的标记（也称为一个编号、标签或标识符）。多数组织使用"应当（shall）"来标识需求。每个"应当"标识出一个需求，并带有一个标记。使用这个方法帮助需求工程师区分什么是真正要求的，什么是注释或支持性信息。

一些工具自动分配需求标记，另一些则允许手工分配。在标准中应当写明标识方法，并得到严格遵守。一旦一个标记被使用，就不能再分配，即使该需求被删除。此外，重要的是确保每个标记只对应一个需求。也就是说，不要把多个需求合在一起，因为这会导致模糊不清，并使得难以确定测试的完好性。

6.7.6.5 记录理由

在需求中包含理由是一个好的实践，因为它可以提高需求的质量、降低理解一个需求所需要的时间、提高准确性、减少维护时间，并且有助于对工程师进行软件功能培训。对理由进行记录，不仅能提高读者对需求的理解，还有助于编写者编制出更好的需求。FAA的《需求工程管理手册》[13]中写道：

"为一个不良的需求或假设想出理由是困难的。强迫需求规约者思考为什么该需求是必要的，或者为什么做出该假设，经常将会提高需求的质量……需求编档一个系统将要做什么，设计编档系统将如何做。理由编档为什么一个需求存在，或者为什么以这种方式编写。当需求中有些东西可能对读者不明显，或者可以帮助读者理解为什么存在该需求时，就应当给出理由。"

手册还提供了编写理由的如下建议[13]。

- 在整个需求开发中提供理由，解释为什么需要该需求，以及为什么包含特定的值。
- 避免在理由中指定需求。如果理由中的信息对于要求的系统行为是核心的，则它应当是需求的一部分而不是理由。
- 当需求存在的原因不明显时，提供理由。
- 包含系统依赖的环境假设的理由。
- 提供每个需求中的值和范围的理由。
- 保持每个理由简短，并与被解释的需求相关。
- 尽可能早地捕获理由，避免丢失思维的链条。

6.7.6.6 追踪需求到来源

每个需求应当追踪到一个或多个父需求（即更高层的需求，本需求是从那里分解而来的）。需求工程必须确保分配给软件的每个系统需求都被跟踪到该系统需求的软件需求（即系统需求的子需求）完全实现。

可追踪性应当在需求编档的同时得到编档。要在后来回头修改追踪关系实际上是不可能的。许多需求管理工具具备提供追踪资料的能力，但是工具不能自动知道追踪关系。开发者必须被训练做到在开发需求时进行需求追踪。

除了向上追踪，需求的编写方式还应当使它们能够向下追踪到低层需求和测试用例。6.11节提供了可追踪性的更多内容。

6.7.6.7　标识不确定性和假设

在需求定义时有未知信息是常见的。这些可以被标识为TBD（待定）或其他某种清晰的记号。用一个提示或脚注标识出谁负责解决TBD以及什么时候完成，是一个好的做法。在需求被正式评审和实现之前，所有的TBD应当被解决。类似地，任何假设都应得到编档，使得它们能够被合适的组（例如系统组、硬件组、验证组或安全组）确认和验证。

6.7.6.8　启动一个数据字典

一些项目试图避免使用数据字典，因为它的维护是一项冗长的工作。然而，数据字典对于数据密集型系统是极有价值的。大多数数据字典是在设计中完成的。如果能在需求定义时就开始对共享数据（包括数据含义、类型、长度、格式等）进行编档，则会更有好处。数据字典有助于集成和全局一致性。它还帮助避免对数据理解的不一致引起的错误[4]。数据字典和接口控制文档可以被集成在一起，取决于项目具体情况。

6.7.6.9　实现良好的需求的特性

第2章标识了好的系统需求的特性。软件需求同样应当具有这些特性，包括原子性、完整性、简明性、一致性、正确性、实现无关性、必要性、可追踪性、无模糊性，以及可行性。对于编写高质量软件需求，还有更多的建议如下。

- 使用简明和完整的语句，语法和拼写正确。
- 对每个需求使用一个"应当"。
- 使用主动语气。
- 使用图形、加粗、编号、留白，或其他方法对重要条目进行强调。
- 使用与SWRD词汇表或定义章节中标识一致的术语。
- 避免模糊的术语，例如：作为一个目标、一定程度实用、模块、可获得、足够、及时、用户友好等。如果使用这种术语，则它们应当被量化。
- 在适当的粒度层次上编写需求。通常，适当的层次就是可以被一个或仅仅少数几个测试覆盖。
- 保持需求处于一个一致的粒度或细节层次。
- 减少或避免使用指示多个需求的词，例如，"除非""除了"。
- 避免使用"和""或"，或者斜线（/）来分割两个词，因为这样会带来模糊。
- 谨慎使用代词（例如"它"或"它们"）。通常重复名词会更好。
- 避免使用简写符号i.e（意思是"就是"）和e.g.（意思是"例如"），因为许多人会不清楚其含义。
- 在一个提示或备注中给出需求的理由和背景（见6.7.6.5节）。没有什么比一个好的备注更有助于理解编写者的思考。
- 避免否定式需求，因为它们难以验证。
- 查找遗漏（就是本应指定却没有指定的东西），确保需求完全地定义了功能。
- 通过思考软件如何对异常输入进行响应，在需求中建立健壮性。

- 避免使用发音相同或相似的词。
- 谨慎使用副词（例如，合理地、快速地、显著地、偶尔地），因为它们会比较模糊。

Leveson强调了完整需求的重要性，她写道：

"就安全性而言，需求规格说明的最重要的属性就是完好性和无模糊性。想要的软件行为必须足够详细地指定，以避免任何可能被设计出的非预期的程序。如果一个需求文档对于设计者没有包含足够的信息，使得设计者能够区分代表想要的和不想要的（或者安全的和不安全的）行为的显著行为模式，那么该规格说明就是模糊的或不完整的[1]。"

6.7.7 任务6：提供系统需求的反馈

软件需求的编写包含对系统需求的审视。软件组经常发现错误、遗漏或冲突的系统需求。发现的任何与系统需求有关的问题应当被填写在一个问题报告中，提交给系统组，并跟进以确定采取了行动。在许多项目中，软件组假设系统组基于口头或电子邮件反馈修改了系统需求，然而在合格审定的最后环节发现系统需求并没有更新。为了避免这种问题，软件组应当通过填写系统需求的问题报告，并跟进每个问题报告，主动在先地确保系统需求得到了更新。如果没有对问题跟踪到底，则会导致系统需求与软件功能之间的不一致性，这会妨碍合格审定过程，因为需求的不联结被认为是DO-178C的一个不符合。

6.8 验证（评审）需求

一旦需求成熟和稳定，则要对它们进行验证。这通常是通过执行一个或多个同行评审实现的。评审过程的目的是在需求被实现之前捕捉错误，因此这是安全关键软件开发的最重要和有价值的活动之一。如果正确地完成了评审，则可以防止错误、节省大量时间，并降低费用。同行评审是由包含一个或多个评审者的小组执行的。

为了优化评审过程，作者建议两个阶段的同行评审：非正式的和正式的。首先是非正式阶段，帮助尽可能让需求成熟。事实上，如前面提到的，作者支持团队开发的方式，其中至少有两名开发者联合地开发需求，并连续地互相参谋和检查工作。目标是尽早执行经常性的非正式评审，从而最小化正式评审中的问题发现。

在正式需求评审中，评审者使用一个检查单（通常包含在软件验证计划或需求标准中）。基于DO-178C，在需求评审中，（至少）以下检查项通常包含在检查单中进行评估[3]①。

- 计划中标识的评审入口准则已经得到满足②。在大多情况下，这要求系统需求的发布、软件需求标准的发布、软件开发与验证计划的发布，以及软件需求的配置控制。
- 高层软件需求与系统需求相符合。这确保高层需求完全实现了分配给软件的系统需求。
- 高层软件需求追踪到系统需求。这是一个双向追踪：所有分配到软件的系统需求应当有高层软件需求实现了它，并且所有的高层软件需求（除了衍生需求）应当追踪到系统需求。6.11节提供了可追踪性的更多考虑。

---

① 这些基于DO-178C的6.3.1节和11.9节，除非另外指出。

② 根据DO-178C的8.1.c节。

- 高层软件需求是准确、无模糊、一致和完整的。这包括确保输入和输出被以定量的方式（包括测量单位、范围、比例、精确度和到达频度）清晰定义、正常和异常条件得到考虑、所有图示是准确和清楚标记的，等等。
- 高层软件需求符合需求标准。正如前面所建议的，需求标准应当包含前面提到的良好的需求的特性。第5章讨论了需求标准。
- 高层软件需求是可验证的。例如，涉及测量的需求要包含容限、每个标识/标签只能对应一个需求、相关术语要可量化，并且不能有否定型需求。
- 高层软件需求被唯一标识。正如前面指出的，每个需求陈述要使用一个"应当"，每个需求要有一个唯一的标识符。
- 高层需求与目标计算机是兼容的。目的是确保高层需求与目标计算机的软/硬件特征相一致——尤其针对响应时间和输入/输出硬件。经常的情况是，这个检查更适用于设计评审，而不是需求评审。
- 提出的算法，尤其是在不连续区域上的，已经被检查从而确保其准确性和行为。
- 衍生的需求是恰当的、正确表明合理性的，并已被提供给安全组。
- 对每种操作模式下的功能和操作需求进行编档。
- 高层需求包含性能准则，如精度和准确度。
- 高层需求包含时间需求和约束。
- 高层需求包含内存大小约束。
- 高层需求包含硬件和软件接口，例如协议、格式，以及输入和输出的频率。
- 高层需求包含失效检测和安全性监控需求。
- 高层需求包含分区需求，用于指定软件部件如何相互交互，以及每个分区的软件等级。

在正式评审中，需求可以被整个验证，也可以分为功能组进行验证。如果评审被按功能划分，则还应当有一个评审对全部分组进行检查，以确保一致性和内聚性。

为使一个评审有效，应当召集正确的评审者。评审者应当包含有资质的技术人员，包括软件开发者、系统工程师、测试工程师、安全人员、软件质量保证工程师，以及合格审定联络人员[①]。应当要求每位评审者在执行评审之前阅读和完全理解检查单中的检查项。如果评审者对检查单不熟悉，则应当进行培训，给出每个检查项的指南和例子。

正式评审的意见应当被编档、分类（例如，严重问题、微小问题、编辑建议、重复建议、不更改）和处理。提出意见者应当在评审结束之前同意采取的措施。需求检查单也应当在评审结束之前成功完成。关于同行评审过程的更多建议见下一节。

6.8.1　同行评审推荐实践

尽管没有要求，大多数项目使用一个正式的同行评审过程来验证其计划、需求、设计、代码、验证用例与规程、验证报告、配置索引、完成总结，以及其他关键生命周期资料。一个包含正确成员的团队经常能够找到个人可能遗漏的错误。同样的同行评审过程可以用于多

[①] 通常质量和合格审定人员根据自己的考虑决定参加。此外，安全人员可以评审需求但不参加评审会议。在计划中应当明确指定必需的评审者。

个生命周期资料项（不仅限于需求）。换句话说，评审过程可以被标准化，使得实际的评审只需改变检查单、评审的资料，以及评审者。本节给出如下一些可以集成到同行评审过程的推荐实践。

- 指派一名主持人或技术负责人来安排评审、提供资料、分配工作、收集和统一评审意见、主持评审会议、确保评审检查单完整填写、确保所有的评审意见在评审关闭之前得到考虑，等等。
- 确保将要评审的资料是纳入配置管理的。可以是非正式的或开发配置管理，但是应当受控，并且是同行评审记录中标识的版本。
- 标识将要评审的资料及其在同行评审记录中的相关版本。
- 记录同行评审的日期、邀请的评审者、提供意见的评审者，以及每位评审者在评审上花费的时间。评审者的信息对于提供独立性和尽职调查的证据是很重要的。
- 根据合同或规程的需要或要求纳入客户参加。
- 使用一个用于评审的检查单，确保所有的评审者得到了关于该检查单以及用于所评审资料的标准的培训。检查单通常在批准的计划或标准中包含或引用。
- 向评审者提供评审包（包含带有行号或章节号的评审资料、检查单、评审表单，以及评审需要的任何其他资料），并标明要求的和可选的评审者。
- 为每位评审者分配职责（例如，一位评审者评审可追踪性，一位评审者评审标准符合性，等等）。确保要求的评审者覆盖了检查单的所有方面、评审者各司其职并能够胜任分配的任务。如果一个要求的评审者不在，或者不能完成其任务，则可能需要其他具有相同资质的人员来完成评审，或者需要重新安排评审时间。
- 向评审者给出说明（例如，标明意见截止日期、会议日期、角色、焦点区域、开放问题、文件的位置、引用文档）。
- 预先通知评审者，并给出足够的评审时间。如果一个要求的评审者需要更多的时间，则应当重新安排评审时间。
- 确保获得适当等级的独立性。DO-178C 附件 A 的表标识了根据软件等级的不同，何时要求独立性。第10章将讨论验证独立性。
- 使用有资质的评审者。关键的技术评审者包括那些将要使用被评资料的人（如测试者和设计者）以及一个或多个独立的开发者（在需要独立性的时候）。正如前面提到的，对于需求评审，强调要纳入系统人员和安全人员。评审的效果取决于评审的人，因此在项目的整个生命中值得使用最佳和最有资质的人员担任技术评审角色。年轻的工程师可以通过担任支持角色来进行学习。
- 邀请软件质量保证和合格审定联络人员，以及需要的任何其他支持人员。
- 小组规模保持在一个合理人数范围。这是主观的，往往很大程度依赖于软件等级以及评审的资料的重要性。
- 给评审者提供一个记录意见的方法（典型的方法是一个电子表格或者提议工具）。评审者通常要输入以下信息：评审者姓名、文档标识和版本、文档的章节或行号、意见编号、意见，以及意见分类（严重、微小、文字性等）。

- 安排一个会议来讨论重要的意见或问题。一些公司倾向于限制会议数量，会议只用于有争议的话题。如果不组织会议，则应当确保有方法实现所有评审者对于必要行动的一致同意。以作者的经验，一个讨论技术问题的简短会议比连续不断的电子邮件来往要有效和高效得多。

- 如果有一个会议，就要在会议之前留出时间，让资料编写者复述并针对每条意见给出回应。会议时间应当重点关注需要面对面交互的有价值的事项。

- 如果一个团队在地理上是分散的，则应当使用电子化网络手段（例如 WebEx、NetMeeting 和 Live Meeting）和远程会议来纳入适当的人员。

- 限制讨论问题的时间。一些公司要求一个"两分钟规则"：任何需要多于两分钟的讨论会被搁置到将来进行。如果一个问题不能在分配的时间内解决，则应当与正确的利益相关方安排一个后续会议。主持人负责保持讨论的不离题和不超时。

- 建立一个讨论有争议问题的过程，例如一个上报途径、仲裁负责人，或一个产品控制委员会。

- 完成评审检查单。可用的方法可以有多个：可以由每个团队成员完成检查单中自己负责的部分、在同行评审会议上集体完成，或者由一个有资质的评审者完成。通常只有考虑了所有的评审意见，检查单才能成功完成。

- 确保在评审关闭之前，所有的问题得到解决和关闭。如果一个需要解决的问题没能在评审关闭之前解决，则应当生成一个问题报告。在同行评审记录中应当包含问题报告编号，以确保该问题最终得到解决或正确处置。

- 把大的文档拆分成小的包，并首先评审高风险的部分。一旦所有的单个包得到评审，一个有经验的工程师或小组应执行一个综合评审，以确保所有的包是一致和准确的。就是说，把所有资料放在一起检查。

- 建立一个有组织的方法来存储和获取评审记录与检查单，因为它们是合格审定的证据。

以下是在实际实现同行评审过程中的一些常见问题，可以通过对同行评审的恰当管理得以避免。

- 将该活动作为一个"打勾"动作，而不是及早解决技术问题、为最终产品增值，以及在项目生命中节省时间和金钱的工具。

- 没有给评审者时间来彻底审查资料。

- 评审小组过于庞大。

- 没有使用有资质的或受到良好培训的评审者。

- 没有在进行到下一阶段之前关闭意见。

- 没有完整和迅速地完成要求的检查单。

6.9 管理需求

6.9.1 需求管理基础

软件开发的一个至关重要的部分是需求管理。无论计划做得多完善，需求写得多尽力，变更还是会发生。一个有组织的需求管理过程对于管理不可避免的变更极其关键。需求管理包括"在项目进行中维护需求协定的完好性、准确性、普遍接受性的所有活动"[4]。

为了管理需求，应该做到以下几点。

- 开发能够被修改的需求。正如前面提到的，可修改性是良好的需求的一个特性。易修改的需求是良好组织的、有适当的粒度层次、实现无关、清晰标识，以及可追踪的。
- 建立需求基线。功能需求和非功能需求都应该建立基线。基线通常在需求得到同行评审之后建立。对于大型项目，即对单个需求又对SWRD的章节或者全部进行版本控制的做法是有帮助的。
- 在基线上管理所有的变化。这通常通过问题报告过程和变更控制委员会实现。对需求的变更进行标识、得到变更控制委员会的批准、得到实现，以及复审。
- 使用得到批准的过程变更需求。对需求的变更应当使用计划中定义的同一个需求过程。也就是说，遵守标准、实现质量属性、执行评审等。一些公司在第一次规矩地遵守过程，而在变更时则松懈。由于这种情况，外部的审核者和质量保证工程师会要仔细查看修改的全面性。
- 复审需求。一旦实现变更，变更和变更影响的需求应当再次得到评审。如果多个需求发生变更，采用一个小组评审则是合适的。如果变更或影响的需求数量较小且内容明了，评审就可以由一个人完成。适当等级的独立性仍然需要。
- 跟踪状态。每个需求的状态应该得到跟踪。需求变更的典型状态包括提出、批准、实现、验证、删除，或拒绝[9]。状态经常通过问题报告过程管理，目的是避免有两个状态体系。问题报告过程通常包含以下状态：开放（需求变更被提出）、工作中（变更已经得到批准）、已实现（变更已经做出）、已验证（变更已经得到评审）、已取消（变更没有得到批准），以及关闭（变更被完全实现、评审，并置于配置管理）。

变更管理将在第10章进一步讨论。

6.9.2 需求管理工具

许多公司使用可购买的需求管理工具来编档和帮助管理需求，但一些公司也有自己开发的工具。客户可能强制要求使用特定的工具，目的是在所有层级上推行一个一致的需求管理方法。无论选择什么需求管理工具，它至少应当有能力做到：

- 易于增加需求属性或字段；
- 导出到一个可读的文档格式；
- 容纳图形，例如表格、流程图和用户界面图；
- 对需求建立基线；

- 增加或删除需求；
- 支持多个地理位置的多个用户；
- 记录需求的注释或理由；
- 向上或向下追踪；
- 生成追踪报告；
- 避免未授权的更改，例如口令；
- 备份；
- 重新排序需求而不重新编号；
- 管理多个层级的需求（例如系统需求、高层软件需求和低层软件需求）；
- 根据需要增加需求层级；
- 支持多个开发项目。

需求管理工具中包含的典型的需求字段或属性如下所示。

- 需求标识。需求的一个唯一标识符/标记。
- 需求适用性。如果涉及多个项目，那么一些需求可能适用或不适用。
- 需求描述。需求的叙述。
- 需求注释。解释关于需求的重要事情，例如理由和相关需求。对于衍生需求，包括为什么需要该衍生需求的理由。
- 状态。标识每个需求的状态，例如得到变更控制委员会的批准、工作中、已实现、已验证、已删除，或被拒绝。
- 变更授权。标识问题报告、变更申请号等，用于授权需求的实现或变更。
- 追踪资料。向上追踪到父需求、向下追踪到子需求，以及向外追踪到测试用例和/或规程。
- 特别字段。标识安全性需求、衍生需求、健壮性需求和批准状态等。

可以用一个文档或电子表格进行需求编档。然而，项目越复杂，开发团队越大，使用需求管理工具的好处就越大。

如果使用一个需求管理工具，那么以下几点很重要。

- 技术支持和培训。应当培训开发者如何正确使用工具。
- 项目特定的指导，用于解释如何在给定环境下正确使用工具（这些信息经常包含在标准或一个过程手册中）。
- 常见问题和例子，帮助解决通常会遇到的问题。

需求管理工具可以很强大。它们可以帮助管理需求和版本、支持更大的团队、更便于实现可追踪性、跟踪需求状态、支持需求用于多个项目，以及更多。然而，即使有需求管理工具，也需要好的需求变更管理。工具不会"弥补过程、制度、经验和理解的缺失"[4]。

6.10 需求原型

Alan Davis解释说:"原型是构造一个系统的部分实现,使客户、使用者或开发者能够更了解一个问题或者问题解决方案的技术"[12]。原型可以帮助获得客户对关键功能的反馈、探索设计选项以确定可行性、使需求成熟、标识模糊或不完整的需求、最小化需求误解,以及提高需求健壮性。

然而,作者在听到"原型"这个词时的反应是警觉(至少有一点)。许多项目不仅使用原型帮助需求开发,还试图继续留用原型代码,这很少成功。原型代码经常是为了证明一个概念而快速开发的。它通常设计得不够健壮并且不符合开发标准。原型可以是使需求成熟、获得客户反馈,以及确定什么能工作什么不能工作的有力手段。如果客户或管理者想要将原型代码用于集成和合格审定,就会有问题。这会导致设计和需求的逆向工程,以及编码的相当大返工,其结果是比舍弃原型代码和重新开始花费更长的时间,以及出现更多的代码问题。

尽管如此也有例外,原型仍可以被成功应用,尤其如果原型代码是有策划的,并且是一个有组织的过程的一部分,而不是靠"最后一刻的想法"来弥补失去的时间。通常有如下两种方法可实现成功的原型开发。

1. **抛弃型原型**。这是一个在没有牢固需求和设计情况下的快速原型,目的是确定功能可行性、获得客户反馈,以及识别丢失的需求。抛弃型原型用于使需求成熟,然后抛弃代码。为了避免保留原型的诱惑,可以仅实现部分功能,或者事先建立一个将要抛弃代码的牢固协定,以及使用一个不同的环境。没有这些保护,一些客户或项目经理就会被诱惑而试图将原型用于合格审定。抛弃型原型构建得既不够健壮也不够充分,设计得也不易于维护。保留抛弃性原型是一个大错误。
2. **演化型原型**。这种方法完全不同。其开发是带着以后使用代码及其支持资料的意图的。演化型原型通常是一个关键功能的部分实现,一旦该功能得到检验,它就会被整理和增加额外的功能。演化型原型的意图是用于最终产品,因此,它使用一个严格的过程、考虑需求和设计的质量属性、评价多个设计选项、实现健壮性、遵守需求和设计标准,并使用代码注释和编码标准。该原型形成最终产品的基础,同时也与螺旋生命周期模型密切相关。

这两种原型方法都可以使用,但是应当在计划中进行解释,得到合格审定机构的认可,并且按照认可进行实现。

6.11 可追踪性

DO-178C要求系统需求与软件高层需求、软件高层需求与软件低层需求、软件低层需求与代码、需求与测试用例、测试用例与测试规程、测试规程与测试结果之间的双向可追踪性[3]。本节讨论可追踪性的重要性和好处、自顶向下和自底向上的可追踪性、DO-178C的可追踪性要求,以及要避免的追踪问题。

6.11.1　可追踪性的重要性和好处

　　需求、设计、编码和测试资料之间的可追踪性对于DO-178C目标的符合性至关重要。具备良好的可追踪性有许多好处，如下所述。

　　好处1　合格审定机构的审核要求实现可追踪性。可追踪性对一个软件项目和DO-178C符合性很重要。没有好的可追踪性，开发保证的整个声明就会落空，因为合格审定机构得不到信心保证。DO-178C的许多目标和概念以及良好的软件工程都建立在可追踪性的概念之上。

　　好处2　可追踪性提供了规章得到满足的信心。可追踪性是重要的，因为当正确地做到可追踪性时，保证了所有的需求是得到实现和验证的，并且得到实现的仅限于需求。这样就为规章符合性提供了直接支持，因为规章要求表明预期功能得到实现的证据。

　　好处3　可追踪性对于变更影响分析和维护至关重要。由于需求、设计和代码的变更对于软件开发至关重要，工程师必须考虑如何使软件和支持它的生命周期资料是可变更的。当一个变更发生时，可追踪性帮助识别什么资料被影响、需要更新，以及要求重新验证。

　　好处4　可追踪性帮助项目管理。时新的追踪资料帮助项目经理了解什么已经被实现和验证，以及什么还有待去做。

　　好处5　可追踪性帮助确认完成。一个好的双向追踪机制让工程师可以知道他们何时完成了各个资料项。它还标识尚未实现的或者没有一个驱动却被实现的资料项。当一个阶段（例如，设计或测试用例开发）完成时，追踪资料表明软件生命周期资料是完整的、与先前阶段的资料一致，并且准备好用作下一阶段的输入。

6.11.2　双向可追踪性

　　为了满足实现"全部并且仅仅需求"的目标，需要两类可追踪性：正向追踪（自顶向下）和逆向追踪（自底向上）。图6.3显示了DO-178C要求的双向可追踪性概念。

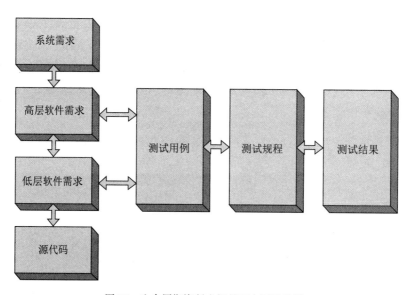

图6.3　生命周期资料之间的双向可追踪性

双向可追踪性不会自己出现，必须在整个开发过程中加以考虑。强制实现它的最佳方法是在开发活动的每个阶段实现和检查双向可追踪性，如下所述。

- 在软件需求评审中，验证系统需求与高层软件需求之间的自顶向下和自底向上追踪。
- 在设计说明评审中，验证高层软件需求与低层软件需求之间的双向追踪。
- 在代码评审中，验证低层软件需求与源代码之间的双向追踪。
- 在测试用例和规程评审中，验证测试用例与需求之间，以及测试用例与测试规程之间的双向追踪。
- 在测试结果评审中，验证测试结果与测试规程之间的双向追踪。

在评审中应该考虑每个方向。一个方向上的完整并不一定意味着追踪是双向的。例如，所有分配到软件的系统需求可以向下追踪到高层软件需求，然而，可能有一些高层软件需求不能向上追踪到一个系统需求。衍生需求应当是唯一一种没有父需求的需求。

追踪活动不应当仅追求追踪的完整性，还应当评价追踪的技术准确性。例如，当评价一个系统需求与其子需求（高层软件需求）之间的追踪时，考虑以下问题。

- 这些高层软件需求完全实现了系统需求吗？
- 有任何部分的系统需求未反映在高层软件需求中吗？
- 这些需求之间的关系是准确和完整的吗？
- 有丢失的需求吗？
- 如果高层软件需求追踪到多个系统需求，那么需求组之间的关系准确和完整吗？
- 每个层级需求的粒度恰当吗？例如，系统需求到高层软件需求的比例合适吗？神奇数字是不存在的，但如果大量需求的比例是1:1或1:10+，则说明可能存在粒度问题。
- 如果有多对多追踪，那么它们是恰当的吗？过于冗余的多对多追踪（例如子需求追踪到许多父需求，并且父需求追踪到许多子需求）可能表明存在问题（在6.11.4节中讨论）。

6.11.3　DO-178C和可追踪性

DO-178B将可追踪性标识为一个验证活动，但是关于如何对追踪信息进行编档却有些模糊。大多数应用将追踪信息包含为其验证报告的一部分，有些则将其包含在开发资料本身（即需求、设计、代码、测试用例与规程）中。DO-178C对于在哪里记录追踪信息仍然是灵活的。然而，它要求一个在需求、设计、编码和测试开发过程中的制品，称为追踪资料。

DO-178C的5.5节标识了软件开发中发生的追踪活动，明确要求了分配到软件的系统需求与高层软件需求之间、高层软件需求与低层软件需求之间，以及低层软件需求与源代码之间的双向追踪[3]。DO-178C的表A-2将追踪资料标识为追踪活动的证据以及开发过程的一个输出。

类似地，DO-178C的6.5节解释了验证过程中的追踪活动，并要求了软件需求与测试用例之间、测试用例与测试规程之间，以及测试规程与测试结果之间的双向追踪。DO-178C的表A-6将追踪资料标识为测试过程的一个输出。

DO-178B没有包含术语"双向可追踪性",尽管暗示并最终要求它。DO-178B第6节讨论了正向可追踪性(6.3.1.f节、6.3.2.f节、6.3.4.e节和6.4.4.1节),而DO-178B的表A-3(目标6)、表A-4(目标6)、表A-5(目标5),以及表A-7(目标3和目标4)中的目标暗示了逆向可追踪性。DO-178C则对此更明确。DO-178C特别标明了双向可追踪性以及建立追踪资料的要求。

6.11.4　可追踪性挑战

与软件工程中的每种其他事情一样,实现良好的追踪性是有挑战的。一些常见的挑战如下。

挑战1　主动在先地追踪。多数软件工程师乐于解决问题和创造设计或代码。然而,他们很少喜欢纸面工作和保留工作记录。为了有准确完整的可追踪性,伴随开发过程进行可追踪性的编档至关重要。换句话说,在编写软件高层需求的时候,应当指明如何追踪到系统需求,以及从系统需求进行追踪;在编写设计的时候,应当编写如何追踪到高层需求,以及从高层需求进行追踪;在开发代码的时候,应当编写如何追踪到低层需求,以及从低层需求进行追踪,等等。

如果资料的编写者没有主动在先地进行追踪,那么不熟悉该资料的人在后来是难以补做的,因为他可能不了解思考过程、上下文,或者原本开发者的决策,并且可能被迫进行猜测和假设(可能是错误的)。此外,如果追踪是在事后做的,在双向可追踪性中就可能有漏洞。换句话说,一些需求可能只被部分地实现,而需求中不存在的一些功能可能被实现。事后从事清理的工程师不是正确地修复需求,而是可能进行部分追踪(使之看上去完整)、制造许多衍生需求(因为它们没有父需求),或者追踪到一般需求(结果导致"一到过多"或者"多到多"的困境)。当缺少经验的工程师进行事后追踪时,情况尤其如此。

挑战2　保持追踪资料时新。一些项目在建立初始追踪资料时做得很好,然而,当进行变更时未能对其进行更新。任何时候只要修改资料就应该评价和正确更新可追踪性。时新的和准确的追踪资料对于需求管理决策和变更影响评估(将在第10章讨论)很关键。

挑战3　做双向追踪。当一个方向的追踪是完整的时候,很容易认为每样东西都是完整的。然而,如前面指出的,仅正向追踪是完整的并不意味着逆向追踪也是这样,反之亦然。追踪资料必须既从自顶向下(正向)也从自底向上(逆向)的角度考虑。

挑战4　多对多追踪。这发生在父需求追踪到多个子需求,并且子需求追踪到多个父需求时。虽然确实有些情况下的多对多追踪是准确的和适合的,但过多的多对多追踪则倾向于某种问题征兆,通常情况下是需求没有被良好地组织,或者追踪是在事后做的。虽然没有合格审定指南反对多对多追踪,但是它们会使开发者和合格审定机构非常困惑,并且它们经常难以证明合理性,也不利于维护。多对多追踪应该尽可能地最小化。

挑战5　决定什么是衍生的,什么不是。衍生需求可能是一个挑战。作者不止一次遇到项目建立衍生需求是因为有丢失的高层需求而项目不想增加需求。衍生需求应当小心使用。它们不是丢失的高层需求的堵漏,而是用来表示那些在更高层不显著的设计细节。不应增加衍生需求以弥补高层丢失的功能。避免对衍生需求的不准确分类的一种方法是,说明为什么需要每个需求，以及为什么将其分类为衍生需求[①]。如果一个需求不能被解释或证明其合理性，它可能就不需要，或者可能丢失了一个更高层的需求。注意，所有的衍生需求需要被安全组评价，并且所有的代码必须能够追踪到需求——不存在一个分类称为"衍生代码"。

挑战6 弱链接。经常会有一些需求，对于其是追踪的还是衍生的，存在着争议。它们可能被关联到一个更高层需求，但不是该更高层需求的直接结果。如果要作为追踪，给出较高层需求与较低层需求之间的关联的理由就是有帮助的。因为没有一个更好的描述，所以作者把这种有争议的追踪称为"弱链接"。通过提供一个简要的注解说明为什么包含该弱链接，可以帮助需求的所有使用者更好地理解该关联以及评价未来变更的影响。该注解还通过解释那些看上去不明显的关系，为合格审定和软件维护活动提供帮助。无须冗长的解释，通常简短的一两句话就足够了。即使需求被分类为衍生的，仍然建议对关系进行注解，因为它有助于将来的变更影响分析和变更管理（即支持可修改性）。

挑战7 隐式可追踪性。一些项目使用一个"隐式可追踪性"的概念。例如，追踪可以被通过命名习惯或者文档格式得到推断。该方法已经被合格审定机构接受。新的挑战是DO-178C要求追踪资料。隐式可追踪性是内置的，不产生一个单独的追踪制品。因此，隐式追踪应当小心处理。以下是一些建议：

- 在标准和计划中包含追踪规则，使得开发者了解期望；
- 很好地编档对追踪的评审，以保证隐式追踪是准确且完整的；
- 在软件计划中标识该方法，并得到合格审定机构的认可；
- 要有一致性，不要在同一节中混合隐式的和显式的追踪（除非很好地编档）。

挑战8 健壮性测试追踪。有时开发者或测试者争论说，健壮性测试无须被追踪到需求，因为它们试图打破软件而不是证明预期的功能。他们声称，如果将测试者限制于需求，就可能忽视软件中的一些脆弱性。正如第9章中将要讨论的，"打破"的理念对于有效的软件测试是重要的。测试者在考虑自己的测试活动时，不应当把自己限制于需求。测试者应当在需求不完整的时候识别它，而不是创造追踪不到需求的健壮性测试。经常的情况是，测试者识别出了应当在需求中反映的丢失的场景。强烈建议测试者参加需求和设计评审，从而主动在先地识别潜在的需求脆弱性。类似地，开发者可能需要被纳入测试评审，从而快速地弥补任何需求不足，以及确保测试者理解需求。

---

① DO-178C 的 5.1.2.h 节将此标识为一个活动。

第7章 软 件 设 计

7.1 软件设计概览

DO-178C采取了与其他关于设计的软件开发文献有所不同的路线。DO-178B以及现在的DO-178C表述为：软件设计包括软件体系结构和低层需求（LLR）。软件体系结构是设计的一个普遍可理解部分，而名词LLR则引起很大的混乱。在DO-178C委员会的商议中，曾试图调整术语从而与其他领域和通常的软件工程方法一致，但未达成共识，因此术语LLR被保留使用。本章将讨论它。

设计的作用是作为软件实现阶段的蓝图。设计描述了如何将软件置于一起（体系结构）以及它如何执行想要的功能（LLR）。为了了解DO-178C的设计指南，理解软件设计的两个元素至关重要：体系结构和LLR。

7.1.1 软件体系结构

DO-178C定义软件体系结构为"选择用于实现软件需求的软件结构"[1]。Roger Pressman① 给出了一个更全面的定义：

"最简单形式上，体系结构是程序构件（模块）的结构或组织、这些构件交互的方式、构件使用的数据结构。更广泛意义上，构件可以被泛化，代表主要系统元素以及它们的交互[2]。"

体系结构是设计过程的一个至关重要的部分。在编写体系结构文档时需要记住以下几个方面。

1. DO-178C符合性要求体系结构与需求兼容。因此，需要一些确保兼容性的手段。经常使用可追踪性或者需求与体系结构之间的一个映射。

2. 体系结构应当以一种清晰和一致的格式编档。考虑那些将要使用设计来实现代码的编码者，以及在将来维护软件及其设计的开发者，是很重要的。为了得到准确实现和维护，体系结构必须被清晰定义。

3. 体系结构应当以一种能够根据需要更新和可能通过迭代实现的方式编档。这可能要支持一个迭代或演化的开发活动、配置选择，或者安全性方法。

4. 存在不同的体系结构风格。对于大多数风格，体系结构包含构件（component）和连接件（connector）。然而，这些构件和连接件的类型依赖于使用的体系结构方法。大多数实时机载软件使用一个功能性结构。在这种情况下，构件代表功能，连接件代表功能之间的接口（无论以数据还是控制的形式）。

---

① Roger Pressman，软件工程领域国际知名学者，代表作有《软件工程——实践者的研究方法》（*Software Engineering: A Practitioner's Approach*）等。——译者注

7.1.2 软件低层需求

DO-178C定义LLR为"从高层需求、衍生需求以及设计约束开发的软件需求，从它可以直接实现软件源代码而无须更多信息"[1]。LLR是高层需求（HLR）的一个分解，分解的程度使得代码可以直接从它开始编写。DO-178C本质上是将详细的工程思维过程置于设计阶段而不是编码阶段。如果设计得到了恰当地编档，编码工作就可以相对而言更直接。这种理念不是没有争议的。两层软件需求（高层和低层）的需要已经得到大量辩论。以下是准备编写LLR时要记住的10个概念。

概念1 LLR是设计细节。需求这个词可能会误导，因为LLR是设计的一部分，可以把它当成编码者将要依从的实现步骤。有时，LLR甚至被表示为伪码或模型。一些项目要求对LLR使用"应当"，另一些则不要求。两种方法作者都看到过成功应用的例子。

概念2 LLR必须被唯一标识。因为LLR必须被向上追踪到HLR和向下追踪到代码，所以LLR需要被唯一标识（这就是为什么一些组织喜欢在需求中包含"应当"）。

概念3 LLR应当有第2章和第6章描述的质量属性。然而，LLR聚焦于"怎样做（how）"，不是"做什么（what）"。LLR是实现细节，应当具体到软件如何实现，以完成HLR中编档的功能。

概念4 LLR必须是可验证的。需求这个词保留在DO-178C中的原因之一是，对于A级、B级和C级软件，LLR需要被测试。在编写需求时考虑到这一点是很重要的。

概念5 有时可能根本不需要LLR。例如，在一些项目中，HLR足够详细，能够直接从它开始编码，但这是个例而不是规则，并且第6章已指出并不推荐采用这种方法。HLR应当聚焦于功能，而LLR聚焦于实现。然而，如果HLR确实足够具体［这意味着它们很可能混合了"做什么（what）"和"怎样做（how）"］，则可以不要LLR。DO-178C的5.0节也确实允许单层的软件需求，条件是这一层能够同时满足高层和低层需求目标（即DO-178C的表A-2目标1、目标2、目标4和目标5，表A-3，以及表A-4）。单层需求的内容与软件体系结构合在一起时，应当关注DO-178C的11.9节（软件需求）和11.10节（软件设计）中的指南。然而，需要注意的是，这并不是总能被合格审定机构所接受的，并且如果没有适当协调，就可能导致项目的重新开始。如果这个方法似乎对你的项目可行，那么需要确保在计划中进行解释，表明其合理性，并具体说明DO-178C的目标将如何得到满足。

概念6 在有些部分可能不需要LLR。在一些项目中，HLR可能在大多数部分有足够的细节可以从它开始编码，但是在有些部分则可能需要额外的精化。也就是说，一些HLR需要被分解到LLR，而另一些则不需要。如果使用这个方法，那么哪些需求是HLR的，哪些是LLR的，应当是很清楚地分解了的。还应当清楚HLR何时不用再分解，使得编码者知道什么需求形成了编码工作的基础。这个方法可能过于技巧化，以至于在现实中无法执行，所以使用时要格外小心。

概念7 越关键的软件倾向于需要越详细的LLR。以作者的经验，软件关键等级越高（A级和B级），LLR需要越具体，要求完整描述需求并获得需要的结构覆盖。软件越关键，结构覆盖的准则就越严格。结构覆盖将在第9章讨论，然而在设计阶段需要想着它。

概念8　衍生的LLR必须小心处理。在设计阶段可能会识别一些衍生的LLR。DO-178C定义衍生需求为"软件开发过程产生的需求。无法直接追踪到更高层需求，并且/或者定义的行为超出了系统需求或更高层软件需求所定义的行为"[1]。衍生LLR不是用于弥补HLR中的漏洞的，而是代表了在需求阶段尚未知的实现细节。衍生LLR不能向上追踪到HLR，但是可以向下追踪到代码。衍生的LLR应当被编档，标识为衍生的，表明其存在的合理性，并得到安全性评估小组评价，以确保它没有违反任何系统或安全性假设。为了支持安全组的工作，合理性证明或理由的编写应当让不了解设计细节的人能够理解该需求，并评价它对安全性和整个系统功能的影响。

概念9　LLR通常是文本的，但也可以被表示为模型。LLR经常用文本格式表达，在需要时用表格和图形表达细节。正如将在第14章讨论的，LLR可以被捕获为模型。在这种情况下，该模型应当被分类为一个设计模型，并且应用DO-331指南。

概念10　LLR可以被表示为伪码。有时，LLR被表示为伪码，或者补充以伪码。DO-248C FAQ82的主题为"如果伪码被用作低层需求的一部分则需要注意什么"，提供了使用伪码作为LLR的合格审定考虑[3]。当LLR被表示为伪码时，有以下考虑要注意[3]。

- 这种方法会导致HLR和LLR之间的一个大的粒度跳跃，从而使得难以检测非预期的和丢失的功能。
- 这种方法可能导致不充分的体系结构细节，这会影响验证，包括数据耦合和控制耦合分析。
- 可能难以对LLR进行唯一标识。
- 进出HLR的双向追踪可能有挑战性。
- 使用低层测试进行结构覆盖一般是不够的，因为代码和伪码太相近。这种测试过程既不能有效地检测错误、标识丢失的功能，也发现不了非预期的功能。

7.1.3　设计打包

设计的打包随项目而不同。一些项目集成体系结构和LLR，而另一些则将它们放在完全单独的文档中，还有一些项目在同一个文档中包含它们，但是把它们放在不同的章节。DO-178C没有规定打包偏好。这经常依赖于使用的方法。无论打包的决策是什么，体系结构与需求之间的关系必须清楚。设计（包括LLR）将被软件的实现者使用，因此在编档设计时应当顾及编码者。

7.2　设计方法

有许多技术可以被设计者用于建模软件体系结构与行为。航空软件使用的两种设计方法分别是基于结构的方法和面向对象的方法。一些项目组合了两种方法中的概念。

7.2.1　基于结构的设计（传统）

基于结构的设计是用于实时嵌入式软件的普遍方法，使用以下一些或全部描述方式。

- **数据环境图**。顶层图示，描述软件的功能行为，并表示软件的输入和输出数据。
- **数据流图**。软件执行的处理的一种图形表示，显示处理之间的数据流。它是数据环境图的一个分解。数据流图通常用多层表示，每层进入更多细节。数据流图包含处理、数据流和数据存储。
- **处理规格说明（PSPEC）**。与数据流图一起，说明处理的输出是如何从给定的输入生成的[4]。
- **控制环境图**。顶层图示，通过建立系统与其环境的控制接口，表示系统的控制。
- **控制流图**。与数据流图相似的图示，除了标识的是系统中的控制流而不是数据流。
- **控制规格说明（CSPEC）**。与控制流图一起，说明处理的输出是如何从给定的输入生成的[4]。
- **判定表**（又称真值表）。说明基于给定输入做出的判定的组合。
- **状态转换图**。表示系统的行为，通过显示其状态和引起系统状态改变的事件。在一些设计中，这可能被表示为一个状态转换表而不是一个图示。
- **响应时间规格**。表明需要指定的外部响应时间。它可能包括事件驱动、连续或周期性响应时间。它标识输入事件、输出事件，以及对每个外部输入信号的响应时间[4]。
- **流程图**。图形化表示软件行为和判定的顺序。
- **结构图**。表示如何将一个系统划分为模块，显示其分级、组织和通信[5]。
- **调用树**（又称调用图）。表示软件模块、函数或过程之间的调用关系。
- **数据字典**。定义流经系统的数据和控制信息。典型的数据字典包含每个数据项的以下信息：名字、描述、速率、范围、分辨率、单位、在哪里/如何使用等。
- **文本细节**。描述实现细节（如LLR）。
- **任务图**。显示任务的特性（如偶发的或周期的）、任务过程、每个任务的输入/输出，以及与操作系统的任何交互（例如信号量、消息和队列）。

7.2.2 面向对象的设计

面向对象的设计技术使用如下这些描述方式。

- **用况（use case）**。结合需求，图形化地或以文字解释在一个特定的环境下，一个用户如何与系统交互。它标识活动者（使用系统的人或设备）并描述活动者如何与系统交互。
- **活动图**。通过图形化地表示一个场景内的交互流，对用况进行补充。它显示系统执行的动作之间的控制流。活动图与流程图相似，除了活动图还显示并发流。
- **泳道图**。活动图的一种变形，显示用况描述的活动流，并同时指出哪个活动者负责哪个活动描述的动作。它以并行的方式显示了每个活动者的活动。
- **状态图（state diagram）**。与前面描述的状态转换图相似，面向对象的状态图显示系统的状态、依赖于那些状态执行的动作，以及导致一个状态改变的事件。
- **状态图（state chart）**。上述状态图的一种扩展，增加了分级和并发信息。
- **类图**。一个统一建模语言（UML）方法，通过提供系统的一个静态的或结构的视图，对类进行建模（包括它们的属性、操作，以及与其他类的关系和关联）。

- **顺序图**。显示在执行一个任务中的对象之间的通信，包括为了完成该任务，在对象之间传递消息的时间顺序。
- **对象–关系模型**。类之间关联的图形表示。
- **类–职责–协作者模型**。一种用来对与需求相关的类进行标识和组织的方式。每个类被表示为一个方框，有时被称为一个索引卡。每个方框包括类名、类职责以及协作者。职责是与类相关的属性和操作。协作者是那些需要提供信息给另一个类，使之完成其职责的类。一个协作是对某种信息或动作的一个请求。

第15章给出面向对象技术的更多信息。

7.3　良好设计的特性

DO-178C提供了设计编档的灵活性。以下说明一个良好的软件设计具有的特性，不涉及设计技术的细节，这些内容可以在许多其他书籍中找到。

　　特性1　抽象。一个好的设计在多个层级上实现抽象的概念。抽象是用一个类似于其含义（语义）但是隐藏了实现细节的表示，定义一个程序（或数据）的过程。抽象力图降低和排除细节，使得设计者能够一次聚焦于一部分概念。当抽象被应用于开发的每个层级时，使得每一层可以只处理与该层相关的细节。过程和数据的抽象都是需要的。

　　特性2　模块化。模块化设计就是把软件从逻辑上分割为元素、模块或子系统（通常称为部件，可以是一个单独的代码模块，也可以是一组相关的代码模块）。整个系统通过分隔特征或功能进行分割。每个部件聚焦于一个特定的特征或功能。通过将功能或特征分隔为更小的、可管理的部件，使得解决整个问题的难度降低。Pressman写道：

　　"模块化一个设计（以及结果的程序），使得开发能够更易于策划、软件增量可以被定义和交付、变更可以更容易被适应、测试和调试可以更高效执行，并且可以没有严重副作用地执行长期维护[2]。"

　　如果一个设计是恰当模块化的，那么理解每个部件的目的、验证每个部件的正确性、理解部件之间的交互，以及评估每个部件对软件结构和操作的整体影响就很简单[6]。

　　特性3　强内聚。为了使一个系统真正模块化，设计者力图使每个部件具有功能独立性。这是通过内聚和耦合做到的。"内聚可以被视为将部件保持在一起的黏合剂"[7]。尽管DO-178C不要求评价一个部件的内聚性，仍然应当在设计中对其进行考虑，因为它将影响设计的整体质量。内聚性是部件强度的一个度量，作用就像一个链条将部件的活动绑在一起[5]。Yourdon和Constantine定义了7级内聚性，以下按照依次渐弱的顺序列出[8]。

- **功能内聚**。所有的元素贡献于单独一个功能，每个元素只贡献于一个任务的执行。
- **顺序内聚**。部件由一个元素序列组成，其中每个元素的输出都作为下一个元素的输入。
- **通信内聚**。一个部件的各元素使用同样的输入或输出数据，但是顺序不重要。
- **过程内聚（procedural cohesion）**。各元素参与不同的和可能不相关的活动，这些活动必须以一个给定的次序执行。
- **时间内聚（temporal cohesion）**。元素是功能上独立的，但是它们的活动在时间上相关（即它们是同时执行的）。

- **逻辑内聚**。元素中包括逻辑相关的任务。一个逻辑内聚的部件包含一些具有相同的一般类型的活动，用户选择所需要的。
- **偶然内聚**（coincidental cohesion）。元素被以一种随意的方式分组成部件。元素之间不存在有意义的关系。

特性4　松耦合。耦合是两个部件之间独立性的程度。一个好的设计通过去除不必要的关系，降低必须的关系的数量，以及放松必要关系的紧密度，来最小化耦合[5]。松耦合有助于使部件修改的影响最小化，因为这样的部件更易于理解和适应。因此，有效的和模块化的设计要求松耦合。

DO-178C定义了如下2类耦合[1]。

- **数据耦合**。"软件部件对数据的依赖不是独占地置于该部件的控制之下。"
- **控制耦合**。"一个软件部件影响另一个软件部件执行的方式或程度。"

而软件工程文献标识了6类耦合，以下按照从最紧到最松耦合的顺序列出[5,7]。

- **内容耦合**。一个部件直接影响另一个部件的工作，因为一个部件引用了另一个部件的内部内容。
- **公共耦合**。两个部件引用了相同的全局数据区。也就是说，两个部件共享资源。
- **外部耦合**。部件通过一个外部介质通信，例如一个文件或数据库。
- **控制耦合**（与DO-178C的定义不同）。一个部件通过传递必要的控制信息支配另一个部件的执行。
- **印记耦合**（stamp coupling）。两个部件引用同一个数据结构。这有时称为数据结构耦合。
- **数据耦合**（与DO-178C的定义不同）。两个部件通过传递基本参数（例如一个同构表或单个字段）通信。

遗憾的是，DO-178C重载了术语"数据耦合"和"控制耦合"。DO-178C对数据耦合的使用与主流软件工程的数据耦合、印记耦合、公共耦合和外部耦合概念类似。DO-178C对控制耦合的使用被软件工程的控制耦合和内容耦合概念覆盖[9]。数据耦合和控制耦合的分析将在第9章讨论，因为这些分析是验证阶段的一部分。

一个良好设计的软件产品力求松耦合和高内聚。实现这些特性有助于简化编码者之间的沟通，易于证明部件的正确性，降低在一个部件更改时的跨部件的影响蔓延，使部件更易于理解，以及减少错误[7]。

特性5　信息隐藏。信息隐藏与抽象、内聚和耦合的概念密切相关。它有利于模块化和可复用性。信息隐藏的概念建议"模块（部件）应当被规约和设计得让一个模块（部件）内的信息（如算法和数据）对于不需要这种信息的模块（部件）是不可访问的"[2]。

特性6　降低复杂性。好的设计力图通过将较大的系统分解为较小的、良好定义的子系统或功能，来降低复杂性。这与抽象、模块化和信息隐藏等其他特性相关，但要求设计者付出更多努力。设计应当以一种直接和可理解的方式编档，如果复杂性太高，设计者则应当寻找另外的方法将功能的职责分解为多个更小的功能。过于复杂的设计会导致错误，需要更改时的影响也会很大。

特性7　可重复的方法。好的设计是需求驱动的一个可重复方法的结果。一个可重复的方法使用良好定义的符号和技术来有效地传达意图。该方法应当在设计标准中得到标识。

特性8　可维护性。在对设计进行编档的时候应当考虑项目的整体维护。为可维护性进行的设计包括那些可以被复用（整体或部分）、加载和修改，并且影响最小的软件。

特性9　健壮性。在设计阶段应当考虑设计的整体健壮性，并在设计描述中清晰地编档。健壮性设计考虑包括非标称功能、中断功能，以及非预期中断的处理、错误和异常处理、失效响应、非预期功能的检测和去除、能源损失和恢复（例如，冷启动和热启动）、复位、延迟、吞吐、带宽、响应时间、资源限制、分区（如果需要）、未使用代码的不激活（如果使用非激活代码），以及容错。

特性10　编档的设计决策。在设计过程中所做决策的理由应当被编档。这样才能正确地验证和支持可维护性。

特性11　编档的安全性特征。任何用于支持安全性的设计特征应当被清晰地编档。例子包括看门狗计时器、跨通道比较、合理性检测、内置测试处理，以及完好性检测（例如循环冗余校验或校验和）等。

特性12　编档的保密性特征。为了应对黑客手段的提升，设计应当包括对脆弱性进行保护和对攻击进行检测的机制。

特性13　得到评审。应当在整个设计阶段不断执行非正式的评审。在这些非正式评审中，评审者应当认真评价设计的质量和适合性。为了达到最佳解决方案，一些设计（或者至少是其中一部分）可能需要被舍弃。通晓技术的工程师参加的迭代的评审有助于很快识别最佳和优化的设计，从而减少后期在正式设计评审和测试中发现的问题。

特性14　易测试性。软件应当被设计为易测试的。易测试就是软件可以很容易地被测试。易测试的软件是可见的和可控的。Pressman指出，易测试的软件有以下特性[2]。

- **可运行性**。软件按照需求和设计的预期，执行了应该执行的功能。
- **可观察性**。软件执行中的输入、内部变量以及输出可以被观察，以确定测试是通过还是失败。
- **可控性**。软件的输出可以用给定的输入修改。
- **可分解性**。如果需要，软件就可以构造为能被分解和独立测试的部件。
- **简单性**。软件具有功能简单性、结构简单性和代码简单性。例如，简单的算法比复杂的算法更容易测试。
- **稳定性**。软件不变化，或者只是轻微变化。
- **易理解性**。好的文档帮助测试者理解软件，从而更全面地测试它。

可能有助于提高软件易测试性的特征如下[10]。

- **错误或故障日志**。软件中的该功能可以为测试者提供更好地理解软件行为的途径。
- **诊断**。诊断软件（例如代码完好性检测或内存检测）可以帮助识别系统中的问题。
- **测试点**。在软件中放置钩子代码，用于为测试提供帮助。
- **接口访问**。可以为接口和集成测试提供帮助。

测试工程师与设计者之间的协调有助于使软件更易测试。特别是，测试工程师应当被纳入设计评审，并且要尽可能更早地纳入。

特性15 避免不要求的特征。在安全关键设计中，通常以下做法是禁止的。

- **递归函数**。自己调用自己的函数，无论直接的还是间接的。如果没有极度的小心和特别的设计，递归函数的使用就可能导致不可预测的和潜在的大量使用栈空间。
- **自修改代码**。在执行中修改自己的指令的代码，通常是为了减小指令路径长度、提高性能，或者减少相似代码的重复。
- **动态内存分配**。除非是仅在系统初始化时以确定性的方式进行一次分配，否则不允许动态分配内存。DO-332描述了动态内存分配的关注点并提供了指南。

7.4 设计验证

与软件需求一样，软件设计需要得到验证。这通常通过一个同行评审执行。第6章的同行评审建议同样适用于设计评审。在设计评审中，对LLR和体系结构都进行评价。以下列出和解释DO-178C的表A-4的设计验证目标[1]。

目标1 低层需求符合高层需求。这确保LLR完全和准确地实现HLR。也就是说，HLR中标识的所有功能都在LLR中得到标识。

目标2 低层需求是准确且一致的。这确保LLR是无错的，而且既与HLR是一致的，还与自己是一致的。

目标3 低层需求与目标计算机兼容。这验证LLR的任何目标依赖性。

目标4 低层需求是可验证的。这通常聚焦于LLR的易测试性。对于A级至C级软件，需要对LLR进行测试。因此，可验证性需要在起初的LLR开发中考虑（7.3节中的特性14给出了易测试性的讨论）。

目标5 低层需求符合标准。第5章讨论了设计标准的开发。在评审中，LLR与标准的符合性得到评价①。

目标6 低层需求可以追踪到高层需求。这与表A-4的目标1密切相关。HLR与LLR之间的双向可追踪性支持LLR对HLR的符合性。在评审中，还验证追踪的准确性。任何不清晰的追踪应当被评价，并被修改或者给出解释。可追踪性的概念将在第6章解释。

目标7 算法是准确的。任何数学算法应当得到具有相关背景的评审者的审查，以确认算法的准确性。如果一个算法是从一个以前得到全面评审的系统复用的，并且算法没有更改，那么可以使用先前的评审证据。这种验证证据的复用应当在计划中标明。

目标8 软件体系结构与高层需求兼容。在需求和体系结构之间经常有一个追踪或映射，用于帮助确认它们的兼容性。

目标9 软件体系结构是一致的。这确保软件体系结构中的构件是一致且正确的。

---

① 应当指出的是，一些项目对LLR应用的是需求标准，而不是设计标准。

目标10 软件体系结构与目标计算机兼容。这确保体系结构对于软件将要在其上实现的目标计算机是适宜的。

目标11 软件体系结构是可验证的。正如前面指出的，在开发体系结构时应当考虑易测试性（7.3节的特性14提供了易测试性的更多讨论）。

目标12 软件体系结构符合标准。在开发体系结构时应当遵守设计标准。对于A级、B级和C级软件，体系结构和LLR与设计标准的符合性都应当得到评估。

目标13 软件分区的完好性得到确认。如果使用分区，那么它必须在设计中得到考虑，并得到验证。第21章讨论分区的话题。

经常在设计评审中使用一个检查单来帮助工程师全面评价设计。前面的建议（见7.3节）和DO-178C的表A-4目标为设计标准和检查单提供了一个好的起点。

第8章 软件实现：编码与集成

8.1 引言

本章包含软件实现的两个方面：编码与集成。此外，还讨论编码与集成过程的验证。

编码是基于设计说明进行源代码开发的过程。人们通常更喜欢用术语"构造"和"编程"，因为它们传递了这样的内涵：编码并非只是一个机械的步骤，而是要求深思熟虑和运用技巧，就像构造建筑物或桥梁。然而，DO-178C全篇使用术语"编码"。DO-178C奉行的思想是，大多数构造活动是设计而不是编码的一部分。不过DO-178C并没有限制设计者也编写代码。无论谁决定代码构造的细节，源代码开发的重要性绝不应被削弱。需求和设计是关键的，但是实际飞行的是经过编译和链接的代码。

集成是建立可执行目标代码（使用一个编译器和链接器）并将其加载到目标计算机上（使用一个加载器）的过程。虽然集成过程有时被认为微不足道，但它在安全关键软件的开发中却是一个极其重要的过程。

8.2 编码

由于编码过程产生将要被转换为可执行映像的源代码，而可执行映像是安全关键系统的最终实现，因此它是软件开发过程中一个特别重要的步骤。本节覆盖DO-178C编码指南、开发安全关键软件的常用语言，以及安全关键领域编程的建议。将简要分析C、Ada和汇编语言（因为它们是嵌入式安全关键领域中的最常用语言），还将简单提及其他一些语言，但不详述。本节最后讨论一些与代码相关的特别话题：库和自动代码生成器（ACG）。

注意，参数或配置数据的主题与编码是密切相关的。第22章将对其进行讨论。

8.2.1 DO-178C编码指南概览

DO-178C提供了策划、开发和验证源代码的指南。

首先，在策划阶段，开发者标识特定的编程语言、编码标准，以及编译器（根据DO-178C的4.4.2节）。第5章讨论了整个策划过程和编码标准。本章提供一些编码建议，这是策划阶段在公司特定的编码标准中应当考虑的。

其次，DO-178C提供了代码开发的指南（DO-178C的5.3节）。DO-178C解释编码过程的主要目标是开发"可追踪、可验证、一致且正确地实现了低层需求"的源代码[1]。为了完成这个目标，源代码必须实现且仅仅实现设计说明（包括低层需求和体系结构）、追踪到低层需求，并且符合规定的编码标准。编码阶段的输出是源代码和追踪资料。虽然构建指令（包括编译和链接数据）和加载指令也是在编码阶段开发的，但是作为集成的一部分，将在8.4节中讨论。

第三，对源代码进行验证以确保其准确性、一致性、与设计的符合性、与标准的符合性等。DO-178C的表A-5总结了源代码验证的目标，这在8.3节中讨论。

8.2.2   安全关键软件中使用的语言

目前而言，有3种主要的语言用于机载安全关键系统：C、Ada和汇编。有一些老旧产品使用其他语言（包括FORTRAN和Pascal）。C++已经用于一些项目中，但是通常被严格限制，因而它实际上很像C。Java和C#已经用于多个工具开发活动，并为此工作得很好，然而到目前为止，它们还不具备用于实现安全关键系统的条件。其他语言已经被使用或提出。由于C、Ada和汇编是最主流的，在以下小节中将简要说明。表8.1总结了其他语言，相关的更多描述需参阅其他资料。

表8.1   航空软件中少量使用的语言

语 言	描 述
C++	C++是1979年由Bjarne Stroustrup在贝尔实验室作为对C的增强而创造的。C++原名为"带有类的C"，后来在1983年改名为C++。它同时具有高级语言和低级语言的特征。C++是静态类型、自由格式、多范型的通用高级编程语言，用于应用软件、设备驱动程序、嵌入式软件、高性能服务器和客户端程序，以及硬件设计。C++对C增加了以下的面向对象的增强：类、虚函数、多继承、操作符重载、异常处理和模板。大多数C++编译器也可以编译C。C++（以及一个子集：嵌入式C++）已经用于许多安全关键系统，但是许多面向对象的特征没有被使用
C#	C#是2001年由Anders Hejlsberg领导的小组在微软创造的。C#起初被设计为一种简单、现代和面向对象的通用的高级编程语言。C#的特性包括强类型、命令式、函数式、声明式、泛型、面向对象和面向构件。C#已经用于航空软件工具的开发，但它还不够成熟，不能用于安全关键软件
FORTRAN	FORTRAN是1957年由John Backus在IBM创造的。FORTRAN是一种设计用于数字计算和科学计算的通用的高级语言。高性能计算是它的一个目标特征。其他特性包括过程式和命令式编程，以及在后来版本中增加的数组编程、模块编程、面向对象编程和泛型编程。它在过去用于航空电子系统，现在仍存在于一些老旧系统中
Java	Java是1995年由James Gosling在Sun Microsystems创造的。Java是基于C和C++的。它是一种设计为具有极小实现依赖性的通用的高级编程语言。其他特性包括基于类、并发以及面向对象。Java使用"一次编写，到处运行（WORA）"的理念，意思是运行于一个平台上的代码无须重新编译就可以运行于另一个平台。Java应用通常被编译为字节代码，存储于一个类文件。不管计算机体系结构是什么，该字节代码都可以执行于Java虚拟机上。一个实时Java已经被开发出来，一个安全关键子集正在开发中。Java已经用于一些航空软件工具的开发，但它还不够成熟，不能用于安全关键软件
Pascal	Pascal是1970年由Niklaus Wirth创造的，是基于ALGOL编程语言的。Pascal是一种命令式和过程式的高级编程语言，使用结构化编程和数据结构促成良好的编程实践。Pascal的其他特性包括枚举、子界、记录、带有关联的指针的动态分配的变量，以及集合；允许编程者定义诸如列表、树和图等复杂数据结构。Pascal的所有对象强类型，允许任意深度的过程嵌套，并且允许过程和函数内部的绝大多数种类的定义和声明。它过去用于航空系统，现在仍存在于一些老旧系统中

来源：Wikipedia, Programming Languages, http://en.wikipedia.org/wiki/List_of_programming_languages, accessed on April 2012.

8.2.2.1　汇编语言

汇编语言是一种低级编程语言，用于计算机、微处理器和微控制器。它使用一种机器代码符号表示，对一个特定的中央处理器（CPU）进行编程。这种语言通常是由CPU制造商定义的，因此，与高级语言不同，汇编不适用于跨平台，不过经常可以在一个处理器家族内移植。汇编器可将汇编语句翻译为目标计算机的机器代码，并执行从汇编指令和数据到机器指令和数据的一对一映射。

汇编器有两类：一遍汇编器和两遍汇编器。一遍汇编器扫描源代码一次，并假设所有的符号会在任何引用它的指令之前得到定义。一遍汇编器具有速度优势。两遍汇编器在第一遍用所有的符号和它们的值建立一张表，然后在第二遍使用这张表生成代码。两遍汇编器须在第一遍至少能确定每条指令的长度，使得符号的地址可以被计算。两遍汇编器的优势是符号可以在程序源代码中的任何地方进行定义，这样程序就能以一种更有逻辑性和有含义的方式编写，从而使得两遍汇编器程序更易于阅读和维护[2]。

一般情况下，如果可能，应尽量避免使用汇编语言，因为它难以维护、有极弱的数据类型、流程控制机制很有限或者没有、难以阅读，并且通常是不可移植的。然而，有些情况却需要使用它，如中断处理、硬件测试和错误监测、处理器和外围设备接口，以及性能支持（例如，保证临界区中的执行速度）[3]。

8.2.2.2　Ada

Ada最早在1983年引入，称为Ada-83。它受到ALGOL和Pascal语言的影响，命名来自据说是第一位计算机程序员的Ada Lovelace。Ada起初是应美国国防部（DoD）的要求开发的，并且被DoD使用多年。因为在Ada出现之前，不夸张地说有几百种语言用在国防部的项目中，所以DoD希望标准化一种语言来支持嵌入式、实时、关键任务的应用。Ada包含以下特征：强类型、包（为了提供模块性）、运行时检测、任务（为了支持并行处理）、异常处理，以及泛型。Ada 95和Ada 2005增加了面向对象编程的能力。Ada语言已经通过国际标准化组织（ISO）、美国国家标准协会（ANSI），以及国际电工技术委员会（IEC）的工作得到标准化。与ISO/IEC的大多数标准不同，Ada语言定义[①]对于程序员和编译器制造商是公开、免费获取的。

Ada通常受到关注安全性的人的喜爱，因为它有很强的特征集可用。它"支持运行时检测，以防止对未分配内存的访问、内存溢出错误、'缺一'错误、数组访问错误以及其他可检测的bug"[4]。Ada还支持许多编译时的检测，在其他语言中这些问题或者在运行之前是不可检测的，或者需要在源代码中加入显式的检查。

1997年DoD取消了使用Ada的要求。在这之前，在使用中的语言的数量已经减少，并且那些留下来的语言足够成熟可用于生产高质量产品（也就是说，有一些成熟的语言可用，而不是几百个不成熟的语言）。

---

①　即Ada参考手册（ARM）或语言参考手册（LRM）。

8.2.2.3　C

C是历史上最流行的语言之一。它起初由贝尔实验室的Dennis Ritchie在1969年至1973年间开发，用于UNIX操作系统。到1973年，该语言足够强大，以至于大部分UNIX操作系统内核都用C重写，这使得UNIX成为第一个用非汇编语言实现的操作系统[5]。C提供了对内存的低层访问，并具有与机器指令良好映射的构造。因此，它需要最小的运行时支持，对原先用汇编语言编写的应用非常有用。

有些人对把C语言称为高级语言存有异义，更愿意称之为中级语言。但它确实具有高级语言的特征，例如结构化数据、结构化控制流、机器独立性以及运算符[6]。然而，它也有低级构造（例如位操作）。C使用函数来包含所有的可执行代码。C带有弱类型，可以在嵌套块中隐藏变量，可以使用指针访问计算机内存，有一个相对小的保留关键字集合，使用库例程实现复杂功能［例如输入/输出（I/O）、数学函数，以及串操作］，并使用多个复合运算符（例如+=、−=、*=、++等）。C的文本是自由格式的，用分号来终止一个语句。

C是一种强大的语言。伴随其强大的能力，在使用时需要极其小心。英国汽车工业软件可靠性协会的C语言标准（MISRA-C）[7]提供了安全使用C语言的出色指南，通常被作为公司特定编码标准的参考。

8.2.3　选择一种语言和编译器

当选择一种语言和编译器用于一个或多个安全关键项目时，有多个方面应该考虑。

考虑1　语言和编译器的能力。语言和编译器必须能够胜任其工作。作者曾经与一个开发Ada编译器实现其某个安全子集的公司合作。该公司甚至投入精力和经费将其作为一个A级开发工具进行鉴定，然而，这个Ada子集不具备足以支持实际项目的可扩展性，因此该编译器没有得到工业界的应用。语言的以下一些基本能力对大多数项目都很重要。

- 代码可读性。考虑诸如大小写敏感和混合、保留字和数学符号的可理解性、灵活的格式规则，以及清晰的命名习惯等问题。
- 在编译时检测错误的能力。例如，检测打字错误和常见的编码错误。
- 在运行时检测错误的能力。包括内存耗尽检测、异常处理构造，以及数学错误处理（例如，数字溢出、数组越界，以及被零除）[3]。
- 跨平台可移植性（在考虑9中更多讨论）。
- 支持模块化的能力。包括封装和信息隐藏。
- 强数据类型。
- 良好定义的控制结构。
- 如果在当前或将来的项目中要使用实时操作系统（RTOS），就要具有支持RTOS的接口。
- 支持实时系统需要的能力。例如多任务和异常处理。
- 与其他语言（例如汇编）接口的能力。
- 单独编译和调试的能力。
- 如果没有使用RTOS，就要具有与硬件交互的能力。

考虑2 软件关键性。关键等级越高，语言必须越受控。D级项目可能可以用Java或C#进行合格审定，但是A级项目则要求更高程度的确定性和语言成熟性。一些编译器制造商提供其通用语言的一个实时和/或安全关键子集。

考虑3 个人经验。编码者倾向于用自己最熟悉的语言进行思考。如果一位工程师是Ada专家，则转换到C就很困难。类似地，使用汇编语言编程也会要求一个特别的技能集合。编码者能够用多种语言编程，但是要擅长并完全了解每种语言的能力和缺陷是需要时间的。

考虑4 语言的安全性支持。语言和编译器必须能够满足适用的DO-178C目标，以及要求的安全性需求。A级项目要求验证编译器输出，证明其不会产生非预期的代码。该要求通常引导组织选择成熟、稳定和良好建立的编译器。

考虑5 语言的工具支持。有工具支持开发活动非常重要，以下是要考虑的一些要点。

- 编译器应当能够检测错误和支持安全性需要。
- 需要一个可信的链接器。
- 有一个好的调试器很重要。调试器必须能够与选择的目标计算机兼容。
- 应当考虑语言的易测试性。测试和分析工具经常是语言特定的，有时甚至是编译器特定的。

考虑6 与其他语言的接口兼容性。多数项目使用至少一种高级语言，以及汇编语言。作者曾经做过的一个项目在机载软件上使用Ada、C和汇编，在工具软件上使用C++、Java和C#。选择的语言和编译器必须能够与汇编和使用其他语言的代码接口。通常，汇编文件与编译后的高级语言代码链接。Jim Cooling说："一个极其需要的特性是从汇编代码中引用高级标志符（例如变量）的能力（以及相反的情况）。对于专业性的工作，这应当是强制的。链接器在高级语言和汇编例程上执行交叉检查的程度很重要（例如版本号）"[3]。

考虑7 编译器跟踪记录。通常，要求一个与国际标准（例如ANSI或ISO）兼容的编译器。即使只使用了编译器的一个子集，也要确保所用的特征得到正确实现，这一点很重要。大多数安全关键软件开发者会选择一个成熟的编译器和一个得到证实的跟踪记录。对于A级软件，有必要表明编译器生成的代码与源代码是一致的。不是所有的编译器都能符合这些准则。

考虑8 与选择的目标机的兼容性。大多数编译器是目标特定的。选择的编译器和环境必须生成与使用的处理器和外围设备兼容的代码。通常，需要以下访问处理器和设备的能力：内存访问（控制数据、代码、堆和栈操作）、外围设备接口和控制、中断处理，以及对任何特别的机器操作的支持[3]。

考虑9 向其他目标机的可移植性。大多数公司在选择一种语言和编译器时，会考虑代码的可移植性。许多航空项目建立在已有的软件或系统之上，而不是开发全新的代码。随着时间的推移，处理器变得更强，旧的被废弃。因此，选择一种能够在一定程度上移植到其他目标机的语言和编译器很重要。这并非总是可预测的，但是至少应当有所考虑。例如，汇编通常是不可移植的，每当改变处理器时就需要修改代码。如果使用同一家族的处理器，改变就会很小，但是仍然必须考虑。Ada和C更易于移植，但也仍然有一些目标依赖性。Java是被设计为高度可移植的，但是，正如前面所讨论的，当前它还不具备用于安全关键领域的条件。

8.2.4　编程的一般建议

本节不准备作为一个全面的编程指南，只是基于作者检查过的多个公司、多个语言的数千行代码，提供一个安全关键编程实践的高层概览。这些建议适用于任何语言，可以在公司编码标准中考虑。

建议1　使用好的设计技术。设计是代码的蓝图。因此，一个好的设计对于生成好的软件非常重要。不应当寄期望于程序员去弥补需求和设计的不足。第7章提供了良好设计的特性（例如，松耦合、高内聚、抽象和模块性）。

建议2　鼓励好的编程实践。好的程序员以能做到许多人认为不可能的事为荣，他们经常能创造一些小奇迹。然而程序员也常常是不循规蹈矩的。以下建议用于促进好的编程实践。

1. 鼓励团队工作。团队工作帮助过滤坏的实践和不可读的代码。有多种方式实现团队工作，包括结对编程（由一对程序员执行编码）、每天或每周进行非正式评审，或者安排师徒制方式。

2. 执行代码走查。较高等级软件特别要求进行正式评审，但是，由小规模的程序员小组进行不那么正式的评审也很有好处。一般来说，最好由至少两位其他程序员对每一行代码进行评审。这种评审过程的好处有许多。首先，它提供了同行之间的健康竞争——没有人想在同行面前显得差。其次，评审有助于标准化编码实践。第三，评审有助于持续提高改进，当一个程序员看到别人怎样解决一个问题时，他可以通过学习，使其变为自己的技巧。第四，评审也能提高复用性。可能会发现许多可以用在多个函数中的例程。最后，如果有人离开团队，评审还能提供一定的技术连续性。

3. 提供优秀代码范例。这可以起到团队培训手册的作用。一些公司保持一个最佳代码列表，列表用优秀例子进行更新。这提供了一个培训工具，并鼓励程序员开发有可能进入列表的优秀代码。

4. 要求遵守编码标准。DO-178C要求A级到C级软件符合编码标准，但通常标准会被忽视，直到正式代码评审的时候才发现已难以进行更改。应当对程序员进行标准培训，并要求其遵守标准。这意味着要有合理的标准可以应用。

5. 使代码对整个团队可见。当人们知道别人将会看到自己的工作时，他们会更注意做得整洁漂亮。

6. 奖励优秀代码。发现那些编写优秀代码的人。代码质量的确定通常是基于同行的反馈、评审中发现的缺陷数量、开发代码的速度，以及代码在整个项目中的整体稳定性和成熟性。奖励应当是程序员想要的东西。同时，实施奖励还要谨慎，因为人们倾向于只对有度量的东西进行优化。例如，基于生成代码的行数来衡量绩效，可能实际上鼓励了低效的编程。

7. 鼓励团队为其工作负责。让团队每位成员对其工作负责。勇于承认错误和避免相互指责。借口对于团队是有害的，应提出解决方案，而不是找借口[8]。

8. 提供职业发展的机会。支持培训和任何能促进程序员职业发展的事。

建议3　避免软件退化。当软件中的混乱增加时，软件就发生了退化。从整洁的代码到缠绕和错误的代码，这个过程是慢慢开始的。首先，某人决定晚些再增加注释，然后，他又放入一些试验代码想看看效果如何，之后却忘了删除，等等。这样，要不了多久，一组不可读和不可修改的代码就出现了。当细节被忽略时，代码退化就会出现。为了避免这种情况，就要主动在先，及时处理。如果实在没有时间处理，也要维护一个关于待处理问题的有组织的列表，并且在代码评审之前解决它们。

建议4 始终记住可维护性。Steve McConnell[1]写道："要想着必须修改你的代码的人。编程首先是与其他程序员的沟通，其次才是与计算机的沟通"[6]。一个程序员的许多时间是花费在阅读和修改代码上，要么是在第一个项目上，要么是在一个维护工作上。因此，代码应当是为人写的，而不仅仅是为机器。本节给出的许多建议将有助于增强可维护性。易读性和良好有序的程序结构是首要的，去除耦合的代码也是对可维护性的支持。

建议5 事先对代码深思熟虑。对本书中的每一章，作者都花费数小时研究主题和整理思路形成提纲。一旦研究工作完成且组织结构确定，实际的写作就可以很快开始。编写代码时同样是这样。

以作者的经验，如果程序员被迫快速建立程序，就会出现有问题的代码。需求和设计不成熟或不存在，而程序员只是加快产出代码。就像建一座房子既没有蓝图也没有高质量的材料，那么这座房子终将倒塌，未知的只是倒塌的时间。

一个稳固的设计文档为程序员提供了良好的起点。然而，很少有人可以从设计直接到代码而不经过某种类型的中间步骤。这个步骤可以是正式的或非正式的，也可以作为设计的一部分或者代码中的注释本身。

McConnell推荐伪码编程过程（PPP）[6]。在编码、评审和测试之前，PPP用伪码来设计和检查一个例程。PPP使用类英语语句说明例程的特定操作。因为这些语句是语言独立的，所以伪码可以用于任何语言的编程。相比代码本身，伪码是在一个更高的抽象层级上的。伪码传达的是意图而不是特定语言的实现。伪码可以成为详细设计的一部分，比代码本身更易于评审和纠正错误。PPP的一个有趣的好处是可以成为代码本身的大纲，并且可以作为代码中的注释进行维护。同时，伪码也比代码容易更新。关于PPP的具体步骤可参见McConnell的《代码大全》一书的第9章。PPP只是用于建立例程或者类的众多方法之一，不过它可以很有效。正如第7章中指出，使用伪码作为低层需求（LLR）可能带来一些合格审定挑战，DO-248C常见问题FAQ82讨论这个问题。这些问题的总结见7.1.2节。

建议6 使代码可读。代码可读性是极其重要的。它影响理解、评审和维护代码的能力。它帮助评审者理解代码和确保其满足需求。在程序员转到其他项目很久之后，可读性对于代码的维护尤为关键。

作者有一次被邀请评审一个通信系统的代码，阅读了其中一个特定功能的需求和设计，并艰难地阅读了该设计的代码。这些C代码本身十分"聪明"和简洁，没有注释，空行也很少，要确定代码做的是什么以及如何与需求相关联，是极其困难的。因此，作者最后要求程序员来解释。这位程序员也花费了很长时间回忆自己的初衷，不过他最终还是带着作者把代

---

① Steve McConnell，国际知名软件工程师和畅销书作者，代表作有《代码大全》（*Code Complete*）、《快速软件开发》（*Rapid Development: Taming Wild Software Schedules*）和《软件项目长存之道》（*Software Project Survival Guide*）等。——译者注

码读通了。在理解了他的思考过程之后，作者说"这代码真是难读。"他毫不迟疑地这样响应道："我是很不容易编写的，我认为别人读起来不容易也是应该的。"这话讲给来自美国联邦航空局（FAA）的审核者不是最明智的，但至少他是诚实的。并且，作者认为他很好地总结了许多程序员的想法。

一些程序员把编写神秘的代码作为工作秘密。然而，代码可读性对于公司来说却是一种责任。这一点再多强调也不为过：代码不仅是写给计算机的，还应该是写给人的。McConnell写道："编程工作的一小部分是编写一个程序使得计算机能读，更大的部分则是使得其他人能读。"[6]

编写可读的代码对于其易理解性、易评审性、错误率、调试能力、可修改性、质量和成本都会产生影响[6]。所有的这些对于实际项目都是重要的因素。

编码的两个方面对可读性有很大影响，即格式和注释。以下是关于格式和注释的建议的一个最小概括。书末的本章推荐读物列出了其他一些资源，可供借鉴。

1. 代码格式建议。

　　a）显示代码的逻辑结构。作为一个一般规则，将语句在其逻辑从属的语句下面进行缩进。研究表明，缩进有助于理解。通常倾向于2个字符或4个字符的缩进，如果更多则又会降低易理解性[6]。

　　b）不要吝惜使用留白。留白包括组织在一起的相关代码块或节之间的空白，以及用于显示逻辑结构的缩进。例如，当编码一个例程时，在例程头、数据声明和主体之间使用空行是有帮助的。

　　c）在格式中考虑可修改性。当确定风格和版式时，使用易于修改的方式。有的程序员喜欢使用一些星号让代码段的头部看上去漂亮，然而可能会花费不必要的时间和精力。程序员应当避免浪费时间的东西，因此格式应当实用。

　　d）将密切相关的元素放在一起。例如，如果一条语句跨行，则在一个易读的位置断开，并缩进第二行，使得容易看出它们是一起的。同样使相关的语句保持在一起。

　　e）每行只写一条语句。许多语言允许一行有多条语句，然而，这会难以阅读。每行一条语句会有利于易读性、复杂性评估，以及错误检测。

　　f）限制语句长度。一般来说，语句不应超出80个字符。多于80个字符的行难以阅读。这不是一条硬规则，而是一条用于提高可读性的一般建议。

　　g）使用清晰的数据声明。为了清晰地声明数据，建议每个数据声明占一行，并在接近变量首次使用的地方声明它，以及按照类型对声明排序[6]。

　　h）使用括号。括号帮助澄清包含两个以上子项的表达式。

2. 代码注释建议。

代码注释经常会缺少、不准确或无效。以下是有效注释代码的一些建议。

　　a）注释"为什么"。一般来说，注释应当解释"为什么（why）"做某事，而不是"怎样做（how）"。注释应当总结代码的目的和目标（即意图）。代码本身将显示它是怎样做的。使用注释为读者提供帮助其理解的东西。典型情况下，对于每个代码块有一两句注释应该比较合适。

b）不要注释显而易见的东西。好的代码应当是自编档的，无须解释，可读性就很好。"对于许多良好编写的程序，代码就是自己最好的文档"[9]。使用注释来编档代码中隐含的意思，例如目的和目标。仅仅重复代码表面含义的注释是没用的。

c）注释例程。使用注释来解释例程的目的、输入和输出以及任何重要的假设。对于例程，建议将注释放在接近其描述的代码的地方。如果注释全部包含在例程的顶部，那么可能仍然难以阅读代码，并且可能造成注释未及时与代码一起更新。最好在顶部简要解释例程，然后在例程体中包含特别的注释。如果一个例程修改了全局数据，那么对此进行解释就是重要的。

d）对全局数据使用注释。全局数据应当小心使用，然而当使用时，它们应当被注释以保证使用正确。在全局数据进行声明时进行注释，包括数据的意图以及为什么需要它们。一些开发者甚至为全局数据选择一个命名习惯（如以 g_ 开头）。如果没有使用一个命名习惯，那么注释对于保证全局数据的正确使用尤为重要[6]。

e）不要使用注释弥补不佳的代码。不佳的代码应当被避免，而不是去解释。

f）注释应当与代码一致。如果代码被更新，则注释也应被更新。

g）对所有假设进行编档。编程者应当对做出的所有假设进行编档，并清晰地将其标识为假设。

h）对任何可能引起"惊奇"的东西进行注释。不清晰的代码应当被评价，以决定是否需要重写。如果代码是适当的，就应当包含一个注释来解释理由。作为一个例子，性能的问题有时会导致一些"聪明"的代码，但这应当是例外而不是常规。这些代码应当用一个注释进行解释。

i）将注释与相应的代码对齐。每条注释应当与其解释的代码对齐。

j）避免行尾注释。一般来说，最好将注释放在不同的行，而不是附加在代码行的末尾。可能的例外是数据声明和对长代码块的块结束进行标注[6]。

k）每个注释前加一个空行。这有助于整体可读性。

l）编写易于维护的注释。注释应当以一种易于维护的风格进行编写。有时为了美观反而使它难以维护。编程者不应花费宝贵时间去数破折号和对齐星号。

m）主动在先地进行注释。注释应当是编码过程的一个部分。使用得当时，它甚至可以成为代码的大纲，编程者可以用它来组织代码。记住如果代码是难以注释的，就可能不是作为起点的好代码，可能需要被修改。

n）不要过度注释。就像过少的注释不好一样，过多也不好。作者很少看到过度注释的代码，但是如果有，那么它很可能是不必要的冗余。注释不应只是重复代码，而是应当解释为什么需要该代码。IBM 的研究表明，每 10 条语句有 1 个注释，是注释清晰度的峰值。更多的或更少的注释都会降低易理解性[10]。显然这只是一条一般性指南，但有其价值。注意不要过多专注注释的数量，而要评价注释是否描述了代码存在的原因。

建议 7 控制和降低复杂性。控制和降低复杂性是软件开发中最重要的技术话题之一。复杂性的关注开始于需求和设计层，而代码复杂性也应当被仔细监督和控制。当代码增长得太复杂时，就变得不稳定和不可控，同时生产率开始向负面增长。

作者曾经在一个特别具有挑战性的项目中，不得不阅读缠绕的代码来理解软件做的是什么：需求没有用，设计不存在，代码被堆凑在一起。项目花费了数年来清理代码，生成需求和设计，以及证明它确实做的是预期的事。

为了避免这样的情况发生，作者给出以下建议帮助控制和降低复杂性。

- 使用模块化的概念把问题分解为更小的、可管理的片段。
- 降低例程之间的耦合。
- 谨慎使用操作符和变量名重载，或者如果可能就彻底禁止它。
- 对例程使用单入口和单出口。
- 保持例程短小和内聚。
- 使用合乎逻辑和易于理解的命名习惯。
- 减少嵌套判定的数目，以及继承树的深度。
- 避免难以理解的"聪明"例程，努力做到简单和易于理解。
- 如果可能，就把嵌套的 if 转换为一组 if-then-else 语句或者一个 case 语句。
- 使用一个复杂度测量工具或技术来识别过于复杂的代码，然后视情况对其进行返工。
- 让不熟悉代码的人评审代码，以确保它是易于理解的。熟悉代码的人容易先入为主而失去全面判断。让技术胜任的人员进行独立评审，能够提供有价值的全面检查。
- 使用模块化和信息隐藏，将低层细节与模块的使用隔离开。实际上这是把问题分割成更小的模块（或例程、部件或类）并隐藏复杂性，从而无须每次面对整个问题。每个模块应当有一个良好定义的接口和一个主体。主体实现模块，而用户看到的是接口。
- 在有可能的地方，尽可能少使用中断驱动和多任务处理。
- 限制文件大小。没有一个确定的数字，但是一般而言，超过250行的代码就会变得难以阅读和维护。

建议8 实践防御式编程。DO-248C常见问题FAQ32写道："防御式编程实践是用于防止代码执行非预期的或不可预测的操作的技术，通过限制使用那些潜在会在运行中引入失效，或者在代码中引入错误的结构、构造和实践"[11]。DO-248C还建议避免编程过程中的输入数据错误、不确定性、复杂性、接口错误以及逻辑错误。防御式编程增强了代码整体的健壮性，以避免不想要的结果和防止发生非预期的事件。

建议9 确保软件是确定性的。安全关键软件必须是确定性的。因此，必须避免可能导致非确定性的编码实践，或者小心地控制（例如，自修改代码、动态内存分配/释放、动态绑定、大量使用指针、多继承或者多态）。良好定义的语言、得到证实的编译器、得到限制的优化，以及得到限制的复杂性，都有助于保证确定性。

建议10 主动关注常见的错误。维护一个常见错误列表以及如何避免错误的指南，用于对团队进行培训并让所有人都了解其内容，是很有帮助的。例如，接口错误是常见的，可以通过尽量降低接口复杂性、使用一致的单位和精度、尽量少用全局变量，以及使用断言来识别不匹配的接口假设等方法加以避免。另一个例子是，常见的逻辑和计算错误，可以通过检查准确性和转换问题（例如定点数缩放）、注意循环计数错误，以及对浮点数使用合适的精度等加以避免。

Glenford J. Myers在《软件测试的艺术》[12]一书中，列举了67个常见的编码错误，并将它们划分为以下类别：数据引用错误、数据声明错误、计算错误、比较错误、控制流错误、接口错误、输入/输出错误，以及其他错误。类似地，Cem Kaner等在《计算机软件测试》[13]一书中，标识和分类了48种常见的软件缺陷。这些资料提供了一个常见问题列表的起点，然而它们仅仅是起点。常见错误会随着使用语言、系统类型等的不同而不同。

建议11 在开发中使用断言。断言可以用于检查永远不应发生的条件，而错误处理代码是用于可能发生的条件。以下是关于断言的一些指南[6,8]：

- 断言不应当包含可执行代码，因为断言通常是在编译时关闭的；
- 如果似乎从来不会发生，就使用一个断言以确保其不会发生；
- 断言对于验证前置和后置条件是有用的；
- 断言不应当用于代替真正的错误处理。

建议12 实现错误处理。错误处理与断言相似，区别在于错误处理用于可能发生的情况。错误处理检查不良的输入数据，断言检查不良的代码（bug）[6]。数据不会总是以正确的格式或者可接受的值输入，因此必须防止无效的输入。例如，检查外部来源的值的范围容限和/或是否被破坏、寻找缓冲区或整数溢出，以及检查例程输入参数的值[11]。对一个错误有许多可能的响应，包括返回一个中立值、用下一段有效数据替换、返回与上一次相同的回答、用最接近的合法值替换、记录一个警告消息到文件、返回一个错误码、调用一个错误处理例程、显示一个错误消息、在本地处理错误，或者关闭系统[6]。显然，对错误的响应取决于软件的关键等级以及整个体系结构。在程序中一致性地处理错误是重要的。此外，确保高层代码真正处理了低层代码报告的错误[6]。例如，应用（高层代码）应当处理实时操作系统（低层代码）报告的错误。

建议13 实现异常处理。异常是那些使得程序的继续执行没有意义的错误或故障情况[3]。当一个异常被抛出时，一个异常处理程序应当被调用。异常处理是处理运行时问题的最有效方法之一[3]。然而，不同语言的异常实现不同，有一些根本没有包含异常处理机制。如果异常处理不是语言的一部分，程序员则应当在代码中实现错误状态的检查。关于异常，考虑以下提示[6,8]：

- 程序应当只为异常（就是那些不能被其他编码实践解决的）情况抛出异常；
- 异常应当把要求采取动作的错误通知给程序的其他部分；
- 异常情况在可能时应当本地处理，而不是继续传递；
- 异常应当在适当的抽象层上抛出；
- 异常消息应当标识导致异常的信息；
- 程序员应当了解库或例程抛出的异常；
- 项目应当有一个使用异常的标准方法。

建议14 对于例程、变量使用、条件、循环和控制，使用公共的编码实践。编码标准应当标识出例程（例如函数或过程）、变量使用（例如，命名习惯和全局变量使用）、条件、控制循环，以及控制问题（例如，递归、goto、嵌套深度以及复杂性）[①] 的推荐实践。

建议15 避免已知的麻烦源。想要建立一个完整包含编程过程中任何可能问题的列表，是不太可能的。然而，以下列出了一些已知的麻烦源以及避免它们的实践。

1. 尽量减少指针的使用。指针是编程中最易于出错的地方之一。作者无法计算曾花费过多少小时查找指针的问题，一些公司选择彻底回避指针。如果你能够找到一种不使用指针的合理方式，那么绝对是值得推荐的。不过这并非总是可行的。如果使用了指针，对它们的使用则应当最小化，且应谨慎使用[②]。

2. 限制使用继承和多态。这些与面向对象技术相关，将在第15章讨论。

3. 使用动态内存分配要小心。大多数合格审定项目限制动态内存分配。如果使用，那么 DO-332（面向对象的补充）提供了如何安全处理它的一些建议。

4. 最小化耦合和最大化内聚。正如第7章已指出的，需要最小化代码部件之间的数据和控制耦合，并且开发高内聚的部件。设计为此奠定了基础，然而程序员是实际实现者，因此有必要再次强调。Andrew Hunt 和 David Thomas 建议："编写'害羞的'代码——一个模块不要展示任何不必要的东西给其他模块，并且不要依赖于其他模块的实现"[8]。这是无耦合代码的概念。为了最小化耦合，要限制模块交互。当模块有必要交互时，确保搞清楚为什么需要交互以及它是如何发生的。

5. 尽量减少全局数据使用。全局数据对所有程序段是可用的，并且随着工作的进展可能被任何人修改。正如已指出的，应当尽量减少全局数据的使用，从而支持松耦合和开发更具确定性的代码。全局数据的一些潜在问题包括数据可能被不经意改变、代码复用受到阻碍、全局数据的初始化顺序会不确定，以及代码变得不够模块化。全局数据应当只在绝对必要的时候使用。当使用它时，对它们进行区分是有帮助的（可以通过一个命名习惯）。同时，实现某种锁或保护来控制对全局数据的访问也是有益的。此外，一个准确和时新的数据字典很重要，其中应包含全局数据名、描述、类型、单位、读取者、写入者。当分析数据耦合性（将在第9章讨论）时，全局数据的准确编档至关重要。

6. 小心使用递归或根本不用。一些编码标准完全限制递归，特别是对较高关键等级的软件。如果在较低关键等级的软件中使用递归，则应当在设计中包含显式的安全保护，以防止由于无限递归而导致栈溢出。DO-178C 的 6.3.3.d 节建议防止"无边界的递归算法"[1]。DO-248C 常见问题FAQ39解释道："一个无边界的递归算法是一个直接调用自己（子递归）或者间接调用自己（互相递归）的算法，并且没有一种机制来限制其在结束之前能够这样做的次数"[11]。该FAQ进而解释说递归算法需要一个递归调用次数的上界，并且应当表明具有足够的栈空间来容纳该上界[11]。

7. 小心使用可重入函数。与递归相似，许多开发者限制使用可重入代码。如果允许，如在多线程代码中经常出现的，那么它必须可以直接追踪到需求，并且不应当给全局变量赋值。

[①] 尽管没有专门针对安全关键软件，Steve McConnell的《代码大全》[6]一书给出了针对这些项目中每一个的具体建议。

[②] Steve McConnell的《代码大全》[6]一书给出了避免指针使用错误的一些建议。

8. 避免自修改代码。自修改代码是在运行时修改自己的指令流的程序。自修改代码易于出错且难以阅读、维护和测试，因此它应当被避免。

9. 避免使用goto语句。大多数安全关键编程标准限制使用goto，因为它难以阅读、难以证明代码功能正确，并且会制造"面条式代码"[①]。因此如果允许使用，则应当尽量少用且非常谨慎[②]。

10. 在任何选择不遵守这些建议的情况下，给出合理性说明。上述只是建议，并且会有一些情况需要允许违背其中的一条或多条。然而，这些建议也是基于多年实践和与国际合格审定机构协同工作的基础得出的。所以，当选择不遵守这些建议时，要确保从技术上表明合理性，并且与合格审定机构进行协调。

建议16 当发现问题是在需求或设计中时，给出反馈。在编码阶段，鼓励程序员对于发现的任何关于需求和设计的问题提供反馈。设计和编码阶段是密切相关的，并且有时是重叠的。在一些项目中，设计者也是编码者。如果设计者和编码者是分离的，那么将程序员纳入需求和设计评审是很有益的。这使得程序员有机会理解需求和设计，并及早反馈。

一旦开始编码，应当有一个有组织的方式，让程序员识别需求和设计的问题，并确保采取适当的行动。问题报告过程通常用于标明需求或设计问题。然而，需要有一个主动在先的响应来识别问题。否则，会产生需求、设计和代码不一致的风险。

建议17 主动在先地调试代码。正如第9章将要讨论的，调试和开发测试（例如，单元测试和静态代码分析）应当在编码阶段进行。不要等到正式测试时再去发现代码错误。

8.2.5 代码相关的特别话题

8.2.5.1 编码标准

正如第5章已指出的，编码标准是在策划阶段建立，用于定义如何在项目上使用选择的编程语言[③]。建立完整的编码标准并培训团队如何使用标准是很重要的。通常，一个公司要花费大量时间在其编码标准上，因为该标准将用于公司的多个项目。本章的内容提供了编码标准的一些概念和问题。

作者建议对标准中的每一条规则或建议给出理由，并带有例子。程序员如果理解了为什么这样建议，就更乐于遵守该标准。

编写代码时没有正确注意标准的情况很常见，这会造成在代码评审中发现重大问题，以致代码必须返工。所以，从一开始就确保程序员理解和遵守标准，将会使工作更加高效。

8.2.5.2 编译器提供的库

大多数编译器制造商在提供编译器的同时提供函数库，供程序员使用来实现代码中的功能（如数学函数）。在调用时，这些库函数成为机载软件的一部分，并且需要满足DO-178C

---

① 又称"意大利面条代码"，意思是杂乱、缠绕、非结构化的代码。——译者注
② Steve McConnell在《代码大全》[6]一书中，提供了如何小心使用goto语句的建议。
③ DO-178C的11.8节解释了标准中期望的内容。

的目标，就如同其他机载软件一样。合格审定机构软件组（CAST）对这个问题的意见编写在纪要CAST-21中，主题为"编译器提供的库"。该意见的基本点是要求库代码（即要求库函数的需求、设计和测试）满足DO-178C目标[14]。典型情况下，制造商要么开发自己的库，包括其支持制品，要么逆向工程编译器提供的库代码来开发需求、设计和测试用例。没有支持制品（需求、设计、源代码、测试等）的函数应当从库中去除，或者人为禁止激活（去除的方法更可取，可以使函数不会在下一次使用库时被无意激活）。许多公司开发整个库，使得它可用于多个项目。为了使库可复用，建议将库的需求、设计和测试资料与其他机载软件分离。对于有些项目，库可能需要在后续的项目上再次测试（由于编译器设置不同、处理器不同等）。对于C级和D级应用，使用测试和服役历史来说明库的功能可能是可行的。建议在软件合格审定计划（PSAC）中解释库的使用方法，以确保合格审定机构的认可。

8.2.5.3 自动代码生成器

本章主要聚焦于手工编写的源代码。如果使用自动代码生成器（ACG），那么本章中的许多问题应当在ACG的开发中考虑。此外，第13章提供了工具鉴定过程的一些额外考虑，如果AGC生成的代码没有得到评审，则可能需要该过程。

8.3 验证源代码

DO-178C的表A-5的目标1至目标6，以及6.3.4节关注源代码验证。多数这些目标通过一个代码同行评审（使用第6章相同的基本评审过程，但是焦点在代码）得到满足。以下简要概括DO-178C的表A-5的每个目标及其期望[1]①。

目标1 源代码符合低层需求。该目标的满足涉及源代码与低层需求的一个比较，以确保代码准确实现了需求且仅仅是需求。该目标与表A-5目标5密切相关，因为可追踪性能够为确定符合性提供帮助。

目标2 源代码符合软件体系结构。该目标的意图是确保源代码与体系结构是一致的，这样可以确保体系结构中的数据和控制流与代码一致。正如将在第9章讨论的，该一致性对于支持数据和控制耦合分析很重要。

目标3 源代码是可验证的。该目标聚焦于代码本身的易测试性。代码的编写需要支持测试。第7章标识了易测试软件的特性。

目标4 源代码符合标准。该目标的意图是确保代码符合计划中标识的编码标准。本章和第5章讨论了编码标准。通常，使用一个同行评审和/或一个静态分析工具来确保代码满足标准。如果使用了分析工具，那么该工具需要得到鉴定。

目标5 源代码可以追踪到低层需求。该目标确认源代码与低层需求之间追踪的完整性和准确性。可追踪性应当是双向的。所有的需求应当被实现，并且不应当有代码追踪不到一个或多个需求。一般来说，低层需求追踪到源代码函数或过程（关于双向可追踪性的更多信息见第6章）。

---

① DO-178C的表A-5的目标7将在第9章解释。

目标6 源代码是准确和一致的。该目标是一个有挑战性的目标，它的符合性涉及代码的评审，并通过评审查找其准确性和一致性。然而，该目标的引用还讲到要求验证："栈使用、内存使用、定点算术溢出和解析、浮点算术、资源竞争和限制、最坏情况执行时间、异常处理、未初始化变量的使用、高速缓存管理、未使用的变量，以及由于任务或中断冲突导致的数据破坏"[1]。该验证活动涉及不只一次代码评审。第9章解释了在评价栈使用、最坏情况执行时间、内存使用等时需要的一些额外验证活动。

8.4 开发集成

DO-178C标识了两方面的集成：开发活动中的集成，即编译、链接和加载过程；测试活动中的集成，包括软件/软件集成和软件/硬件集成。集成通常开始于单一主机上的单个功能区内的软件模块的集成，然后是该主机上的多个功能区的集成，最后是目标硬件上的软件的集成。集成的有效性可以通过测试验证。本节关注开发活动中的集成（见图8.1）。第9章关注测试阶段的集成。

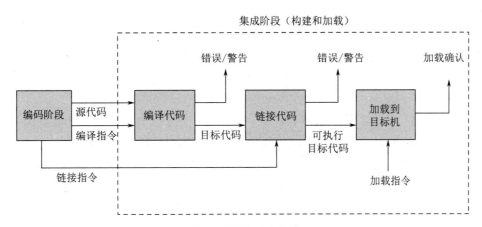

图8.1 编码与集成阶段

8.4.1 构建过程

图8.1提供了集成过程的一个高层视图，其中包括代码编译、链接，以及加载到目标计算机。使用源代码来建立可执行目标代码的过程称为"构建过程"。编码阶段的输出包括源代码，以及编译和链接指令。编译和链接指令编写在"构建指令"中。构建指令必须用可重复的步骤良好编档，因为它们记录了将要用于安全关键运行的可执行映像的构建过程。DO-178C的11.16.g节建议构建指令包含在软件配置索引（SCI）中。

构建指令经常包括多个脚本（如make文件）。由于这些脚本在可执行映像的开发中具有极其重要的作用，它们应当纳入配置控制和进行准确性评审，就像源代码一样。遗憾的是，编译和链接资料的评审通常在策划阶段被忽视。一些组织对源代码很注重，却忽视了实现构建过程的脚本。DO-178C的11.11节在解释源代码时写道："该资料包括用源语言编写的代码。在集成过程中，源代码与编译、链接和加载资料一起使用，建立集成的系统或设备"[1]。因此，编译和链接资料应当与源代码一起小心控制。这要求资料的验证和配置管理。软件等级决定了验证和配置管理的程度。

构建过程依赖于一个良好控制的开发环境。开发环境列出所有的工具（带有版本）、硬件，以及构建环境的设置（包括编译器或链接器设置）。DO-178C建议将该信息编档在一个软件生命周期环境配置索引（SLECI）中。SLECI将在第10章讨论。

在构建软件用于发布之前，大多数公司要求一个干净的构建。在这种情况下，可以通过去除所有的软件，对构建机器进行清理，然后使用"干净构建规程"，用获得批准的软件对构建机器进行加载。这种干净构建确保使用的是批准的环境，并且构建环境可以再次生成（这对于维护很重要）。在构建机器被正确配置之后，执行软件构建指令，生成软件用于发布。干净构建指令通常在SLECI或SCI中包含或引用。

构建过程常被忽视的一个方面是编译器、链接器警告和错误的处理。构建指令应当要求在编译和链接后检查警告和错误。构建指令还应当标识任何可接受的警告，或者标识用于分析警告以确定其是否可接受的过程。错误通常是不可接受的。

以作者的经验，干净构建规程和软件构建指令经常得不到良好编档，因而不可重复。构建过程经常依赖于几乎每天执行构建的工程师。为了避免这个常见的不足，有益的做法是让一些不编写规程的人和一般不执行构建的人来执行该规程，从而确认可重复性。作者建议将这种做法作为构建规程评审的一部分。

8.4.2　加载过程

加载过程控制可执行映像加载到目标机。通常存在用于实验室、工厂和航空器（如果软件是外场可加载的）的加载规程。加载规程应当得到编档和控制。DO-178C的11.16.k节说明，用于加载软件到目标硬件的规程和方法应当被编档在SCI中[①]。

加载指令应当标识如何验证一个完整的加载、标识一个不完整的加载、解决一个失败的加载，以及怎样处理在加载过程中发生的错误。

对于航空器系统，许多制造商使用美国航空无线电协会（ARINC）的ARINC 615A[15]协议和高完好性循环冗余校验来确保软件被正确地加载到目标机。

8.5　验证开发集成

开发集成过程的验证通常包括以下活动，以确保集成过程是完整和正确的。

- 评审编译资料、链接资料和加载资料，例如用于自动构建和加载的脚本。
- 评审构建和加载指令，包括指令的一个独立执行，以确保完整性和可重复性。
- 分析链接资料、加载资料和内存映像，以确保硬件地址正确、没有内存重叠，并且没有缺失的软件部件。这对应DO-178C的表A-5的目标7，其叙述是"软件集成过程的输出是完整的和正确的"[1]。这些分析将在第9章进一步讨论。

---

① 这在DO-178B中没有包含。

第 9 章 软 件 验 证

9.1 引言

验证是应用于整个软件生命周期的一个整体性过程。它开始于策划阶段，一直到产品发布甚至维护。

DO-178C 词汇表定义验证为："对一个过程的输出的评价，以确保该输出针对过程所使用的输入和标准，是正确且一致的"[1]。DO-178C 中的验证指南包括评审、分析和测试的一个组合。评审和分析用于评估每个生命周期阶段（包括策划、需求、设计、编码/集成、测试开发和测试执行）的输出的准确性、完好性以及可验证性。一般来说，评审提供正确性的一个定性评估，分析提供正确性可重复的证据[1]。测试是"运行一个系统或系统部件，以验证它满足指定的需求并检测其错误"[1]。在验证安全关键软件时，所有 3 种方法都广泛使用。

在执行验证时，通常使用术语错误、故障和失效。DO-178C 术语表的定义如下[1]。

- **错误（error）**。对软件而言，需求、设计或代码中犯的一个错。
- **故障（fault）**。软件中的一个错误的一种呈现。一个故障的发生会引起一个失效。
- **失效（failure）**。一个系统或系统部件在指定的限制内无法执行一个所要求的功能。当遇到一个故障时，会产生一个失效。

验证的主要目的是识别错误，使得可以在其成为故障或失效之前进行纠正。为了尽可能早地识别错误，验证必须从软件生命周期的早期开始。

9.2 验证的重要性

美国前总统罗纳德·里根创造或者至少是普及了这样的说法："信任，但要核查。"George Romanski 这样表达："能编写软件的人很多，但是没有多少人愿意把生命托付给未验证过的软件。"验证是任何软件生命周期中的一个重要过程，对于安全关键软件尤为如此。在 DO-178C 中，超过半数的目标被分类为验证目标。软件越关键，就要求越多的验证活动，以及对于错误已经得到识别和去除的信心。

据许多与作者交谈和共事过的项目经理说，对于安全关键软件，超过一半的软件项目预算是用于验证。然而遗憾的是，在太多的项目中，验证活动被看成不情愿却又不得不做的一件事。因此造成从事验证工作的人手不足，并且验证工作成了简单的"打勾"活动。尽管事实上有大量证据表明，早期的错误检测能够节省时间和金钱，但许多项目仍然只是为了满足合格审定机构的要求而敷衍评审，并把测试推迟到最后。更经常发生的情况是让初级工程师承担评审、分析和测试工作，只为敷衍了事。作者并非轻视初级工程师，事实上作者也当过初级工程师。但是，良好的验证技能需要时间积累和正确的培训。验证应当包含有经验的工程师，也可以搭配使用经验较少的工程师，然而，通常是那些经历过多个项目的工程师才能找到那些一旦疏漏就会造成破坏的错误。

一位同事告诉作者，他在实验室里见过一位初级工程师对一个小功能执行测试。虽然被测试的系统的一小部分工作正常，工程师却未注意到由于系统中的一个重大故障而显示的座舱告警。这就是一个经验不足的程序员对分配给自己的工作打了"对勾"，却因缺乏基本的系统理解而忽略明显的重大故障的案例。就像对你的汽车做了一个机械检查，说轮胎充气正常，却未发现此时发动机正在冒烟。因此，要了解整个系统，而不要把目标僵化。

从安全性的角度，验证是绝对重要的。它用于通过确认软件执行其预期的功能，并且只限预期的功能，从而表明满足规章要求。总而言之，如果没有好的验证，开发保证就没有意义，因为正是验证在产品中注入了信心。

9.3 独立性与验证

在进入验证的细节之前，简要说一下独立性的话题。如果你曾经试图校对自己的作品，就会知道找出那些隐藏的打字错误有多难。你心里知道它应该怎样读，所以容易对错误视而不见。在验证软件资料时，也是同样的情况。因此，当软件关键性提高时，对活动之间的独立性的要求也要提高。

DO-178C定义独立性如下：

"职责分离，确保完成客观的评价。1）对于软件验证过程活动，当验证活动由一个被验证对象开发者以外的人执行时，就获得了独立性。也可以使用工具来获得与人的验证活动等价的结果；2）对于软件质量保证过程，独立性还包括权威性，从而使纠正行为得到保证[1]。"

本章关注上述定义的上半部分，即验证的独立性。从定义可以看出，验证的独立性不要求一个单独的组织，只要求单独的人员或工具。第11章将分析该定义的后半部分，关注软件质量保证的独立性。

DO-178C的表A-3至表A-7标识了要求独立性的验证目标（用一个实心圆圈●表示）。对于A级软件，有25个验证目标要求独立性；对于B级，只有13个验证目标需要满足独立性；而对于C级和D级，没有验证目标要求独立性。DO-178C的表A-3至表A-5的独立性通常是由一些非编写资料的人来评审资料而得到满足的。然而，DO-178C的表A-5的目标6和目标7还要求一些分析和/或测试。DO-178C的表A-6中的2个独立性目标通常是由非编写代码的人来编写测试而得到满足的。对于DO-178C的表A-7，所有的A级和3个B级目标要求独立性。表A-7的独立性通常是通过评审（目标1至目标4）和分析（目标5至目标9）的组合得到满足的①。

DO-248C讨论纪要DP19说明了验证独立性的典型解释。该DP基于合格审定机构软件组（CAST）纪要CAST-26，提供了合格审定机构通常对验证独立性的解读[2]。应当指出的是，CAST纪要比DO-248C DP19提出了开发活动之间的更多独立性。DO-248C澄清说，只在源代码和测试规格说明的开发者之间需要开发独立性，其他开发活动无须独立的人员（或工具）[3]。

---

① 验证目标的细节在后面讨论。这里重点关注哪些目标要求独立性。

DO-178C还在6.2.e节澄清说："对于独立性，建立基于低层需求的测试用例集的人，不应该与基于这些低层需求开发相关软件源代码的人是同一个人。"[1]

如其他地方提到的，从事验证的人或工具有多好，验证才会有多好。因此，使用有技能的人或有效的工具十分重要。在一些情况下，工具可能需要得到鉴定（见第13章）。

有一些DO-178C目标不要求独立性，然而，有独立性仍然会是好的实践——特别是对于A级和B级软件。经验显示，独立验证是及早找到错误的最有效方式之一。许多成熟的公司在所有等级上对其需求和设计评审使用独立性，即使这不是强制要求的。因为从长远看，这对于发现错误，以及节省时间和成本是有效的。验证者往往与开发者的思维方式不同，因此他们经常能够比开发者复查自己的工作找到更多的错误。

9.4 评审

现在看看DO-178C中的3种验证方法。本节说明评审，后面两节分别说明分析和测试。

正如前面指出的，评审是对一件制品满足所要求的目标的正确性和符合性的定性评估[1]。第6章至第8章讨论了需求、设计和代码的评审。大多数公司使用一个同行评审过程来评审制品。同行评审包含一个评审人员小组——每人有一个特定的目标和焦点。第6章提供了执行一个有效同行评审的建议。典型的做法是，一项评审参考了适用的标准，并使用一个检查单来指导评审者。评审者记录其意见，每条意见应当得到恰当的解决或处理，并得到验证。如果评审导致一个重要的更改，就可能有必要对资料进行完全复审。

9.4.1 软件计划评审

第5章讨论了5个软件计划和3个标准的开发。对于A级、B级和C级软件，DO-178C的表A-1的目标6和目标7要求计划符合DO-178C，并协调一致[1]。这些目标的满足通常通过一个对计划和标准的评审，以确保与DO-178C指南的一致性和符合性。推荐的实践是先对每份文档单独评审，然后在所有计划和标准编写完之后再对它们一起进行评审。如果不将文档一起评审，就可能发现不了不一致和脱节之处。作者经常强调："不要让合格审定机构或授权委任者成为第一个把你的计划和标准放在一起读的人。"

9.4.2 软件需求、设计和代码评审

第6章至第8章讨论了良好的需求、设计和代码的特性。此外，这些章还标识了验证每种制品的目标（来自DO-178C的表A-3至表A-5）。对生命周期每个资料项的评审应当在生命周期中尽可能早地进行，从而主动在先地识别和纠正错误。需求、设计和代码通常在正式同行评审之前进行多次非正式评审。此外，编码者通常在代码同行评审之前进行自己的调试测试。非正式的评审和调试活动及早排除了大的和最明显的错误，减少了之后的返工。

9.4.3 测试资料评审

请注意同行评审也用于验证测试用例和规程、分析规程和结果，以及测试结果。这些评审在本章中稍后讨论。

9.4.4 其他资料项评审

评审也用于确保其他重要资料项的准确性和正确性。例如，软件生命周期环境配置索引（SLCECI）、软件配置索引（SCI），以及软件完成总结（SAS）。

9.5 分析

分析是提供正确性的可重复证据的一种验证活动[1]。在安全关键软件生命周期中，有多个类型的分析要执行。为了符合DO-178C，需要两类主要的分析：1）编码与集成分析；2）覆盖分析。其他需要进行的分析取决于选择的验证方法。典型的编码与集成分析在本节说明。覆盖分析在本章后面讨论（见9.7节）。

工程师（包括作者自己）有时比较随意地使用术语"分析"。然而，分析对于DO-178C符合性有着特定的含义——它应是可重复的，因此需要被良好编档。作者在作为一个美国联邦航空局（FAA）委任者评审资料时，经常发现关于分析的严重问题。很多时候，所谓的分析没有书面记录，因此是不可重复的。类似地，当写出分析时经常缺少确定成功的准则。"虚假蒙蔽""表面文章""巫术"式分析都是不可重复的。一个分析应当有规程和结果。规程包括以下三个方面[4]：

- 目的、准则和相关需求；
- 执行分析的详细操作说明；
- 分析的可接受和完成准则。

分析结果包括以下6种[4]：

- 分析规程的标识；
- 分析的资料项的标识；
- 分析执行者的标识；
- 分析结果和支持资料；
- 作为分析的结果而产生的纠正行为；
- 带有证实性资料的分析结论。

分析的执行应当具有满足DO-178C附件A的表所标识的适当等级的独立性。如果分析是用在一个测试上的，则需要与测试目标所要求的相同等级的独立性。

分析应当在可行的时候尽早开始，目的是尽可能早地识别问题。通常，一旦一个代码基线建立，分析活动就可以开始。最终的分析只有在软件终止后才能进行，但是初步的分析可以发现一些问题。作者最近咨询一个项目时，发现其最坏情况执行时间（WCET）约为所要求的110%～130%。也就是说，他们的余量为负值，这意味着该功能可能无法运行。遗憾的是，这个问题的发现是在预期的合格审定日期之前几个星期，因此导致了很长时间的拖延。在进行分析的时候，理想与现实（人员短缺和进度压缩）经常冲突。然而，一个团队等待分析的时间越长，带来的风险就越大。

这里将简要讨论为DO-178C符合性而执行的典型的集成分析[①]。所有集成分析的结果通常在一个软件验证报告（SVR）中总结，它在9.6.7节说明。一些分析也在SAS中总结为软件特性。SAS中的分析总结稍后说明。SAS本身将在第12章讨论。

9.5.1 最坏情况执行时间分析

了解一个程序的时间特性对于实时系统的成功设计和执行极其重要。一个关键的时间度量是程序的最坏情况执行时间（WCET）。WCET是在目标环境中的一个给定处理器上，完成一组任务执行的最长可能时间。通过WCET分析，验证最坏情况时间是在分配的范围之内。尽管采取的方法依赖于软件和硬件体系结构，但WCET一般既要进行分析，又要进行测量。

在进行WCET分析时，一般对代码中的每个分支和循环进行分析，确定代码中的最坏情况执行路径；然后再将最坏情况执行路径中的每个分支和循环的时间累加在一起，得出WCET[②]。对比该时间与需求中分配的时间，可进行验证。该分析需要通过实际的时间测量得到验证。有多个因素使得WCET分析复杂化，包括中断、带有多个判断步骤的算法、数据或指令高速缓存的使用、调度方法，以及实时操作系统的使用[3]。在软件的开发中应当考虑这些因素，目的是确保WCET落在要求的边界内。高速缓存（例如L1、L2和L3缓存）或流水线操作的使用使得WCET的分析更加复杂，需要额外的分析以确保掌握高速缓存和流水线操作对时间的影响[③]。

经常使用工具来帮助识别最坏情况路径。在这种情况下，需要确定工具的准确性。有多个方法可以确定工具准确性，包括手工验证工具的输出、对工具进行鉴定，以及并行运行独立的工具并比较结果。要注意的是，在使用高速缓存或流水线操作时，工具与手工分析有相似的挑战。

WCET分析方法和结果作为软件特性的一部分，在SAS中总结。

9.5.2 内存余量分析

执行内存余量分析以确保有足够的余量供产品运行和未来增长。分析所有使用的内存，包括非易失性内存（NVM）、随机存取内存（RAM）、堆、栈，以及任何动态分配内存（如果用到）。内存余量分析方法和结果作为软件特性的一部分，在SAS中总结。

例如，栈使用的分析通常是通过分析源代码，以确定在例程处理和中断处理时的最深的函数调用树。这些函数继而用于从组合的调用树确定最大的栈内存。如果这个分析是在源代码层进行的，则需要进一步的分析来确定每个函数中为保留寄存器、形式参数、局部变量、返回地址数据，以及编译器需要的任何中间结果而使用了多少额外数据。在可执行映像上进

---

① DO-178C 的 6.3.4.f 节和 6.3.5 节间接提到了其中的几个，作为编码与集成验证的一部分。

② 在收集WCET数据时必须小心。很可能有一个大于100%的WCET，而系统却可以安全执行。例如，一个过程中的几个最坏情况分支可能是互斥的。如果互斥发生在跨部件之间，也就是说，部件A中的最坏情况时间和部件B中的最坏情况时间不会同时发生，则问题更加复杂。然而如果两个部件是在同一个执行框架中，则WCET数据可以相加。

③ CAST-20 的主题为"在机载系统和设备中关注高速缓存"[5]，给出了使用高速缓存和/或流水线操作时的WCET问题的更多细节。

行的栈分析将考虑这些因素。分析得到的栈使用大小与可用的栈大小进行比较，从而确定是否有适当的余量。对于分区或多任务的软件，对所有的分区和任务重复这样做，因为它们都有各自的栈。与时间分析一样，栈使用的分析通常也要通过实际测量进行确认，除非分析是由一个得到鉴定的栈分析工具完成的。

9.5.3　链接和内存映像分析

链接分析验证软件构建的模块是否被正确映射到相应链接器命令文件定义的处理器内存段。链接分析通常包含对内存映像文件的一个审查，以验证：

- 链接器分配的每个段的起始位置、最大长度和属性，对应链接器命令文件中指定的段定义；
- 分配的段没有重叠；
- 每个段的实际总分配长度小于或等于链接器命令文件中指定的最大长度；
- 每个源代码模块定义的各个节被链接器映射到正确的段；
- 只有源代码中预期的目标模块出现；
- 只有链接的目标模块中预期的过程、表和变量出现；
- 链接器为输出的链接器符号赋了正确的值。

在一个综合模块化航空电子（IMA）系统中，可能还要针对配置数据进行上述的一些检查[①]。

9.5.4　加载分析

加载分析有时与链接分析一起进行。它能够验证：

- 所有的软件部件被构建和加载到正确的位置；
- 无效的软件没有被加载到目标机上；
- 不正确或破坏的软件不会被执行；
- 加载数据是正确的。

9.5.5　中断分析

对于实时系统，经常执行中断分析以进行验证：1）软件使能的所有中断都被软件中定义的相应的中断服务程序（ISR）正确处理；2）没有未使用的ISR。中断分析包括检查源代码以确定开启的中断集合，并验证每个使能的中断都有一个ISR存在。一般对每个ISR进行分析以确定：

- ISR被正确地放置于内存；
- 在ISR的开头，系统上下文得到保存；
- ISR中执行的操作对于相应的物理中断是合适的，例如在中断上下文中不允许阻塞式操作；

---

① IMA系统将在第20章和第21章简要讨论，配置数据将在第22章说明。

- 在ISR中发生的所有时间关键操作在任何其他中断可以发生之前完成；
- 在把数据传递给控制回路之前屏蔽中断；
- 为传递数据而屏蔽中断的时间是最小化的；
- 在ISR结束时恢复系统上下文。

9.5.6 数学分析

虽然并非总是必需的，但一些项目还是会执行一个数学分析，以确保数学运算不对软件运行产生不利影响。数学分析有时作为代码评审的一部分进行，因此并不总是编档为单独的分析（如果是这种情况，则应当在代码评审检查单中注明）。分析通常包含审视代码中的每个算术或逻辑运算，完成以下各项工作：

- 标识组成每个算术/逻辑运算的变量；
- 分析每个变量的声明（包括其缩放比例），以验证算术/逻辑运算中使用的变量被正确声明（以适当的分辨率）并得到正确的比例缩放；
- 验证不会发生数学运算的溢出。

在一些项目中，使用静态代码分析器来完成或补充该分析。此外，如果使用数学库，那么它们也需要得到正确性验证（见8.2.5.2节）。一个特别的问题是边界上的浮点运算行为。一个典型的现代处理器可以有加零、减零、加无穷、减无穷，以及称为NaN（不是一个数字）的非规格化数字[1]这样的状态。能够使用这些值的浮点算法的行为应当在健壮性需求中指定，并得到验证。

9.5.7 错误和警告分析

如第8章指出的，在构建过程中，编译器和链接器可能产生错误和警告。错误应当被解决，而警告有可能是可以接受的。在构建过程中的任何未解决的警告需要进行分析，以确定不会影响软件的预期行为。

9.5.8 分区分析

如果一个系统包含分区，则通常执行一个分区分析来确定分区的健壮性。该分析与IMA系统和分区的操作系统特别有关（对分区分析的讨论见第21章）。

9.6 软件测试

基于高层和低层需求的测试是DO-178C符合性要求的主要活动[2]。DO-178C的表A-6总结了以下测试目标，通过测试用例与规程的开发和执行进行验证[1]：

目标1 可执行目标代码符合高层需求。

目标2 可执行目标代码健壮性满足高层需求。

---

① 一个NaN可以是一个安静类型NaN（quiet NaN）或一个信号类型NaN（signaling NaN）。

② 应当指出，一些技术例如形式化方法，可以减轻一些测试活动的需要。形式化方法将在第16章讨论。

目标3　　可执行目标代码符合低层需求。

目标4　　可执行目标代码健壮性满足低层需求。

目标5　　可执行目标代码兼容目标计算机。

测试只是整个验证活动的一部分，但却是重要的一部分，并且需要大量的工作，特别是对于高等级软件。因此，有如下4节用于说明这个专题。

- 9.6节提供了测试话题的一个长篇讨论，包括软件测试的目的、DO-178C测试指南概览、测试策略综述、测试策划、测试开发、测试执行、测试报告、测试可追踪性、回归测试、易测试性，以及测试自动化。
- 9.7节解释测试活动的验证，包括测试用例和规程的评审、测试结果的评审、需求覆盖分析，以及结构覆盖分析。在DO-178C的表A-7中，称其为"验证的验证"。
- 9.8节提供了问题报告的建议，因为测试活动的目的就是发现问题。
- 9.9节提供了关于整个测试工作的一些建议。

9.6.1　软件测试的目的

软件测试的目的是揭示开发阶段产生的错误。尽管一些人不同意这个观点，但是经验表明，"基于成功的测试"是不够有效的。如果只想要证明软件可以正确工作，那么很可能做得到，但这无助于产品的整体质量。作者经常说："'点头称是'类型的人一般不是好的测试者。"

很多人认为一个没有找到任何错误的测试是成功的测试。然而，从测试的角度，反之才是正确的，即一个成功的测试是找到了错误的测试。测试通常是一个项目中唯一不直接聚焦于成功的部分。相反，测试者试图瓦解或打破软件。一些人把这看成是不和谐的，并试图给测试工作加上正面的色彩。然而，为了做好这项工作，焦点应当放在找到失效上。如果没有找到错误，就无法进行修正，它们就会在现场出现[6,7]。

从本质上，测试是一个破坏性的过程。好的测试者寻找错误和使用创造性的破坏来打破软件，而不是显示其正确性。Edward Kit写道：

"测试是一个积极的、创造性的破坏工作。它使用想象、坚持，以及强烈的任务意识来系统化地定位一个复杂结构中的脆弱性，并展示其失效。这是为什么我们特别难以测试自己的工作的一个原因。有一种自然真实的意识使我们不愿意找到自己的工作中的错误[8]。"

不是每个人在测试上都是有效的。事实上，以作者的经验，好的测试者少之又少。大多数人更愿意让事物发挥作用而不是打破它[7]。Alan Page等指出，有效的测试者具有与大多数开发者不同的DNA。测试者的DNA包括在系统层面思考问题的天生的能力、问题分解的技能、对质量的热情、热衷于发现事物怎样发挥作用，以及如何打破它[9]。虽然测试者经常被看成悲观主义者，但他们的任务却很关键。测试者寻找软件中的纰漏，使得问题可以得到修正，从而交付高质量和安全的产品。

DO-178C聚焦于基于需求的测试，以保证需求得到满足且只有需求得到满足。然而，重点是要记住，需求告诉我们的是程序在编码正确的情况下预期将如何工作。"它们并没有告诉我们需要预测什么错误，也没有说明如何设计测试来发现错误"[6]。好的测试者预测错误并编写测试来发现它们。"软件错误是人的错误。由于所有的人类活动，尤其是复杂的活动都会引入错误，所以测试就是接受这个事实，并专注于以一种所能创造的最高产、高效的方式检测错误"[8]。测试越严厉，我们就可以获得对产品质量的越大信心。

一些人相信软件可以被完全测试，这是一个谬论。完全测试意味着软件的每一个方面都得到测试，每一种场景都被走到，并且每个错误都被发现。Cem Kaner等在《计算机软件测试》一书中指出，不可能完全地测试一个软件是由于以下3个原因[10]：

- 可能的输入域太大，无法完全测试；
- 程序中有太多的路径，无法完全测试；
- 用户界面问题（以及由此带来的设计问题）太复杂，无法完全测试。

Kit的《现实世界软件测试》一书包含了多个测试公理，总结如下[8]：

- 测试用于显示错误的存在，而不是它们的不存在。
- 测试最具挑战性的方面之一是知道何时停止。
- 测试用例应当包含预期的输出或结果的一个定义。
- 测试用例的编写必须既针对有效的和预期的输入条件，又针对无效的和非预期的输入条件。
- 测试用例的编写必须产生想要的输出条件，而不仅仅关注输入。也就是说，输入空间和输出空间都应当通过测试得到检查。
- 为了找到最多的错误，测试应当是一个独立的活动。

9.6.2 DO-178C软件测试指南概览

DO-178C聚焦于基于需求的测试：编写和执行测试从而表明需求得到了满足，并保证不存在非预期的功能。软件越关键，测试活动越严格。

9.6.2.1 基于需求的测试方法

DO-178C的6.4.3节提出了3种基于需求的测试方法。

1. 基于需求的软件/硬件集成测试[1]。该测试方法在目标计算机上执行测试，以揭示软件在其执行环境中运行时的错误，因为许多软件错误只有在目标环境中才会被发现。在软件/硬件集成测试中验证的一些功能区域包括中断处理、定时、对硬件瞬变或失效的响应、数据总线或其他带有资源竞争的问题、自检测、软件/硬件接口、控制回路行为、软件控制的硬件设备、没有栈溢出、现场加载机制，以及软件分区。这种测试方法通常通过针对高层需求运行测试来完成，在目标计算机上使用正常和异常（健壮性）的输入。

2. 基于需求的软件集成测试[1]。该测试方法聚焦于软件的相互关系，以确保软件部件（典型的部件是函数、过程或模块）正确交互，并满足需求和体系结构。该测试聚焦于集成过程和部件接口的错误，例如破坏的数据、变量和常量初始化错误、事件或操作顺序错误等。该测试通常在基于高层需求的软件/硬件集成测试之后开始进行。不过，可能需要增加基于需求的测试来验证软件体系结构。另外，可能还需要低层测试来补充软件/硬件集成测试。

3. 基于需求的低层测试[1]。该方法一般聚焦于低层需求的符合性。它检查低层功能，例如算法符合性和准确性、循环操作、正确的逻辑、输入条件组合、对破坏或丢失的输入数据的正确响应、异常处理、计算顺序等。

9.6.2.2　正常测试和健壮性测试

DO-178C还提出了如下两种测试用例的开发（见DO-178C的6.4.2节）。

1. **正常测试用例**。正常测试用例使用正常/预期的条件和输入寻找软件中的错误。DO-178C对A级、B级和C级软件要求针对高层和低层需求的正常测试用例，对D级软件要求针对高层需求的正常测试用例。正常测试用例的编写是针对需求，检测有效的变量（使用等价类和边界值测试，在9.6.3.1节和9.6.3.2节讨论）、正常条件下的时间相关函数的执行、正常运行中的状态转换，以及正常范围变量使用和布尔操作（如果需求表达为逻辑等式）的正确性[1]。

2. **健壮性测试用例**。生成健壮性测试用例是为了说明软件在暴露给异常或非预期条件和输入时的行为。DO-178C对A级、B级和C级软件要求针对高层和低层需求的健壮性测试用例，对D级软件要求针对高层需求的健壮性测试用例。健壮性测试用例考虑无效变量、不正确状态转换、越界计算的循环计数、对分区和算术溢出的保护机制、异常系统初始化，以及输入数据的失效模式[1]。

DO-178C十分强调使用需求作为确定测试用例的手段。需求指定预期的行为，该行为需要被探测。尽管行为已经指定，但是，测试者在根据他们对系统预期做什么的理解编写测试用例，并试图检查在实现中没有呈现不同的行为时，还是应当努力探测不同的或额外的行为，即应用"打破"的理念。这是一个没有尽头的过程，因为要确定每个可能存在的额外行为是不可能的。初始需求集合可以作为一个指引，任何用来检查指定之外行为的新增测试用例可能导致额外的需求，例如健壮性需求（因为所有用于合格审定置信度的测试需要追踪到需求）。

测试的目的有两个：1）确保需求得到满足；2）表明没有错误。第二个目标是最有挑战性的，也是非常需要经验的。最初提出的需求是最小集。在开发测试用例的时候可能发现缺失的或不足的需求，特别是健壮性需求，此时应当提出需求变更，并通过一个正式的变更过程进行跟踪，以确保它们得到恰当考虑。

许多项目在编写测试时使用"需求眼罩"①，即仅基于编写好的需求文档来编写测试。这可能带来更快速的测试和更少的测试失败，但不是一个找到错误的有效方式。作者见过许多这样的案例：软件测试者要测试一个软件加载时，一个有经验、有点子的系统工程师10分钟之内就能让软件崩溃。一个好的测试工程师了解需求，知道设计者/编码者如何工作以及典型的错误来源。用较长的时间按下一个按钮，或者用很短的时间按下它，诸如这样简单的事情常常会引出有趣的问题报告。

James A. Whittaker的《如何打破软件》一书提供了一些发人深省的软件测试策略。尽管他的方法对于安全关键领域有点不太常见，但确实有一些好的建议可以应用于健壮性测试。他强调软件有4种基本能力[11]：

---

① "需求眼罩"的意思是，被需求文档限制了测试范围，就像赛马被戴上用于缩窄视野的眼罩一样。——译者注

- 软件从其环境接受输入；
- 软件制造输出，并将其传递给环境；
- 软件在一个或多个数据结构中存储内部数据；
- 软件使用输入的和存储的数据执行计算。

他由此关注了攻击软件的4种能力，并提供了测试输入、测试输出、测试数据，以及测试计算的建议。输入和输出测试需要软件功能（高层功能）的具体知识。数据和计算测试专注于设计（低层功能）[11]。

9.6.3 测试策略综述

在读过几十本关于软件测试的书之后，作者震惊于书中所讲的与安全关键项目实际情况的差别之大。例如，软件工程文献中大量使用术语"黑盒测试"和"白盒测试"。黑盒测试是在没有代码知识的情况下执行的功能和行为测试。白盒测试（有时称为玻璃盒测试）使用程序内部结构和代码的知识来测试软件。这些术语（尤其是白盒测试）模糊了测试与需求之间的关联，因此，在DO-178C中没有采用。实际上，DO-178C倾向于摒除白盒测试策略，取而代之的是，专注于测试高层需求和低层需求，用以确保代码正确地实现了需求。

尽管文献与DO-178C之间存在差别，许多黑盒测试，以及一定程度上的白盒测试的概念可以被应用于安全关键软件。以作者的经验，黑盒测试方法同时适用于基于高层和低层需求的测试，白盒测试策略的应用则有较大的挑战性。然而，如果白盒测试策略应用于低层需求和体系结构，而不是代码本身，那么它确实可以提供一些有用的实践，当然，这要求低层需求的编写是在一个适当的层级上。DO-178C定义低层需求为"从高层需求、衍生需求，以及设计约束而开发得到的软件需求，源代码可以无须更多信息，根据低层需求直接实现"[1]。如果低层需求被看成仅高于代码的设计细节，则可以应用白盒测试的许多概念。但是，必须小心保证测试的编写是针对需求而不是针对代码的。

本节简要说明项目中可以应用的几个测试策略。这些内容在一个较高层面上进行概括，意图是在DO-178C与软件测试教材里的概念之间搭建桥梁。

9.6.3.1 等价类划分

Roger Pressman写道：

"等价类划分是一个黑盒测试方法，将一个程序的输入域划分为数据类别，测试用例可以从这些类别中导出。一个理想的测试用例可以单独揭示一类错误（如所有字符数据的不正确处理），否则这些错误就需要许多测试用例来执行，才能观察到一般错误[12]。"

等价类划分需要一个对于等价类的评价。DO-178C术语表这样定义等价类："一个程序的输入域的划分，使得对该类中的一个代表性数值的测试等价于对该类中的所有值的测试"[1]。等价类测试考虑将要测试的输入条件的分类，其中每类覆盖一大组可能的测试。它"使得测试者能够对一个特征中的每个参数，系统化地评价输入或输出变量"[9]。它通常应用于一定范围的有效（正常）和无效（健壮性）输入得到识别的情况。只有代表性的值是需要测试的（典型的情况是在边界的两边），而不用测试范围中的每个值。对于大的数据范围，测试一个中间值和每个端点值，也是典型的做法。除了值的范围，等价类还考虑变量的相似分组、要求不同处理的单个值，或者必须或不能出现的特定值。

虽然等价类划分可能看上去简单，但它的运用可能会很有挑战性。它的有效性依赖于"测试者将一个给定参数的变量数据准确分解为良好定义的子集，其中一个特定子集中的任何元素能够从逻辑上与子集中的其他元素产生相同的预期结果"[9]。如果测试者不了解系统和领域空间，那么他可能会丢失关键的缺陷和/或执行冗余的测试[9]。

以下建议对于寻找等价类可能有帮助[7,10]。

- 考虑无效的输入。这经常是发现软件脆弱性和错误的地方。这也可以作为健壮性测试。
- 考虑把分类组织为一个表，表列包括输入或输出事件、有效的等价类和无效的等价类。
- 识别数字的范围。通常对于数字的一个范围，测试范围内的值（两端和中间的值）、范围内最小值以下的值、范围内最大值以上的值，以及一个非数值。
- 识别一个组内的成员。
- 考虑必须相等的变量。
- 考虑等价的输出事件。这有时会有挑战性，因为它需要确定生成输出的输入。

9.6.3.2　边界值测试

"边界值分析（BVA）是一种测试用例设计技术，是对等价类划分的补充。BVA不是选择一个等价类的任意元素，而是引导在类的"边缘"上选择测试用例。BVA不仅仅聚焦于输入条件，同时还从输出域导出测试用例[12]。"

BVA与等价类划分密切相关，有两点不同：1）BVA测试等价类的每个边缘；2）BVA探索等价类的输出[8]。边界条件可能会是隐晦和难以识别的[8]。

边界值是等价类中的最大、最小、最快、最短、最高声、最快速、最"难看"的成员（即最极端的值），此外还考虑不正确的相等（例如，">"而不是">="）。程序员可能意外地对线性变量建立了不正确的边界，因此边界是查找错误的最佳地方之一。边界测试对于检测循环错误、"缺1"错误，以及不正确的关系运算特别有效[9]。重要的是，不仅要考虑输入还要考虑输出，还应当检查范围中间点的值。

一个传统的编程错误是在循环计数中"缺1"（例如，程序本应检测"<="，却只检测了"<"）。因此，循环的边界会是一个寻找错误的好地方。对循环进行测试时，首先旁路循环，然后循环1次、2次、正常情况下的最多次（n次），以及n-1次和n+1次。这种类型的测试通常作为低层测试的一部分，因为循环一般是一个设计细节，而不是功能需求细节。

9.6.3.3　状态转换测试

当使用状态转换时，状态转换测试考虑每个状态之间的有效和无效转换。除了有效状态转换，还应测试可能影响安全状态或功能的无效状态转换。

9.6.3.4　判定表测试

需求中有时包含判定表，用来表示复杂的逻辑关系。由于该表起到需求的作用，所以需要对它们进行测试。通常，表中的条件被解释为输入，动作被解释为输出。等价类也可以在表中表示。测试者需要表明全面测试了表中的需求。测试可以发现代码实现的错误，同时也可以发现表本身的缺陷（例如，不正确的逻辑或不完整的数据）。

9.6.3.5 集成测试

集成是将软件部件结合在一起的过程。也许单个部件可以在低层测试的时候执行得很漂亮，但是部件的集成过程可能产生出乎意料的结果。当部件被集成时，许多事情可能出错，包括数据可能跨接口丢失、一个部件可能对另一个部件产生不利影响、子函数可能没有正确实现上层函数的预期、全局数据可能被破坏，等等[12]。为了避免这样的集成问题，通常要应用一个集成策略。下面讨论一些常用的集成方法。

- **大爆炸集成**。该方法把软件部件扔在一起，看它是否工作（通常是不会）。基本的智慧就能告诉我们大爆炸是个坏主意，但这种集成还是会发生。作者已经看到多个项目的不成功尝试。大爆炸的主要问题之一是，当存在一个问题时，要向下进行追踪是很困难的，因为模块或者它们的交互的完好性是未知的。因此需要一些更有效的集成策略。
- **自顶向下集成**。使用这种方法，部件沿着分级向下进行集成——通常从主控模块开始。对于还没有被集成的部件，使用桩。一次用一个部件替换桩。在每个部件被集成时执行测试。
- **自底向上集成**。使用这个方法，对低层部件用驱动进行测试。驱动模拟分级树中相邻上层的部件。然后沿着分级向上集成部件。
- **自顶向下和自底向上集成的组合**（有时称为**三明治集成**或**混合集成**）。通常一次集成一个分支。使用这种方法，无须那么多的桩和驱动。

首选的方法取决于体系结构和其他实际细节。典型情况下，最好首先测试最关键和高风险的模块，以及关键功能。然后以一种有组织的方式增加功能。

9.6.3.6 性能测试

性能测试评价软件在集成的系统中运行时的性能，并识别系统中的瓶颈。性能测试用于表明性能需求（如时间和吞吐）得到满足，还要检查竞争条件和其他与时间相关的问题。性能测试通常发生在整个测试过程中，并且如果达不到结果，则可能导致重新设计或者优化设置的改变。正如9.5节所指出的，这些测试还经常用于帮助确定软件在目标环境中的余量。

9.6.3.7 其他策略

还有许多其他可以使用的测试策略，依赖于系统体系结构和需求的组织方式。例如，循环测试可以被应用于简单循环、嵌套循环和级联循环。此外，如果在需求中使用了一个模型，则可以使用基于模型的测试技术（基于模型的开发与验证将在第14章讨论）。而对于算法，可能需要特别的测试，这依赖于算法的特质。例如，当测试一个一阶延迟滤波器的数字实现时，需要运行足够的迭代，从而说明一阶响应确实是曲线，而非一个线性渐变。

9.6.3.8　复杂性度量

经验表明，复杂的代码以及代码复杂部分的交互通常更容易出错[9]。复杂的代码有缺陷多和难以维护的倾向。通常在开发阶段对代码运用复杂性度量来警示编码者有风险的代码构造。如果可能，则应当重新设计或重新编写以降低复杂性。编码标准通常包含一个度量和最小化复杂性的指南（例如，经常使用McCabe圈复杂度度量）。不过，如果代码复杂度没有被消解，那么它可以成为告诉测试者哪里存在脆弱性的好指示器。复杂的软件应当加强测试（即更多的正常和健壮性测试），因为复杂的代码通常有更多的错误。在修改代码时，因为代码难以理解和维护，所以错误经常会悄然蔓延。

作者经历过的一个项目有一个特别复杂的功能，被称为"脆弱代码"。每当对它有所修改时，由于变更的影响不可预测，整个子系统都不得不完全重新测试。对于安全关键系统，这最终成为一个不可接受的情况，不得不在项目的后期重新设计。高度复杂或脆弱的代码应当尽可能早地重新设计。在前期改正，比花了11个小时才刚刚摸索到问题的影子，能少受许多折磨。

9.6.3.9　总结以及良好测试的特性

9.6.3节综述了多个测试方法。大多数项目使用上述方法中的许多或者全部的组合。还有其他一些没有给出的方法。Kaner等解释说，无论测试方法是什么，好的测试有一些共同的特性。良好的测试用例满足以下准则[10]。

- "有一个捕获错误的合理概率。"测试的设计是为了发现错误，而不仅仅是为了证明功能正确。当编写一个测试时，必须考虑程序可能如何失效。
- "不是冗余的。"冗余的测试提供很小的价值。如果两个测试寻找的是同一个错误，那么为什么运行两个测试？
- "是同类中最好的。"最有可能发现错误的测试是最有效的。
- "没有过于简单或过于复杂。"过度复杂的测试难以维护，也难以发现错误。过于简单的测试经常没有什么效果和价值。

9.6.4　测试策划

第5章讨论了软件验证计划（SVP）。SVP提供了对整个项目开展验证的计划，还说明了测试策略和编档。然而，除了SVP，大多数公司还会开发一个详细的测试计划，经常包含在一个软件验证用例与规程（SVCP）文档中。SVCP通常不仅关注测试，还包含评审和分析的规程。不过本节专注于SVCP的测试方面。

SVCP的测试计划部分（有时称为测试计划）比SVP给出更多关于测试环境（标识需要的设备、测试相关的工具、测试工作站组件）、测试用例和规程组织与格式、测试分类、测试命名习惯、测试分组、测试追踪策略、测试评审过程和检查单、职责、一般的测试建立规程、测试构建规程、测试就绪评审（TRR）准则，以及测试工作站配置审核或符合性计划的细节。

SVCP通常是一个活动的文档，随着测试工作的成熟而得到更新[①]。当测试工作成熟时，通常增加一个全部需求的列表，以及将要应用的测试技术的说明。在编写测试时，更新SVCP，使之包含将要在测试中执行的所有测试用例和规程的一个汇总，以及测试用例与需求之间和测试用例与测试规程之间的追踪矩阵。在测试执行之前还要增加测试时间估计和测试执行计划（包括执行顺序）。SVCP还可以包含回归测试的方法。

SVCP中的测试计划是有益的，因为它帮助确保做到：

- 每个人看到的是同一个计划，都了解预期进展，包括进度、职责和分配的任务；
- 测试开发和执行活动是有组织的；
- 所有必要的测试得到开发和执行；
- 没有不必要的冗余；
- 建立了准确的进度表（测试计划使得测试负责人可以制定一个准确的进度，而不是瞄准项目管理者强加的一个假想的日期）；
- 标识了优先级；
- 所有的任务分配到了人员（计划可以帮助识别人员短缺）；
- 标识了必要的设备和规程；
- 对预期的测试文档格式进行了交流；
- 测试用例和规程得到开发、评审和试运行；
- 事先建立了TRR准则，使得每个人知道期望什么；
- 策划了测试执行的顺序从而高效地开展工作；
- 将要用于记录的测试用例和测试规程的版本得到标识；
- 测试建立规程是清晰的；
- 所有的需求得到测试；
- 测试分组合乎逻辑；
- 必要的测试设备已获得并正确配置；
- 所有的测试工具得到正确控制；
- 以将要用于现场的实际软件的方式构建测试文件；
- 测试工作站得到正确配置，能够代表目标环境；
- 审核测试工作站配置的方法得到标识；
- 风险得到标识和缓解。

SVCP的编写应当是服务于项目，而不只是成为一个完成的资料项。它的组织应当使之易于在整个项目期间进行更新。它提供了一个有组织的和完整的测试工作的证据。否则，难以确认每件事情得到正确的执行。

还要注意第12章（见12.5节）解释了为了合格审定置信度的飞行试验之前的预期的软件成熟度。该成熟度准则应当在测试策划中考虑，因为它会影响测试进度和方法。

[①] 有些项目没有一个活动的文档，但是有一个事先编写好的测试计划，同时还有一个随着项目演化的验证用例与规程文档。

9.6.5　测试开发

前面已经说明了DO-178C对测试的预期和使用的典型测试策略。本节给出DO-178C视角的测试用例和规程开发的更多细节。

9.6.5.1　测试用例

DO-178C定义测试用例为"为一个特定目标开发的一组测试输入、执行条件和预期结果,该目标例如执行一个特定的程序路径或者验证一个特定需求的符合性"[1]。通常为测试组提供一个模板,以确保用一种公共的方式描述测试用例。如果测试是自动化的,则格式特别重要。此外,有时使用一个工具从测试用例标题抽取信息生成一个测试总结或可追踪性报告。无论测试是人工的或自动的,每个测试用例通常包括:

- 测试用例标识;
- 测试用例版本历史;
- 测试编写者;
- 被测软件标识;
- 测试描述;
- 被测的需求;
- 测试策略(高层、低层,或高低层同时);
- 测试类型(正常测试或健壮性测试);
- 测试输入;
- 测试步骤或场景(实际测试);
- 测试输出;
- 预期结果;
- 通过/失败准则。

9.6.5.2　测试规程

除了测试用例,DO-178C还提出了测试规程的要求。一个测试规程是"建立和执行一组给定的测试用例的具体说明,以及评价测试用例执行结果的说明"[1]。测试规程有不同的形式和大小,一些实际上嵌入在测试用例本身中,另一些则是单独的高层文档,说明如何执行测试用例。测试规程是用于执行测试用例和获得测试结果的步骤。它们有时是手工的,有时是自动的。

每个测试步骤,以及如何验证通过/失败应当是清晰和可重复的。执行测试的人通常不是编写测试的人。实际上一些公司和合格审定机构坚持独立的测试执行。模糊的测试规程是一个常见问题,因为测试步骤可能对于编写者是清晰的,但是对测试或功能不熟悉的人就可能无法成功执行测试。为了确保清晰和可重复,安排一位非测试编写人员尽可能早地执行一个试运行测试是一个好方法。这实际上可以是测试评审过程中的一部分,后面对此有讨论。

9.6.5.3　DO-178C要求

表9.1总结了DO-178C对高层和低层需求测试,以及正常和健壮性测试的最低要求。

表 9.1 DO-178C 测试要求总结

软件等级	高层正常	高层健壮性	低层正常	低层健壮性
A 级	要求	要求	要求，并带独立性	要求，并带独立性
B 级	要求	要求	要求，并带独立性	要求，并带独立性
C 级	要求	要求	要求	要求
D 级	要求	要求	不要求	不要求

来源：RTCA DO-178C, *Software Considerations in Airborne Systems and Equipment Certification*, RTCA, Inc., Washington, DC, December 2011.

9.6.5.4 低层需求测试和单元测试

在讨论测试执行之前，简要讨论一下单元测试。一些公司使用单元测试作为其低层需求测试，但这需要小心处理。传统的单元测试是通过针对代码编写测试来完成的。这当然不是禁止的，并且这对代码开发者是一个好的实践，可以以此确保代码做的是他们想要的事情（即调试）。然而，DO-178C 强调，为了合格审定置信度进行的测试要是针对需求的。当针对低层需求测试每个模块（或一组模块）时，单元测试的概念仍然可以使用，但是一定要小心针对需求而不是代码来编写测试[①]。此外，一个模块一个模块地测试可能产生一些集成的问题，这时如果低层测试是在模块或函数级上执行的，就需要一个对模块进行集成和一起测试的具体计划。正如前面讨论的，大爆炸集成是不建议的，通常也是不可接受的。同时，在集成的最高层，可能难以确定软件模块或函数之间接口的正确性。在使用模块级的测试时，一般除了高层软件/硬件集成测试，还需要一些额外的软件/软件集成测试。在后面讨论数据耦合和控制耦合分析的时候（见 9.7 节），为什么需要软件/软件集成就会更明确了。

9.6.5.5 处理无法测试的需求

在测试开发阶段，可能会发现一些需求是不可测试的。在一些情况下，需求可能需要重新编写（例如，否定式需求、没有容限的需求，或者模糊的需求）；在其他情况下，可以使用一个分析或代码审查代替测试。代替测试的情况应当小心处理，因为一般而言，分析和代码审查被认为不如测试那样有效[②]。如果使用分析或代码审查代替测试，则必须表明分析或代码审查为什么能够与测试一样找到同样类型的错误，以及分析或代码审查为什么能够等价于（或者更好于）测试的理由。作者建议在分析或代码审查本身中包含合理性说明，使它得到记录。分析还应当是被良好编档和可重复的（正如 9.5 节所指出的）。用于代替一个测试的分析或代码审查需要具有与该测试相同等级的独立性。

9.6.5.6 获得多层测试的置信度

在一些情况下，一个项目可能可以编写一些同时针对高层需求和低层需求的测试。一般而言，这种情况更可能是高层测试能够满足低层需求，而不是低层测试满足高层需求，但是这依赖于集成的方法和需求的粒度。如果一个测试或一组测试被用于声明多层需求的置信

---

① 一个模块一个模块编写低层测试的能力依赖于低层需求是如何组织的。

② 代码审查在用于确认可执行目标代码满足需求时，特别具有主观性。当用于满足 DO-178C 的表 A-6 的目标时，代码审查的焦点是可执行目标代码如何满足需求，而不是代码评审（见 DO-178C 的表 A-5 的目标）的一个重复。

度，则需要有编档的证据，表明每层需求都得到了满足，包括追踪资料和评审记录。在一些情况下，可能需要一个分析来表明测试怎样完全满足了两层需求，特别是当这些测试原本不是为了覆盖两层需求而编写的时候。这样的分析应当作为测试资料的一部分被包含在其中。

9.6.5.7 测试额外层级的需求

在一些项目中，除了高层和低层需求，还可能有其他中间层级的需求。这些需求也需要被测试，D级软件可能例外。正如上节所指出的，或许可以使用一组基于需求的测试来检查多层需求。

9.6.6 测试执行

测试用例和规程的编写是为了执行。本节讨论准备和执行测试时要考虑的一些问题。

9.6.6.1 执行试运行测试

大多数项目执行一个测试的试运行，目的是在用于合格审定置信度的"打分"（正式）运行之前找出问题并加以解决。作者强烈建议进行一个测试的试运行，因为如果试图从一个纸面评审直接进入正式执行，通常就会产生一些意料之外的和不想要的"惊奇"。对于较高等级的软件（A级和B级），由一个非编写测试规程的人执行试运行测试是一个好方法，这有助于找出测试规程的问题，以及未解决的意料之外的失效。

9.6.6.2 评审测试用例和规程

在测试执行之前，应当对测试用例和规程进行评审（对于A级、B级和C级软件），并纳入变更控制。经常的做法是，在评审前非正式地运行测试，使得在评审中可以参考其结果。评审过程将在9.7节进一步讨论。

9.6.6.3 使用目标计算机还是模拟器或仿真器

测试通常在目标计算机上执行——特别是软件/硬件集成测试。有时用一个目标计算机模拟器或者一个基于主机的计算机仿真器来执行测试。如果是这种情况，就需要评估模拟器/仿真器与目标计算机之间的差别，以确保检测错误的能力与在目标计算机上是相同的。可以通过一个差异分析[1]或者对模拟器、仿真器进行鉴定（如何使用DO-178C和DO-330中描述的工具鉴定方法将在第13章进一步介绍），表明等同性。应当指出的是，即使使用了模拟器或仿真器，一些测试可能还需要在目标计算机上重新运行，因为有一些类型的错误只有在目标计算机环境中才能检测出来[2][3]。

9.6.6.4 编档验证环境

软件生命周期环境配置索引（SLECI）（或等同作用的文档）应当在为合格审定置信度执行测试之前进行更新。SLECI编档了验证环境的细节，通常用于在为合格审定置信度运行测试之前配置测试工作站。第10章提供了关于SLECI内容的信息。

---

① 见DO-178C的4.4.3.b节。

② 见DO-178C的6.4.1.a节。

③ FAA规定8110.49（更改1）第16章提供了一个在使用模拟器或仿真器时，管理开发和验证环境的指南。该规定可以在FAA网站www.faa.gov找到。

9.6.6.5 测试就绪评审

DO-178C没有讨论测试就绪评审（TRR）。不过，多数项目在执行测试之前会进行TRR，以确保：

- 需求、设计、源代码和目标代码已经建立基线；
- 测试与需求、设计和代码的基线版本一致；
- 测试用例和规程已经得到评审和建立基线；
- 试运行测试中的任何问题已经得到解决；
- 测试构建已经完成，被测软件的零部件编号已经编档；
- 使用批准的测试环境；
- 测试工作站已经根据批准的SLECI（或等同作用的文档）得到配置；
- 测试追踪资料是最新的（可追踪性在本章后面讨论）；
- 测试进度安排已经提供给需要见证或支持测试的人员，例如软件质量保证（SQA）、客户和/或合格审定联络人员；
- 任何针对被测软件的已知问题报告已经得到解决或同意延期，如果有预期会失败的测试，了解进入正式测试运行的预期的测试失败就很重要。

应当指出的是，对于一些较大的项目，测试是分组执行的。在这种情况下，可以对每组测试有一个TRR。此时，必须小心确保所有的需求得到完全评价，并且考虑了测试组之间的任何依赖性。

9.6.6.6 为合格审定置信度执行测试

测试的执行是执行测试用例和规程、观察响应，以及记录结果的过程。测试执行通常由非编写测试的人员进行，并且经常由SQA和/或客户见证。

在正式测试执行中，遵守测试规程（它们应当已经得到评审和建立基线），在完成时进行打勾[①]。通常保留一个测试日志来记录谁执行测试、何时进行测试、谁见证测试、测试和软件版本信息，以及测试结果是什么。经常还在测试执行中确定通过/失败，不过如果需要对数据进行分析，则通过/失败的确定可以在之后进行。

当为了合格审定置信度运行测试（正式测试执行）时，可能会对规程有一些修正[②]。如果执行了一个好的试运行测试，则修正应当是很小的。过多的修正基本上说明这是一个不够成熟的测试过程。当修正非常少时，它们通常被记录在一个硬拷贝或测试日志上，并且在结果发布之前得到工程和SQA的认可。修正通常由SQA批准，并包含在一个问题报告中，使得测试在将来可以得到更新。

在为合格审定置信度执行测试的时候，测试可能发现一些非预期的失败。在这种情况下，需要对失败进行分析并采取适当的行动。经常会对测试和/或需求进行更新，并重新运行测试。测试失败和导致的更新应当通过问题报告过程进行处理。对于重新运行的测试，可能需要一个回归分析。回归测试过程的更多讨论见9.6.9节。

---

① 即使自动化的测试也要求有规程，并需要一个测试日志。
② 一个修正是对测试规程的一个修改。它通常是在一个硬拷贝上用红笔进行记录，或者在一个电子拷贝上使用更改跟踪。

9.6.7　测试报告

测试运行之后，对结果进行分析和总结。任何测试失败应该产生一个问题报告，并必须进行分析。测试失败的评审在9.7节讨论。

典型的做法是，生成一个软件验证报告（SVR）总结验证活动的结果。SVR总结所有的验证活动，包括评审、分析和测试，以及验证活动的结果。SVR通常还包括最终的可追踪性资料。

对于任何不成功的验证活动，SVR通常对问题报告中的分析进行总结，并表明失败可以被接受的合理性。

验证报告通常由合格审定机构和/或其委任者以及客户进行评审。因此，报告应当是为不熟悉开发和验证细节的读者编写的。

9.6.8　测试可追踪性

DO-178C的6.5节强调应当存在追踪资料，以表明以下所有的双向可追踪性[1]：

- 软件需求和测试用例；
- 测试用例和测试规程；
- 测试规程和测试结果。

这些追踪资料经常包含在SVR中，但也可以包含在SVCP甚至是一个独立的文档中。在对测试用例、测试规程和测试结果的评审中，应当验证追踪资料的准确性。在一些情况下，由于文档是组合的，所以追踪是隐含的，例如测试用例和规程可能在同一个文档中。另一些情况下，可能使用一种命名习惯，例如每个测试规程可以产生一个同样名字的测试结果（例如 TEST1.CMD 和 TEST1.LOG）。在后面一种情况下，应当在SVP中对策略进行解释，并在SVR中进行总结。

9.6.9　回归测试

回归测试是为一个特定测试活动开发的一些或全部测试的重新执行[8]。在为合格审定置信度执行测试之后，可能会有一些额外的测试需要运行。这可以是在初始运行中失败并进行修改的测试，也可以是由于新的或修改的功能而增加或修改的新测试。

Pressman解释说，一个回归测试运行通常包括以下类型的测试[12]：

- 软件全功能测试的一个有代表性的样本集（用于支持副作用/稳定性回归）；
- 聚焦于变更的测试；
- 聚焦于软件变更的潜在影响的测试（即受影响的软件的测试）。

在运行这种测试之前，需要一个变更影响分析。作为最低要求，变更影响分析考虑可追踪性资料以及数据和控制流，以识别所有变更的和受影响的资料项（例如，需求、设计、代码、测试用例和测试规程）。变更影响分析还要标识所需要的重新验证。重新验证通常涉及对变更的和受影响的资料的评审、任何受影响的分析的重新执行、新的和改变的以及受影响的测试的重新运行、以及回归测试的执行（后面解释）。第10章给出了关于在一个变更影响分析中通常考虑的问题的更多说明。

依赖于变更的程度，有时更建议重新运行全部测试，而不是试图证明一个部分回归方法的合理性。对于自动化测试尤其如此。一个全面的变更影响分析可能花费很多时间。有时，重新运行测试比证明为什么无须重新运行测试更容易。

如果采用了一个回归测试方法并运行少数测试来关注变更，那么建议运行整个测试包中的一个子集，以确认没有非预期的变更。一些项目每次做出变更时运行测试的一个标准子集，除了测试变更和受影响的软件，该子集通常还包含安全相关的测试和证明关键功能的测试。这有时被称为"副作用回归"或"稳定性回归"，因为它证明变更没有引入副作用或影响代码库的稳定性。这些回归测试帮助确保变更没有引入非预期的行为或额外的错误。

9.6.10 易测试性

在开发中应当考虑易测试性。第7章阐述了易测试的软件是可操作、可观察、可控制、可分解、简单、稳定，以及易理解的。第7章还标识了有助于软件易测试性的特征，包括错误或故障日志、诊断、测试点，以及可访问的接口。在需求和设计评审中吸纳测试者也有助于软件更易测试。

9.6.11 验证过程中的自动化

在验证活动中通常使用自动化。工具不会替代思考的需要，使用者为了有效使用工具，需要理解工具如何工作。然而，对有些任务，工具可以比人更加有效和准确地执行。在验证过程中使用的一些自动化的例子如下。

- **测试模板**。通常用于测试进度和任务、测试计划、测试用例、测试规程和测试报告。这方面的自动化程度差别很大。
- **测试脚本工具**。提供一个编写自动化测试的语言，以及有利于提高测试格式一致性的模板。
- **可追踪性工具**。用于帮助捕捉和验证追踪资料。工具中的信息仍然需要验证，但是追踪工具可以帮助识别丢失的测试用例或规程、丢失的结果、未测试的需求等。
- **测试执行工具**。执行测试脚本，可以用于确定测试通过或失败结果。如果不对测试输出进行评审，则工具可能需要得到鉴定，因为它自动化了DO-178C目标。工具鉴定准则将在第13章讨论。
- **调试工具**。有时在测试过程中用来设置断点，用于检查或操作软件。在正式测试中应当小心使用，以确保它们没有错误地修改软件。同时，过多的断点会导致证明集成完整性时的困难。调试工具的功能可能需要得到鉴定，这依赖于如何使用它。
- **内存工具**。用于检测内存问题、内存覆盖、被分配而没有释放的内存，以及未初始化的内存使用[8]。
- **模拟器或仿真器**。有时在测试过程中使用，用来访问在实际目标机上可能难以访问的内部数据。

- **覆盖工具**。用于帮助结构覆盖分析的评估。这些工具通常对代码进行插桩，用于在代码执行时收集测量数据。因此，可能有必要对插桩的和未插桩的软件运行测试，比较结果，确保插桩没有影响测试结果。
- **静态分析工具**。用于评价代码复杂度、规则符合性、最坏情况路径、最坏情况执行时间、最坏情况栈使用等。静态分析工具还可以评价数据和控制流，从而标识未定义的变量、模块之间的不一致接口，以及未使用的变量[7]。
- **测试向量生成器**。以一种形式化的方式或使用模型进行编写。这些生成器生成测试向量来验证实现的准确性。这些工具可能需要鉴定，依赖于如何使用这些工具。建议使用由人生成的测试来补充工具生成的测试向量，对功能进行彻底测试。重要的是测试向量生成器应当使用需求而不是代码作为输入。有一些工具从源代码生成需求，然后为这些需求生成测试向量，应当避免使用此类工具。

9.7 验证的验证

DO-178C的表A-7的标题是"对验证过程结果的验证"。它可能是DO-178C中讨论和争论最多的表，主要因为它包含的多个目标是航空工业独有的，在其他软件工程文献中没有具体阐述（例如修改的条件/判定覆盖）。DO-178C的表A-7的目标实质上是要求一个项目评价其测试工作的充分性和完整性。也就是说，要求对测试工作进行验证。DO-178C的表A-7的目标验证测试规程和结果、需求覆盖性，以及代码结构覆盖性。本节讨论"验证的验证"的每个主要专题。图9.1给出了典型过程的一个概览（改编自DO-178C的图6-1）。

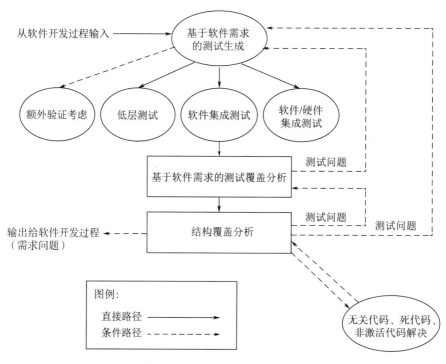

图9.1　DO-178C软件测试概览

9.7.1 测试规程评审

DO-178C的表A-7的目标1概括为"测试规程是正确的"[1]。该目标是为了确保测试用例被正确地编制到测试规程中。典型情况下，该目标的满足是通过对测试用例和测试规程的评审实现的。有些人认为该目标只覆盖了测试规程评审，因为测试用例已经作为目标3和目标4（DO-178C的表A-7）的一部分得到关注。然而，以作者的经验，该目标是与目标3和目标4并行得到满足的，以确保所有的需求得到测试且是完全测试，并且测试用例和规程是准确、一致，以及符合SVP的。

DO-178C的表A-7的目标1同时适用于高层和低层测试，并且对A级、B级和C级软件要求。A级要求独立性。典型的做法是，使用一个同行评审来满足该目标，与需求、设计和代码评审的方法相似（关于同行评审过程的更多信息见第6章）。评审的典型输入是需求和设计、SVP、SVCP、初步测试（不是试运行测试）结果、测试用例、测试规程以及追踪资料。如果使用分析或代码审查代替任何测试，也要提供这些资料。经常的做法是，同行评审小组中的某位人员运行测试，以验证其产生的结果与提交给评审的是相同的、可重复的、准确的。对于手工测试，这对发现测试规程和通过/失败准则中的模糊性很有效。显然，同行评审应当在为合格审定置信度运行测试之前进行。

在这些评审中最常发现的问题提示如下：

- 一些需求没有得到测试；
- 健壮性测试不够；
- 测试没有完全覆盖需求；
- 一些测试没有给出很好的解释或注释（使得维护困难）；
- 规程中的一些步骤缺失或不清晰；
- 一些测试的通过/失败准则不清晰；
- 测试没有得到过运行从而确保其可以工作；
- 从需求到测试的可追踪性没有记录（只有测试到需求的）；
- 测试环境没有很好地记录。

9.7.2 测试结果的评审

测试执行之后，对结果进行评审。DO-178C的表A-7的目标2概括为"测试结果正确，偏差得到解释"[11]。该目标确保测试结果的正确性，并确保任何失败的测试得到分析和正确解决。该目标通常通过评审测试结果和软件验证/测试报告得到满足。评审包括对任何失败的测试的解释（通常是在问题报告和软件验证/测试报告中）进行评估。在一些情况下，测试失败会要求对软件或测试用例/规程做出修改。一般情况下，如果已经执行了一个试运行测试，意料之外的测试失败就会最小化。为了缩短进度，一些团队会试图绕过试运行测试，直接进入正式测试。然而，没有全面试运行测试而试图进入正式测试的项目，通常最终至少需要做两遍正式测试。在任何情况下，所有的失败需要编档在问题报告中并得到恰当的解决。对失败的分析通常也包含在SVR中。

9.7.3 需求覆盖分析

DO-178C的表A-7的目标3和目标4是需求覆盖性目标。目标3概括为"获得高层需求的测试覆盖"[1]。相似地，目标4概括为"获得低层需求的测试覆盖"[1]。这些目标的意图是确认所有需求得到测试（如果可以正确地表明合理性，那么也可以通过其他手段验证）。典型情况下，这些目标在测试用例和规程评审中得到评价。在最终测试运行之前或之后，经常有一个最终覆盖分析来确保所有的需求得到覆盖，并且在测试工作的最终阶段没有遗漏什么（例如，由于有一个最新的需求变更引起的一个测试用例遗漏）。测试用例和需求之间的追踪资料通常用于确认该覆盖性。然而，还必须有一个技术评价来确保测试用例完全覆盖需求（通常在测试用例评审中评价）。但是基本上，如果已经充分评审了测试用例完全覆盖需求，该覆盖分析就不重要了。如果运行一个自动化的工具用于合格审定置信度的测试，则重要的是检查工具确实运行了所有的测试，没有跳过的测试。这可以手工检查，也可以作为运行测试的工具的一部分进行自动检查。如果对执行检查的工具需要置信度，则工具需要得到鉴定。由于对D级软件无须测试低层需求，低层需求的覆盖不适用于D级软件。以作者的经验，覆盖分析在SVR中包含或者总结。

9.7.4 结构覆盖分析

DO-178C的表A-7的其余5个目标关注结构覆盖。目标5至目标7，以及目标9是关于软件结构的测试覆盖，确保代码在基于需求的测试中得到了充分测试。目标8是类似的，不同的是它聚焦于代码部件（如模块）之间的数据和控制耦合的覆盖。

结构覆盖的目的有以下这些：

- 确保所有的代码至少执行一次；
- 找到非预期的功能和未测试的功能；
- 识别死代码[①]或无关代码[②]；
- 帮助确认非激活代码确实没有被激活；
- 识别测试组合的一个最小集（即无须穷举测试）；
- 帮助识别不正确的逻辑；
- 作为测试活动的一个客观完成准则（尽管它可能不关注健壮性测试的完整性）。

必须指出的是，DO-178C中的结构覆盖分析与许多软件工程文献中提到的结构性测试不是等同的。执行结构覆盖分析是为了识别基于需求的测试中没有得到执行的任何代码结构。结构性测试则是基于代码编写测试来检测软件的过程。结构性测试对DO-178C是不够的，因为它不是基于需求的，因此，不满足结构覆盖分析的目标。

---

① 死代码是"作为软件开发错误结果的可执行目标代码（或数据），在目标计算机环境的任何可操作配置下不会被运行（代码）或使用（数据）。它不能追踪到系统或软件需求。以下情况经常被错误地分类为死代码，然而它们对于实现需求/设计却是必要的：嵌入的标识符、为了提高健壮性的防御式编程结构，以及非激活代码（例如未使用的库函数）"[1]。

② 无关代码是"无法追踪到任何系统或软件需求的代码（或数据）。无关代码的一个例子是不正确保留的遗留代码，尽管其需求和测试用例已经被去除。无关代码的另一个例子是死代码"[1]。

详细讨论结构覆盖准则之前需要给出一个简要警示。一些团队在测试用例和规程开发的全过程，主动在先地运行其结构覆盖工具，这是一个好做法。然而，一些团队使用覆盖数据来识别需要的测试。就是说，他们编写测试来满足工具，而不是让需求驱动测试，这就不是结构覆盖的意图，并且这会导致不充分的测试。一些软件只需开启系统，无须运行一个测试，就能得到50%的覆盖率。因此必须强调，要在收集结构覆盖数据之前，针对需求编写和评审测试。为了避免仅限于满足工具，通常让另外的工程师负责覆盖分析（这也有助于满足A级和B级的结构覆盖目标要求的独立性）。

以下小节简要讨论DO-178C的表A-7的每个结构覆盖目标。

9.7.4.1 语句覆盖（DO-178C的表A-7的目标7）

A级、B级和C级软件要求语句覆盖，它确保"程序中的每条语句被执行至少一次"[1]。语句覆盖的获得是通过在基于需求的测试中评价代码的覆盖，并确保每条可执行语句至少被调用一次实现的。语句覆盖被认为是一个相对较弱的准则，因为它不评价一些控制结构且不检测某种类型的逻辑错误。一个if-then结构只需判定为真，就能达到语句覆盖。一个if-then-else结构只需判定为真和为假，就能达到语句覆盖。从根本上讲，语句覆盖只确保代码得到了覆盖，但是该代码可能是由于不正确的原因被覆盖的。

9.7.4.2 判定覆盖（DO-178C的表A-7的目标6）

A级和B级软件要求判定覆盖，时常被等同于分支或路径覆盖。然而，判定覆盖略有不同。DO-178C定义判定和判定覆盖如下[1]。

- **判定**。由条件和零或多个布尔运算符组成的一个布尔表达式。如果一个条件在一个判定中出现多次，则每次出现都是一个单独的条件。
- **判定覆盖**。程序中的每个入口和出口点都被走到至少一次，并且程序中的每个判定的所有可能的输出至少取到一次。

混乱的发生围绕在对分支点（典型是if-then-else，do-while或case语句）的传统业界理解和DO-178C对判定的字面定义。从根本上讲，按照DO-178C的字面定义，判定与分支点不是同义词，主要区别是，在输入/输出（I/O）端口上输出的布尔值可能对系统的行为具有双面的影响（例如，为"真"的时候收起轮子，否则放下轮子）。重要的是要确保在测试时，对该值既测试了"真"也测试了"假"。这可以被当成一个边界值问题或者一个判定覆盖问题。

总的来说，判定覆盖要确保走到代码中的所有路径，并且如果有布尔赋值，则还要确保真和假的条件都走到，无论该值是直接在外部使用，还是用于一个产生分支的结构中。

9.7.4.3 修改的条件/判定覆盖（DO-178C的表A-7的目标5）

A级软件要求"修改的条件/判定覆盖（MC/DC）"。在作者的职业经历中，它是一个有着很多争论的主题，并且大概在作者退休之后还会继续成为讨论热点。

DO-178C这样定义条件、判定和修改的条件/判定覆盖[1]：

- **条件**。一个布尔表达式，不包含除"非操作（NOT）"外的布尔运算符。
- **判定**。一个布尔表达式，由条件和零或多个布尔运算符组成。如果一个条件在判定中出现多次，则每次出现都是一个单独的条件。
- **修改的条件/判定覆盖**。程序中的每个入口和出口点被走到至少一次，程序中的每个判定的所有可能的输出至少取到一次，每个判定中的每个条件的所有可能的输出至少取到一次，并且每个判定中的每个条件都能表明独立地影响了判定的输出。一个条件表明独立地影响一个判定的输出，是通过仅改变该条件而固定所有其他可能的条件，或者仅改变该条件而固定所有其他可能影响输出的条件实现的。

虽然MC/DC准则从20世纪80年代末到90年代初就已经被应用于航空项目，但在主流的软件工程文献中仍然少有讨论。它是为航空工业开发的，目的是成为一个评价测试完成的综合准则，而无须一个判定中输入的每种可能组合至少执行一次（即穷尽测试一个判定的输入组合，称为多条件覆盖）。虽然多条件覆盖可能提供最全面的结构覆盖度量，但是对于许多情况是不可行的，因为对于一个有n个输入的判定，就需要2^n个测试[13]。而MC/DC对于有n个输入的判定，一般最少时候只需要$n+1$个测试用例。

大多数项目在源代码层应用MC/DC，因为源代码覆盖工具更容易得到。不过也有一些项目在目标代码或可执行目标代码层应用结构覆盖准则。对这种方法有一些争论，CAST观点纪要CAST-17（主题为"目标代码的结构覆盖"）中指出了这一点。CAST-17总结了目标代码覆盖背后的动机，以及一些要关注的问题[14]。该纪要被作为项目特定的FAA问题纪要的基础。DO-178C的6.4.4.2.b节修改了DO-178B中的措辞，明确目标代码或可执行目标代码的覆盖是可以接受的方法："可以在源代码、目标代码或可执行目标代码上执行结构覆盖分析"[1]。DO-248C的FAQ42的主题为"在目标代码层执行结构覆盖时需要考虑什么？"也澄清了这个问题[3]。

关于结构覆盖可以写很多——尤其是MC/DC，因为作者在过去的几年中花费了大量时间调查、辩论和评价它。然而，由于它已经在航空领域中得到了广泛的讨论和辩论，有许多可公开查阅的文件很好地讨论了这一问题，书末的本章推荐读物中的1~5项列出了一些特别有用的资源。

9.7.4.4　额外代码的验证（DO-178C的表A-7的目标9）

DO-178C的表A-7的目标9总结为"获得对那些不能追踪到源代码的额外代码的验证"[1]。该目标是DO-178C新加的，虽然DO-178B的正文中也有要求。大多数项目在源代码层上执行结构覆盖（尽管有一些执行目标代码覆盖或机器代码覆盖）。然而，由于可执行目标代码是实际飞行的代码，所以对于A级软件，需要有一些类型的分析来确保编译器没有生成不可追踪的或不确定的代码。

对于在源代码层上执行结构覆盖的项目，通常执行一个源代码到目标代码的可追踪性分析。以作者的经验，通过源代码与目标代码之间的一个比较，确保编译器没有增加、删除或变形代码。该分析通常应用于实际代码的一个样本上，而不是100%的代码①。使用的样本应

---

　① CAST-12的主题为"源代码到目标代码可追踪性批准指南"，提供了关于这个问题的更多信息[15]。

当包含源代码允许的所有构造，并且包含至少10%的实际代码。此外，还建议对构造的组合进行评价。该分析的执行应当使用生成实际代码的编译器设置。该分析通常包含源代码与目标代码（或机器代码）的一个逐行比较。对任何不能直接追踪到源代码的目标代码（或机器代码）要进行分析和解释。在一些情况下，该分析能够发现不可接受的编译器行为，诸如寄存器跟踪、指令调度和分支优化等编译器特征可能导致需要分析的问题，这需要采取措施解决。高度优化的编译器设置和某些语言（如带有面向对象特征的语言）也可能导致不可追踪的代码，因此也是不能审定的。分析要求工程师具有特定语言、汇编、机器码以及编译器的知识。如果源代码更改，则需要一个评估来确保没有增加其他的代码构造，并且原来的分析仍然有效。一旦执行了该分析，只要编译器和它的设置保持不变并且代码使用同样的构造，它就可用于多个项目。

就作者工作过的大多数项目而言，由于优化被限制为最小，并且使用了成熟的语言和编译器，从源代码到目标代码的分析没有发现重大的问题。不过，分析仍然是需要的，并且应当做到全面分析。

9.7.4.5 数据耦合和控制耦合分析（DO-178C 的表 A-7 的目标 8）

在DO-178B中就包含了数据耦合和控制耦合（DC/CC）目标（见表A-7的目标8），但是不够清楚。特别是，DO-178B与软件工程领域中对数据耦合和控制耦合的定义不同，但是没有清楚地解释其目的。据开发DO-178B的RTCA专门委员会#167中的成员讲，数据和控制耦合目标是在委员会讨论的后期增加进去的，并且没有经过深入讨论，这导致该目标的确切含义令人困惑。好在DO-178C已经对此进行了澄清。然而，该澄清可能对工业界带来一些挑战，因为许多公司不符合该澄清后的目标，即他们对原先DO-178B目标的理解与DO-178C的澄清不一致。

DO-178C 定义数据耦合、控制耦合，以及部件如下[1]：

- **数据耦合**。软件部件对那些不是完全置于该部件控制之下的数据的依赖性。
- **控制耦合**。一个软件部件影响另一个软件部件运行的方式或程度。
- **部件**。执行系统的一个清晰功能的一个自包含的零部件，或者零部件、分组件、单元的组合。

根据DO-178C，表A-7的目标8的意图是执行一个"分析以确定基于需求的测试已经检查了代码部件之间的数据和控制耦合"[1]。CAST-19表述数据和控制耦合分析的目的如下：

"为了提供这些模块/部件交互和依赖的正确性的一个度量和保证。也就是说，目的是表明软件模块/部件之间按照软件设计者预期的方式相互影响，没有非预期方式的影响而导致计划外的、反常的或错误的行为。典型情况下，度量和保证应该是在已经集成的部件（即最终软件构建）的R-BT（基于需求的测试）上进行的，从而确保交互和依赖是正确的、覆盖是完整的，并且目标是得到满足的[16]。"

遗憾的是，许多开发者不是这样理解该准则的。许多人应用它作为一个设计和代码评审活动来确保代码准确实现了设计的控制和数据流。在开发中的这个活动对于确保最终的DC/CC分析成功并且满足DO-178C的表A-4和表A-5的目标是重要的，但这并不是表A-7的目标的意图。除了设计和代码评审，为了符合DO-178C，还需要确保测试覆盖部件（例如模块或功能）之间的DC/CC。一些组织按照预期应用了DC/CC准则，这会非常有挑战性，特别是在设计和代码评审不充分或者集成方法不合理时。如果基于需求的测试和结构覆盖度量是在一个已经集成的系统上（而不是逐模块地）没有插桩代码地执行的，则会有助于提高信心。

为了利用基于需求的测试成功执行DC/CC分析，在开发中确保体系结构与需求一致且代码与体系结构相符合，是很重要的。满足DO-178C的DC/CC分析指南通常涉及4个步骤，描述如下。

1. 软件体系结构必须编档（见DO-178C的表A-2的目标3）。DO-178C的11.10节提供了在软件设计说明中要编档哪些内容的指南，包括以下一些与数据或控制流相关的内容：数据结构、软件体系结构、内部和外部输入/输出、设计的数据流和控制流、调度过程和处理器内/任务内通信机制、分区方法，以及软件部件说明[1]。第7章讨论了设计过程。

2. 对软件体系结构与代码的一致性进行评审和/或分析。DO-178C的表A-4的目标9引用DO-178C的6.3.3节，它解释说设计评审和/或分析的一个意图是确保"软件体系结构中的部件之间的关系，该关系通过数据流和控制流得到表现……[1]"的正确性。DO-178C的表A-5的目标2引用DO-178C的6.3.4.b节，它解释说代码评审和/或分析的一个目标是"确保软件代码与软件体系结构中定义的数据流和控制流匹配"[1]。通常，设计和代码评审/分析活动都包含一个详细的检查单或问卷，以关注常见的数据耦合和控制耦合问题。表9.2提供了在评审和分析中要考虑的一些问题的例子，这些只是举例，实际会根据体系结构、语言、环境等有所不同。

表9.2　在设计和代码评审/分析中要考虑的数据和控制耦合项举例

考虑的数据耦合项举例	考虑的控制耦合项举例
• 所有的外部输入和输出得到定义，并且是正确的 • 所有的内部输入和输出得到定义，并且是正确的 • 数据类型正确/一致 • 单位一致并且与数据字典符合 • 数据字典与代码符合并且都是完整的 • 数据以正确的顺序发送和接收 • 数据被一致地使用 • 数据破坏得到阻止或检测 • 数据在使用前得到初始化或读入 • 陈腐的或无效的数据得到阻止或检测 • 数据错误比较或数据丢失得到防止或检测 • 非预期的浮点值得到阻止或检测 • 参数正确传递 • 全局数据和全局数据构造内的数据元素是正确的 • 得到外部资源的正确I/O访问 • 所有的变量在使用前得到设置（或初始化） • 所有的变量得到使用 • 溢出和下溢得到标识并且正确 • 局部和全局数据得到使用 • 数组得到正确索引 • 代码与设计一致	• 执行顺序得到标识，并且是正确的 • 执行速率得到标识，并且是正确的 • 有条件的执行得到标识，并且是正确的 • 执行依赖性得到标识，并且是正确的 • 执行顺序、速率和条件满足需求 • 中断得到标识，并且是正确的 • 异常得到标识，并且是正确的 • 复位得到标识，并且是正确的 • 对电力中断的响应得到标识，并且是正确的 • 前台调度以正确的顺序和速率执行 • 后台调度得到执行并且没有陷入无限循环 • 代码与设计一致

3. 开发基于需求的集成测试（见DO-178C的表A-5）。DO-178C的6.4.3.b节解释说，执行基于需求的软件集成测试以确保"软件部件相互正确交互，并满足软件需求和软件体系结构"[1]。集成测试的目的是识别以下类型的错误[1]：变量和常量的错误初始化、参数传递错误、数据破坏（特别是全局数据）、事件和操作的不正确顺序，以及不恰当的端到端数值解析。一些人认为在DO-178C对DC/CC的解释中强调"基于需求"弱化了该准则，因为体系结构也需要检查。然而，在设计评审中，应当验证体系结构与需求之间的一致性，这样的话，基于需求的测试也应当检查体系结构。另外，如DO-179C的6.4.3.b节指出的，在DC/CC分析中应当考虑体系结构。

4. 对测试进行分析，确认基于需求的测试检查了部件之间的DC/CC（见DO-178C的表A-7的目标8）。如果步骤1至步骤3没有充分执行，则将难以（大概不可能）充分完成步骤4。据作者所知，没有商业工具可用于执行DC/CC分析，大多数公司要么开发自己的工具，要么手工执行分析。将来有希望出现一些更好的商业可用的工具来帮助进行DC/CC分析。

书末的本章推荐读物中的第6项提供了DC/CC分析的一些额外内容。此外，由于分区与DC/CC紧密相关，第21章讨论了当开发一种方法以满足DO-178C的表A-7的目标8时，值得考虑的一些额外事项。

9.7.4.6 解决结构覆盖差距

在对通过基于需求的测试获得的代码覆盖进行度量时，可以识别出覆盖中的一些差距。通过执行一个分析来确定差距的原因。可以采取的行动如下。

- 如果差距是由于缺失测试造成的，就增加和执行额外的测试用例。
- 如果差距是由于缺失需求（一个未编档的需求特征）造成的，就对需求进行更新，并增加和执行测试。
- 如果由差距识别出死代码或无关代码，就去除死代码或无关代码，并执行一个分析来评估效果和进行重新验证的需要。通常需要一些重新验证。关于死代码和无关代码的讨论见第17章。
- 如果差距是由于非激活代码造成的，就对不激活方法进行分析，以确保它是正确的，并且与需求和设计一致。非激活代码的讨论见第17章。
- 如果差距不是由于上述任何原因造成的，就需要进行一个额外的分析，以确保代码得到充分的验证，并且按照预期进行工作。典型的做法是，在SVR中包含或总结这个分析。

9.7.4.7 关于结构覆盖分析的最后考虑

在结束结构覆盖专题之前，还要总结如下4件重要的事情。

1. 在声明结构覆盖置信度时，它应当是在通过的基于需求的测试（并满足它们追踪的需求）的基础上。如果测试失败，覆盖就不会有效。

2. 结构覆盖的度量通常通过插桩源代码，从而标识出源代码的哪些地方在测试执行中得到了检查。由于源代码被改变，重要的是评估插桩引入的改变是否无害（它们应当这样）。

插桩对结果的代码优化也有影响，因为记录覆盖特征的信息改变了信息流。因此，有必要在声明结构覆盖置信度之前重新运行不带插桩的测试，并比较插桩和未插桩的结果。

3. 并非所有的结构覆盖工具都完全满足DO-178C的准则。特别是，对于没有设计用于有多任务构造的代码中度量覆盖的工具，当用于并发代码中度量覆盖时就要小心。在投入时间和资金之前，应当对工具进行仔细评价和全面理解。FAA研究报告《软件验证工具评估研究》[17]提供了一些有意思的观点。FAA赞助的这项研究提出了一个测试包来评估商业可用的结构覆盖工具，在3个被评价的工具中都发现了异常。该研究表明，选择工具时必须谨慎，因为一些工具可能不满足DO-178C对结构覆盖的定义。

4. 结构覆盖分析结果通常在SVR中包含或引用。任何结构覆盖差距及其分析都将被合格审定机构和/或其委任者仔细评价。因此，它们应当清晰表述且全面说明合理性。

9.8　问题报告

尽管问题报告作为其中一部分包含在DO-178C的配置管理一节，并且在本书的第10章进一步探讨，但在关于验证的本章也对它进行讨论，因为许多软件问题是在验证中发现的。问题报告可以在项目的任何阶段产生，通常一旦一个资料项（例如，需求、设计、代码、测试用例或测试过程）被评审和建立基线，问题报告就会启动。问题报告用于管理基线之间的变更，以关注软件及其生命周期资料的已知错误。

在验证过程中，常常会发现系统需求、软件需求、设计和源代码的问题，还会发现计划、生命周期过程、工具，或者甚至硬件的问题。问题报告用于对过程、资料和产品的问题进行编档。问题报告通常直到一个生命周期资料项得到评审、更新（如果需要），并建立基线的时候才产生。一旦这种情况发生，通常把所有的变更编档在一个问题报告中。一些公司有两类问题报告，其中一类用于代码错误，另一类用于过程和文档错误。有时还有另一类用于未来的产品增强。作者偏好用一个问题报告系统来编档所有类型的问题或可能的软件变更，对每个问题报告都有一个良好的分类体系，即问题报告可以被分类为代码问题、文档问题、过程问题和未来增强等。

每个问题报告（PR）通常包含以下信息：

- 问题报告编号；
- 问题报告编写日期；
- 问题概括；
- 影响的生命周期资料项及其版本；
- 问题类型（例如，代码、设计、需求、文档、增强、过程、工具、其他）；
- 问题严重性（影响或后果），从航空器安全性和符合性的角度（例如，安全性影响、合格审定/符合性影响、主要功能/操作影响、次要功能/操作影响、仅文档）；
- 从软件开发者角度的问题优先级（例如，立即修正、尽快修正、下一次发布之前修正、合格审定之前修正、可能情况下修正、不修正）；
- 问题报告编写者姓名和问题发现日期；
- 问题如何发现的；

- 问题的功能区域；
- 问题描述和如何复现；
- 建议的修改（通常是一个可选字段）；
- 支持资料（通常作为问题报告附件）；
- 指派调查问题的人员；
- 问题分析和建议（即填写问题调查的地方）；
- 状态［例如，开放、工作中、修正但尚未验证、验证中、已修正和验证、不能复现、推迟、复制，或者撤销（如果不是一个有效的问题）］。

应当指出的是，并非总有严重性和优先级分类。一些问题报告系统只有一个分类，有些有两个，这取决于项目的特点。问题报告分类机制应当在软件配置管理计划（SCMP）中加以解释，以确保它对于所有涉及的人员是一致且清晰的。第10章提供了问题报告的更多信息，包括一些合格审定机构的推荐分类。

编写良好的问题报告对许多工程师是有挑战性的。然而，如果不能较好地编写问题报告，就会难以确认变更得到了正确的评估、实现和验证。以下是对编写和关注问题报告的一些实践建议。

建议1 所有的问题都要记录在问题报告中，除非还没有对文档、资料或产品进行评审，在这种情况下问题应当在评审记录中加以标明。口头或电子邮件报告的问题是不可跟踪和采取行动的。

建议2 编写一个描述性的、简练的、准确的、唯一的问题概括。如果问题被推迟，问题概括最终就会出现在SAS中，因此，它会具有高可见度。即使没有推迟的问题报告也会被管理者、客户、系统工程师、安全人员、SQA、合格审定联络人员，以及合格审定机构偶尔地阅读。因此，问题概括应当以一种让即使不了解软件细节的人也能读懂的方式编写。对于了解软件细节的人，它应当能够具有附加价值。实质上，应当多花一些时间来编写好的问题报告，因为它会存在很长一段时间。

建议3 对每个问题报告编号和分类。随着对问题的调查，分类可能变化，但是重要的是对问题的严重性和优先级有所认识。第10章提供了分类方法的更多讨论。

建议4 确保分类问题报告的过程在SCMP中清晰编档。正如前面指出的，一些项目会有多个分类机制（例如，一个用于严重性，一个用于优先级）。分类方法必须是清晰的，对于开发者、客户、变更控制委员会（CCB）、合格审定联络人员、管理者，以及任何将要阅读问题报告和基于问题报告做出决策的人。

建议5 在每个问题报告中只标识一个问题。有时会希望把相关的问题编组在一起，但是如果有些得到解决而另一些没有，问题的关闭就会有困难。

建议6 确保问题报告是易读和易理解的。需要一个对问题的清晰而完整的描述，以及关于问题如何发现、如何复现以及问题是什么的特定信息。使用摘引自资料项或问题截屏的附件会很有帮助。如果问题没有得到清晰描述，就无法采取正确的行动。

建议7 当发现问题时立即记录问题。即使明显的bug也应该进行报告，否则它们可能得不到修正。

建议8　在一个问题报告中记录不可复现的bug。这些bug可能随着项目的进展变得更加明显。

建议9　一般来说，问题报告编写者应当花时间解释问题而不应试图解决问题。可以包含一些解决的建议，但是解决方案将在调查中产生。

建议10　确保问题报告是专业的和非评判性的。指责编码者、管理者或架构师是无益的。指手画脚没有建设性。问题报告应当聚焦于技术问题，而不是人。

建议11　一旦报告一个问题，应当由一个或多个人审查它，以确定下一步骤。一般利用一个CCB（或一个问题报告评审委员会）来评价新问题和做出指派。一旦收集了所有必要的资料，并且建立了解决的建议，CCB决定批准或者推迟解决方案。

建议12　在问题调查阶段，工程师应当考虑相关的问题。报告的问题可能只是一个更大问题的表象。调查者寻找根本起源，而不仅仅局限于表象。

建议13　记住问题调查和调试会花费时间。一些问题是明显的，还有一些则会花费数周来评价。调查工作应当指派给对整个系统和开发过程有很好理解的有经验的工程师。

建议14　确保提出的解决方案清楚地标识出了将要变更和影响的项，以及预期对每个项要做什么更改。根本而言，对每个变更都需要一个简化的变更影响分析。这个分析被编档得越好，对软件基线的统一的变更影响分析的支持就越强。

建议15　一旦一个资料项被评审和建立基线，它只能通过一个问题报告（或者等价的变更授权机制）进行变更。这适用于CC1（控制类别1）资料项（例如，需求、设计、代码、验证用例与规程）。CC1/CC2将在第10章解释。在对一个有记录的问题修改资料项时，常会试图更改其他明显的错误。修改这种错误是可以的，但是，问题和解决方案都应当记录在一个问题报告中，而不是仅仅修改却没有记录。

建议16　集中评价问题。在项目整个过程中，开发者和管理者（以及客户、质保和合格审定联络人员）应当对全体问题报告有一个完整了解。有时候问题是相关的，但是如果技术人员没有全局眼光，就会使问题失去关联。

建议17　了解bug变形的趋向[9]。这发生在当一个bug被报告，而调查者偏离了轨道（或许他找到一些其他问题）的时候。如果在一个问题报告调查中识别出了其他问题，则应当创建另外的问题报告去解决它。

建议18　不要担心报告了重复的问题。有些开发者在犹豫是否给出问题报告，因为他们认为这可能是重复的问题出现。他们应当快速查看已有问题报告的清单，如果没有明确地找到要报告的这个问题，则应当提交这个问题。还应当指出，当在软件中出现一个有问题的地方时，可能会有多个问题报告与之相关但有细小区别（经常出现的情况是，一个底层问题会有多个表象）。因此，填写可能重复的问题报告比不报告问题要好。CCB（或问题报告评审委员会）将进行更全面的评估来确定是否重复。

建议19　为了保证问题报告的质量和一致性，指派一个工程师评审问题报告的可读性、准确性、完整性等。经常的做法是，这个人也领导CCB（或者问题报告评审委员会）并确保问题报告在委员会评价之前是成熟的。

建议20 在关闭问题报告之前验证问题的解决。验证过程可能包括需求、设计、代码和测试资料的复审。典型情况下，最好有一个独立的评审者。资料项应当经历与初始相同的严格程度（即同样的过程、检查单等。）

建议21 如果一个问题报告被推迟，就要在问题报告中填写推迟的合理性说明。该说明应当解释清楚：如果没有在合格审定之前修正这个问题，为什么不会带来安全、运行、性能或符合性等问题。理由说明会得到非常细致的审查，所以它必须清晰陈述并且有资料支持。理由说明要得到CCB（和/或问题报告委员会）、客户、安全人员，以及合格审定联络员的评价，以确定推迟是否可行。一旦推迟的决定得到同意，理由说明要包含在SAS中，用于得到合格审定机构和/或其委任者的认可。

建议22 在问题报告推迟和关闭过程中纳入SQA。SQA可以是CCB的一个成员，或者有一个单独的审批过程。

9.9 验证过程建议

有些人声称，在验证中不存在所谓的"最佳实践"，因为它极其依赖于特定情况。然而，存在一些实践可以使项目进行得顺利，并增加成功的概率。本节基于作者对众多项目的参与，给出一些建议概括。其中一些是前述材料的总结，另一些则还没有提及过。

建议1 及早策划和经常调整。没有项目可以预测将要出现的所有问题，然而，策划仍然是重要的，它能够减少一些较大的问题。除了策划，必须进行不断的调整以应对实际的问题。

建议2 力求实际的进度安排。虚假的进度安排是作者深恶痛绝的事情之一。不切实际的策划和盲目的管理一定是无效的。有一次，作者拿到一个进度安排，告诉经理说需要在执行进度之前考虑一下任务，但经理看着我仿佛我是疯子一样，说："我是戴着经理帽子的人。"作者不明白为什么一个"经理帽子"不能建立在现实基础上。就像作者的一位同事常说的："好的领导不会无视现实。"有太多的进度安排是基于商业议程，而不是现实。多数工程师可以像狂人一样工作来满足一个现实的、即使是严酷的进度安排。然而，太多不可能或者基于梦想的进度安排会导致他们变得士气低落和没有动力。

建议3 为健壮性做设计。要用测试为软件加入健壮性（即在测试阶段中实现健壮性）基本是不可能的。好的做法是预测不正常的输入，并设计系统来应对该输入。

建议4 为易测试性做设计。正如前面指出的，开发者构建能够支持测试的系统是有帮助的。例如，与其使用难以访问的数据进行验证，不如让一些数据结构在外层可见，这样会使测试更容易。而让一个测试者参加到需求和设计评审中也是有帮助的，因为他将会预先考虑测试方面的问题。

建议5 及早开始验证，并在项目过程中持续。验证应当在开发活动中尽可能早地开始。需求、设计和代码的评审应当在资料生成的时候进行。在举行正式评审之前对资料进行非正式的评审是极其有益的。把验证推迟到最后是不够有效的，可能不仅花费很大，还会破坏与合格审定机构和客户的关系。

建议6　在评审中定义角色。在同行评审中，定义角色很有帮助。例如，一个人可以聚焦于测试对需求验证得如何，一个人可以专注于追踪的准确性，一个人可以评价测试用例的正确性和准确性，一个人可以执行测试过程来确定可重复性。

建议7　在评审阶段纳入测试者。如果在需求和设计的评审中纳入测试者，他们就能帮助确认软件是易测试的，并且能够熟悉他们将要测试的需求。

建议8　及早开始测试活动。在需求成熟的时候，一些人应当开始测试计划和测试用例的开发。

建议9　给测试者时间和机会来理解系统。测试者对系统的意图和实际功能了解得越好，他们就能越有效地发现错误。如果需求被分割给不同的测试者，并且没有人真正了解系统全局，测试就不会很有效。

建议10　了解环境。测试者应当理解软件的运行环境。开发环境、硬件和接口的知识对于有效的测试也很重要。

建议11　应当鼓励和允许测试者质疑一切。显然，发现问题无须大声叫喊，最好的方式是不断考虑"如果……怎样？"，或者"程序是如何运行的？"，或者"程序为什么能运行？"一个没有好奇心的验证者很可能成效不高。

建议12　使用有经验的人员并允许他们使用经验。显然，专家资源是有限的。然而，对于关键的任务应当使用有经验的测试者。新手工程师也可以发挥作用，他们的有些工作会超出想象的聪明。但是，资深的更有经验的人员应该进行领导。一些公司会建立一种结对测试形式——在测试中两人一起工作。这是一种培训年轻工程师和利用有经验测试者的有效方式。

建议13　鼓励测试者超出需求思考，尤其是在项目早期阶段。如果只针对需求进行测试，并且需求是错误或不完整的，那么一些严重的问题可能就会很晚才被发现或者根本未被发现。

建议14　首先测试关键和重要的功能。如果基本功能有问题，其余就变得无关紧要了。

建议15　如果存在疑惑，则应当多对其进行测试。如果需求、设计和/或代码是令人疑惑的，则通常有其原因：要么是因为开发者没有很好地理解问题（导致忽略或错误），要么是理解得"过于好"（导致过于简化）。如果对需求或设计存在疑惑，通常就会导致代码中的错误。在许多情况下，需要对疑惑的部分重新设计或重新编码，或者至少进行清理。

建议16　准备花费更多时间测试复杂的区域。正如前面指出的，错误常常隐藏在复杂性之中。如果有东西是复杂的，它就可能有更多的问题，需要花费更多的时间验证且在发现问题时修正。

建议17　认识到质量需要被构建进去，而不是在最后测试进去。测试是产品整体质量的一个指示器，但是等到测试阶段再关注质量就太晚了。质量应当被主动在先地构建进去。在开发阶段吸纳测试者，并及早开发和执行测试，从而帮助在问题还能够被高效修正的情况下识别问题，提高质量。有时测试会发现一个导致重新设计和重新实现的问题，最好及早发现这些错误。

建议18　测试者应当聚焦于技术功能，而不是人员。如前所述，测试组经常被看成一个否定团队，他们的否定性帮助识别需要解决的问题。然而，他们必须小心将否定能量聚焦于软件，而不是编写软件的人。

建议19 尽可能多使用独立验证。尽管DO-178C对许多验证活动没有要求独立性，但一定程度的独立性却是非常有效的。一个人要在自己的工作中发现问题是很困难的。

建议20 填写准确的问题报告，并保持与项目问题整体状态相符。一旦发现问题，应当尽快生成问题报告。类似地，问题报告应当尽可能准确——糟糕的资料对任何人都没有帮助。此外，管理者应当时常阅读问题报告，从而能够正确地管理项目。

建议21 理智地自动化。自动化只应当在有意义的时候使用。一些项目只是为自动化而自动化。工程师喜欢建造工具。有时候建造和鉴定一个工具花费的时间比手工测试产品的时间还要长。同时，工具不能替代思考的需要。如果没有理智地使用工具，就会产生虚假的安全感。

建议22 建立走向成功的团队。一个有效的管理者能够促进团队工作、鼓励每个成员尽其所能、利用多样性、营造非敌对的建设性的工作环境、奖励有才能的人、鼓励测试者发现错误、主动在先地处理问题，以及基于资料而不是感觉进行决策（特别是当涉及进度安排时）。

建议23 培养创造性。全面的测试需要创造性。有时测试需要比开发更多的创造性，因为测试者必须思考如何打破软件而不是让它工作。创造性可以通过思考的自由时间（作者称为"梦想时间"）、有趣的活动以及竞争来鼓励。

建议24 为测试者的培训进行投入。好的测试者总是在学习。管理者应当为测试者提供培训和成长的机会，即使要花费其一天或两天时间离开项目。

建议25 实现持续改进。作者曾经看到一幅漫画，里面有个人在森林里用一把斧子砍一棵树，这个人需要遵守一个进度表，却没有时间学习如何使用自己卡车上的电锯。有时我们会因为过于关注手上的工作而不去寻找改进的机会。显然，在项目终结时要总结经验教训并采取措施，然而在项目进行中，当有些事情不见成效或能用更有效的方式操作时，就应当及时进行纠正，这种做法也同样有价值。

建议26 识别风险和问题，并主动在先地处理它们。当问题出现时应当去解决，因为它们不会自己消失。

建议27 外包一些或全部测试时，不要只是做甩手掌柜。外包或分包需要密切的监督、培训和不断沟通。这些内容将在第26章进一步讨论。

建议28 建立一个常见问题和错误的总列表，并确保团队了解它。编纂一个基于来自有经验的测试者、问题报告和文献的常见问题列表是很有益的。列表可以随着时间进行更新。应该就常见错误教育测试者。显然，他们不应当把自己的验证仅限于此，但这可以是找出系统中问题的一个好的起点。

建议29 准备迎接挑战。一个人在验证软件的时候永远不知道将要遇到什么样的挑战，做好承受和化解的准备。一些最常见的挑战包括模糊的需求、丢失的需求、决定多少健壮性是足够的、应对进度压力（因为测试通常是最后的活动）、验证需求以及体系结构、管理变更（跟上需求、设计和代码的变更）、保持士气、处理在过程后期发现的问题，以及维持一个足够的测试与开发人员的比例。每个项目都有其特有的问题。准备好应对一切。

第10章 软件配置管理

10.1 引言

10.1.1 什么是软件配置管理

软件配置管理（SCM）是一个贯穿软件生命周期始终的整体性过程。它覆盖软件生命周期的全部区域，并影响所有的资料和过程。Babich写道："配置管理是对一个编程团队正在构建的软件进行标识、组织，以及控制其修改的艺术。目标是通过最小化错误来最大化生产率"[1]。

SCM并非像时常被误解的那样只针对源代码，所有的软件生命周期资料都需要它。所有用于制造、验证软件以及说明软件符合性的数据和文档也都需要一定级别的配置管理。换句话说，DO-178C的第11节所列出的所有软件生命周期资料都需要SCM。应用SCM过程的严格度依赖于软件等级和制品特质。DO-178C使用CC1/CC2（控制类别1/控制类别2）的概念来标识应用于一个资料项的配置控制程度。一个分类为CC1的资料项必须应用全部的DO-178C SCM活动，而一个CC2资料项可以只应用一个子集。本章后面讨论CC1/CC2。

本章说明DO-178C要求的以及在任何安全关键领域被认为是最佳实践的SCM活动。特别关注的是问题报告（PR）、变更影响分析（CIA）和环境控制过程，因为它们是在现实世界中常常没被做好的重要的SCM过程。

10.1.2 为什么需要软件配置管理

在任何领域中，包括安全关键领域，软件开发都是一项高压力的活动。软件工程师要在紧张的进度和预算范围内开发复杂的系统，还要能够快速更新和维护符合标准和规章的高质量的软件。

"为了在这种残酷的竞争世界生存，组织需要一种机制来保持工作制品置于可控之下，否则会造成完全的混乱和困惑，这将导致产品或项目的失败，并使得公司业务失利。正确实现的SCM系统就是这样一种机制，它能够帮助软件开发团队建立一流质量的软件，而不产生混乱和困惑[2]。"

好的SCM有助于防止问题，例如丢失源代码模块、找不到一个文件的最新版本、已经纠正的错误的再次出现、丢失需求、无法确定什么东西在何时进行了更改、两个程序员在更新同一个文件时覆盖了彼此的工作，以及许多其他问题。SCM通过对同一个项目上的多个人的工作和活动进行协调，以减少这些问题。如果正确地实现，SCM就能"防止技术混乱，避免客户不满的尴尬，以及维护产品与关于产品的信息之间的一致性"[3]。

SCM也使得能够进行有效的变更管理。软件密集型的系统会有变更，这是软件本性的一部分。Roger Pressman写道："如果你不控制变更，它就会控制你。那绝对不是一件好事。一串不受控的变更很容易把一个运行良好的软件项目变得混乱"[4]。由于变更发生得那么频繁，所以必须对其加以有效的管理。好的 SCM 提供了一种管理变更的手段：1）标识易于变更的资料项；2）定义资料项之间的关系；3）标识控制资料修订的方法；4）对实现的变更进行控制；5）对做出的任何变更进行报告。

有效的 SCM 对软件团队、整个组织以及客户都具有很多好处，包括以下各方面。

- 通过使用有组织的任务和活动，维护软件的完好性。
- 建立合格审定机构和客户的信心。
- 支持更高质量，以及因而更安全的软件。
- 使得能够按照 DO-178C 的要求管理生命周期资料。
- 确保软件的配置是已知的和正确的。
- 支持项目需要的进度和预算。
- 提供对软件和资料项建立基线的能力。
- 提供跟踪基线变更的能力。
- 通过提供资料管理的系统化方法，避免混乱，加强开发团队成员之间的沟通。
- 帮助避免，或者起码减少"惊奇"和浪费的时间。
- 为开发、验证、测试和再生产软件，提供一个受控的环境。
- 确保软件即使在初始开发的许多年之后，也能够再次生成。
- 提供贯穿项目的状态记录。
- 为开发者和客户进行决策提供基础。
- 提供在问题调查中复现问题的能力。
- 提供一个过程改进的基础。
- 提供资料以确定软件何时完成。
- 支持长期维护。

没有一个好的 SCM 的风险是巨大的。糟糕的 SCM 导致时间、资金、质量和信心的丧失。作者最近对一个 SCM 糟糕的公司的某个项目提供了咨询，这家公司有聪明的工程师，但是都不能再次生成一致的软件或者航空电子单元。这导致了巨大的延迟、美国联邦航空局（FAA）额外的监督，以及产品滞后造成的昂贵处罚。

尽管 SCM 不是一个令人激动的阅读主题，但它是极其重要的。项目如果没有实施 SCM，其结果可能就要令人"超级激动"了。

10.1.3 谁负责实现软件配置管理

SCM 是软件开发过程所涉及的每个人的职责。在任何领域中，软件开发都是一个高压力的活动，包括安全关键领域。公司要向所有开发人员灌输良好 SCM 的益处、不良 SCM 的风险、SCM 最佳实践，以及公司特定的 SCM 规程，这样的培训有助于工程师的整体工作水平提高。当 SCM 正确实现并自动化时，开发者每日执行 SCM 就不会有困难了。

在过去，SCM 是一个手工、耗时的过程。现在，随着优秀的 SCM 工具的推出，SCM 可以在不对开发者增加沉重负担的情况下得以实现。

"但是，认为SCM工具能够解决一切问题的想法是一个导致灾难的诱因。许多SCM活动，包括变更管理、构建和发布管理以及配置审核，都需要人的介入和判断。尽管SCM工具使得这些工作更简单，但是人的智力和决策是无可替代的[2]。"

SCM是每个人的职责。它要求那些需要软件和资料的人、制造软件和资料的人，以及使用软件和资料的人之间的沟通和团队工作。好的SCM开始于沟通，终止于沟通。以下是一些通过加强沟通获得有效SCM的建议：

- 确保目标和目的是清晰陈述的；
- 确保所有的利益相关方理解目标和目的；
- 确保所有的利益相关方合作，并解决任何妨碍合作的问题；
- 确保所有的过程得到编档，并被所有的利益相关方清楚理解；
- 时常提供反馈；
- 确保决策需要的资料是可得的；
- 在问题出现时，解决问题。

10.1.4　软件配置管理涉及什么

开发SCM计划是DO-178C的表A-1的目标的输出，除此之外，DO-178C在表A-8中对SCM过程标识了6个目标。每个目标都是针对所有等级的软件提出要求的。6个目标如下[5]：

目标1　配置项得到识别。

目标2　建立基线和可追踪性。

目标3　建立问题报告、变更控制、变更评审，以及配置状态记录。

目标4　实施归档、提取和发布。

目标5　实施软件加载控制。

目标6　实施软件生命周期环境控制。

这些目标用于保证完好性、可说明性、可再生产性、可视性、协调性，以及在软件生命周期资料的演化中对其的可控制性。为了满足DO-178C目标，需要多个活动，包括配置标识、基线建立、可追踪性管理、问题报告、变更控制、变更评审、状态记录、发布、归档和提取、加载控制以及环境控制。下一节讨论每项活动。

10.2　软件配置管理活动

本节描述SCM过程的活动。每一项活动应该在项目起始就在SCM计划中具体说明。SCM计划确保SCM组和项目团队了解他们在项目中为了支持和维护SCM所要执行的规程、义务和职责。对SCM组和项目团队都应该就SCM的期望和要求进行培训。SCM计划是向项目团队培训和建立其需要的SCM过程的基础。关于SCM计划的更多细节见第5章。

10.2.1　配置标识

"配置标识是配置管理的基石之一，因为你不可能控制你不知道其标识的东西"[6]，这也是配置管理的第一项活动。配置标识"识别要控制的项，建立项及其版本的标识方案，并建立在获取和管理受控项时所要使用的工具和技术"[2]。配置标识为其他SCM活动提供了起点，它是在项目中需要启动的第一个重要的SCM功能，它实质上也是其他SCM活动的一个前提，因为其他所有活动都使用配置标识活动的输出[2]。

配置标识提供了对系统的部件进行贯穿其生命周期的标识，以及对软件与其生命周期资料之间的追踪的能力。每个配置项必须被唯一标识。标识方法通常包括一个命名习惯，连同版本数字和/或字母。标识方法利于"配置项的存储、提取、跟踪、再次生产以及分发"[2]。

10.2.2 基线

在软件中，一条基线是在一个时间点上的软件及支持它的生命周期资料。基线作为进一步开发的基础。一旦建立了一条基线，它的变更应该只能通过一个变更控制过程实现[2,7]。

虽然在项目中应该及早建立基线，但是，过早地把所有的项置于配置控制之下，就会强加不必要的规程，从而降低开发者的工作效率[2]。"在一个软件配置成为一个基线之前，可以快速和非正式地做出变更；一旦一条基线已经建立，虽然也可以进行变更，却必须使用一种特别的正式规程来评价和验证每个变更"[4]。因此，就会出现这样的问题——应当什么时候建立基线？关于这个问题没有硬性和快捷的规则，通常是在每个生命周期阶段末尾，完成给该阶段画句号的正式评审之后建立基线。这样就有一条需求基线、一条设计基线、一条代码基线，等等。SCM计划应当标识出建立基线的计划。此外，重要的是将代码基线与其实现的需求和设计基线相对应。

基线必须是不可变的。这意味着资料项是被锁定的，不能改变。这种不可变特性很重要，因为构建用于软件测试、飞行试验、生产制造等的软件发布时，必须使用代码版本（及其支持资料）的一个固化记录[8]。

"基线的数目和类型依赖于项目实现的生命周期模型。例如，螺旋、增量开发以及快速原型等生命周期模型对基线的建立要求更多的灵活性"[9]。需要为用于合格审定置信度的配置项建立基线。

10.2.3 可追踪性

可追踪性与基线和问题报告密切相关。一旦一个配置项被建立基线，变更要得到编档，通常通过一个问题报告和/或变更请求来实现。因此，当一条新的基线被建立时，它必须可以追踪到其来源基线。

10.2.4 问题报告

问题报告（PR）是最重要的SCM活动之一。问题报告用于标识基线资料问题、过程不符合性，以及软件异常行为。问题报告既可以用于关注问题，也可以用于增加或增强软件功能。有效的问题报告对于管理变更和以一种及时的方式修正已知的问题十分重要。正如前面指出的，一旦一个资料项被建立基线，问题报告通常就开始了。

关于问题报告包含什么内容的概括，以及编写和处理问题报告的建议，可参阅9.8节。问题报告是贯穿整个软件开发和验证过程的持续过程。问题应该在标识之后迅速进行调查和解决。此外，应当尽力使编写的问题报告能让各类读者理解，这些读者包括开发者、管理者、质量人员、安全工程师、系统人员、合格审定联络代表，以及合格审定机构。

下面是一些与问题报告管理相关，对于合格审定特别重要的话题。

10.2.4.1 与多个利益相关方进行问题报告管理

多数软件密集型系统涉及多个利益相关方。例如，一个典型的航空电子系统可能有以下利益相关方：航空器制造商、系统集成商、航空电子系统工程师、安全组、航空电子软件开发商、操作系统供应商、软件验证组，以及合格审定人员。每个相关方都有不同的关注点和专长领域。当涉及多个利益相关方时，会出现许多问题，例如：

- 软件和验证组可能不理解为什么他们的一些问题会对系统、安全或航空器造成影响。
- 航空器制造商或系统集成组可能无法访问软件问题资料。即使他们确实可以访问，也可能没有足够的软件背景来完全理解问题，或未能考虑航空器和飞行试验机组的风险而做出正确的安全性决策。
- 许多问题会掩盖其他问题——在软件和系统层都会这样。

为了解决与多个利益相关方有关的这些问题和其他相似的问题，给出以下建议。

建议 1　协调和认同一种问题报告分类方法。典型的做法是，最终客户（如航空器制造商）把他们的问题分类方案通报给所有的供应商。问题报告的分类是基于对安全性、功能、性能、操作或开发保证的潜在影响[10]。例如，航空器制造商会有如下的严重性分类：

1. 安全性和符合性问题（必须立即修改）；
2. 重要功能、性能或操作问题（必须在合格审定之前修改）；
3. 不重要功能、性能或操作问题（可能情况下修改）；
4. 非功能问题（例如只是文档问题）（可以推迟）。

欧洲航空安全局（EASA）在其合格审定备忘录CM-SWCEH-002中，提出了一种四类分类方案，如表10.1总结的。术语错误、失效和故障定义如下[11]。

- **错误**（error）。对软件而言，是需求、设计或代码中犯的一个错。
- **故障**（fault）。软件中的一个错误的显现。如果发生一个故障，就会导致一个失效。
- **失效**（failure）。系统或系统部件无法在指定的限制下执行一个要求的功能。当遇到一个故障时，会产生一个失效。但是一个故障也可能隐藏于系统层，不出现运行后果。

表10.1　问题报告分类方案举例

类　　型	潜 在 影 响	描　　　　述
0	安全性影响	一个问题，其后果是一个失效，在系统的某些条件下，带有不利的安全性影响
1A	重要的功能失效	一个问题，其后果是一个对系统/设备没有不利的安全性影响的失效，但是该失效有重要的功能性后果。"重要"的含义需要在相关系统的上下文中定义

（续表）

类　　型	潜 在 影 响	描　　述
1B	不重要的功能失效	一个问题，其后果是一个对系统/设备没有不利的安全性影响的失效，并且该失效没有重要的功能性后果。"重要"和"不重要"的含义需要在相关系统的上下文中定义
2	非功能失效	一个问题，是一个不引起失效的故障
3A	显著偏离计划或标准	任何非类型0、1或2的，但是造成偏离软件计划或标准的问题。类型3A是一个显著的偏离，其影响是软件按照预期工作且没有非预期行为的保证被降低了
3B	不明显偏离计划或标准	任何非类型0、1或2的，但是造成偏离软件计划或标准的问题。类型3B是一个不显著的偏离，不影响获得的保证
4	所有其他类型的问题	所有其他不归于上述0～3各个类型的开放的问题报告。由于这些分类的互斥性，类型4的问题没有功能性的后果。在许多情况下，这些问题可能被描述为一个笔误

来源：European Aviation Safety Agency, *Software Aspects of Certification*, Certification Memorandum CM-SWCEH-002, Issue 1, August 2011.

此外，软件组可以有一个额外的优先级分类方案帮助管理问题报告，该优先级分类方案可以包含以下几档：

- 必须立即修复的；
- 必须在飞行前修复的（安全性问题）；
- 必须在合格审定前修复的（功能性问题）；
- 文档/非代码问题（可能时修复，可以推迟）；
- 已经取消的。

用于所有利益相关方的分类机制必须得到协调、认同，并在计划（包括SCM计划和系统层计划）中说明。

建议2　协调问题报告的实现、取消和关闭。对问题报告采取的行动、问题报告的取消以及问题报告的关闭，都应当得到利益相关方的认可。

建议3　协调下传问题报告。任何在较高层级（如航空器或系统层）上发现的软件相关问题报告应当被下传到软件组来解决。通常要启动一个单独的软件问题报告。

建议4　协调上传问题报告。所有的软件开发者应当及时将问题报告提供给客户，并建立反馈。对于问题的严重性和解决它的计划需要得到认可。可以有多种方式实现协调。问题报告可以提供给客户，问题报告数据库可以让客户访问，以及/或者有一个吸纳客户参加的问题报告评审委员会。对于有许多利益相关方的复杂系统，一个每周或双周的问题报告评审会议会非常有效。对于一个航空器项目，利益相关方可能包括来自航空器系统、航空电子系统、飞行试验、软件、安全性、软件质量保证（SQA）以及合格审定的代表。需要这个广泛的利益相关方小组，是因为一个问题可能从一个视角看不重要，从另一个视角审视时却真的是一个安全性问题。多个专业帮助保证所有的问题得到全面分析和理解，因而可以得到正确解决。问题报告应当在问题报告评审会议之前提供给所有的利益相关方进行审阅，这也使得那些安排日程有冲突的人有机会提供输入或者派出一个代表。

合格审定机构已经针对多个利益相关方的问题报告的管理，给出了问题纪要和原则文件（例如，FAA规定8110.49[10]和EASA的CM-SWCEH-002[11]）。这些指南中的一些还在演化中。要确保关注了合格审定机构指出的任何关于你的特别项目的特定问题。

10.2.4.2　管理开放/推迟的问题报告

强烈建议并要求问题报告在合格审定之前解决和关闭。在项目维护中对开放的问题报告进行理由说明和管理，将是项目的一个很大开销，并且会是后续升级项目的一个潜在问题制造源。

作者最近咨询的一个项目由于模糊的需求而有2000个测试失败。开发者想要推迟问题报告。然而，对2000个失败进行理由说明不是件易事。在经过许多辩论之后，每个人都同意修改需求以使测试通过，比试图说明为什么可以带着2000个失败测试进行审定，要更容易和清楚一些。

大多数项目最终会带有几个被推迟的问题报告。在这种情况下，推迟的问题报告需要有一个全面的分析文档，并说明该推迟为什么不会影响安全性和符合性。影响安全性和符合性的问题是不适合推迟的。推迟的决策必须得到所有利益相关方的理解和认可，并在软件完成总结（SAS）中进行总结，以获得合格审定机构的同意。第12章解释SAS，以及在SAS中对于任何推迟的问题报告预期要有哪些内容。

如果存在大量的推迟问题报告，就会比较糟糕，原因如下。

- 它指示出系统可能不成熟。
- 它指示出开发保证可能有质疑。
- 难以评估问题之间的交互。
- 难以从一个安全性和符合性的角度，充分说明大量问题的理由。
- 难以声明软件如规章所要求的那样执行了其预期的功能。
- 在软件维护中很难维护问题报告。每次软件变更或者用于另一个安装时，需要重新评估问题报告。

在决定修复还是推迟一个问题报告[①]时，应该对所有这些有所考虑。

10.2.5　变更控制和评审

变更控制和评审与问题报告过程密切相关，因为问题报告经常被用作管理变更的载体。变更会发生在软件开发过程的任何阶段，并且实际上是软件的一个基本特性。变更的发生会是增加或修改功能、修复一个bug、提高性能、升级硬件和支持接口、改进过程、更改环境（如编译器增强）等。更改软件相对是容易的，这是使用软件的一个主要优势。然而，管理它却不容易。没有有效的变更管理，混乱就会发生。变更管理是复杂的，但是重要的。一个有效的变更管理过程涉及如下多项任务。

---

① 　FAA规定8110.49[10]的第14章和EASA CM-SWCEH-002[11]的第16章提供了管理开放的问题报告的指南。

1. 防止未授权的变更。一旦一条基线被建立，应当保护它不被无意地和未授权地更改。对一条基线的所有更改应该是有计划的、编档的和得到批准的，典型的做法是通过一个变更控制委员会（CCB）实现。

2. 变更启动。所有提出的对基线的变更应当被编档。一个PR或变更请求是对提出的变更进行编档的常用载体。

3. 变更分类。正如10.2.4节指出的，根据其对整个系统安全性、功能性和符合性的影响进行变更分类。

4. 变更影响评估。为了对实现一个变更以及相关的重新验证所需的资源进行正确策划，变更的影响应当编档在一个问题报告或变更请求中。应当指出，如果软件已经经过正式测试或合格审定，通常就会需要一个更正式的CIA，如本章后面讨论的。

5. 变更评审。DO-178C的7.1.e节叙述说，变更评审的目标是确保"问题和变更得到评估、批准或不批准、批准的变更得到实现，并且通过在软件策划过程中定义的问题报告和变更控制方法，将反馈提供给了受影响的过程"[5]。变更评审涉及对所有变更的评审，以确定变更的潜在影响。通常成立一个CCB对变更过程进行把关。CCB评审所有的问题报告和变更请求、批准或不批准提出的变更、确认批准的变更得到了正确的实现和验证，并确认问题报告或变更请求在开发和验证过程中得到正确更新和在完成时得到关闭。因此，CCB应该包含对软件和系统有深入了解的人员，以及有权力和知识做出更改的人员。经常的做法是，客户（例如，航空器制造商和/或航空电子集成组）是CCB的一部分。前面提到一个问题报告评审委员会，在大多数项目中，问题报告评审委员会和CCB是同一个委员会。然而对于一些大型项目，它们可能是单独的。

6. 变更决策。CCB评价提出的变更，批准、拒绝、推迟或退回并要求更多信息。

7. 变更实现。一旦一个提出的变更得到CCB的批准，可以按照问题报告或变更请求中的认可实施变更。如果在实现中修改了变更的范围，就需要对问题报告或变更请求进行更新，并且可能需要CCB的额外评审。正如前面指出的，对一个配置项的变更应该导致其标识的改变（典型情况下，版本或修订号得到更新，但有时可能需要改变零部件编号）。此外，正如前面指出的，软件变更应当可以从其来源进行追踪。Anne Hass写道："对于任何配置项，必须可以识别出相对于其前版的变化。任何变更应该能够追踪到实现变更的项"[6]。

8. 变更验证。一旦变更得到实现，则对它进行验证。这通常是由一个对所有变更及其影响的制品的独立评审，以及任何必要测试的重新运行来完成的。

9. 变更请求或问题报告关闭。一旦变更已经被实现、验证和接受，就应当关闭变更请求。CCB通常负责问题报告或变更请求的关闭。

10. 更新后的基线的发布。基线应当直到所有批准的问题报告或变更请求已经得到验证之后再发布。

10.2.6　配置状态记录

配置状态记录是对有效管理软件开发和验证活动所需的信息进行的记录和报告。生成的报告把项目有关状态通报给管理者、开发者和其他利益相关方。配置状态记录提供一致、可靠、及时和时新的状态信息，帮助加强沟通、避免重复，以及防止重蹈错误[2]。它通常提供以下内容的报告：

- 资料项的状态，包括配置标识；
- 问题报告和变更请求的状态，包括分类、影响的资料项、问题的根本起因，以及更新的资料项的配置标识；
- 发布的资料和文件的状态；
- 基线内容，以及与前一版基线差异的清单。

SCM工具经常用于配置状态报告的自动化。为了能使工具成功地使用，资料必须被准确和一致地输入。此外，为了避免错误使用，工具的功能必须被工具使用者很好理解。

配置状态报告应当在项目的早期进行策划，从而正确地捕捉资料。然而在项目进行中，有时需要修改或扩展记录项。例如，在总结问题报告时，为了有助于人员安排的需要，可能决定增加字段来标识个人信息（谁识别问题、哪个组引起问题、谁修复问题，等等。）

状态报告应该以一个确定的频度进行更新。大多数公司要么通过自动化，使之总是最新的；要么每周在项目小组会议之前更新。一个过时或者错误的报告是没有用处的，甚至可能导致一个错误的决策。作者最近参与的一个项目频繁提供过时和不准确的问题报告总结。这对于作为FAA委任者的作者来说，很难确定为了安全性影响要看什么资料。因此，尽一切努力生成准确的状态报告是重要的，否则，它们可能是有害而不是有利。

10.2.7 发布

一个资料项一旦成熟，就被发布到正式的配置管理系统（典型的做法是使用一个企业范围的库）。DO-178C定义"发布"为"正式使一个可以提取的配置项可得，并授权其使用的行为"[5]。

并非所有的资料都需要经过正式发布过程。一些资料可能只是被存储和保护。典型情况下，重新构建和维护软件所需的资料（例如，需求、设计、代码、配置文件以及配置索引）需要被正式发布。支持资料（例如，评审记录和SQA记录）只需要与项目记录一起存储（典型的做法是在一个安全的服务器上）。DO-178C标识了需要发布的资料项的最小集合，使用CC1和CC2分类，详见10.2.9节。

发布过程通常涉及关键利益相关方（例如，编写者、评审者、软件质量工程师、合格审定联络代表，以及资料质量保证人员）对文档/数据的评审和签发。在签署/批准一个资料项之前，它应当被真正阅读过。这可能对许多人来说是显然的，但是作者遇到过许多没有被读过而签署的文档。

典型情况下，资料（包括可执行代码）在提供给客户之前和用于合格审定置信度之前发布。

10.2.8 归档和提取

归档和提取过程涉及资料的存储（包括发布的资料和用于支持合格审定的其他资料），使之可以被得到授权的人员访问。归档和提取过程应当考虑以下问题。

- 准确性和完整性。归档资料的正确性应当得到验证。这经常是在准备和评审软件配置索引（SCI）时完成，以确保SCI中的资料与归档的资料相匹配。
- 防止未授权的更改。资料只应被有授权的人员更新，并且只使用正确的变更授权。
- 存储介质的质量。应当尽量避免短期而言的重新生成时的错误和长期而言的损坏错误。不是所有的介质都适合存储安全关键软件。
- 灾难保护。这通常是通过使用某种类型的异地存储实现。
- 资料可读性。只要设备存在于一个航空器上，型号设计资料就需要可得和可读。这会要求资料按照一个周期进行存储刷新，依赖于存储介质的可靠性。
- 支持工具的归档。如果需要工具来读取或生成资料，则工具也需要被归档。这可能包括开发和验证环境。如果工具要求许可证协议，则应当考虑此要求。
- 提取和复制的准确性。当资料被提取或复制时，必须不能有损坏。
- 处理修改而不丢失资料的能力。当资料被修改时，先前发布和归档的资料不应被影响。

10.2.9 资料控制类别

为了根据资料类型识别所需要的配置控制程度，DO-178C使用控制类别的概念。这个概念是航空业独有的，在DO-178C中进行了解释。定义的控制类别分为两种：CC1和CC2。DO-178C附件A中的表标识了CC1和CC2对于每个资料项[①]的适用性。

CC1要求最强的控制，适用于关键的合格审定资料，以及为了重新生成或事故调查所要求的资料。对于A级和B级软件，较多的资料项被分类为CC1。CC1要求应用以下SCM过程：配置标识、基线、可追踪性管理、问题报告、变更控制（完好性、标识和跟踪）、变更评审、配置状态记录、提取、防止非授权的更改、介质选择、刷新、复制、发布和资料保留[5]。

CC2是CC1的一个子集，要求有限的配置管理。它适用于不像可执行目标代码重新生成那样关键的资料项，例如SCM记录和验证记录。CC2要求应用以下SCM过程：配置标识、对来源的可追踪性、变更控制（完好性和标识）、提取、防止非授权的更改，以及资料保留[5]。

表10.2总结了DO-178C的各个资料项的CC1和CC2要求。有一些资料项总是CC1：软件合格审定计划（PSAC）、需求、开发追踪资料、源代码、可执行目标代码、参数数据项文件、SCI和SAS。类似地，有一些资料项总是CC2：问题报告、SQA记录、验证结果，以及SCM记录。其他资料项的控制类别随软件等级不同而不同。

表10.2 不同资料类型的控制类别

DO-178C软件生命周期资料	节号	A	B	C	D
PSAC	11.1	CC1	CC1	CC1	CC1
软件开发计划	11.2	CC1	CC1	CC2	CC2
软件验证计划	11.3	CC1	CC1	CC2	CC2
SCM计划	11.4	CC1	CC1	CC2	CC2

---

① DO-330、DO-331、DO-332和DO-333的附件A中的表也对每个资料项标识了CC1和CC2。

（续表）

DO-178C软件生命周期资料	节号	A	B	C	D
SQA 计划	11.5	CC1	CC1	CC2	CC2
软件需求标准	11.6	CC1	CC1	CC2	N/A
软件设计标准	11.7	CC1	CC1	CC2	N/A
软件编码标准	11.8	CC1	CC1	CC2	N/A
软件需求资料	11.9	CC1	CC1	CC1	CC1
设计说明	11.10	CC1	CC1	CC1	CC2*
源代码	11.11	CC1	CC1	CC1	CC1
可执行目标代码	11.12	CC1	CC1	CC1	CC1
软件验证用例与规程	11.13	CC1	CC1	CC2	CC2*
软件验证结果	11.14	CC2	CC2*	CC2*	CC2*
SLECI	11.15	CC1	CC1	CC1	CC2
SCI	11.16	CC1	CC1	CC1	CC1
问题报告	11.17	CC2	CC2	CC2	CC2
SCM 记录	11.18	CC2	CC2	CC2	CC2
SQA 记录	11.19	CC2	CC2	CC2	CC2*
SAS	11.20	CC1	CC1	CC1	CC1
追踪资料（开发）	11.21	CC1	CC1	CC1	CC1
追踪资料（验证）	11.21	CC1	CC1	CC2	CC2*
参数数据项文件	11.22	CC1	CC1	CC1	CC1

* 只在要求该软件生命周期资料的时候适用（随目标而不同）。

　　DO-178C控制类别分配可看成一个最小集。许多公司选择更高标准，要求比DO-178C更多的资料项作为CC1。例如，软件验证报告（SVR）经常被作为CC1，即使DO-178C将软件验证结果标识为CC2。

10.2.10　加载控制

　　可执行代码只有被加载到目标硬件上才会有用。一些软件是在厂房中加载，另一些是在现场加载（关于外场可加载软件的信息见第8章）。以下是一个受控的软件加载过程的关键环节。

- 批准的加载规程。尽管实际加载经常是在软件开发和DO-178C范围之外（因为加载经常是制造过程或航空器维护的一部分），它需要在软件批准过程中得到考虑。加载规程应当作为DO-178C符合性活动的一部分来开发和验证。DO-178C的11.16.k节推荐将加载规程包含在SCI中，就像构建指令一样。这是在DO-178B之后添加到DO-178C中的。在DO-178B中，不清楚在哪里对加载规程进行编档。

- 加载验证。应当有一些手段来确保软件是未经破坏地完全加载的。这通常是通过一些类型的完好性检测，例如循环冗余校验（CRC）来实现的。
- 零部件标记验证。需要有一些方式来标识加载的软件，以确认加载的零部件号和版本与批准的一致。一旦软件被加载，应当验证其标识与批准的资料相符。
- 硬件兼容性。批准的硬件和软件兼容性应当得到编档和遵守。

10.2.11　软件生命周期环境控制

软件生命周期环境包括将要用于开发、验证、控制和生产软件生命周期资料和软件产品的方法、工具、规程、编程语言，以及硬件[5]。一个不受控的环境可能导致大量的问题，包括代码中的错误、丢失的资料项、测试中的不易捕捉错误、不足的测试、不可重复的构建过程，等等。"软件生命周期环境控制确保用于制造软件的工具是得到标识的、受控的和可提取的"[5]。

在策划阶段，在软件开发计划中描述软件开发环境，在软件验证计划中描述验证环境，在SCM计划中描述SCM环境，在SQA计划中描述SQA环境。这些计划描述用于实现这些过程的规程、工具、方法以及硬件。还建议在PSAC中总结所有的工具。

然而，在策划阶段，环境的细节经常是未知的（例如，编译器可能是知道的，但是在策划中可能不知道特定的版本、选项/设置，以及支持库）。为了有一个确定性的环境，细节（包括特定的可执行文件）必须得到编档。软件生命周期环境的细节在软件生命周期环境配置索引（SLECI）或者等同作用的文档中标识。SLECI的典型内容在后面描述（见10.4.3节）。SLECI用于控制环境。应当有过程用于确保SLECI标识的环境确实就是工程师使用的环境。这通常是一个被忽视的任务。SLECI经常直到项目的最后才完成。然而，为了使环境得到控制，它必须在过程中及早完成。由于开发、SCM和SQA环境可能比验证环境知道得早，可能会有多个迭代的SLECI。

此外，用于开发、验证、控制、构建和加载软件及其数据的工具需要纳入配置控制。因此，工具必须作为CC1或CC2资料被控制。作为最低要求，DO-178C要求未鉴定的工具的可执行目标码作为CC2资料被控制。已鉴定的工具及其支持的鉴定资料的恰当控制类别在DO-330中指定。工具鉴定将在第13章讨论。不过这里对用于已鉴定的工具的环境先给出一个警示：如果你的项目使用了一个已鉴定的工具，那么重要的是核实工具被使用的环境（操作环境）与工具被鉴定的环境是否一致，否则工具鉴定置信度可能不适用。

10.3　特别的软件配置管理技能

有经验和有资质的人员对SCM很重要。配置管理是每个人的工作，但是SCM负责人或管理员和CCB成员在SCM过程中扮演着重要角色。

SCM管理员建立一个或多个SCM库，并且保证每个库的完好性，以及库之间的完好性[6]。管理员的工作可以得到自动化的支持。SCM管理员应该拥有以下技能：理解公司的整个配置管理需要、关注细节、编档详细规程的能力、保证遵守规程的能力、与各种类型人员良好沟通的能力，以及对使用的各种自动化工具的理解。

CCB负责评估变更、批准/不批准变更，以及跟进所有同意的行动。CCB成员必须理解产品、变更的潜在影响，以及整个SCM系统。CCB主管或主席应当善于协调各种人员、管理会议、保证各项决定的执行到位，以及在各个层面上的沟通。这包括在确定变更影响、优先级以及安全相关问题时考虑各个利益相关方的需要的能力。

10.4 软件配置管理资料

DO-178C的表A-8标识了SCM过程的目标和过程中生成的资料。本节简要解释每个SCM生命周期资料项。

10.4.1 软件配置管理计划

SCM计划的内容已在第5章讨论过。SCM计划应当在项目早期制定，以使SCM得到正确实施。SCM计划应当关注本章以及第5章讨论的事项。除了SCM计划，对于一些SCM活动可能需要有更详细的规程。例如，问题报告过程和CIA过程经常要求高于或超过SCM计划中所说的特别的细节。

10.4.2 问题报告

问题报告在本章前面和第9章都有讨论。问题报告应当在整个项目中得到标识和保持更新。另外重要的是有一个好的问题报告状态总结，用于支持项目管理决策，以及合格审定和安全性评估。

10.4.3 软件生命周期环境配置索引

正如前面和DO-178C的11.15节指出的，软件生命周期环境配置索引（SLECI）编档和控制用于开发、构建、加载、验证和控制的环境，帮助支持软件重新生成、重新验证，或者修改。SLECI包含以下内容的列表[5]：

- 开发环境的硬件和操作系统；
- 用于开发、构建和加载软件的工具，例如编译器、链接器、加载器和需求管理工具；
- 用于验证软件的工具，包括用于测试的硬件和操作系统；
- SCM和SQA过程使用的工具；
- 得到鉴定的工具和用于支持鉴定的资料。

许多项目将SLECI与SCI一起打包。应当指出，这样做将会需要SCI的多个迭代，因为环境需要在代码被构建和发布之前得到控制。

10.4.4 软件配置索引

软件配置索引（SCI）提供了软件产品与其特定配置（包括源代码和可执行目标代码文件）的全部生命周期资料的一个列表。如果软件包含多个部件，则可能有一个分层的SCI。例如，对每个部件有一个SCI，然后是一个顶层SCI将所有的部件汇集在一起。

SCI是一个重要的资料项，因为它实质上"标识软件产品的配置"[5]，对于合格审定和维护很重要。SCI定义了软件是什么，以及使用什么资料开发它。它也是要求提交给合格审定机构的三个资料项之一（另外两个资料项是PSAC和SAS）。

根据DO-178C的11.16节，SCI标识软件产品（加载到设备的软件的零部件号）、可执行目标代码、源代码文件（带有版本信息）、归档和发布介质、生命周期资料、生成可执行目标代码的构建指令、SLECI的引用或包含、使用的数据完好性检查（例如CRC）、加载规程和方法，以及用户可修改软件（如果用到）的规程和方法[5]。如果使用参数数据项文件，则也列出它们，包括用于创建它们的所有构建命令（参数数据项文件将在第22章讨论）。

典型的做法是，对软件的每条基线生成一个SCI。对于开发基线，SCI经常只是包含源代码文件、构建指令、解决的问题报告和变更请求，以及对SLECI资料的引用或包含的一个列表。然而，对每条基线，还建议标识用于生成代码的计划、标准、需求和设计的版本。其他资料可以随着项目进展增加，但是这些项对于了解那些驱动代码开发的资料是很重要的。

作者通常每年检查多个SCI，经常看到两种倾向。以下指出，以供注意。

- 一种常见的情况是，SCI包含代码列表，但是不包含其他软件生命周期资料。这似乎在有军方背景的公司特别普遍，他们习惯于编写一个版本说明文档（DOD-STD-2167A和其他军用标准要求的）。
- 许多团队选择将SLECI和SCI组合为一个单独文档。这是可以的，并且在DO-178C中明确提到。然而，团队经常直到软件发布才完成该文档。如果SLECI是SCI的一部分，就意味着需要该文档的一个早期版本来定义开发环境。否则，难以证明环境是受控的。

10.4.5　软件配置管理记录

软件配置管理记录包括SCM过程中使用的额外资料，例如状态报告、发布记录、变更记录、软件库记录，以及基线记录。生成的特定记录随公司而不同。软件配置管理计划应当标识将要生成的资料，或者指向一个提供细节的公司规程。

10.5　软件配置管理陷阱

软件配置管理有许多陷阱需要避免。一些陷阱比其他的更深，但是它们全都是有问题的和应当避免的。以下列出一个完整的问题列表（其中一些已在前文指出过）。

陷阱1　未能关注要求的所有活动。10.2节提到的所有的SCM活动都是需要的。如果缺失了一些，很快就会导致出现问题。

陷阱2　不正确的策划。好的SCM需要策划和详细的规程。计划和规程应当不仅关注企业范围（正式）的配置管理，还要关注工程（开发）配置管理。

陷阱3　缺乏管理者理解、承诺或支持。SCM需要资源，包括工具、培训和人员。如果没有管理者的支持，那么资源通常就会很有限，于是SCM过程就达不到其应该达到的目标。

陷阱4　缺乏有资质的人员。正如10.3节指出的，SCM要求一个特定的技能集。缺乏具有这些技能的人员就会导致SCM不够有效。

陷阱5 自动化的不正确使用。一个工具无法自己解决一个组织的SCM问题。正如Jessica Keyes指出的："把一个丢钱的过程自动化，会让你更快、更精确地丢掉更多的钱"[9]。有大量的SCM工具可用，从免费的到昂贵的。一些是为大型软件团队定制，另一些则更适用于较小的团队。一些擅长正式SCM和长期存储，而其他的则更适用于工程的日常需要。一些项目可能发现同时使用一个长期和日常工具集是很有益的。在确定对什么进行自动化和选择什么工具进行自动化时，必须十分谨慎。

陷阱6 缺乏培训。为了一致性地实施SCM，所有人员都需要理解规程。SCM培训应当对于所有项目成员强制实施。这并不需要占用太多时间，基于计算机的培训就非常有效。

陷阱7 环境没有受控。正如前面指出的，缺少受控的开发和验证环境是软件项目的一个通病。应当及时开发SLECI并保持更新，使得工程师能够使用正确的环境。此外，为了确保工具的正确设置和使用，所有工具的设置应当在某个地方编档（典型的做法是在SLECI或者SCI的"构建指令"节中）。

陷阱8 问题报告过程没有充分定义或实现。经常发生的情况是，计划和规程未解释何时开始问题报告过程，以及团队成员如何执行它。其结果是，问题没有被正确地编档、没有及时修正、修正而没有编档、没有评估影响、没有在利益相关方之间协调，等等。

陷阱9 问题报告没有针对更广泛的读者进行编写。编写的问题报告对于需要理解它们的各类人员，例如管理者、客户、合格审定机构，可读性通常很差。

陷阱10 变更未经授权就做出。有时，当一个工程师在做他的工作时，他看到另一个问题并决定去修复那个问题。这本身并不为错，但是可能变更没有告知其他人并且没有得到编档。一旦资料被建立基线，所有的变更应当被编档在一个问题报告或变更请求（或一个等同作用的文档）中。

陷阱11 未能理解和控制供应商的SCM。一些供应商可能有建立得很好的SCM过程，而有些则可能还在SCM的幼年期。重要的是理解所有供应商的SCM过程（包括分包商和离岸外包团队），并尽快解决任何限制、脆弱性或不兼容性。在使用供应商时要考虑的问题举例如下[①]：

- 供应商如何标识其资料，是否与你公司的配置标识方案兼容？理解他们如何命名和编号资料项很重要。对于供应商交付的资料，可能有必要增加你公司内部编号，或者将资料存储于一个单独的库或者带上一个特别的属性。
- 什么资料将被交付，什么资料将被供应商维护？
- 一旦资料被交付，谁负责维护它？
- 谁负责存储什么资料，以及在哪里存储？
- 如果供应商被卖给另一家公司，或者倒闭，那么将会发生什么？
- 供应商的资料的变更控制是如何管理的？他们是否有自己的CCB？如果有，则应当对他们的CCB活动有什么样的洞察？
- 供应商提供哪些状态记录？

---

① 这不是一个穷举列表，但是提供了一个起点。

- 供应商使用哪种问题报告过程？
- 供应商如何控制他们的环境？

陷阱12　没有对得到鉴定的工具的运行环境进行确认。当使用得到鉴定的工具来支持安全关键软件的开发和验证时，重要的是确认工具是用于它得到鉴定的运行环境。每个工具被鉴定于一个或多个运行环境，工具使用者必须确认他们是在鉴定的环境中使用工具，否则工具可能不会正确运行。在一些情况下，不正确的运行可能不明显。工具鉴定将在第13章说明。

陷阱13　没有将环境归档。除了需求、设计、源代码和可执行目标代码，环境（硬件、操作系统和支持软件工具）可能也需要被归档，目的是支持重新生成、事故调查、持续适航性等。

陷阱14　规程没有受控。许多公司有企业范围的规程，在一个内网上使整个公司易于访问。有时，计划会引用这些规程，但是对规程的配置控制很有限。可能没有规程的修订状态、更新而没有通知，以及没有归档（例如，先前的版本可能不可提取）。软件组必须基于一个明确的规程集合开展工作。这会要求他们在一个单独的工作区获得规程集合，或者使用一个比公司范围内网上的更严格的SCM过程，对规程进行控制。

陷阱15　未能考虑资料的长期可读性。为了维护的目的，应当考虑介质或资料的格式。除了将数据存储于可靠的介质（例如CD或DVD），读取该介质的设备和软件也应当是可得的。为此，建议将资料以纸质文档或以pdf格式存储，使之在将来可读。如果需要专门的工具来查看资料，尤其当工具要求一个每年的合同延期或许可证时，这就很重要。

陷阱16　构建和/或加载规程是不可重复的。正如前面指出的，构建和加载软件的规程被编档在SCI中。常见的情况是，能够执行构建和加载活动的只有一个人，即每天执行这些活动的人，而这个人不可能在设备使用期的每天每时都在岗，所以规程需要被编档，使之做到可重复。应当由不熟悉规程的人实际运行一下规程，以确保其可理解，并且能够得到同样的运行结果（即可重复）。

10.6　变更影响分析

软件变更是安全关键系统的一种生存方式。多年之前在一个会议上，一位发动机控制器制造商声称他们90%的软件开发活动是对已经在飞的软件的更改。在航空业中，衍生式产品组成了我们工作的大部分。这些衍生式产品趋向复用尽可能多的软件，根据需要增加新特征或进行修正。因此，设计易于维护和升级的软件十分重要。

当软件变更发生在安全关键系统中时，必须非常谨慎。对于服役中的软件的更改必须进行仔细的策划、分析、实现、控制，以及验证/测试。此外，必须采取步骤来确保一个变更不会对系统中或飞行器上的其他功能有不利的影响。

变更过程在10.2.5节讨论。开发中的每个变更被编档在一个问题报告或变更请求中。每个问题报告或变更请求考虑该变更的影响。在接受它进入软件构建和关闭问题报告或变更请求之前，每个更改和受影响的软件部件以及支持它的生命周期资料都要得到验证。

一旦软件进入现场，CIA就成为一个更正式的过程，要求额外的文档。应当指出，该正式性也可以在初始开发中，即当正式测试已完成并对一个更改需要进行回归测试时，就得到实施。2000年，FAA首次发布了关于CIA的原则。从那时起，该指南保持了稳定性。对于已经批准用于一个已审定产品上并正在进行修改（可能修正一个bug、增加一些功能，或者对不同的用户进行修改）的软件，要求一个CIA。在进行分析时，应当考虑CIA的如下多个目的：

- 指导软件开发和验证小组来确定返工的工作量；
- 帮助CCB确定批准或不批准哪个变更；
- 提供一种方式评估变更对安全性的潜在影响；
- 为客户提供洞察，以支持它们的系统层或航空器层的CIA；
- 作为一个载体来说明变更分类为重要或次要的合理性。

典型的做法是，在软件修改活动的早期进行一个初步CIA，目的是评价实现变更需要的工作量、确定变更对安全性的潜在影响，以及获得合格审定机构对于重要或次要分类的认可。初步CIA通常编档为更新的软件的PSAC的一部分，或者包含在一个单独的文档中，在软件计划文档中对其进行引用。在项目结束时，对CIA进行更新，以反映实际的分析，并通常将其包含在SAS中。

根据FAA规定8110.49，对安全性没有潜在影响的软件变更可以被分类为次要，而可能影响安全性的变更通常分类为重要[10]。无论重要还是次要变更都经过相同的过程，然而，重要的变更要求合格审定机构的介入。

FAA规定8110.49[①]的第11章标识了需要作为CIA的一部分被评估的项，作为最低要求[10]。每个项应该得到评估，即使最终结果是没有影响（如果不适用，那么该CIA节可以说明"不适用"，并解释原因）。以下是对CIA中总结的分析的简要概括[10,12]。

- **可追踪性分析**。标识可能直接或间接受到变更影响的需求、设计元素、代码、测试用例和规程。变更的正向可追踪性标识受到变更影响的设计部件。逆向可追踪性帮助确定变更可能无意中影响的其他设计特征和需求。总而言之，需求可追踪性帮助确定变更对项目的影响。重要的是既标识变更也标识影响的软件和资料。
- **内存余量分析**。确保内存分配需求仍然得到满足，原先的内存映像得到保持，并保持了足够的内存余量。该分析通常直到变更已经实现才能完成。可以在早期进行估计，而实际的影响评估发生在后期。
- **时间余量分析**。确认时间需求（包括调度和接口需求）仍然得到满足、资源竞争特性是已知的，并且时间余量仍然得到保持。与内存余量分析相同，时间分析通常直到变更已经实现才能完成。
- **数据流分析**。识别变更对数据流，以及部件之间和之内的耦合的任何不利影响。为了执行数据流分析，应当分析变更影响的每个变量和接口，以确保变量的原本初始化保持有效、变更被一致性地做出，并且变更没有影响该数据元素的任何其他使用。如果使用大量全局数据段，这就会是一个开销很大且很困难的过程。
- **控制流分析**。识别变更对控制流和部件的耦合的任何不利影响。要考虑的事项包括任务调度、执行流、优先级，以及中断结构等。

---

① 随着DO-178C及其补充文件的发布，FAA原则可能将要更新。CIA过程可能会维持现状，但是如果你被要求执行一个CIA，则应当确认使用最新的规则。

- **输入/输出分析**。保证变更对产品的输入输出需求没有不利的影响。考虑诸如总线加载、内存访问、吞吐、硬件输入和输出设备接口等问题。
- **开发环境和过程分析**。标识可能影响软件产品的任何变更（例如编译器选项或版本以及优化的改变，链接器、汇编器和加载器指令或选项的改变，或软件工具的改变）。还应当考虑目标硬件。如果处理器或者与软件接口的其他硬件有改变，它就可能影响软件执行其预期功能的能力。
- **操作特性分析**。考虑可能影响系统操作的变更（例如显示和符号、性能参数、增益、滤波、限制、数据确认、中断和异常处理以及故障缓解的变更），以确保没有不利的影响。
- **合格审定维护需求分析**。确定软件变更是否使得必须产生新的或变化的合格审定维护需求。在一个航空产品的初始合格审定中，标识了合格审定维护需求。例如，刹车可能需要在100次着陆之后进行审查。如果软件的一个变更影响到一个合格审定维护需求，则应当在变更过程中得到关注。
- **分区分析**。确保变更没有影响设计中纳入的任何保护性机制。如果使用了一个体系结构缓解作为分区机制的一部分，那么变更必须不影响这些策略。例如，数据不应当从一个较低安全等级的分区传递到一个较高安全等级的分区，除非较高等级的分区恰当地检查了数据。

CIA还编档变更的或受变更影响的软件生命周期资料（例如需求、设计、体系结构、源代码和目标代码、测试用例和规程），以及需要的验证活动（评审、分析、审查、测试），以确保在变更中没有引入对系统的不利影响。

有一个有组织的、编档的、全面的CIA过程，对于项目策划和实现、重新验证和回归测试（回归测试的更多信息见第9章）以及合格审定十分重要。开发安全关键软件的公司应当有一个公司范围的，满足项目需要，支持安全性，并满足合格审定机构的需要的CIA过程。为了做到这个，分析应当标识任何变更和受影响的资料（包括软件本身）、变更和受影响的资料的验证，以及安全性影响的分析。CIA应当是可读且可理解的，并应关注合格审定机构原则和指南（例如，FAA规定8110.49或EASA合格审定备忘录CM-SWCEH-002）。初步CIA可以在较高层上，而最终CIA需要清楚标识什么资料被改变或影响、采取了什么验证、软件的最终特性与原始特性的比较（例如，时间和内存余量），以及任何安全性影响如何得到标识和验证。应当指出，初步CIA不仅支持合格审定活动，还提供了一个好的项目管理手段来策划软件更新工作的资源、预算和进度。

公司范围的过程还应当标识初步和最终CIA的编档方法。也就是说，解释CIA是PSAC和SAS的一部分，还是独立的或其他方式的。过程还应当标识出谁批准CIA，以及它们是否被提交给合格审定机构。例如，一些组织要求一个FAA授权的委任者评审和批准CIA。如果它们的变更被认为是重要的，CIA就被包含为PSAC和SAS的一部分，并提交给FAA。然而，如果变更是次要的，则CIA可以在PSAC和SAS之外，并且不提交给FAA。

许多公司对每个问题报告或变更请求执行一个CIA。这是一个好的实践，但是CIA中也应当考虑问题报告和/或变更请求的组合。

第11章 软件质量保证

11.1 引言：软件质量和软件质量保证

11.1.1 定义软件质量

为了满足安全关键领域的需要，软件开发者必须倾注心力于质量。高质量的产品不会自己出现，它们是良好管理的组织对质量的承诺，以及有才能、有责任、有纪律的工程师的成果。

美国遗产词典中有对质量的如下定义："一个内在的或独特的品质"，一个"本质特性"，以及一个"优秀的程度或级别"[1]。在软件工程中，对于质量是什么，有许多观点，其中两个趋于普及。第一个是开发者的视角：如果软件满足开发者定义的需求，就是一个高质量产品。第二个是客户的视角：如果软件满足客户的需要，就是一个高质量产品。一个满足定义的需求但是不满足客户需要的产品，不会被客户认为是高质量的。需求对于跨越开发者和客户的质量视角的鸿沟至关重要。建立的需求必须满足客户的需要，使得开发者能够制造和验证满足这些需求的软件。正如第6章指出的，把客户纳入需求定义过程是重要的。如果没有在需求定义阶段的客户和开发者的密切协调，质量就是一个不可捉摸的目标。

Roger Pressman写道："你要么做正确，要么重新做。如果一个软件团队把质量贯注于所有的软件工程活动，就降低了必须重新做的工作量。这样，带来的好处是更低的投入，并且更重要的是，缩短了市场进入时间"[2]。"质量工作是一个框架，也就是说，将质量铸造进产品、进行必要的评价以确定框架是否有效，以及评价产品中实际获得的质量"[3]。质量受生命周期内所有活动的影响，包括需求定义、设计、编码、验证和维护。

11.1.2 高质量软件的特性

质量属性经常用于标识高质量软件的目标。这些属性包括正确性、效率、灵活性、功能性、完好性、互操作性、可维护性、可移植性、可复用性、易测试性以及易用性。国际标准化组织（ISO）和国际电工技术委员会（IEC）标准9126（ISO/IEC 9126）定义了一组质量属性，称为特性和子特性。这些特性和子特性总结如下[4,5]。

- **功能性**。软件产品在用于指定的条件时，提供满足陈述的或隐含的所需功能的能力。功能性的子特性包括适合性、准确性、互操作性、保密性，以及功能符合性。
- **可靠性**。软件产品在用于指定的条件时，维持一个指定的执行水平的能力。可靠性的子特性包括成熟性、容错、可恢复性，以及可靠性符合性。
- **易用性**。软件产品在用于指定的条件时，被理解、学习、使用和对用户具有吸引力的能力。易用性的子特性包括易理解性、易学习性、易操作性、吸引力，以及易用性符合性。

- **效率**。软件产品在指定的条件下，提供与使用资源的量有关的适当性能的能力。效率的子特性包括时间行为、资源利用率，以及效率符合性。
- **可维护性**。软件产品被修改的能力。修改可以包括软件针对环境和需求与功能规格说明中的变化的更正、改进或适应。可维护性的子特性包括可分析性、可修改性、稳定性、易测试性，以及可维护性符合性。
- **可移植性**。软件产品被从一个环境转移到另一个环境的能力。可移植性的子特性包括适应性、可安装性、共存性、可替换性，以及可移植性符合性。

公司经常使用度量方法来测量这些属性的一个子集，尽管其中许多实际上很难量化。

11.1.3 软件质量保证

多数公司使用一个软件质量保证（SQA）[①] 过程来帮助保证要求的质量属性得到满足，并且软件满足其需求。"软件质量保证的一个正式定义是：它是提供整个软件产品的使用适合性证据的系统化活动"[6]。Pressman 写道："质量保证建立了支持稳固的软件工程方法、理性的项目管理，以及质量控制行动的框架……此外，质量保证包含一组评估质量控制行动的有效性和完整性的审核和报告功能"[2]。SQA活动提供证据，说明为了制造满足需求和客户需要的产品，建立并遵守了充分且恰当的过程。

DO-178C 的 SQA 过程是一个整体性过程，贯穿软件策划、开发、验证和最终符合性工作等持续进行。一个或多个软件质量工程师（SQE）保证计划和标准得到建立，并在实现过程中得到执行。SQE 还执行一个符合性评审，以确认完整性和符合性。

尽管 DO-178C 要求一个 SQA 过程，但应当指出的是，质量不仅仅是 SQA 人员的责任。此外，软件质量不能像有些工程学科那样仅仅在项目的结尾进行评估。正如 William Lewis 指出的："质量不能通过评估一个已经完成的产品来获得，而应该第一时间防止质量缺陷或不足，并使产品经得起质量保证测量评估……除了产品评估，过程评估对于质量管理工作也至关重要"[6]。Emanuel Baker 和 Matthew Fisher 回应道："虽然评价活动是核心的活动，但它们自身不会取得指定的质量。即，产品质量不能被评价（测试、审核、分析、测量或审查）进产品，质量只能在开发过程中建立进去"[3]。质量是一个持续的过程，并且是整个软件团队的职责。DO-178C 鼓励通过贯穿软件生命周期地使用标准和验证活动获得质量。质量必须建立在产品中——不能通过审核、政策或测试而进入产品。

DO-178C 要求所有的 SQA 目标都得到具备"独立性"的满足。DO-178C 为 SQA 定义的独立性与它为验证定义的独立性略有不同。DO-178C 为 SQA 定义的独立性如下：

"职责分离，确保客观评价的完成。1）对于软件验证过程活动，当验证活动是由被验证项的非开发人员执行时会获得独立性，也可以使用工具获得与人员验证活动相当的结果；2）对于软件质量保证过程，独立性还包括用于确保纠正行动的权力[7]。"

该定义的第一部分与验证独立性相关，在第9章讨论过。第二部分适用于 SQA 过程，及其在组织结构中的位置。尽管不要求，但多数公司通过一个单独的 SQA 组织来满足独立性，

---

① 在本书以及人们日常习惯中，缩写"SQA"除了代表软件质量保证活动，还经常代表软件质量保证的组织或人员。——译者注

该组织不从属于工程。本节使用术语SQA来指负责执行SQA活动的组。SQA可以是包含一个或多个SQE的一个单独组织（首选的），或者是工程组织内的一个单独职能（这种方法倾向限于很小的公司）。

DO-178C鼓励一种面向过程的SQA方法。SQA的主要职责是保证已经批准的计划和标准中的过程得到遵循。然而，一些组织正开始认识到，仅有过程是不够的。一些公司正在接受卡耐基梅隆大学软件工程研究所（SEI）的产品质量保证（PQA）概念，在这些公司里会有一位工程师负责保证产品的质量而不仅仅是过程。使用PQA方法时，产品质量工程师（PQE）和SQE一起紧密工作，同时保证产品和过程质量。过程评价表明过程得到了遵循，产品评价则表明了过程输出的正确性。需要指出的是，这一直是DO-178B和现在的DO-178C中的验证的概念，然而，PQE可以帮助连接工程和SQA之间的鸿沟。产品质量保证要求PQE对于正在开发的产品具有领域知识和经验。

ISO已经开发了许多文件来定义好的SQA实践，包括一族被引用为ISO 9000的文件（包括ISO 9000，9001和9004）。

ISO-9000标题为《质量管理系统——基础和词汇》（*Quality Management Systems—Fundamentals and Vocabulary*）；ISO-9001标题为《质量管理系统——需求》（*Quality Management Systems—Requirements*）；ISO-9004标题为《为组织的持续成功而管理——一种质量管理方法*》（*Managing for the Sustained Success of an Organization—A Quality Management Approach*）。

ISO 9000给出了高质量系统标准系列的词汇和基础。ISO 9001集成了早期的标准ISO9001、9002和9003。ISO标准是一般性的，可以适用于任何产品。ISO 9001包含以下基本元素[2]：

- 建立质量管理体系的要素；
- 对质量体系进行编档；
- 支持质量控制和保证；
- 为质量管理系统建立评审机制；
- 标识质量资源，包括人员、培训和基础设施要素；
- 定义纠正方法。

大多数安全关键系统的开发商努力获得和保持一个ISO 9000注册。ISO 9000注册由一个经过认证的第三方实体授予，每6个月进行一次监督，每3年进行一次重新注册[5]。

其他工业范围的组织和标准，例如SEI的能力成熟度模型集成（CMMI），以及起初由摩托罗拉在20世纪80年代普及的六西格玛策略，也提供了SQA的框架。

11.1.4   常见质量过程和产品问题的例子

在一个软件开发活动中，有各种质量问题可能出现。表11.1总结了一些常见的过程和产品问题。显然，如果没有主动及早加以解决，大多数过程问题就会导致产品问题。因此，过程质量和产品质量的考虑都很重要。

表11.1 常见的过程和产品问题

常见过程问题	常见产品问题
• 需求和设计评审被跳过，或者由不具备适当技术技能或不理解系统的人执行 • 构建过程是不可重复的，每次软件构建的结果不同 • 为修正一些不正确的功能而增加了源代码，但是需求和设计没有及时更新以反映该变化 • 没有维护生命周期资料（包括源代码）的配置 • 没有遵守计划和标准 • 没有定义开发和验证环境	• 交付有缺陷的软件给客户 • 软件没有满足所有的需求 • 软件不是健壮的，在正常情况下可以工作，而在异常情况发生时就会失效 • 需求不完整或者模糊，因此产品没有满足客户的期望或需要 • 源代码与需求和设计不一致

11.2 有效和无效的软件质量保证的特征

11.2.1 有效的软件质量保证

前面解释过SQA的目的，接下来说明SQA的活动。在说明SQA做什么之前，让我们考虑有效的SQA的一些特征。"质量从来不是偶然的，它永远是智慧与努力的结果"[8]。以下特征对于有效的SQA实现至关重要。

特征1 最高层管理者的支持。为了使SQA有效，必须得到最高层管理者的认可、承诺和支持。这必须是一个真心的承诺，而不仅仅是口头文章。最高层管理者必须高度重视产品的全面质量，并提供员工需要的资源以及对SQA组织的培训。这个概念得到质量大师Kaoru Ishikawa、Joseph M. Juran、W. Edward Deming，以及Watts S. Humphrey[①]的大力强调。

特征2 独立性。有效的SQA独立于开发和验证组织。独立性有助于降低由于特别熟悉日常过程或被评价的产品而产生的错误。此外，独立性还有助于在需要的时候强制纠正行为。没有独立性，当预算和进度要求出现的时候，就会有妥协的压力（有时是有意的，有时是无意的）。

特征3 技术能力。SQA组织为了有成效，并且赢得开发和验证团队的尊重，其成员必须是拥有良好资质和丰富经验的技术工程师。没有技术力量，SQA就不能及时地识别真正的问题，他们就不会被工程组织尊重。

特征4 培训。SQA人员，以及整个工程组织，必须得到针对软件质量目标的有效培训。培训应当是持续性的，以确保任何不恰当的认识或行为被消除，或者至少最小化，并且新的成员得到正确的教导。SQA应当在以下领域得到培训：软件开发和验证、审核或评估的技能，以及DO-178C。作者在全球讲授DO-178B（和现在的DO-178C）课程超过15年，而见到参加的SQA不超过10个人。遗憾的是，多数公司不对SQA工程师的培训进行投入，他们的整体软件质量就反映了投入的欠缺。

---

① 这些质量大师分别是"质量控制圈（QCC）"和"石川七大质量工具"创造者石川馨（Kaoru Ishikawa）、"朱兰三步曲"和《朱兰质量手册》创立者朱兰（Joseph M. Juran）、"戴明十四点"和"戴明环"创立者戴明（W. Edward Deming）、"软件能力成熟度模型（CMM）"创立者汉弗莱（Watts S. Humphrey）。——译者注

特征5 持续改进。具有良好质量的组织总是在瞄准改进。Deming建议了PDCA（策划、执行、检查、行动）过程，常常被称为戴明（Deming）环或PDCA环，因为这是一个循环过程。其概念是开发一个计划，然后执行计划，对活动进行监视（检查），并采取行动来改进过程。PDCA是一个进行中的过程，目的是持续改进过程的整体有效性，以及制造的产品的质量。

11.2.2　无效的软件质量保证

在许多年中，作者常为许多公司缺乏良好的SQA过程而感到沮丧。在评价为什么SQA无效时，作者发现几乎总是与前面指出的5个方面（即最高层管理者支持、独立性、技术能力、培训和持续改进）之一的失败有关。在一个或多个这些领域的失败，会导致以下问题。

- 缺少人力的SQA组织。如果管理者不支持SQA，SQA通常就会被"摊得很开地"从事这项工作。
- 无资质的SQE。要吸引优秀的工程师去做SQA，是有挑战性的。许多高水平工程师想要设计软件，而不是去看别人的设计，因此SQA经理需要在吸引优秀人才方面发挥创造性。一些公司使用一个轮换过程（按照1～2年期限）作为项目管理的踏脚石，一些公司使用一个赋权过程（使用SQA人员来培训和领导公司实现质量承诺）。当人员能够理解在SQA中的益处时，就会更愿意加入这个团队。表11.2总结了在使用一个SQE时要寻求的资质和特征。
- 被漠视和因而无效的SQA组织。如果SQA人员缺乏资质或效能，工程团队就不会尊重他们，也不会对他们的要求给出响应。

表 11.2　有效的SQE的资质和特征

SQE背景和技能集
• 3至5年的开发或验证经验
• 工程或计算机科学的教育背景
• 与开发工作相关的各方面经验，例如编码、编写需求，以及测试
• 良好的写作和口头沟通技能（因为SQE将与管理者、工程师、合格审定联络人员交互）
• 追求在管理或项目管理职位上的提升（SQA工作使他们有机会对公司进行全面了解）
• 处理挑战性情况的能力
• 愿意挺身而出坚持正确，即使面临反对的压力
• 可信任（赢得信任，与多位利益相关方相处良好而不屈从于压力）
• 独立但是愿意接受指示（可以在很少的监督下工作，但同时尊重上级）
• 对质量和安全性的热情
• 愿意学习和接受培训

11.3　软件质量保证活动

本节考虑软件质量保证（SQA）组织（使用一个或多个SQE）为了确保计划、标准以及公司过程得到遵守而执行的典型任务。

任务1 评审计划。SQA评审软件合格审定计划（PSAC）、软件计划和开发标准，考察其与DO-178C目标的符合性，以及计划之间的一致性[7]① （第5章提供了关于计划和标准的信息）。多数公司对计划进行同行评审，SQA参加该同行评审。检查单通常由项目和SQA一起完成，作为评审活动的一部分。除了软件计划，SQA还应该了解系统层和安全性工作计划，因为这些也可能影响软件过程。

任务2 编写SQA计划。SQA组负责编写SQA计划并保持其更新。多数公司有一个公司范围的SQA计划，然而每个项目可能有一些特有的考虑，通常在一个项目特定的SQA计划或者PSAC中详细说明。

第5章提供了SQA计划中包含的典型内容的总结。此外，可以使用其他资源来帮助建立SQA计划的内容。例如，美国电气和电子工程师协会（IEEE）标准730标识了SQA计划中包含的典型部分[9]。表11.3概括了IEEE标准730提出的章节。

表11.3 IEEE标准730概括

节 名 称	节 描 述
目的	说明SQA计划的目的
引用文件	列出计划中引用的所有文件
管理	解释项目的组织结构、任务和职责
文档	标识用于定义软件开发、验证和配置的文档
标准、实践、惯例和度量	标识将要应用的标准、实践、惯例和度量，并描述如何监督和保证符合性
评审和审核	描述技术团队将要执行的评审，以及SQA参加评审和对过程进行审核的计划
测试	解释测试方法和技术，以及SQA在测试见证和监督上的角色
问题报告和纠正行动	描述问题报告过程和SQA的角色
工具、技术和方法	标识和解释SQA用于执行其角色的各种工具、技术或方法
代码控制	解释编档、维护、存储、发布和提取软件的过程
介质控制	定义用于标识每个产品的介质的方法
供应商控制	解释SQA在供应商控制和监督中的角色
记录收集、维护和保留	解释SQA的编档方法
培训	解释SQA人员，以及项目工程师的必要培训
风险管理	解释在项目过程中如何识别和管理风险

来源：Software Engineering Standards Committee of the IEEE Computer Society, IEEE Standard for Software Quality Assurance Plans, IEEE Std. 730-2002, IEEE, New York, 2002.

任务3 批准关键资料项。SQA通常批准关键资料项，例如计划、标准、需求、设计、验证用例与规程文档、验证报告、软件生命周期环境配置索引（SLECI）、软件配置索引（SCI）、工具鉴定资料，以及软件完成总结（SAS）。通常情况下，关键资料项没有SQA的批准就不能发布。

---

① 这在DO-178C的表A-9的目标1中标识。该目标是DO-178B的表A-1的一部分，但是被DO-178C移到了表A-9。评审计划对DO-178B（和现在的DO-178C）目标的一致性和符合性，始终是SQA的职责。

任务4　审核生命周期资料。SQA审核软件生命周期资料，以保证过程得到遵守、标准得到使用、检查单正确地完成，并且DO-178C目标得到满足[①]。有时，SQA审核在同行评审过程中或者结合合格审定联络评审一起进行，但也可以独立于其他活动进行。有些SQA组织使用计划和标准来开发一个软件审核工具包，然后SQA使用它来审核过程和资料。该方法提供了项目符合已批准的计划和标准的详细证据。

任务5　参加评审。SQA根据自己的判断[②]，选择参加项目整个开发和验证过程中的同行评审。SQA寻找技术问题，以及工程团队的同行评审过程的符合性、检查单的完成、入口和出口条件的满足等。参加同行评审是SQA跟进项目活动和问题的一个好方式。

任务6　评估转换准则。DO-178C的表A-9的目标4表明："保证软件生命周期过程的转换准则得到满足"[7]。该SQA目标通常通过SQA参加同行评审过程得到实现。然而，SQA可以有一个单独的评估活动来评价转换准则。

任务7　见证测试。SQA经常在见证软件测试中扮演一个重要角色。一些组织要求测试执行中具有一定比例的SQA见证，该要求应当在SQA计划中识别，并清楚地传达给项目组。

任务8　审核环境。SQA通常审核开发和验证环境，以保证它们与批准的配置（通常编档在SLECI中）相一致。在为发布而构建软件之前，SQA可以见证用于构建的机器的设置（正如8.4.1节所解释的）以确保批准的规程得到遵守，并且构建机器与批准的配置相符合。在正式测试（即为了合格审定置信度的测试）之前，SQA通常审查或见证测试工作站的配置，以确保它与批准的配置相符合。

任务9　见证构建和加载。为了确认可重复性，SQA可以自己使用编档的构建和加载规程执行构建和加载，或者见证其他人实现构建和加载规程。正如第8章解释的，最好有一些通常不做构建和加载的人（例如，一个SQE或另一个工程师）执行该规程。

任务10　参加变更控制委员会（CCB）。SQA通常是变更控制委员会中的关键成员，因为他们评价提出的变更和评估变更的实现。关闭问题报告或变更请求通常需要得到SQA批准。

任务11　跟踪和评价问题报告。SQA跟踪整个软件开发和验证活动中的问题报告，确保软件配置管理（SCM）计划中定义的问题报告过程得到遵守，评价问题报告的完整性、准确性和充分性。SQA还确保问题报告（或变更请求）驱动的所有变更在关闭之前得到了验证。

任务12　评价SCM过程和记录。SQA审核SCM记录和过程，以确保它们符合SCM计划。SQA评价开发和验证活动中的SCM。SQA确保配置管理系统中的资料与SCI中标识的资料对应，即验证配置管理库和SCI是完整的和准确的。SQA还审核软件开发和验证活动中的变更控制过程，保证问题得到正确的编档、变更得到认可、变更被正确地实现和验证，并且所有的文档得到恰当的更新。

任务13　审核供应商。如果项目使用供应商或分包商，那么SQA不仅要审核供应商的整个开发和验证活动，还要审核他们的SQA过程。

---

① 根据DO-178C的表A-9的目标2和目标3，SQA的目标之一是保证与计划和标准的符合性。审核是实现该目标的方式之一。

② 经常的做法是，SQA计划标识SQA将要参加的同行评审的目标比例，这个比例可以由项目的整体风险驱动。

任务14 提出纠正要求。在SQA执行其任务时，会提出要求的纠正行为。纠正行为可以编档在一个问题报告中，或者一个称为纠正行为报告或其他相似名称的单独的SQA记录中。除了提出纠正要求，SQA还需要跟进，以保证纠正行为得到正确执行。纠正要求应当在SAS发布之前得到落实。

任务15 评审和批准偏差和例外。SQA评审已批准过程的任何偏差或例外，以确保DO-178C的符合性和安全性没有受到影响。SQA还保证所有的这些偏差或例外都依据批准的过程进行了编档（例如一个问题报告）。相似地，SQA评审和批准对于已批准的测试规程的任何修正。

任务16 执行符合性评审。典型情况下，DO-178C符合性活动的最后一步通常是符合性评审。根据DO-178C的8.3节："软件符合性评审的目的是对一个作为合格审定的应用的一部分提交的软件产品获得保证：软件生命周期过程是完整的、软件生命周期资料是完整的，并且可执行的目标代码是受控的和能够重新生成的"[7]。该评审通常编档在一个符合性评审报告中，并确保满足以下几个方面[7]。

- 策划的软件生命周期过程已完成，并且软件生命周期资料已生成。
- 生命周期资料可以追踪到其来自的系统和安全性需求。
- 有证据表明软件生命周期资料的生成和控制与计划和标准相符。
- 任何需求偏差已经被编档和批准（通常使用一个问题报告过程）。
- 可以根据SCI中编档的源代码生成可执行目标代码，使用已得到标识的构建指令。
- 批准的软件可以使用已发布的加载指令加载。
- 任何从上一次符合性评审推迟的问题报告已得到重新评价。
- 如果任何先前开发的软件被用于合格审定置信度，则应当确认当前的软件基线可追踪到以前的基线，并且所有的变更已经被批准。

任务17 在SQA记录中对活动编档。SQA活动被编档在一个SQA记录中，以提供SQA参与了整个软件开发与验证活动的证据。SQA记录通常包含以下信息：评价对象、日期、评价者姓名、评价准则、评价状态（符合或不符合）、发现、需要响应的人员、响应的期限、该发现的严重性，以及响应后的相关更新[10]。由于SQA记录被认为是控制类别2（CC2）资料，他们需要唯一的配置标识（关于CC2的信息见第10章）。配置标识通常包含日期和SQA文件主题。

第12章　合格审定联络

12.1　什么是合格审定联络

合格审定联络是申请者①与合格审定机构之间的持续沟通与协调，是成功的合格审定的一个极其重要的过程。大多数工业都有一些类型的合格审定或批准过程。对于航空工业，合格审定过程是一个繁重过程，需要持续地给予关注。如果在项目过程中未能关注合格审定的需要，就会导致无法获得合格审定，或者推迟审定并使之变得过度耗资。本章特定于美国联邦航空局（FAA）以及其他民用航空合格审定机构要求的针对软件的航空器合格审定过程。DO-178C将合格审定联络标识为一个整体性过程，意味着其应用贯穿整个软件生命周期。合格审定联络开始于早期的策划，结束于最终的符合性证实。DO-178C的表A-10标识了合格审定过程的3个目标，适用于所有的软件等级。以下是合格审定联络目标的一个总结[1]。

目标1　"建立申请者与合格审定机构之间的沟通和理解。"这是通过开发和提交软件合格审定计划（PSAC）完成的（第5章讨论了PSAC）。在大多数项目中，合格审定机构与申请者之间的沟通持续整个项目生命周期。

目标2　"提出符合性手段，并获得对PSAC的认可。"这是通过合格审定机构对PSAC的批准完成的，该批准通常使用一封信函传达。

目标3　"提供符合性证实。"该目标的输出是软件配置索引（SCI）（在第10章讨论过）和软件完成总结（SAS）（在本章后面讨论）。这两份文件的批准意味着DO-178C活动的完成——至少对于软件的这个版本。

12.2　与合格审定机构的沟通

多数公司有一个良好定义的过程用于与合格审定机构进行沟通。公司可能设立一个合格审定办公室（有时称为适航办公室），与合格审定机构授权的委任者［例如委任工程代表（DER）或机构委任授权（ODA）单位成员］合作，或者这两种方式的组合。一般来说，合格审定办公室处理FAA协调以及基本合格审定活动的后勤事务，而委任者（DER或ODA单位成员）关注技术方面，找到与合格审定规章和指南的符合性。较大的公司还可能有合格审定联络工程师，他们为DO-178C符合性活动准备资料并与委任者协调。整个合格审定联络过程如何组织的具体要求依赖于申请者和合格审定机构的位置、寻求批准的型号（例如，是一个航空器、发动机，或者是一个推进器型号合格审定还是一个装置TSO授权）、软件开发商与申请者的关系等。关于FAA的合格审定过程的更多信息详见FAA规定8110.4［ ］，即《型

---

① 申请者是申请合格审定或技术标准规定（TSO）授权的实体。申请者负责表明对规章的符合性。当DO-178C作为选择的符合性手段时，申请者还负责表明对DO-178C目标和指南的符合性。

号合格审定》（*Type Certification*），以及规定8150.1［ ］，即《技术标准规定程序》（*Technical Standard Order Program*）①。

如第5章指出的，确保合格审定机构对PSAC的认可十分重要。与合格审定机构的沟通甚至在提交PSAC之前就开始了。项目自始至终的经常性技术会议是进行协调的有效手段。会议并不能代替资料的需要，但是它们提供了一个贯穿项目过程的讨论和解决问题的场所，目的是不要给任何部分带来"惊奇"。建议用详细的会议备忘录和一个持续的行动项列表来记录与合格审定机构之间的交互，并确保同意的行动得以完成。

合格审定机构或委任者通常在项目早期实施一定程度的介入评估（正式的或非正式的）。该评估考虑团队对于合格审定和DO-178C（或DO-178B）符合性的经验、提出的技术的时新性和创新性、软件对于航空器功能的关键性、软件和航空电子或电子系统组的跟踪记录、合格审定联络人员（例如委任者）的资质等。FAA规定8110.49的第3章和附录1提供了合格审定机构的评估过程和准则的详解[2]②。对于评估为高风险和可能影响安全性的项目，合格审定机构要高度介入。对于较低风险和关键性，合格审定机构可以将许多符合性活动指派给委任者。介入程度评估决定了以下这些不同：

- 多少资料需要提交给合格审定机构（较高风险的项目经常需要提交它们的全部计划和测试结果，而不仅是PSAC、SCI和SAS）；
- 合格审定机构将执行多少审核；
- 多少符合性活动将被指派给委任者；
- 申请者和合格审定机构将需要多频繁地见面。

12.2.1　与合格审定机构协调的最佳实践

如前面指出的，申请者与合格审定机构之间的沟通方法随着项目具体情况和机构的偏好而不同。大量的符合性发现一般是指派给委任的人或组织，由合格审定机构进行监督。以下是一些与合格审定机构有效沟通的建议。

建议1　提交一个项目级的计划。许多项目会提交一个概括了项目整体计划的项目特定的合格审定计划（PSCP）（或等同作用的文档）。该计划包含对项目（包括航空器和系统）的一个概览、标识策划的软件和航空器电子硬件活动（软件和硬件层，以及选择的供应商/开发商）、定义针对适用的规章提出的符合性手段、标明联络方式、提供一个项目进度表，等等。这样一个计划建立了软件活动的框架，并启动与合格审定机构的沟通。

建议2　举行一个早期的熟悉会议。合格审定机构越快了解项目越好。初始的熟悉会议通常安排在PSCP准备好提交的同时。会议提供对项目、系统、软件、进度和合格审定计划的一个概览。尽管会议的主要目的是让合格审定机构熟悉计划的项目，该会议也为申请者提供有价值的信息。合格审定机构通常识别关注点和预测的合格审定问题、讨论期望的角色和职责、解释沟通的期望，以及提出下一步计划。

---

① 中括号（［ ］）表示最新版本。这些文件时常更新，最新版本可以在FAA的网站 www.faa.gov 找到。
② 欧洲航空安全局（EASA）合格审定备忘录CM-SWCEH-002第4节包含了对于在欧洲审定的项目的相似的信息[3]。

建议3 识别潜在的合格审定和技术问题。对任何预测的合格审定问题或技术挑战要坦白公开。如果策划了任何新技术或创新方法，就要告知合格审定机构，这很重要。一般来说，合格审定机构不喜欢"惊奇"。"惊奇"造成的印象是有所隐瞒，会降低合格审定机构的信任程度。因此，重要的是对潜在的挑战要诚实。给出缓解或解决挑战的计划也很重要。及早地揭示潜在的问题，可以让合格审定机构正式地记录相关考虑。FAA生成问题纪要来标识独特的符合性问题。申请者继而对问题纪要提供一个响应来解释他们准备处理该问题的方法。其他合格审定机构有相似的机制来标识合格审定问题，例如，欧洲航空安全局（EASA）使用合格审定评审项（CRI），加拿大交通合格审定局使用合格审定备忘录。

建议4 提供对问题纪要的及时响应。虽然问题纪要令人不愉快，但越早发出纪要并解决则越好。在项目后期收到问题纪要会对项目极其不利。一旦收到一个问题纪要，则重要的是尽可能快地建立一个全面响应。多数问题纪要是可以预测到的。美国联邦航空局（FAA）有对于大多数新项目发出的问题纪要的标准集合（问题纪要的通常话题包括面向对象技术、基于模型的开发、代码覆盖）[①]。这些一般性的问题纪要有时称为"泛化问题纪要"，作为项目特定的问题纪要的起点。此外，可能还有一些项目特定的问题纪要，它们是基于项目的特殊性的（例如，如果大量工作是外包或离岸外包的，就可能需要一个问题纪要关注监督和问题报告）。在申请者对每个问题纪要的回复中，应当澄清所有问题（有时问题纪要可能存在对细节的一个稍微不正确的理解），并解释问题将如何在特定的项目上得到解决。紧跟合格审定机构直至问题纪要关闭（即获得合格审定机构对项目意见的认可）是重要的。有时，可能需要花费许多迭代才能获得合格审定机构的认可。一个未解决的问题纪要的风险性不亚于一个尚未发出的问题纪要。

建议5 及早准备、报告和提交PSAC。正如第5章指出的，最好及早准备和提交PSAC。因为合格审定机构可能拒绝计划，所以一个项目越晚提交PSAC，风险就越高。对于高风险项目，强烈建议在提交之前向合格审定机构报告PSAC，这样可以得到一些非正式的反馈，用于根据需要调整或者继续提交计划（PSAC的细节见第5章）。

建议6 快速跟进对PSAC的任何质询或问题。合格审定机构经常会对PSAC提一些问题，要确保快速、全面和准确地回答这些问题。合格审定机构通常工作超负荷、报酬偏低，因此当他们审查你的资料时，快速响应很重要，否则会延迟PSAC的接受。

有时合格审定机构会要求对PSAC进行一些更新。理解问题很重要，对于需要澄清的问题，建议通过会议或电话沟通。常有的情况是，通过简要的讨论并达成只需在SAS中做出注解的协定，就解决了。这样的协定应当被书面编档，利用电子邮件或会议纪要足矣。如果问题在讨论之后仍然存在，则应当向合格审定机构说明准备做出的更改，并在对PSAC进行更新和再次提交之前获得一般性的认可。

建议7 贯穿项目过程地与合格审定机构会面。对于要求合格审定机构高度介入的项目，应当建立一个与合格性审定机构的周期性会议制度。其频度可以在项目过程中有变化，取决于进展的情况。有时候可能需要每月一次，其他时候每季度一次或者按需要召开可能更合适。对于高风险的项目，应当在项目整个过程中向委任者进行咨询，并将其纳入所有与合格审定机构的协调中。

---

① 一旦合格审定机构正式认可DO-178C、DO-330及其补充文件，多个典型软件问题纪要应当不再需要。

如果是合格审定机构中度或低度介入的项目，那么大多数协调可以与委任者或公司的合格审定机构联络组进行。

与合格审定机构的交互应当聚焦于项目的状态、任何已经出现的问题，以及解决问题的计划。应当建立行动项和时间期限，并包含在一个官方的会议纪要中。遵守认可的行动是重要的。

建议 8　在问题出现的时候处理它。问题不会因忽略而消失，应当在问题失控之前迅速加以解决。确保通报委任者或者合格审定联络人员任何可能影响符合性的问题，他们会帮助确定通报合格审定机构的首选方法。当暴露问题给合格审定机构时，一定要有一个解决问题的计划提出。

建议 9　将所有变更或偏差提交给合格审定机构，请求批准或接受。正如第 5 章指出的，PSAC 应当说明对已获得批准的过程怎样进行变更的计划。合格审定机构可能想要对整个软件生命周期中的过程的任何改变得到通报。

建议 10　支持合格审定机构和 / 或其委任者的审核。软件项目通常由合格审定机构或他们的委任者审核，以保证对 DO-178C 和标识的问题纪要（或对等物）的符合性。审核需要准备和支持。在本章后面将给出关于在一个审核中期望什么和如何准备它的更多信息。

建议 11　及时地提交软件符合性资料。SCI 和 SAS 是通常提交给合格审定机构用于表明与 DO-178C 和规章的符合性的两个生命周期资料项。它们通常在最终发放航空器或发动机型号合格证之前的几个月提交。对于技术标准规定（TSO）授权项目，SCI 和 SAS 与 TSO 包一起提交。要确保协调好资料的提交，使得合格审定机构有足够的时间评审和批准它。

在一些项目中，合格审定机构可能还要求软件验证结果作为符合性资料的一部分提交。预期的提交通常在计划阶段与合格审定机构讨论，并编档在 PSAC 中。

12.3　软件完成总结

DO-178C 的表 A-10 标识了支持合格审定联络过程的三类资料：PSAC、SCI 和 SAS。正如前面指出的，有时还要提交软件验证结果。PSAC 在第 5 章讨论过，SCI 在第 10 章说明过，软件验证结果在第 9 章解释过。本节说明 SAS 的期望内容。

SAS 总结 DO-178C 符合性活动。DO-178C 的 11.20 节提供了 SAS 内容的指南。PSAC 和 SAS 就像书夹的前后两面一样。PSAC 在项目的开头提交，说明要做什么。SAS 在项目的结尾提交，说明实际发生了什么。SAS 包含许多与 PSAC 相同的内容（包括系统概述、软件概述、合格审定考虑、生命周期总结、生命周期资料总结或引用），但是 SAS 的编写用的是过去时而不是将来时。此外，SAS 标识以下内容[1]。

1. 与已批准的计划和过程的偏差（这常常在 SAS 中随内容出现，并在一个附录中进行总结）。例如，如果实际使用的工具与计划的不同，则应当对此给出解释。

2. 将要批准的软件的配置。

3. 开放或推迟的问题报告（PR），包括对于它们为什么不会影响安全性、功能、操作或符合性的理由说明。通常，对于所有在合格审定或 TSO 授权时还没有解决的 PR，用一个表格总结以下信息[1~3]：

　　a）PR编号；

　　b）PR标题；

　　c）打开日期；

　　d）问题描述，包括根本原因（如果已知）和影响的资料；

　　e）分类（关于PR分类的讨论见第10章）；

　　f）推迟的理由说明，包括为什么该问题不会对安全性、功能、操作，或规章的符合性（包括XX.1301和XX.1309）产生负面影响[①]；

　　g）缓解手段，如果适用（例如，操作限制或功能约束）；

　　h）与其他开放的PR的关系。

　　此外，一些机构可能要求在SAS中包含解决PR的计划。这是合格审定机构的一个相对较新的期望，提出的目的是促进PR的关闭，而不是多年保持开放。

　　在SAS中说明合格审定后的任何问题将如何被编档、评价和管理，也是一个好的实践。

　　4. 已解决的PR：如果SAS是用于一个后续审定或者基于一个先前开发的软件，从上次批准以来的所有PR或变更请求就要得到标识（在SAS或SCI中）。

　　5. 软件特性，例如可执行目标代码的规模、时间余量和内存余量。第9章讨论了用于确定这些特性的分析。

　　6. 符合性陈述，说明软件符合DO-178C和任何其他合格审定需求。通常的做法是，SAS包含或引用一个符合性矩阵，总结每个DO-178C目标是如何满足的，以及证明符合性的资料。

12.4　介入阶段审核

12.4.1　介入阶段审核概览

　　在20世纪90年代中期，美国和欧洲的合格审定机构都开始审核软件项目，从而评估DO-178B的符合性。遗憾的是，发现许多项目都不符合目标。同时注意到的是，合格审定机构对于如何评估一个项目，存在很大的差异。由于这个原因，国际合格审定机构软件组（CAST）协调和建立了一个软件符合性评估方法。CAST文章标识了项目过程中的4个介入点：策划，开发，测试，结项。FAA进一步在规定8110.49的第2章，以及标题为 *Conducting Software Reviews prior to Certification*（在合格审定之前执行软件评审）[②]的作业辅助（Job Aid）中编档了该方法。规定8110.49解释了FAA或授权的委任者要做什么，以及什么资料要得到检查[③]。作业辅助提供了一个合格审定机构将如何执行评审［又称为介入阶段（SOI）评审］的过程。作业辅助预期成为FAA工程师及委任者的培训工具，从而标准化其评审过程。然而，对于许多项目，FAA现在要求申请者或委任者在提交合格审定资料之前，先回答作业辅助中的提问。表12.1提供了SOI编号和类型、检查的资料，以及评估的DO-178C目标的一个概览。

---

① 　XX对应《美国联邦法规》第14篇的第23, 25, 27或29部分。

② 　最初的作业辅助发布于1998年6月。再版1发布于2004年1月。预计作业辅助将会被更新从而与DO-178C、DO-330以及补充文件相一致。软件评审作业辅助的最新信息见FAA网站（www.faa.gov）。

③ 　EASA的合格审定备忘录CM-SWCEH-002第4章与FAA规定8110.49的第2章十分相似。

表12.1 4个SOI的总结

SOI编号和类型	检查的资料	评估的DO-178C目标
1. 策划	软件合格审定计划（PSAC）、软件开发计划（SDP）、软件验证计划（SVP）、软件配置管理计划（SCMP）、软件质量保证计划（SQAP）、开发标准、验证结果（计划评审记录）、SQA记录、SCM记录，以及工具鉴定计划（如果单独于PSAC）	• 主要是表A-1 • 表A-8至表A-10，适用于计划
2. 开发	在SOI 1没有完成的，或者从SOI 1之后有变更的任何计划资料、分配给软件的系统需求、软件需求（高层需求和衍生的高层需求）、软件设计说明（低层需求、衍生的低层需求、体系结构）、源代码、构建规程、软件生命周期环境配置索引（SLECI）、验证记录（对需求、设计和代码验证）、追踪资料、问题报告（PR）和/或变更请求、SQA记录，以及SCM记录	• 主要是表A-2至表A-5 • 表A-8至表A-10，适用于开发
3. 验证（测试）	在前面的SOI中没有检查或者没有解决的资料、目标代码、验证用例与规程、验证结果、SLECI、软件配置索引（SCI，包含测试基线）、追踪资料、PR和/或变更请求、SQA记录，以及SCM记录	• 主要是表A-6和表A-7 • 表A-8至表A-10，适用于测试
4. 结项	在前面的SOI中没有完成或者没有检查的任何资料、验证结果（经常打包为软件验证报告）、SLECI、SCI、SAS、PR和/或变更请求、追踪资料、SQA记录、软件符合性评审报告，以及SCM记录	• 主要是表A-10 • 在先前的SOI中没有评估的目标 • 在先前的SOI中指出有问题的目标

作业辅助和FAA规定8110.49使用名词"SOI评审"，然而，名词"审核"能将其区分于验证中的"评审"，因此本章使用名词审核、审核者以及被审核者[①]。本章将给出关于执行一个SOI审核（对于审核者）和准备一个SOI审核（对于被审核者）的更多信息。

12.4.2 软件作业辅助概览

DO-178C的9.2节和10.3节解释说，合格审定机构会执行审核。然而，没有进一步解释这些审核包含的内容。规定8110.49和FAA的软件评审作业辅助提供了对于要评估什么（规定8110.49）以及如何评估（作业辅助）的额外说明。表12.1提供了4个SOI审核的总结，包括评估的资料和DO-178C目标。作业辅助对于如何进行一个SOI审核提供了建议，并提供了审核中将被评估的活动和问题。作业辅助提供了对合格审定机构的思考和期望的透视，该透视可以帮助开发商准备审核，并从一开始更好地策划他们的项目。一些公司使用作业辅助来执行自审核。

作业辅助分为4个部分。第1部分提供了一个概览，包括对4个SOI审核的介绍和一些关键术语的定义。以下术语对于理解这一部分特别重要[4][②]。

---

① 被审核者是接受审核的组织。

② 在本书写作之时，作业辅助引用DO-178B而不是DO-178C的目标。作业辅助的主体仍然适用于DO-178C。预计FAA将更新作业辅助，使之与DO-178C保持一致。

- **符合性**。是指对一个DO-178B目标的满足。
- **发现**。是指识别出一个或多个DO-178B目标的不符合。
- **观察**。是指识别出一个潜在的软件生命周期过程改进。观察不是一个RTCA/DO-178B符合性问题，无须在软件得到批准之前解决。
- **行动**。是指派一个组织或个人在某个日期完成解决一个在执行软件评审中标识的发现、错误或缺陷。
- **问题**。是一个不特定于软件符合性或过程改进，也可能是安全性、系统、项目管理、组织方面的关注事项，或者是在软件评审中发现的其他关注事项。

第2部分解释了典型的审核任务。无论SOI的类型是什么（策划、开发、验证/测试，或结项），审核者必须准备审核、执行审核、编档审核结果、在一个结束简报（或者有时是一个执行总结）中总结审核，并执行后续活动（例如，准备SOI报告，以及确保发现、观察和行动得到关注）。

第3部分是作业辅助的主体。它概括了每个SOI审核的活动和提问。对于每个SOI审核，包含一个表格，概括了SOI活动（以粗体字标识）和用于完成活动的提问。每个提问映射到该提问所评估的DO-178B目标[①]。表12.2提供了一个SOI 1活动和一些支持的提问的例子。在一个SOI审核中，通常为该表格增加一列来填写对每个提问的响应（基于对项目资料的评价），并包含在SOI审核报告中。

表12.2　软件作业辅助SOI 1活动/提问摘录

项 编 号	SOI 1评价活动/提问	DO-178B目标
1.1	评审所有计划（PSAC、SCMP、SQAP、SDP、SVP和软件工具鉴定计划等）和标准。基于对所有计划的评审，考虑以下问题：	
1.1.1	计划资料是否被签名和置于配置管理（适用于该软件等级的CC1或CC2）？检查有没有来自所有受软件计划和标准控制和影响的组织的协调的客观证据，例如授权的签名。	● A-1，#1-7
1.1.2	计划和标准是否被一个软件委任者（授权的）评审和批准？	● A-1，#1，7
1.1.3	计划和标准是否被完整、清楚和一致地引用？	● A-1，#1-7
1.1.4	执行的计划和标准的评审以及评审结果是否保留？并且评审出的缺陷是否纠正？（见DO-178B的4.6节。）	● A-1，#6，7
1.1.5	计划和标准是否符合DO-178B第11节指定的内容（即11.1至11.8）？注意，计划和标准不要求如11.1至11.8标识的那样打包，然而，11.1至11.8指定的项应当在计划和标准中的某个地方编档。	● A-1，#1-7
1.1.6	计划和标准是否关注了机载软件和工具（如果使用了工具）的软件变更过程和规程？	● A-1，#1，2
1.1.7	计划中是否标识了所有软件工具，并包含了每个工具需要或不需要鉴定的理由？	● A-1，#4
1.1.8	是否指定了每个过程的输入、活动、转换准则和输出？	● A-1，#1
1.1.9	开发和验证生命周期活动是否定义得足够详细（参考DO-178B的11.1节至11.3节）以满足DO-178B的4.2节？	● A-1，#1-7

（续表）

项　编　号	SOI 1 评价活动/提问	DO-178B目标
1.1.10	计划和标准是否满足 DO-178B 表 A-1 中的策划目标？（即，每个计划和标准是否内部一致？计划和标准是否相互一致？是否定义了软件生命周期？是否定义了转换准则？）	● A-1，#7
1.1.11	如果计划和标准得到遵守，那么能否保证所有适用的 DO-178B 的表 A-2 至表 A-10 的目标得到满足？（即计划和目标是否关注了每个适用的 DO-178B 目标如何得到满足？）	● A-2 至 A-10 ●（所有目标）

来源：Federal Aviation Administration, *Conducting Software Reviews prior to Certification*, Aircraft Certification Service, Rev. 1, January 2004.

作业辅助的第 4 部分提供了一些如何总结 SOI 审核结果的例子。典型的 SOI 审核报告内容在本章后面讨论。

作业辅助还包含了以下 4 个补充，以帮助审核者和被审核的项目团队（被审核者）。

补充 1 "FAA 软件组的典型角色和职责。"该补充给出了一个软件项目从各个 FAA 办公室预期得到什么的总结。多数 SOI 审核是由委任者执行，但是合格审定机构可能介入一些高风险项目。

补充 2 "软件委任者的典型角色和职责。"该补充提供了一个软件委任者做什么的总结。该信息对于正确利用委任者非常有帮助。

补充 3 "例子信函、日程和报告。"该补充提供了一些例子材料给审核者在通知申请者审核时使用。还包括一个报告的样例。

补充 4 "评审者的可选的工作表单。"该补充包含一些工作表单，可以帮助审核者完成记录留存工作。它们有许多可选内容，主要是为培训的目的而提供。

12.4.3　使用软件作业辅助

以下小节为审核者和被审核者提供建议。首先给出一般性建议，接下来是对在一个 SOI 审核中期待什么以及如何准备一个 SOI 审核的总结。后面小节基于作者已经从事或支持的上百次审核的经验和教训。由于这些信息是从个人经验给出的，使用的是比其他章节更交互性的口吻[①]。请注意在后面小节中使用名词申请者/开发商。有时申请者是软件开发商，而很多时候软件开发商是申请者的一个供应商。当申请者和开发商是单独的组织时，都应当在审核中到场。

12.4.4　对审核者的一般建议

以下是对于审核者角色的建议。审核者可能是一个委任者、一个合格审定机构、一个合格审定联络工程师、一个软件质量工程师，或者一个项目工程师。无论审核者为什么被要求参加 SOI 审核，这些建议都可以帮助他们把工作做得更好并避免常见的错误。

[①]　下文中带阴影的文字包含了一些有趣的小故事。

审核者建议1 事先沟通和协调审核计划。在审核之前几周，就与申请者/开发商的联络人进行沟通，关注以下几个方面：

- 确保理解申请者/开发商的状态，确定此状态满足或者将要满足认可的SOI审核的入口准则（典型的入口准则在后面讨论）。
- 协调审核日期。
- 为现场或桌面审核①准备一个议程（作业辅助补充3提供了一些议程样例）。
- 保证对于预期进行了清楚的沟通。

让申请者/开发商了解谁将在审核组中、审核将花费多长时间、需要什么样的会议空间（一个或多个房间），等等。审核计划在事先沟通得越好，现场工作就进行得越顺利。详细的计划有利于现场的时间更有成效和愉快。

审核者建议2 找到一个帮手。在评估符合性的时候，有一个队友是极其有益的，特别是对于较正式的审核（例如，为合格审定进行的SOI审核）。团队方法有许多优势。首先，它不会花费那么长时间。团队可以分割任务，从而更快地检查更多的资料。其次，它提供了一个更全面的评审。多双眼睛和多个大脑可以更快地发现更多的问题。作者尤其发现小组方式有助于SOI 2和SOI 3，因为有大量的资料需要检查。第三，团队工作提供了一个见证。作者曾经参与过多个被审项目编造故事的审核。如果有一个见证，作假就不那么容易。

显然，有一个技术经验丰富的审核者作为队友是很棒的。然而，有时候这是不可能的，因为有资源的限制。这时有人作为支持仍然是很有帮助的，即使他们不具备领导一个审核的经验。事实上，这可以是培养未来审核者的好方法。他们可以帮助做记录、评审配置管理和质量保证资料、检查评审结果、见证构建和加载，等等。

　　在我最初进行的审核中，有一次是独自一人完成的。该项目一片混乱，既没有可追踪性，需求、设计和代码也不匹配，更不存在质量保证。我执行了审核，给出了结束报告，然后离开直奔机场。后来，我听说申请者（对该混乱负有一部分责任，因为他们没有执行足够的监督）使用该审核结果重责了供方。申请者有选择地听取了结束报告，并用它把指责统统加于供方。这样，审核的发现被错误地解释和引用。如果有一个见证者，申请者要错误地利用该结果就不会那么容易。

　　相反的情况是，我最近经历了一个很有挑战性的项目，它有太多的符合性问题。这次我有两个队友，一个代表申请者（它不是开发商），另一个是受训生。在审核中，我们分担了工作。这使得我们可以检查更多的资料并从不同的角度检查它们。虽然找到那么多问题不是让人高兴的事，但是评估却全面了许多。后来，该项目被多个合格审定机构评估。由于我们在初始审核中评估得那么全面，后来指出的问题非常少。

---

① 一个现场审核发生在开发商的场所或者有时在申请者的场所（如果申请者和开发商是单独的）。一个桌面审核是通过检查资料远程进行的。许多时候，SOI 1和SOI 4可以远程执行，而SOI 2和SOI 3在现场执行。

审核者建议3 做好准备。为审核做准备是很重要的。这可以包括阅读和重读计划（如果已有变更，或者从上次审核后经过了较长时间）、查看对先前SOI审核的响应，以及关闭先前SOI审核的问题。没有准备的审核将会是低效的。

审核者建议4 体谅和友善。作者发现专业和尊重远远比使用权威让人畏惧更有成效，正如作者听到过这样的说法："蜂蜜比醋的效果好[①]。"人们在被尊重对待和不感到害怕的情况下可以响应得更好。

> 我曾经与一位不接受这个建议的家伙一起工作。他与开发商极其对抗。当工程师或程序员遇到他时会发抖。当他提一个问题的时候，人们不知道怎样回答，所以只能呆看着他。我们戏称该审核者为"前大灯约翰"，因为在他出现的时候每个人看上去都像车灯前面的鹿一样不知所措。人们被过于威吓以至于不能与他自由分享。他的态度转移了人们的思维过程，所以人们无法准确地解释自己知道的事情。

审核者建议5 努力真正理解系统、过程和实现。在一个审核的前面部分，申请者/开发商将提供其系统、软件、过程和状态的一个高层视图。理解项目框架、过程和思想是重要的。事先阅读计划，在报告和演示中进行提问，确保你理解了开发的东西以及它是如何被开发的。在一头扎进细节（树木）之前理解全貌（森林）非常重要。

审核者建议6 事先以及在整个SOI审核中说清意图。每一天，确保把你的意图与申请者/开发商的团队负责人沟通。如果计划有变化，则应当让他们知道。作者经常在每天的开始和结束时安排几分钟来沟通我们进行到了哪里，以及将要如何进行。如果你让他们了解你在想什么，大多数申请者/开发商就会迅速做出响应。

审核者建议7 一开始先让申请者/开发商带领你了解资料。如果你不熟悉该公司，或者项目对于你来说是新的，那么最好首先让申请者/开发商带领你了解他们的资料。让他们给你展示他们的需求、设计、代码、验证用例、验证规程以及验证结果。让他们演示可追踪性是如何工作的。可以让他们做一个自顶向下的追踪（系统需求到高层软件需求，再到低层软件需求，再到代码）和一个自底向上的追踪（代码到低层软件需求，再到高层软件需求，再到系统需求）。在这之后，你就可以感觉顺畅地自己检查资料，或者就让申请者/开发商作为你的"司机"（即根据你的指示操作计算机）。作者倾向于自己操作，而有些审核者喜欢让申请者/开发商操作，使得自己可以腾出手来做记录和提问题。这两种方式都很好，只要确保将你的偏好与申请者/开发商进行沟通。

审核者建议8 坚持得到答案。有时为了彻底搞清一个问题，需要多次努力。不是所有的问题都是明显的。作者发现，查看额外的资料和访谈更多个对象，经常有助于得到一个更清晰的视野。

审核者建议9 随时做记录。执行审核时保持记录是重要的。如果等到事后处理，细节就会变得模糊且可能不完整。作者发现有帮助的做法是，在进行中做草稿记录，每晚清理它们。如果过去了一个或两个晚上，要记住细节就比较困难了。

---

① 与谚语"蜂蜜比醋能捕捉到更多的苍蝇"同义。——译者注

审核者建议10 不要失去可信度。在评估资料时，你会看到大量潜在的问题——有些会最终成为主要的叫停，有些则会仅是次要的羁绊。通常要花费一些时间来衡量问题的重要性。如果一开始总是捡起次要的细节，就会在发现真正重要的问题时得不到申请者/开发商的重视。作者在评估一个相对较新的项目时，一般会把想法保留至少一两天，直到对资料更加熟悉。有时一开始的"大发现"与后来的相比会变得无关紧要。

审核者建议11 了解个性。审核的一个挑战是那些展现出来的有趣的个性。审核确实不是令每个人都感到愉快的。有时现场的压力让人们失态，一些人是对抗性的，一些人完全回避提供有用的信息，一些人神经紧张高度不安，还有一些人做出承诺却不实现。个性因素是说明队友的重要性的另一个原因。有时也许你无法解开与一个人沟通的密码，但你的队友却可以做到这一点。

我最近执行了一个桌面的SOI 1预审核。它是作为一个SOI 1审核开始的，但是计划准备得很糟糕，因此我选择将其降为一个SOI预审核，从而让项目团队有机会在进行真正的审核之前把事情做好。尽管我是好意，团队还是很对抗。他们告诉我说"这不是他们第一次做事"，并且他们有多个FAA批准"在手上"。他们表现得好像我从未看过一个软件计划或读过DO-178B。我感到无语和有些生气。然而，我发现坚持可以生效。在两次令人沮丧的（我称为"凶险"的）会议之后，我终于能够得到团队的倾听，使得我们可以聚焦于技术问题。

多年以前，我自己执行了一个现场审核。审核的结果是可怕的，全世界的蜜都不足以让总结通报变甜。我没有隐讳发现的问题，并且给出了一个针对SQA的发现，即SQA活动的缺乏（他们对一个5年的项目只给出了3个SQA记录）。之后，软件质量工程师（我称他为SQA先生）问我是否可以单独讨论一下。我同意了，他于是把我带到他的办公室。那时天已经黑了，并且他的办公室在大楼的另一端。我们穿过空荡荡的建筑，我开始感到紧张。当我们最终进入他的办公室，远离了其他所有人时，他开始向我吼叫。"你怎么能把我们写成那样？"他喊道，"我会丢掉我的工作！"我的想象力开始狂奔。我想像他拿出一个棒球棒，去向我的头部，把我的身体切成小块，然后把我埋在标校机下面。我立即开始寻找最快的逃脱方式。我说了一些告别的话，并且说我需要去机场赶飞机。最后我终于离开了怒气奔涌的SQA先生，庆幸地活着逃脱了。这是要有一个见证者的又一个原因！

审核者建议12 使用目标作为测量准绳。在审核全程中，重要的是使用目标（无论DO-178B或DO-178C哪一个作为符合性手段，以及任何适用的补充）作为评价准则。作业辅助提问和你的经验都可以提供帮助，但是你要评价的东西是目标。

审核者建议13 保持聚焦并坚持到底。多数审核都至少有一些分散重点的事：资料可能不清晰、人员可能比较奇特，或者事情没有按计划进行。在这些情况下，重要的是保持聚焦，并对问题探究到底。你可能需要要求额外的时间来单独看资料，或者让别的某个人带着你了解资料。

审核者建议14　自始至终沟通潜在问题。一旦你熟悉了项目和公司的过程，并且得到了项目团队的尊重，那么随时发现问题随时提出就比较好。这给了申请者/开发商建立一个策略来解决该问题，以及可能在审核结束之前与你讨论该问题的机会。作者曾经等到总结通报时才将所有问题抛给申请者/开发商，但是很快认识到这种"报告完就走"的方法不是有效的做法。有许多方式来向团队通报发现的问题。一种方式是在每天结束时举行一个简报会议，在上面分享记下的初步问题。最好强调它们是初步的，因为审核还在进行中。另一种选择是在看到问题时就口头通报，使得申请者/开发商可以自己保持一个问题清单。重要的是在审核过程中与正确的人分享信息，使得结束报告和SOI报告只是你们已经讨论过的问题的一个总结。

审核者建议15　在需要时重新安排或降级。有时候，无论你做了多少策划和准备，还是会在开始一个审核之后发现资料没有准备好（换句话说，不符合）。在这种情况下可以有例如以下的多个选择：

- 你可以继续审核，写下发现和观察，让申请者/开发商解决。这一般会导致你不得不在以后重新审核。
- 你可以将审核降级为一个SOI预审核或者一个非正式评估。
- 你可以选择停止审核，以后再来。

还有其他的选择。决定取决于多个因素，包括个人偏好。

审核者建议16　迅速提供报告。一旦你完成SOI审核，尽可能快地提供报告是重要的，使得申请者/开发商可以立即采取行动。作者通常提供一个发现、观察和行动的初步列表，作为总结通报的一部分，然后在一周之内发出官方报告。作者发现，在发现列表中区分普遍性发现和个别性发现是有帮助的。普遍性发现是那些多处指出的发现，因此需要一个项目范围的行动。个别性发现也被指出并需要被修正，但不是普遍性的，只需要对特别的实例加以修正。

作者通常用一个表格的形式记录发现、观察、行动和建议。表格通常用横向纸张的方式呈现，使得申请者/开发商有足够的空间可以响应。每一列描述如下。

- **问题编号**。该列标识表格项的编号。与需求一样，如果一个编号已被用过，最好不再使用这个编号，以便于在报告的其他地方进行交叉引用（例如，如果一个发现被删除了，这个编号仍然保留，并用说明文字对该删除进行解释）。
- **FOCA**。该列将问题分类为发现（F）、观察（O）、建议（C）或行动（A）。发现和行动要求申请者/开发商采取行动。一个观察需要一个响应，但是不一定要求有行动。一个建议通常是一个可能对符合性评估有用的说明。建议不要求申请者/开发商响应或行动。如果需要项目的反馈才能确定分类，则可以使用一个"F?"或"?"。一旦得到项目响应，就可以对分类进行更新。
- **目标**。该列说明与该问题相关的DO-178C（或DO-178B）目标。多数时候，填写DO-178C（或DO-178B）附件A中的表编号就足够了。如果问题存在争议，则需要指出特定的DO-178C（或DO-178B）目标号和节号。

- **普遍性？** 该列填"是"，表示是一个普遍性问题。
- **资料。** 该列标识问题所在的文档或资料项。如果是一个一般性问题并且没有特定的文档，就可以使用"一般性"。在报告的有些地方，资料版本也应当加以标识。
- **问题描述。** 该列标识问题。它应当是具体的，包括章节、需求编号、代码行、摘录等，并清楚解释发现的问题。
- **申请者/开发商响应。** 该列由申请者/开发商对问题进行响应。对响应签上日期和姓名是一个好的实践，因为有时候在问题解决之前会有多次更新。
- **评价。** 该列总结SOI负责人对问题的评价。建议对评价意见签上日期和姓名。如果申请者/开发商的响应是要采取额外的行动，则应当对预期的行动进行说明。如果申请者/开发商的响应是可接受的，对此进行陈述并关闭问题。如果申请者/开发商的响应是可接受的，但是要求一些将来的行动（可能在一个后面的SOI中），则应当标明。作者通常用蓝色字体标识需要将来行动的响应，使得可以记住在下一个SOI中跟进。
- **状态。** 状态列也由SOI小组负责人更新。典型的选项包括：开放、工作中、响应可接受、关闭。目标是让所有的项变为关闭状态。

表12.3给出了作者通常包含在一个SOI报告中的章节的总结。

表12.3　SOI报告提纲样例

1.0　引言
　　1.1　目的——包含对项目和SOI审核与报告的目的的简要概括。
　　1.2　报告概览——提供对报告的一个概览。
　　1.3　审核日期——标识何时执行的SOI。
　　1.4　参加者——标识参加的审核组和申请者/开发商的团队成员。
　　1.5　检查的资料——列出检查的资料及其配置标识（文档编号和版本）。
2.0　发现、观察、行动和建议总结——本节包含前面描述的FOCA表。
3.0　作业辅助提问——包含对特定SOI审核的每个作业辅助提问的响应。这通常用一个表格的形式呈现，使用作业辅助表并增加一个评价列。一些作业辅助提问可能在下一个SOI中评价，在这种情况下，应当指明（作者用蓝色作为提醒，使得在下一个SOI中不会忘记）。
4.0　目标符合性评估——包含对每个DO-178C（或DO-178B）目标的符合性的评价。
5.0　支持信息——包含可用于支持前面章节的细节，例如来自测试见证的记录，或检查的需求的细节。

12.4.5　对被审核者的一般建议

对于被审核者（被审核的申请者或软件开发商），以下给出了一些建议。

被审核者建议1　指派一个联络人与SOI审核组负责人接洽。这通常是软件项目负责人。如果SOI审核者是合格审定机构，那么联络人可以是该项目的委任者，例如一个委任工程代表（DER）。联络人将处理SOI审核组负责人与项目组的协调事宜。

被审核者建议2　与SOI审核组负责人协调，从而理解计划和议程。指派的联络人与SOI审核组负责人协调，确保充分理解SOI审核的后勤、议程以及期望。多数协调可以通过电子邮件处理，不过有时用电话或远程会议更好。

被审核者建议 3　执行一个自审核，并对任何已知的问题（以及如何解决的）诚实。在进行一个正式 SOI 审核前，强烈建议事先进行一个预审核（SOI 前审核）。如果正式 SOI 审核将由一个委任者执行，那么预审核可以由 SQA 和一个项目组成员执行。如果正式 SOI 审核将由合格审定机构执行，那么预审核可以由委任者或合格审定联络人执行。

被审核者建议 4　做好准备。在 SOI 审核组到达时，资料和人员都要准备就绪。如果让审核者不得不等待被审核者召集人员和资料，他们就会感到郁闷。审核中的第一印象很重要，并且难以消除。不要让"缺乏准备"成为审核者记下的第一件事。如果你不确定期望什么资料，就事先弄清楚。不是所有的软件组成员都需要全程在场，但是他们在审核中应该能够随叫随到。如果审核期间一个关键的开发人员或验证人员或工程师负责人不在，就要保证让审核组负责人事先知道此事，审核组可能选择推迟审核。作者开玩笑说：当开始一个审核时，关键人员有一整天的牙医预约、休假，或者祖母葬礼（第三次），是多么"巧合"的事情。显然，安排上的冲突会发生，但是尽一切可能让关键人员在场。通常，SQA 和团队负责人要参加整个审核过程。

被审核者建议 5　准确简洁地呈现项目。在一个例行审核中，申请者/开发商有半天时间讲述项目情况。明智地使用该时间，因为它将为后面的审核定调。提供一个对系统、软件体系结构、过程以及已知问题的准确而简洁的概览。如果是 SOI 3，则还需解释测试方法。提供需求、设计、代码和测试数据的简要浏览，帮助 SOI 审核组理解项目的方法和资料构成。提供可以让审核者有效开展工作的背景信息和概览。尽可能做到简洁并且完整。审核者如果怀疑有人在浪费自己的时间，就会感到恼火。作者曾经审核过的一个公司试图把他们的演示扩展到整个 3 天的日程，虽然日程中已经明确指出，他们需要在第一天的中午就完成演示。当作者说想要在午饭后看到资料时，他们竟然表现得很吃惊。

被审核者建议 6　诚恳、合作和积极。审核不是让每个人开心的事，但是可以处理得职业化。诚恳、合作和积极的申请者/开发商团队几乎总可以最终形成一个更好的 SOI 报告。态度确实很重要。一个不合作的态度带来怀疑和细查，而一个合作的态度和行为建立起信任。

被审核者建议 7　把经验看成提高的机会。和任何领域一样，在执行 SOI 审核的人中会有一些"初出茅庐者"。然而，大多数 SOI 审核者拥有丰富的经验。他们已经看过大量的项目，具有大量的知识。最好把 SOI 审核看成一个学习的机会，而不是一个折磨。作者工作过的最好的公司都渴望学习如何提高。

被审核者建议 8　确保团队全面理解任何发现，包括 DO-178C（或 DO-178B）基础。理解 SOI 审核组写下的发现和行动是重要的。偶尔地，一个发现确实只代表一种观点。如果怀疑是这种情况，则应当巧妙地询问一下没有得到满足的 DO-178C（或 DO-178B）目标。同时，确保理解哪些发现是普遍性的（适用于整个项目），以及哪些是个别性的，因为这对响应的影响很大。如果存在疑惑，就要请求澄清。

被审核者建议 9　认真对待发现，并跟进解决。从概念上，一个发现就是在合格审定之前必须解决的一个不符合的情况。因此，要求采取行动。

多年以前，当我还是一个资历尚浅的FAA工程师时，我在一个首次做DO-178B项目的公司执行了对一个飞行控制系统的相当于SOI 2的审核（这是在作业辅助出现之前，所以还不存在SOI的术语）。他们已经做过多个军用项目，但是刚刚学习DO-178B和与FAA打交道。我执行了审核，提交了一个带有许多普遍性发现的报告。该项目有一个DER，所以我依靠DER来执行后续的工作。一年以后，我回来进行相当于SOI 3的审核。让我吃惊的是他们还没有解决任何SOI 2审核的发现。这对每个人都是悲剧，并且影响了整个合格审定进度。每个人都通过这件事得到了教训，包括我自己。我现在会跟进以确保采取了行动，即使技术上而言这不是我的工作。

被审核者建议10　记录团队如何处理发现、行动和观察。尽可能早地开始致力于对SOI问题进行响应。典型情况下，SOI审核会生成一个带有发现、行动和观察清单的审核报告。报告通常是表格形式的，从而仅需增加一列作为项目的响应。如果列表不是以表格格式提供，那么作者建议把它放入一个表格格式（有些公司使用电子表格，因为它便于排序和过滤）。确保对所有的发现、行动和观察做出响应。观察无须被解决，但确实需要被响应。如果你有任何问题，就要从SOI审核组负责人或你的委任者那里获得澄清。一旦准备好了对所有发现、行动和观察的响应，把响应提供给审核组负责人并得到反馈。许多时候，需要多次迭代以达到对所有问题的认同。在有些情况下，安排一个电话会议或者见面讨论问题，比来来往往的电子邮件更便捷。

12.4.6　介入阶段审核细节

本节说明4个SOI审核中的每一个的更多细节。讨论以下话题：

- 一个SOI审核的典型入口准则（在可以执行一个SOI审核之前要完成的事项）；
- SOI审核组在审核中的典型工作；
- 如何准备一个SOI评审。

12.4.6.1　SOI 1入口准则、期望和准备建议

SOI 1：何时发生

SOI 1审核发生在申请者/开发商已经评审计划和标准并建立基线之后。如果SOI审核是由一个合格审定机构进行的，那么他们通常要求审核已发布的资料。如果SOI审核是由一个委任者执行的，那么他可以评价发布前的资料（但仍然要求已经建立基线）。对于资料发布的期望应当从SOI审核负责人那里得到明确。

SOI 1：期望什么

SOI 1审核经常是远程进行的。在这种情况下，SOI审核组负责人会要求提供计划和标准。典型情况下，SOI审核组将用至少一个月的时间来检查资料，然后书面给出问题总结——一般在一个SOI审核报告中。也可能有电话会议或会面来讨论指出的问题。以下是SOI审核组通常做的事情。

- 在评价之前确保计划和标准是纳入配置控制的。如果花费40个小时评审了一组资料，然后发现什么都变了（没有变更跟踪），就会令人沮丧并给审核者带来更多工作。

- 使用DO-178C的11.1节至11.8节来确保计划中包含所有期望的内容。资料的打包可以与DO-178C建议不同（例如，标准可以在一个SDP中，或者SDP和SVP可以合并），然而，DO-178C的11.1节至11.8节的基本内容需要被包含在计划和标准中。

- 使用DO-178C附件A来确保计划关注了所有适用的目标。审核者通常要确认PASC关注了所有适用的目标。PSAC可以不涉及细节，但是应当说明每个目标如何被满足。审核者还将确定SDP、SVP、SCMP和SQAP提供了目标如何得到关注的细节。

- 检查额外考虑的细节（例如工具鉴定）。审核者要确认额外的考虑得到足够的解释，并且所描述的方法是可以接受的。

- 确保计划是一致的。审核者要确认计划既是内部一致的（每个计划的内容是一致的），又是外部一致的（所有的计划是一致的）。

- 确保计划中关注了问题纪要（或对等物）。在一些情况下（例如TSO项目），可以不包含问题纪要编号，但是仍然应当有证据说明问题得到了关注。例如，即使在PSAC中没有提到基于模型的开发的问题纪要，也应该有一节解释基于模型的开发是如何实施的。对于特定于某个航空器或发动机的软件，软件相关的问题纪要（或对等物）以及项目的响应通常在PSAC中总结。

- 检查标准以确保它们存在、可用、被使用，并且适合于项目。

- 如果有任何工具鉴定计划是独立于PSAC的，就要用DO-330对其进行评价。如果工具是在DO-178C和DO-330被采用之前开发的，则应当使用DO-178B和FAA规定8110.49或EASA CM-SWCEH-002准则。

- 询问项目是如何使用计划和标准的。审核者可能想要知道项目是如何保证计划得到遵守的。许多公司有强制的培训和学习，在审核中可以检查培训和学习记录。

SOI 1：如何准备

以下是如何准备SOI 1的一些建议。

- 使用DO-178C的11.1节至11.8节的指南完成所有的计划和标准。

- 如果需要，则使用DO-330指南完成工具鉴定计划。

- 对计划和标准执行一个同行评审，包括计划和标准的共同评审。

- 确保计划之间的一致性。这通常在计划的同行评审中进行评估。

- 执行一个对DO-178C目标的映射。正如第5章指出的，提供一个DO-178C目标、PSAC以及其他计划之间的映射是很有帮助的。如果使用了任何DO-178C补充，则计划也应当映射到那些目标。

- 在SOI审核之前修正任何计划问题。同行评审中指出的任何问题应当在正式的SOI审核之前解决。

- 将计划纳入配置控制。

- 确保标准存在、已经针对DO-178C准则进行了评审、适用于项目，并被开发团队使用。

- 确保所有的团队成员了解和遵守计划、规程和标准。
- 在计划的开发和评审中考虑作业辅助提问。
- 在正式SOI审核之前，提供对所有作业辅助提问的响应。

12.4.6.2　SOI 2入口准则、期望和准备建议

SOI 2：何时发生

典型情况下，SOI 2发生在至少50%的代码已经被开发和评审之后。有时，可以提前进行一个初步SOI 2（一个降低风险的非正式活动），但是正式的SOI 2通常要求一个更成熟的产品。

SOI 2：期望什么

SOI 2通常在现场执行。依赖于项目的规模和特点，它可以实际通过多个阶段执行。例如，作者曾在一个项目中作为一个咨询DER（和SOI组负责人），该项目被分解为47个特征（每个特征有500到5000行代码不等）。由于这些特征是由不同的团队在不同的地理位置开发的，并且这是一个高风险项目，FAA要求对每个特征（所有47个）进行审核。因此，为了检查所有的特征（一些麻烦的特征被多次检查），SOI 2被分为5个阶段。对于初始SOI 2产生大量普遍性发现的项目，SOI审核将一直执行到全部问题得到解决。作者将此比喻为烘烤蛋糕——你不断地拿牙签扎进去试（执行SOI 2评审），直到蛋糕完全烤好，牙签上干干净净（即不再有普遍性问题被发现）。

以下是SOI审核组通常在审核中做的事情的总结。

1. 关闭SOI 1审核报告。任何没有关闭的来自SOI 1审核的问题一般要在SOI 2审核的一开始讨论和解决。多数SOI 1审核问题期望在SOI 2审核之前解决，因为关闭SOI 1审核被作为给合格审定机构提交PSAC的一个前提条件。然而，也可能会有一些项目较晚进行SOI 1审核，并直接进入SOI 2审核。

2. 要求申请者/开发商演示一个自顶向下的需求追踪（系统需求到软件需求，再到软件设计和源代码）和一个自底向上的追踪（源代码到软件设计，再到软件需求和系统需求）。正如前面指出的，该活动的目的是让审核者熟悉申请者/开发商的资料和追踪机制。

3. 挑选几个需求追踪线索，执行自顶向下和自底向上的一致性检查。SOI审核者通常从以下方面考虑挑选不同的线索。

　　a）功能：从不同的功能区域挑选线索。

　　b）开发团队：从不同的开发团队挑选样本资料（确保每个团队都遵守了定义的过程和标准）。

　　c）复杂性：挑选一些容易的线索和一些复杂的线索。一些团队对有难度的功能处理得好，对容易的事情则过于放松（或者相反）。

　　d）已知的问题：如果有已知的问题区域（已通过实验室测试、航空器测试或问题报告标识），那么审核者可以在该功能区域中取样资料，以确定是否有普遍性问题。

　　e）安全性特征：经常挑选与安全性最相关的需求以确保它们得到正确实现。

4. 评价可追踪性的完整性和准确性。这在执行线索追踪时进行。

5. 在需求、设计和代码中寻找不一致性。审核者还会评价低层需求和/或代码是否完全实现了它们向上追踪的需求。

6. 对开发过程中使用的任何需要鉴定的工具，检查工具鉴定资料。此外，可能要对所有工具进行一个评价，以确保鉴定决定的正确性（即确认所有需要鉴定的工具得到了鉴定）。

7. 评价对计划和标准的符合性。

8. 检查评审记录和完成的检查单（确保评审是全面的，并完成了适合的检查单）。

9. 查看问题报告和/或变更请求以及变更过程。

10. 确保（在SLECI或SCI中）标识的开发环境得到使用，包括编译设置/选项。

11. 评价SCM过程。

12. 见证构建过程，保证编写的规程是可重复的。

13. 检查SQA记录和访谈SQA人员。

14. 如果有测试用例存在，则审核者可以从中取样，以确保测试活动是在正确的道路上（这在SOI 2中是一个非正式评估，但是对于及早反馈和SOI 3风险降低是有帮助的）。

SOI 2：如何准备

以下是对于准备SOI 2审核的一些建议。

- 指派一个联络人与SOI审核组负责人协调。
- 确保先前的SOI审核问题已经得到解决。在SOI 2审核之前，向SOI审核组负责人提供响应。
- 保证所有的资料是可得到的（依赖于审核组的规模，可能需要多个工作站）。一些审核者可能需要一些资料的实体副本，所以要做好打印的准备。
- 使用作业辅助提问执行一个SOI 2预审核。记录对作业辅助提问的回答，供审核组考虑。
- 标识任何已知的问题（包括预审核中发现的问题）以及解决它们的计划。
- 执行一些初步的线索追踪，以确保资料是准备好的。这可以是SOI 2预审核的一部分。初步线索可以在后来作为向SOI审核组演示的样例。
- 保证开发团队已经遵守计划和标准。标识任何偏差或缺陷，连同计划的解决方案。
- 准备一个关于系统、使用的过程、状态和任何已知问题（以及正在采取的纠正行动）的演示。
- 确保评审记录是完整且可得的。
- 如果鉴定了任何用于开发过程的工具，例如一个代码生成器或一个编码标准符合性检查器，则要使工具鉴定资料可以得到。
- 确保可追踪性资料是准确且可得的。
- 协调审核日程，确保所有的团队成员知道预期什么。有必要召集开发团队全体开会讨论。如果团队第一次接受审核，就要让大家知道应该如何响应。鼓励他们诚实和准确地回答，并且只对直接询问进行回答。

- 让合适的软件开发人员在审核中可以到场。
- 在SOI 2准备和实际SOI 2活动中纳入SQA，因为SQA可能负责确保进行纠正。

12.4.6.3　SOI 3入口准则、期望和准备建议

SOI 3：何时发生

SOI 3通常发生在至少50%的测试用例和规程已经被开发和评审之后。此外，在SOI 3审核中，需要一些样本资料或者一个良好定义的方法用于以下这些分析（适合于软件等级的）：结构覆盖、数据和控制耦合、最坏情况执行时间（WCET）、栈使用、内存余量、中断、源代码到目标代码的可追踪性等。

SOI 3：期望什么

与SOI 2审核一样，SOI 3审核通常在现场执行，并且可能发生在多个阶段，依赖于项目规模和遇到的挑战。以下是SOI 3审核组的典型现场工作的总结。

1. 检查上次SOI审核以来的开放事项，并且关闭它们或者决定额外需要的行动。

2. 检查从SOI 2审核以来开发的额外资料，例如新的需求、设计和代码，以确保使用了同样的过程，或者过程问题得到了一致的解决。

3. 选择一些高层需求，检查对应的测试用例和规程，保证它们具有以下特性。

  a）可追踪性。确保需求与测试用例、测试用例与测试规程，以及测试规程与测试结果之间的双向可追踪性存在并且是准确的。

  b）完整性。确保整个需求得到测试。

  c）健壮性。确保需求已经针对健壮性得到检查（如果适用）。

  d）适合性。确保测试正确地检查了需求、是有效的、有通过/失败准则等。

  e）可重复。确保测试规程是清晰的，可以被不编写测试规程的人运行，确认每次运行测试可以得到相同的结果。

  f）通过。确保测试产生了期望的结果，通常在这个时点只检查非正式的结果（正式结果在SOI 4中检查）。

4. 选择一些低层需求并检查它们对应的测试资料，以确保它们有与高层测试同样的特性（可追踪性、完整性、健壮性、适合性、可重复、通过）。

5. 检查测试用例和规程评审记录，以确保评审是全面的，并且完成了适用的检查单。

6. 检查结构覆盖资料，以确保覆盖性得到了正确的度量和分析。结构覆盖分析可能正在进行中，但是可以检查一些资料，以确保方法关注了DO-178C目标。

7. 检查用于集成分析的已有资料，例如数据和控制耦合、时间和内存。这些分析可以仍在进行中，但是应该定义了整体的方法，形成了一些草稿资料。要仔细地检查分析的可重复性。

8. 检查测试中的集成的适合性，以证明具备DO-178C要求的软件/软件和软件/硬件集成。如果在测试中使用了大量断点，或者测试是基于模块的而不是集成的，那么集成方法将被仔细地检查。

9. 确保所有的需求得到测试。如果使用分析或代码审查，则将对方法进行检查，以确定其足以证明可执行目标代码满足标识的需求。

10. 对验证过程中使用的任何需要鉴定的工具，评价其工具鉴定资料。其他工具也会被检查，以确认它们无须鉴定。

11. 评价问题报告，以检查是否得到完整填写，包括描述、分析、修改，以及对开发和测试资料的更改的验证。

12. 评价作为验证活动的一个结果的更改的实现。

13. 见证测试运行，以确保可重复性。

14. 确定测试资料和验证资料是否被纳入配置控制和变更控制。

15. 查看 SCM 记录中的变更或增加的需求或测试用例/规程。

16. 查看与测试过程和集成分析相关的 SQA 资料，并访谈 SQA 人员。

17. 评价验证环境的正确性（即确保与 SLECI 或 SCI 中标识的环境一致）。

SOI 3：如何准备

以下是对如何准备 SOI 3 的一些建议。

- 指派一个联络人与 SOI 审核组负责人协调。
- 确保先前的 SOI 以来的事项已经解决，并准备好与审核者讨论它们。
- 准备好报告测试方法、测试资料、状态、已知问题、结构覆盖方法，以及其他分析的一个概览。
- 确保验证用例与规程已经得到评审。如果不是全部得到评审，则应当清楚地标识哪些已经得到评审，因为 SOI 审核通常关注这些方面。
- 使验证用例、规程以及评审记录在审核中可以得到。如果除验证计划以外存在一个单独的测试计划，将它提供给审核者，并给出一个其内容的概览。
- 提供验证结果。在项目的这个时点，验证结果可能来自验证的试运行或者甚至更加非正式的运行。审核者主要是想要看到你准备怎样运行和记录测试结果（以确认有组织、完整和可重复）。
- 准备好为审核者进行见证而运行选择的测试。使用规程运行测试，而不是凭记忆运行。
- 让需求与验证用例、验证用例与验证规程、验证规程与验证结果（如果存在）之间的双向追踪资料在审核中可以得到。如果结果还不存在，则应当准备一个样例，说明对结果的追踪将如何执行。
- 准备好展示对高层和低层需求（除了 D 级软件，它不要求低层测试）的正常和健壮性测试资料。
- 使结构覆盖、数据和控制耦合，以及其他分析资料可以得到。确保每个分析的技术专家可以到场，并准备好对方法进行解释。
- 确保 SLECI 或 SCI 中标识的测试环境被测试者使用。
- 如果工具已得到鉴定，则应当准备好工具鉴定资料以备检查。
- 事先研习作业辅助提问，标识任何已知的问题，并准备好作业辅助提问的答案，以供审核者参考。

- 协调审核日程，确保所有的团队成员知道预期什么。与审核团队全体一起开个会是很有帮助的。如果团队第一次接受审核，就要让大家知道应该如何响应。鼓励他们诚实和准确地回答，并且只对直接询问进行回答。
- 让合适的测试人员在审核中可以到场。
- 在SOI 3准备和实际SOI 3审核中纳入SQA，因为SQA可能负责确保进行纠正。

12.4.6.4　SOI 4入口准则、期望和准备建议

SOI 4：何时发生

SOI 4发生在先前的SOI审核问题已经解决，并且验证结果、SCI和SAS已经得到评审和建立基线之后。如果SOI审核是由一个合格审定机构执行的，那么他们通常要求审核已发布的资料。如果SOI审核是由一个委任者执行的，那么他可以在SOI审核中评价发布前的资料（仍然要求已经建立基线），并在关闭SOI之前审核已发布的资料。

SOI 4：期望什么

SOI 4审核经常是远程进行的，但是一些审核者喜欢现场完成，特别是在先前的SOI中有大量问题时。采取现场还是桌面方式可以取决于项目的特点和审核者的偏好。以下是SOI 4审核组的典型工作。

1. 浏览所有先前的SOI发现、行动和观察，以确保它们都得到了满意的解决，并关闭SOI 3报告（以及先前没有关闭的任何其他SOI报告）。

2. 检查从上次SOI审核以来新增的资料，以确保使用了同样的过程，或者过程问题被一致地解决（例如，新的测试用例/规程、测试结果、完成的结构覆盖数据，以及各种分析结果）。

3. 检查软件验证结果。

4. 评价分析以及对结构覆盖分析没有覆盖的任何代码的理由说明。

5. 检查最后的SCI和SLECI的正确性，以及与已发布的资料的一致性。

6. 确保所有问题报告被正确关闭或处置。

7. 审核SAS并确保：

　　a）任何协商得到编档（例如，无关代码或系统的限制）；

　　b）计划的偏差得到编档；

　　c）开放/推迟的问题报告得到分析，针对安全性、性能、操作或规章符合性影响；

　　d）SAS与项目中的实际情况相符。

8. 检查工具配置索引和工具完成总结（如果使用了任何TQL-1[①]到TQL-4等级的工具，或者如果一个TQL-5等级的工具有一个独立于SAS的工具配置索引和/或工具完成总结）。关于工具鉴定的信息详见第13章。

9. 检查SCM记录。

10. 检查SQA记录。

11. 检查符合性评审结果。

---

① TQL是在策划阶段指定的工具鉴定等级。

SOI 4：如何准备

以下是对如何准备 SOI 4 的一些建议。

- 确保先前的 SOI 以来的问题已经得到解决，并准备好讨论它们。
- 确保完成 SCI、SLECI、SVR 和 SAS。评审它们，并解决评审中提出的问题。
- 确保已经完成软件符合性评审，并且已经解决所有问题。使符合性评审记录可以得到。
- 准备展示任何在先前的 SOI 中没有评价的资料（例如，最终验证结果、结构覆盖数据、数据和控制耦合资料、WCET 分析、栈使用分析、链接器分析、内存映射分析、加载分析，以及源代码到目标代码的分析）。
- 事先研习作业辅助提问，解决提出的任何问题，准备好作业辅助提问的答案，以供审核者参考。还要确保任何在先前的 SOI 审核中没有回答的作业辅助提问（例如 SOI 3 提问）都得到了回答。

12.5　合格审定飞行试验之前的软件成熟度

在合格审定工作中总是出现的一个问题是：“软件在可用于官方飞行试验之前要有多成熟？”软件需要在可以成功执行系统层和航空器层测试之前得到证实。有合格审定规章和指南从根本上要求系统在官方的 FAA 飞行试验[①]之前处于一个可审定状态。

理想情况是，在使用软件的系统进行合格审定飞行试验之前，完成所有的 DO-178C 符合性活动。合格审定机构当然喜欢这样的成熟度状态。然而，由于软件经常是最晚成熟的部分之一，理想状态经常是不可行的，因此合格审定机构给出了软件成熟度准则。目前软件成熟度准则还没有牢固建立，因此出现不同项目有差别的情况。不过，有一些一般性的指南通常可以作为协商的起点。以下准则通常用于确保软件足够成熟，可以用于合格审定飞行试验[5]。

1. SOI 审核 1 至 3 已经执行，并且所有的重要发现（不符合）得到关闭。重要的审核发现是指那些可能影响安全性、性能、操作和/或符合性确定的问题，因此它们需要在软件的飞行试验之前解决。

2. 在合格审定飞行试验之前，软件应当处于一个生产（黑标）相当状态。这意味着对于飞行试验航空器中的软件（即将要实际安装在审定和生产的航空器上的软件）有高度的信任。对于软件达到生产相当的信任通常要求：

a）所有分配到软件的系统需求已经在软件中实现。

b）所有基于软件需求的测试（包括高层、低层、正常和健壮性测试）已经在目标机上执行[②]。软件测试的执行意味着：测试用例和规程已经得到评审；测试环境、测试用例和规程、测试脚本，以及被测软件纳入配置控制；测试已经执行，并且结果已经保留和受控；对于任何测试失败建立了问题报告。

---

① 规章包括《美国联邦法规》第 14 篇的第 21.33(b)，21.35(a)，以及 XX.1301（其中 XX 可以是 23，25，27 或 29）部分。FAA 规定了 8110.4［　］的第 5 节至第 19 节，条目 d～f 也提供了指南。

② 最好是正式执行的软件测试。不过有些情况下，如果试运行测试是完整的（所有的需求得到了检查）和成功的（没有不可接受的失败），那么试运行测试的执行也是可接受的。

c）任何影响功能和安全性的重要软件问题得到纠正、验证，并纳入将要用于飞行试验的软件。

d）生成了SCI，符合DO-178C的11.16节，并与将要安装用于飞行试验的软件一起提供。

任何不满足这些准则的软件，通常需要在合格审定飞行试验之前，与合格审定机构进行特别协调。这种情况下可能要有大量的协商工作。许多时候，软件被认为是成熟的，于是执行了飞行试验，然后软件发生了变更。在这种情景下，根据系统和软件层的变更影响分析，可能需要重新执行一些或全部的飞行试验。

第四部分

工具鉴定和DO-178C补充

第四部分说明（美国）航空无线电技术委员会（RTCA）的SC-205专门委员会和欧洲民用航空设备组织（EUROCAE）的WG-71工作组[①]开发的4份技术特定指南文件：

- DO-330/ED-215，软件工具鉴定考虑；
- DO-331/ED-218，DO-178C和DO-278A的基于模型的开发与验证补充；
- DO-332/ED-217，DO-178C和DO-278A的面向对象技术与相关技术补充；
- DO-333/ED-216，DO-178C和DO-278A的形式化方法补充。

第4章已经给出了SC-205/WG-71产生的这些文件及其与DO-178C的整体关系的简要概览。每份文件超过100页，因此详尽的说明是不可能的。本书用4章分别对应这4份文件，其中第13章讨论DO-330和工具鉴定，第14章简要说明基于模型的开发与验证和DO-331，第15章覆盖DO-332和面向对象技术以及一些相关技术，第16章综述形式化方法和DO-333。

由于每份文件都是建立在DO-178C上的，DO-178C已在第5章至第12章具体讨论，第四部分说明DO-330、DO-331、DO-332和DO-333与DO-178C的关系，并标识主要差别。每一章都对所标识的技术、与DO-178C的关键区别，以及在应用指南时很可能遇到的一些挑战，给出了一个概述。这些概述的目的是给出4份文件的概览，并帮助更好理解如何应用它们。

[①] 包含EUROCAE的ED-编号用于引用的目的。EUROCAE的ED-文件与RTCA的DO-文件是相同的，除了页面大小不同以及增加了法语翻译。第四部分中将只引用RTCA文件编号。

第13章　DO-330和软件工具鉴定

13.1　引言

软件工具是"一个计算机程序或它的一个功能部分,用于帮助开发、转换、测试、分析、制造或修改另一个程序及其数据或文档"[1]。工具在软件生命周期过程,以及其他领域例如系统、可编程硬件和航空数据库中的使用,在近年得到爆发。作者最近工作的一个项目使用了大约50个软件工具。这是一个巨大的项目,有许多特别的需要,因此不算典型。但是,的确说明了工具的使用是如何增长并将持续增长的。表13.1说明了软件生命周期中的工具的通常使用方式,将其分为三类:开发工具、验证工具和其他工具。

表13.1　软件生命周期中的工具的通常使用方式

开发工具	验证工具	其他工具
• 需求捕获和管理 • 设计 • 建模 • 文本编辑 • 编译 • 链接 • 自动代码生成 • 配置文件生成	• 调试 • 静态分析 • 最坏情况执行时间分析 • 模型验证 • 编码标准符合性检查 • 追踪验证 • 结构覆盖分析 • 自动化测试 • 模拟 • 仿真 • 自动测试生成 • 配置文件验证 • 形式化方法	• 项目管理 • 配置管理 • 问题报告 • 同行评审管理

工具不能代替人的头脑。但是,它们可以防止错误,以及识别人类可能注入或未能识别的错误。工具可以帮助工程师更好地工作,使他们可以专注于那些需要工程技巧和判断的更有挑战性的问题。

有些工程师抵制使用工具,有些则走向另一极端——使用工具做每件事。在使用工具成功开发那些完成预期功能的软件时,必须达到一个最佳的中间点。

作者在2004年被委任主持了"软件工具论坛"。论坛由安柏瑞德(Embry-Riddle)航空大学和美国联邦航空局(FAA)共同赞助。该活动的意图是评估航空业中工具的现状,发现需要解决的问题,使得航空工业能够安全地收获工具的益处。来自工业界、政府和学术界的大约150人参加了该论坛。论坛的目标是分享航空项目中使用的软件工具的信息,讨论航空业中迄今使用软件工具的经验教训,讨论安全关键系统中的工具的挑战,以及研究下一步的方向。

在论坛结束时，举行了一个头脑风暴环节，来识别航空业中有效使用工具方面的最重要问题。头脑风暴环节识别了6个类别的需要，工业界对这6种需要进行了优先排序。前5个类别是特定的，最后一个是对杂项问题的收纳。这6个类别按照优先顺序列举如下（第1项至第3项比第4项至第6项的权重高得多）：

1. 需要修改开发工具鉴定准则；
2. 需要建立基于模型的开发工具的准则；
3. 需要制定使工具鉴定置信度可以从一个项目带到另一个项目的准则；
4. 需要制定自动代码生成器使用和鉴定的不同方法；
5. 需要考虑集成工具带来的新挑战；
6. 需要考虑的一些杂项工具问题。

在举行工具论坛之后不久，（美国）航空无线电技术委员会（RTCA）的SC-205专门委员会和欧洲民用航空设备组织（EUROCAE）的WG-71工作组联合委员会建立，进行DO-178C的更新并提供多个技术领域的必要指南。工具论坛和其他来源的建议被输入给委员会，SC-205/WG-71工具鉴定子小组[1]认真研究了这个问题，并编写了关注该问题的指南，其结果是对DO-178C的12.2节的更新，以及DO-330，即《软件工具鉴定考虑》的产生。在为完成SC-205/WG-71所花费的6年半时间里，作者还评审和批准了几十个软件工具及其鉴定资料。软件工具鉴定专题可谓是作者的"心头好"。

本章提供DO-178C的12.2节以及DO-330的一个概览，目的是解释一个工具什么时候需要被鉴定、要求什么等级的鉴定，以及如何鉴定。DO-330有128页长，因此只给出了概览。本章的注意力是在DO-330对于工具开发商和用户的最关键方面。也讨论了DO-178B与更新的指南之间的差别，因为目前正在使用的工具中有许多是使用DO-178B准则进行鉴定的。此外，还讨论了一些与工具鉴定有关的特别话题，以及在鉴定或者使用已鉴定的工具时要避免的一些潜在陷阱。

13.2 确定工具鉴定需要和等级（DO-178C的12.2节）

表13.1标识了软件生命周期中对工具的通常使用。这些工具中的一些可能需要鉴定，其他的则可能无须鉴定。本节讨论DO-178C的12.2节，从而回答以下问题：

- 什么是工具鉴定？
- 什么时候需要工具鉴定？
- 一个工具必须被鉴定到什么等级？
- DO-178B和DO-178C指南在工具鉴定上有何不同？

当软件工具去除、减少或者自动化了DO-178C要求的过程时，其输出就是没有得到验证的，而工具鉴定则是使这样的工具获得合格审定置信度的过程。工具鉴定的授予是与使用工

---

[1] 作者担任副组长。

具的软件的批准相关联的，不是一个孤立的批准。工具鉴定过程提供了对工具功能的信心，该信心至少与被去除、减少或自动化的过程相当[2]。工具鉴定活动要求的严格程度"随着一个工具错误对于系统安全性的潜在影响以及软件生命周期过程中的工具整体使用而不同。一个工具错误不利影响系统安全性的风险越高，工具鉴定所要求的严格程度就越高"[2]。图13.1显示了确定一个工具是否需要鉴定以及需要鉴定到什么等级的过程。

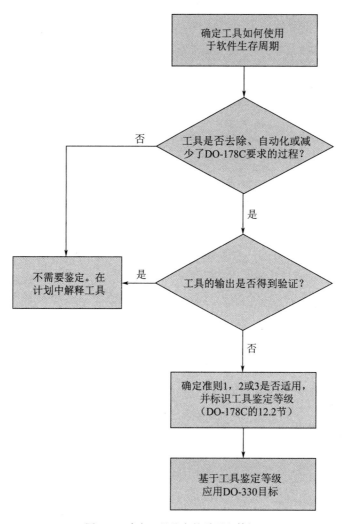

图13.1　确定工具鉴定的需要和等级

　　DO-178B定义了两类工具：软件开发工具和软件验证工具。由于这两个类别经常被绑定于生命周期阶段而不是工具的影响，DO-178C没有使用术语"开发工具"和"验证工具"，而是标识了聚焦于工具可能产生的潜在影响的3个准则。表13.2显示了DO-178B工具类别与DO-178C工具鉴定准则的比较。

表13.2　DO-178B工具类别与DO-178C工具鉴定准则的比较

DO-178B工具类别和定义	DO-178C工具鉴定准则和定义
开发工具： 　其输出是机载软件的一部分，因而可能引入错误的工具 **验证工具：** 　不会引入错误，但是可能检测不出错误的工具	准则1：该工具的输出是结果软件的一部分，因此可能注入一个错误 准则2：该工具自动化了一个（些）验证过程，因而可能检测不出某个错误，并且其输出用于证明去除或减少以下过程是合理的： ● 未被工具自动化的验证过程 ● 可能对机载软件有影响的开发过程 准则3：该工具在其预期的使用范围内，可能检测不出某个错误

来源：RTCA DO-178C, *Software Considerations in Airborne Systems and Equipment Certification*, RTCA, Inc., Washington, DC, December 2011;

　　RTCA DO-178B, *Software Considerations in Airborne Systems and Equipment Certification*, RTCA, Inc., Washington, DC, December 1992.

DO-178C的"准则1工具"与DO-178B中的开发工具的鉴定过程非常相像。准则1工具的例子包括自动代码生成器、配置文件生成器、编译器、链接器、需求管理工具、设计工具，以及建模工具。类似地，DO-178C的"准则3工具"与DO-178B中的验证工具的鉴定过程基本相同。这些工具的例子包括测试用例生成器、自动化测试工具、结构覆盖工具、数据耦合分析工具，以及静态代码分析器。DO-178B与DO-178C之间的主要区别是：DO-178C引入了第三类工具"准则2工具"。这种特殊类别的需要主要是受驱动于：考虑到未来有工具可能做出比今天的验证工具更关键的决策，却没有像今天的开发工具那样对结果软件产生那么大影响。一些形式化方法工具属于这一类。例如，某个单独的证明工具可用于自动化一些源代码验证步骤，并降低需要的测试量。这些活动如果只有单独一项，该证明工具就是一个准则3工具，但如果有多项活动，则该证明工具就是一个准则2工具。在这种情况下，该证明工具用于验证未被工具自动化的过程。准则2工具的另一个例子是一个静态代码分析器，用于代替源代码评审（验证步骤），并减少用于检测溢出的设计机制（开发步骤）。该工具执行一些验证，但是也减少了软件开发过程[1]。作者倾向于把准则2工具视为一种"超级验证工具"。通过一个工具，可以满足DO-178C附件A的多个表中的一些目标。传统的验证工具通常只是自动化DO-178C附件A的一个表（例如，表A-6或表A-7）中的一些目标，而这些超级验证工具可以满足多个表（例如，表A-5至表A-7）中的一些目标。作者不期望会有许多准则2工具，它们确实应当是例外而不是常见。然而，该目标被包含在DO-330中，以确保当一个工具执行多个意图时，对工具的设计有适当的透视。

基于3个准则以及工具支持的软件的等级，为工具确定一个工具鉴定等级（TQL）。TQL决定了鉴定过程中要求的严格程度。一共有5个TQL：TQL-1要求最严格，TQL-5要求最低。表13.3显示了对应每个工具准则和软件等级的TQL。表13.4显示了DO-178B软件分级方法和DO-178C的TQL之间的关系。DO-178C和DO-330的意图是在不改变要求的情况下，使得工具鉴定准则比DO-178B中的更清晰。因此，在多数情况下，DO-178B下得到鉴定的工具在DO-178C下也是可以接受的。

表13.3　工具鉴定等级

软件等级	准则		
	1	2	3
A	TQL-1	TQL-4	TQL-5
B	TQL-2	TQL-4	TQL-5
C	TQL-3	TQL-5	TQL-5
D	TQL-4	TQL-5	TQL-5

来源：RTCA DO-178C, *Software Considerations in Airborne Systems and Equipment Certification*, RTCA, Inc., Washington, DC, December 2011.
DO-178C 表 12-2 的使用得到 RTCA 的许可。

表13.4　DO-178B 和 DO-178C 等级之间的关系

DO-178B 工具鉴定类型	DO-178B 软件等级	DO-178C TQL
开发	A	TQL-1
开发	B	TQL-2
开发	C	TQL-3
开发	D	TQL-4
验证	全部	TQL-4[①]或 TQL-5[②]

来源：RTCA DO-330, *Software Tool Qualification Considerations*, RTCA, Inc., Washington, DC, December 2011.
DO-330 表 D-1 的使用得到 RTCA 的许可。

13.3　鉴定一个工具（DO-330概览）

一旦依据 DO-178C 的 12.2 节指定了 TQL，DO-330 就为工具鉴定提供了指南。本节解释为什么需要 DO-330，以及 DO-330 工具鉴定过程。

13.3.1　DO-330的需要

在过去的几年中，工具的数量和类型都在增长。而且，工具经常是由那些可能对 DO-178C 理解甚少的第三方供应商开发的。DO-330 同时为工具开发商和用户提供了专门针对工具的指南。该文件聚焦于软件生命周期中使用的工具。该文件也可以适用于其他领域，例如可编程硬件、数据库和系统。该文件怎样适用于其他领域的说明文字包含在各领域指南（例如，DO-178C、DO-254[3]、DO-200A[4]）中。

---

① TQL-4 适用于在 A 级和 B 级软件使用的准则 2 工具。
② TQL-5 适用于在 C 和 D 级软件使用的准则 2 工具，以及准则 3 工具。

SC-205/WG-71委员会非常激烈地辩论了是否需要一个单独的工具鉴定文件。生成这样一个文件既有有利之处也有不利之处。表13.5总结了一些有利和不利之处。在委员会的仔细商议中考虑了这些以及其他因素，最后，委员会的决定认为单独文件的有利之处胜过其不利影响，并且对于航空工业整体而言，单独文件是最好的长期解决方案。

表13.5 单独工具鉴定文件的有利和不利之处

单独文件的有利之处	单独文件的不利之处
• 对于许多项目，实际上工具的代码行数比机载软件多，因此需要一个特定的指南 • 工具形成了一个独立于机载软件的软件领域。一个单独的文件使得能够正面、而不是泛泛地关注工具特定的需要，这可以防止误解 • 单独文件可以专门为工具开发者提供指南，因为他们可能对DO-178C的理解很少或没有 • 由于其他领域（例如可编程硬件、系统、航空数据库）也使用工具，单独文件并不仅仅对软件领域有益	在工具鉴定文件（DO-330）和DO-178C之间有较多的冗余 当工具使用非传统技术（例如基于模型的开发、面向对象技术或形式化方法）开发时，工具鉴定指南难以应用（即，补充文件解释了它们如何应用于DO-178C和DO-278A，但是没有DO-330） 多出一个文件导致了指南维护时的挑战，特别是当该文件内容与DO-178C之间有重复时 多出一个文件可能导致开发商的额外工作，特别是那些只鉴定低层工具（DO-178B中的验证工具，或DO-178C中的TQL-5）的情况

在开发DO-330时，SC-205/WG-71始终面向着以下目标。

- 对传统的验证工具维护DO-178B方法（尽可能）。
- 开发一个支持新出现的工具技术的方法。
- 提供一个方法，使得能够复用多个项目上的工具鉴定置信度。
- 识别一般的工具用户和工具开发商角色，以便考虑将一个工具集成到开发环境、支持复用，以及帮助集成商业货架产品（COTS）工具。
- 开发一个对工具开发商和用户清晰而灵活的方法。
- 开发一个基于目标的方法（帮助复用和灵活性）。
- 提供一个可以被多个领域采用的方法。

13.3.2 DO-330工具鉴定过程

一旦确定了鉴定的需要和适用的TQL（使用DO-178C的12.2节），DO-330可以为鉴定工具提供指南和目标。DO-330的组织结构与DO-178C相似。工具的开发经历一个生命周期，就像机载软件一样。工具生命周期过程包括策划、需求、设计、验证、配置管理、质量保证，以及鉴定联络。表13.6并排显示了DO-178C和DO-330的目录，说明DO-330的组织结构与DO-178C非常相似。DO-178C被作为DO-330的基础，然后对内容进行修改使之特定于工具。

表13.6　DO-178C和DO-330目录比较

DO-178C目录[2]	DO-330目录[1]
1. 引言	1. 引言
2. 软件开发相关的系统方面	2. 工具鉴定的目的
3. 软件生命周期	3. 工具鉴定的特点
4. 软件策划过程	4. 工具鉴定策划过程
5. 软件开发过程	5. 工具开发生命周期与过程
6. 软件验证过程	6. 工具验证过程
7. 软件配置管理过程	7. 工具配置管理过程
8. 软件质量保证过程	8. 工具质量保证过程
9. 合格审定联络过程	9. 工具鉴定联络过程
10. 合格审定过程概览	10. 工具鉴定资料
11. 软件生命周期资料	11. 工具鉴定的额外考虑
12. 额外的考虑	附件A　工具鉴定目标
附件A　不同软件等级的过程目标和输出	附件B　缩略语和词汇表
附件B　缩略语和词汇表	附录A　成员列表
附录A　DO-178文件背景	附录B　确定适用的工具鉴定等级的例子
附录B　委员会成员	附录C　与所有领域的工具鉴定相关的常见问题
	附录D　与机载软件，以及通信、导航、监视和空中交通管理（CNS/ATM）软件领域的工具鉴定相关的常见问题

　　由于DO-178C和DO-330很相似，并且DO-178C已在第5章至第12章深入说明，本节强调DO-178C与DO-330之间的18项主要差别。

　　差别1　不同的领域。正如已指出的，DO-178C适用于机载软件领域，而DO-330适用于可能被用在软件生命周期中的工具。此外，DO-330还可用于鉴定其他领域（例如通信、导航、监视和空中交通管理（CNS/ATM）软件、系统、电子硬件）中使用的工具。

　　差别2　引言节不同。DO-178C（第2节）包含一个系统过程和软件等级的概览。DO-330（第2节和第3节）解释工具鉴定的目的和特点。DO-330第2节和第3节的信息与本节中已经讨论过的内容相似。

　　差别3　DO-330组合了生命周期过程和策划节。DO-178C有单独的软件生命周期节和策划节（第3节和第4节）。然而，DO-330将这些节组合为一个单独的节（第4节），因为生命周期在策划过程中起到重要作用。

　　差别4　DO-330对生命周期过程和资料增加了"工具"一词。为了区分工具开发过程和机载软件开发过程，在适当的地方增加了名词"工具"。例如，DO-178C中的"源代码"在DO-330中称为"工具源代码"。

　　差别5　DO-330增强了使用已鉴定的工具时在软件合格审定计划（PSAC）和软件完成总结（SAS）中要求的信息。DO-178C的11.1节和11.20节标识了PSAC和SAS中期望的内容。DO-330的10.1.1节和10.1.16节标识了当已鉴定的工具将被用在软件生命周期过程中时，PSAC和SAS中应当增加的信息。根据DO-330的10.1.1节，对于每个将要使用的已鉴定工具，PSAC中应当增加以下信息。

- 标识工具及其在软件生命周期过程中的预期应用。
- 解释工具寻求的置信度，即解释它去除、减少或自动化了什么过程或目标。

- 证明工具实现自动化的技术的成熟性。例如，如果工具用于执行形式化证明，则需要在自动化它之前确保方法在总体上的成熟性。
- 提出TQL，连同说明为什么该TQL是足够的。
- 标识工具开发商或来源。
- 解释工具鉴定的角色和职责的划分，特别是解释工具用户和开发商各自的职责，以及谁满足哪些DO-330目标。
- 解释工具操作需求（TOR）开发、工具集成，以及工具操作确认和验证过程。
- 标识预期的工具操作环境，并确定这代表了工具验证中使用的环境。
- 解释工具的任何额外的考虑，例如复用、COTS使用和服役历史。
- 引用工具鉴定计划（TQP），在其中可以找到关于工具鉴定细节的额外信息（这是针对TQL-1到TQL-4的，对TQL-5则无须TQP）。

DO-330的10.1.16节也解释了当在软件生命周期中使用已鉴定的工具时，SAS中应当包含的额外信息。表13.7总结了对于TQL-1至TQL-4以及TQL-5的额外项。

表13.7 使用已鉴定的工具时在SAS中额外包含的内容

TQL-1至TQL-4	TQL-5
• 工具标识（特定的零部件号或其他标识） • 工具寻求的置信度的细节（解释它去除、减少或自动化哪些过程和/或目标） • 引用工具完成总结，其中可以找到关于工具鉴定细节的额外信息 • 陈述确认工具开发、验证和整体性过程符合工具计划，包括工具用户的活动 • 所有开放的工具问题报告的总结，连同确保工具的行为符合TOR的分析 • 总结工具的使用与PSAC所解释的任何不同之处（如果适用）	• 工具标识（特定的零部件号或其他标识） • 工具寻求的置信度的细节（解释它去除、减少或自动化哪些过程和/或目标） • 列举或引用工具鉴定资料（包括版本信息）

来源：RTCA DO-330, *Software Tool Qualification Considerations*, RTCA, Inc., Washington, DC, December 2011.

差别6 DO-330区分工具操作和工具开发。DO-178B没有区分这些，所以导致了一些困惑和复用的受限。为了促进工具的复用和清晰性，DO-330提供了工具开发和验证（由工具开发商执行）、工具操作（由工具用户执行）的指南。不过，它给予了每个项目根据情况指派角色和职责的灵活性。一般来说，DO-330附件A的表T-0和表T-10的目标主要适用于工具用户/操作者，而DO-330附件A的表T-1至表T-9的目标主要适用于工具开发商。

差别7 为了对用户的需要进行编档，DO-330指南要求建立工具操作需求（TOR）。在DO-178C中，系统需求驱动高层软件需求。然而，对于一个工具，系统需求不存在，而是TOR驱动工具需求。TOR标识了工具是怎样在特定的软件生命周期过程中使用的。一个公共工具的多个用户使用此工具的方法可能各不相同，因此TOR是特定于用户的。TOR文档包含以下描述[1]。

- 工具在软件生命周期中使用的上下文、与其他工具的接口，以及工具的输出文件到机载软件的集成。

- 工具将被使用的操作环境。
- 工具的输入，包括文件格式、语言描述等。
- 工具的输出文件格式和内容。
- 工具的功能需求。
- 工具应当检测的异常激活模式或不一致输入的需求（TQL-1至TQL-4要求，TQL-5不要求）。
- 性能需求（工具输出的行为）。
- 用户帮助信息，解释怎样正确使用工具。
- 关于怎样操作工具的解释，包括选择的选项、参数值和命令行等。

差别8　DO-330的需求类型不同。DO-178C标识系统需求、高层软件需求和低层软件需求。DO-330标识TOR（与DO-178C的系统需求层级基本相同）、工具需求（与DO-178C的软件高层需求的意图相同），以及低层工具需求（与DO-178C的低层软件需求的粒度相同）。在一些情况下，可能不需要3层需求。例如，TOR和工具需求可能是单独一组需求，或者工具需求和低层工具需求可能是一层需求[1]。即使需求的层级被合并，但所有适用DO-330的目标还是需要得到满足的。与DO-178C一样，需要建立各个层级工具需求之间的双向可追踪性。

差别9　DO-330要求对TOR的确认。在DO-178C中，进入软件过程的系统需求是得到确认的（使用一个符合ARP4754A的过程），因此，DO-178C不要求进行系统需求的确认。TOR没有得到系统过程的确认，因此，必须确认它的正确性和完整性。

差别10　根据DO-330，对一个工具的衍生需求，评价其对工具功能和TOR的影响，而不是对安全性评估过程的影响。因为工具不飞行，它们对安全性评估过程的影响是间接的。替代的是评价衍生需求对软件生命周期、预期的功能，以及TOR的影响。与DO-178C一样，所有的衍生需求需要进行理由说明。用户可能不知道工具设计的细节，因此，衍生需求的理由说明可以帮助用户正确评估对于他们的软件生命周期的影响。理由说明的编写应当以用户为本。

差别11　DO-330使用工具操作环境而不是目标计算机的概念。DO-330定义工具操作环境为"工具被使用于其中的环境和生命周期过程环境，包括工作站、操作系统和外部依赖，例如与其他工具和手工过程的接口"[1]。工具通常是在桌面计算机上加载，而不是嵌入航空电子中。因此，目标计算机的概念（DO-178C中使用的）在工具鉴定过程中不适用。由于工具经常被开发用于多个操作环境，所以标识每个操作环境是重要的。

差别12　DO-330对结构覆盖方法给予了更大的灵活性，并聚焦于识别非预期的功能。结构覆盖大概是SC-205/WG-71的DO-330讨论中最有争议性的主题。修改的条件/判定覆盖（MC/DC）原本没有包含在DO-330中，因为工具本身不飞行，并且历史数据表明MC/DC对于工具的价值是有限的。判定覆盖和语句覆盖是原先就包含的，然而（除了判定覆盖和语句覆盖目标），还是增加了MC/DC目标以达成委员会的共识。根据DO-330，语句覆盖适用于TQL-3，语句和判定覆盖适用于TQL-2，语句覆盖、判定覆盖以及MC/DC适用于TQL-1。然而，DO-330的叙述强调，结构覆盖的目的是识别非预期的功能，这提供了替代MC/DC的入

---

① 工具需求的各个层级应当与合格审定机构密切协调，因为大家在这个问题上可能存在观点分歧。

口（只要这些替代满足与MC/DC相同的意图）。与结构覆盖相关的另一个不同是，DO-330对于TQL-1工具代码，没有像DO-178C的A级软件那样，要求源代码到目标代码的可追踪性分析。

差别13 DO-330关注与外部部件的接口。外部部件是"工具的开发商控制之外的工具软件部件，例如，操作系统提供的原始功能或者编译器运行时库，或者一个COTS或开源软件库提供的功能"[1]。DO-330包含了一些目标和活动，要求做到[1]：

- 在设计中标识与外部部件的接口（见DO-330的5.2.2.2.g节）；
- 验证接口的正确性和完整性（见DO-330的6.1.3.3.e节）；
- 确保与外部部件的接口正确集成（见DO-330的6.1.3.5节）；
- 通过基于需求的测试，确保对外部部件的接口进行了检查（见DO-330的6.1.4.3.2节）。

差别14 DO-330要求一个工具安装报告。工具安装报告是在操作集成阶段生成，以确保工具到其操作环境的集成。安装报告标识操作环境的配置、工具的可执行目标码及支持的所有配置文件的版本、所有外部部件，以及如何操作工具[1]。

差别15 DO-330生命周期资料是特定于工具的。DO-330要求的大多数工具生命周期资料与DO-178C对机载软件或者DO-278A对CNS/ATM软件的要求相似。然而，标题是特定于工具的，建议的内容是关注工具鉴定的需要。DO-330第10节描述了工具生命周期资料，DO-330附件A的目标表标识了对于每个TQL要求什么资料。DO-330第10节将资料分为3类，每一类在一个不同的子节中标识。这3个类别和每类的资料在表13.8中显示。

表13.8 DO-330中的工具鉴定资料

用于工具鉴定联络过程和其他整体性过程的资料（DO-330的10.1节）	
10.1.1 PSAC（标识增加到机载软件PSAC中的特定于工具的信息）	10.1.2 工具鉴定计划
10.1.3 工具开发计划	10.1.4 工具验证计划
10.1.5 工具配置管理计划	10.1.6 工具质量保证计划
10.1.7 工具需求标准	10.1.8 工具设计标准
10.1.9 工具编码标准	10.1.10 工具生命周期环境配置索引
10.1.11 工具配置索引	10.1.12 工具问题报告
10.1.13 工具配置管理记录	10.1.14 工具质量保证记录
10.1.15 工具完成总结	10.1.16 SAS（标识增加到机载软件SAS中的特定于工具的信息）
10.1.17 软件生命周期环境配置索引（SLECI）（标识增加到机载软件SLECI中的特定于工具的信息）	
在工具开发和验证活动中产生的资料（DO-330的10.2节）	
10.2.1 工具需求	10.2.2 工具设计说明
10.2.3 工具源代码	10.2.4 工具可执行目标代码
10.2.5 工具鉴定用例和规程	10.2.6 工具验证结果
10.2.7 追踪资料	
为支持工具的操作批准而产生的资料（DO-330的10.3节）	
10.3.1 工具操作需求	10.3.2 工具安装报告
10.3.3 工具操作验证与确认用例和规程	10.3.4 工具操作验证与确认结果

来源：RTCA DO-330, *Software Tool Qualification Considerations*, RTCA, Inc., Washington, DC, December 2011.

差别 16　DO-330 的目标与 DO-178C 的目标有所不同。DO-330 附件 A 中的目标表与 DO-178C 附件 A 中的相似，但是有一些区别。一个明显的区别是，DO-330 附件 A 的表编号是 T-x 而不是 A-x，以区别于 DO-178C。另一个区别是，DO-330 附件 A 有 11 个表，而 DO-178C 的有 10 个。下面列出了 DO-330 附件 A 中的各个表，然后总结了 DO-330 附件 A 和 DO-178C 附件 A 的表之间的主要区别：

- 表 T-0：工具操作过程；
- 表 T-1：工具策划过程；
- 表 T-2：工具开发过程；
- 表 T-3：工具需求过程的输出的验证；
- 表 T-4：工具设计过程的输出的验证；
- 表 T-5：工具编码与集成过程的输出的验证；
- 表 T-6：集成过程的输出的测试；
- 表 T-7：工具测试的输出的验证；
- 表 T-8：工具配置管理过程；
- 表 T-9：工具质量保证过程；
- 表 T-10：工具鉴定联络过程。

表 T-0 是一个 DO-330 工具特有的表，没有 DO-178C 对应。它包含用于 4 个工具过程的 7 个目标，以关注工具操作（用户的视角）。这些过程和目标在表 13.9 中总结。

表 13.9　DO-330 表 T-0 的过程和目标总结

表 T-0 的过程	表 T-0 的目标
策划	1. "确定了工具鉴定的需要"
工具操作需求开发	2. "定义了工具操作需求"
工具操作集成	3. "工具可执行目标代码安装在工具操作环境中"
工具操作确认和验证	4. "工具操作需求是完整、准确、可验证和一致的" 5. "工具操作符合工具操作需求" 6. "工具操作需求是充分和正确的" 7. "工具满足软件生命周期过程需要"

来源：RTCA DO-330, *Software Tool Qualification Considerations*, RTCA, Inc., Washington, DC, December 2011.

DO-330 的表 T-1 至表 T-10 与 DO-178C 的表 A-1 至表 A-9 相似，除了以下主要区别。

- DO-330 的表 T-2 的目标 8 表述为"工具被安装于工具验证环境中"[1]。该目标是工具特有的，因为工具验证环境可能不同于操作环境。此外，如果有多个验证环境，在鉴定活动中需要将工具集成到每个环境中。
- DO-330 的表 T-3 的目标 3 表述为"与工具操作环境的兼容性需求得到定义"[1]。该目标关注操作环境兼容性，而不是目标计算机环境，正如前面的差别 11 指出的。
- DO-330 的表 T-3 的目标 4 表述为"工具需求定义了工具响应错误条件的行为"[1]。该目标是工具特有的，用于确保工具是健壮的，对错误的响应是可预测的。

- DO-330的表T-3的目标5表述为"工具需求定义了用户指令和错误消息"[1]。这也是一个工具特有的目标，用于确保工具考虑了用户的视角。

- DO-330的表T-4的目标11表述为"外部部件接口得到正确和完整的定义"[1]。该目标也是工具特有的，为了验证前面讨论的外部部件接口（见差别13）。

- DO-330的表T-7的目标5表述为"获得了对外部部件的基于需求的测试的分析"[1]。DO-178C中没有对应的目标。正如差别13所指出的，该目标是为了确定基于需求的测试检查了工具对外部部件的接口。

- DO-330的表T-10（全部目标）关注工具鉴定而不是合格审定。

差别17　DO-330中的TQL-5澄清了对于DO-178B中的验证工具的要求。DO-330意图是对TQL-5工具要求与DO-178B中的验证工具相同的严格度，然而，DO-330准则澄清了DO-178B的期望是为了保证兼容性和支持工具复用。DO-330常见问题FAQ D.6这样总结DO-178B的验证工具与DO-330的TQL-5的区别：

"本文件（DO-330）对TQL-5工具比DO-178B（以及由此产生的DO-278）对验证工具提供了更准确和完整的指南。意图是不要求更多的活动或资料（例如，鉴定不要求任何来自工具开发过程的资料）。然而，它澄清了TOR的内容、工具对机载（或CNS/ATM）软件过程需要的兼容性，以及其他适用于TQL-5的整体性过程的目标[1]。"

对于TQL-5，在DO-178B验证工具准则中没有给出，而在DO-330中澄清了的一些事项如下。

- DO-330标识了TQL-5（以及所有TQL）的特定目标。在DO-178B中不是这样的（即，在DO-178B中没有用于对验证工具进行鉴定的目标）。

- DO-330提供了对于TOR中预期内容的更多澄清。

- DO-330将TOR与工具需求分离。

- DO-330增加了一个集成目标，以确保鉴定发生在一个特定的操作环境中。

- DO-330包含了确保对TOR进行确认的目标。

差别18　DO-330在附录C和附录D中包含FAQ。DO-178C的FAQ和讨论纪要包含在DO-248C中。然而，工具相关的FAQ包含在DO-330附录中。附录C包含领域独立的FAQ。附录D提供了特定于DO-178C和DO-278A领域的FAQ。表13.10简要描述每个FAQ。

表13.10　DO-330 FAQ（在附录C和附录D中）概括

FAQ编号	FAQ问题	FAQ说明
C.1	对工具而言，"保护"的含义是什么？获得它的一些手段是什么？	解释词汇"保护"是如何在整个DO-330中使用的。当不同等级的鉴定应用于一个多功能工具或一组工具时，使用"保护"而不是"分区"来分隔工具功能
C.2	什么是外部部件？如何评估其正确性？	解释外部部件的概念，本章前面有讨论（见13.3.2节中的差别13）
C.3	如何最大化工具鉴定资料的可复用性？	解释如何打包工具鉴定资料，从而支持可复用性

（续表）

FAQ编号	FAQ问题	FAQ说明
D.1	名词"验证工具"和"开发工具"为什么没有用于描述被鉴定的工具？	解释DO-330中的术语与DO-178B的差别，正如13.2节所讨论的
D.2	TQL可以被降低吗？	解释降低一个工具的TQL可能是可行的（如果采取了一些方法，例如体系结构缓解、监视和/或独立评价）。该方法需要深入解释合理性，并与合格审定机构密切协调
D.3	目标计算机模拟器或仿真器何时需要被鉴定？	解释模拟器和仿真器何时需要被鉴定，并提供一些在鉴定中考虑什么的建议
D.4	对于先前用DO-178B/DO-278鉴定的工具可以授予什么置信度？	提供了一些当使用那些已经基于DO-178B/DO-278鉴定的工具时考虑的评价准则
D.5	定义的工具鉴定准则的理由是什么？	解释DO-178C中的准则1至准则3的理由。该信息的一个总结在本章前面给出（见13.2节）
D.6	DO-178C/DO-278A关于"验证工具"鉴定有什么改进？	解释从DO-178B中的"验证工具"到DO-330中的"TQL-5"的变化。多数不同与DO-330的表T-0相关（其中包含TQL-5的大多数目标）
D.7	如何使用一个已鉴定的工具来验证一个未鉴定的工具的输出？	解释如何使用一个低层的已鉴定的工具（如TQL-5）验证一个未鉴定的工具的输出。该FAQ解释一个工具，而不是一个人，可以如何用于验证一个未鉴定的工具的输出。与其他FAQ一样，该FAQ是基于实际项目的经验
D.8	如何使用一个已鉴定的自动代码生成器？	这是最长的一个FAQ。它解释一个自动代码生成器可以如何被鉴定，从而自动化、代替或减少源代码验证，可执行目标代码验证，和/或软件测试的输出的验证。该文章是有些争议的，所以当选择使用这些概念时，要非常仔细地阅读该文章，并与合格审定机构密切协调
D.9	是否需要一个模型仿真器的鉴定？	该FAQ与基于模型的开发方法密切相关，考虑何时需要对模型仿真的鉴定

来源：RTCA DO-330, *Software Tool Qualification Considerations*, RTCA, Inc., Washington, DC, December 2011.

13.4　工具鉴定特别话题

有一些与DO-330相关的特别话题需要做一些额外解释。

13.4.1　FAA规定8110.49

FAA规定8110.49的第9章包含了对DO-178B关于工具鉴定的一些澄清。据估计本节将被删除（或较大修改），因为DO-178C和DO-330对于工具鉴定提供了比DO-178B更全面的指南。然而，也会增加一些额外的指南来解释从DO-178B到DO-178C工具鉴定指南的迁移。此外，可能需要增加关于怎样与DO-330一起使用DO-331、DO-332和DO-333补充文件的指南。

13.4.2　工具确定性

DO-178B的12.2节包含以下表述："只有确定性的工具可以被鉴定，也就是说，当在同样的环境中操作时，工具对于同样的输入会产生同样的输出"[5]。

规定8110.49澄清了确定性工具的含义，其中的9-6.d节解释说，确定性对于工具来说经常被解释得过于限制性。规定表述如下：

"（确定性的）一个限制性解释是，外表同样的输入必须导致完全同样的结果。然而，对于一个工具的确定性的更准确解释是，建立了确定工具输出的正确性的能力。如果基于对输出的任何适合的验证，可以表明从一些给定的输入得到的输出的全部变化是正确的，则该工具应当被认为对于工具鉴定的目的是确定性的。这带来了一个界限的问题。对确定性的这个解释应当适用于所有这样的工具，即其输出的变化可能超出用户的控制，但是该变化没有不利地影响到对输出的预期使用（例如功能），并且给出了输出正确性的用例。然而，对确定性的这个解释不适用于对嵌入机载系统中的最终可执行映像有影响的工具。最终执行映像的生成应当满足确定性的限制性解释[6]。"

DO-330与DO-178B和规定8110.49有同样的意图，然而，避免了"确定性的"和"确定性"用语，因为它在软件工程中带有特定的含义，对于不飞行的工具可能过于限制。替代的是，DO-330用以下的叙述来解释其期望：

"在鉴定活动中，所有被鉴定的工具功能的输出都应当使用本文件（DO-330）的目标表明是正确的。对于一个输出可能在预期内有变化的工具，应当表明该变化没有不利地影响到对输出的预期使用，并且输出的正确性可以建立。但是，对于一个其输出是软件的一部分从而会注入一个错误的工具，应当表明：当被鉴定的工具功能操作于同样的环境中时，对于同样的输入数据产生同样的输出[1]。"

13.4.3　额外的工具鉴定考虑

DO-330第11节包含了对于在开发或使用已鉴定的工具时可能遇到的一些额外考虑的指南。这些额外考虑简要总结如下。

额外考虑1　多功能工具。顾名思义，一个多功能工具就是执行多个功能的单个工具。多个功能可以是在一个可执行文件中、多个可执行文件中（允许禁止某个功能），或者其他一些允许选择或禁止某个工具功能的方式[1]。DO-330的11.1节指南解释说，多功能工具应当在计划中解释，并且需要为每个功能建立一个TQL。如果有多个TQL的混合，则需要将这些功能开发到最高TQL，或者进行分离，以保证较低TQL的功能不影响较高TQL的功能（即保护）。如果有功能用不到，就将其禁止，并能确保禁止机制足以保护打开的功能不被禁止的功能影响。如果不用的功能不能被禁止，它们就需要被开发达到合适的TQL（通常是工具的最高TQL）。对于在开发和验证过程中均要发挥作用的工具，必须考虑工具的开发功能和验证功能的独立性（例如，它们可能要由独立的团队开发）。

额外考虑2　以前鉴定的工具。DO-330的11.2节提供了复用以前鉴定过的工具的指南。它考虑在以下场景中的复用[1]：

- 工具及其操作环境没有改变；
- 工具没有改变，但是将被安装到不同的操作环境；
- 工具被改变，但是将被安装到同样的操作环境；
- 工具被改变，并且将被安装到不同的操作环境。

如果一个工具的设计和打包都是面向复用的，则复用的潜力大大提升。DO-330 FAQ C.3提供了一些如何开发和打包一些工具实现最大化复用的建议。复用性确实通常需要更多的策划、健壮性和测试，但是可以在后来节省大量的资源。

额外考虑3 COTS工具鉴定。DO-330的11.3节提供了成功鉴定一个COTS工具的指南。TQL-5的COTS工具相对容易鉴定，因为无须对工具开发的透视。然而，TQL-1至TQL-4的工具需要对工具自身开发的透视。本质上，COTS工具仍然需要符合DO-330目标。

DO-330的11.3节解释了在鉴定一个COTS工具时，对工具开发商和工具用户通常期望什么。重要的是记住工具的鉴定是与DO-178C软件的批准结合在一起的，即工具鉴定不是一个独立的批准。DO-330试图让工具鉴定尽可能独立，但是实际的鉴定只会在一个合格审定项目环境中获得。对于COTS工具，DO-330的11.3节解释了工具开发商通常负责哪些目标，还有一些建议关于如何打包生命周期资料使其更容易汇入工具用户的项目。建议还包括编写一个开发商TOR、开发商TQP、开发商工具配置索引，以及开发商工具完成总结，使得工具的用户可以评价、直接使用，或者从自己的工具鉴定资料中引用这些内容。基本意思是，工具开发商预测用户的需要，并主动在先地准备工具鉴定资料以满足这些需要。

额外考虑4 工具服役历史。DO-330的11.4节解释了为一个工具使用服役历史进行鉴定的过程。服役历史对于有相当长服役经历但是缺失一些生命周期资料的工具可能是可行的。服役历史还可能用于提升一个工具的TQL、补充工具鉴定资料，或者提升TOR符合性的信心。与机载软件的服役历史（见第24章）一样，做一个服役历史案例是很有挑战性的，而且很可能被合格审定机构质疑。

额外考虑5 工具鉴定的替代方法。DO-330的11.5节解释说一个申请者可以提出另外的方法替代DO-330中描述的方法。任何替代的方法必须在计划中得到解释、全面证明合理、评估对最终的软件生命周期过程和生命周期资料的影响，并与合格审定机构协调。

13.4.4　工具鉴定陷阱

作者已经在多年里评估过几十个工具，观察到一些常见的陷阱。每个项目都有所不同，下面给出的陷阱中有一些比其他的更普遍。预先警示就是预先准备。

陷阱1 缺少用户说明。工具的设计是为了使用，通常是被一个非开发工具的团队使用。然而，用户说明通常缺少或者不足，这使得不能确定工具是否可以像期望的那样使用。

陷阱2 没有指定工具版本。有时，一个工具有多个版本。必须清楚标识正在使用的工具的版本。这通常编档在SLECI或SCI中。还应当确认团队使用的是标识的版本。

陷阱3 配置数据没有被包含在工具鉴定包中。许多工具要求一些配置数据。例如，一个验证英国汽车工业软件可靠性协会的C语言标准（MISRA-C）符合性的工具可以只激活检查规则的一个子集。特定的规则在一个配置文件中打开或者禁止。配置文件需要纳入配置管理，并且在鉴定资料中标识。

陷阱4　工具鉴定的需要没有被准确评估。有时，当作者评审一个项目的资料时，会发现一个没有列在PSAC中的工具，因为项目团队认为它无须鉴定，然而，结果是它需要鉴定。这种情况的晚发现导致了计划外的工作。正如第5章指出的，为了避免这个问题，建议所有的工具列在PSAC中，连同一个关于它们为什么需要或无须鉴定的理由说明。这使得项目组和合格审定机构能够尽早而不是在项目的后期达成一致。

陷阱5　TOR或工具需求不是可验证的。作者遇到过的一些最差的需求是工具需求。由于对所有的TQL必须验证TOR，对TQL-1至TQL-4必须验证工具需求，因此需求必须是可验证的。TOR和工具需求应当具有第2章和第6章讨论的同样的质量属性。

陷阱6　不完整的COTS工具鉴定资料。许多COTS工具供应商提供工具鉴定包。其中的一些很出色，有一些则没那么好。当获取一个工具鉴定包时，必须加以小心——考虑在拿到工具资料的同时，也要拿到某些类型的保证。

陷阱7　对工具的功能没有足够的理解而过于依赖工具。一些软件团队，特别是没有经验的团队，依赖于工具而没有真正理解为什么使用工具、工具能做什么，或者工具如何适合于整个软件生命周期。工具可以是对软件工程过程的很好补充。但是，它们必须被理解。正如作者的一位朋友说的："一个拿着工具的傻瓜仍然是傻瓜。"用户需要理解工具为他们做的事。

陷阱8　PSAC和SAS没有解释工具鉴定方法。常见的情况是，一个PSAC叙述说一个工具需要被鉴定，但是仅此而已。对于TQL-1至TQL-4工具，PSAC应当总结工具的使用并引用其TQP。对于TQL-5工具，应当在PSAC或者一个TQP中解释鉴定方法。类似地，SAS经常提供关于工具及其鉴定资料的不完整的细节。关于什么工具信息应当纳入PSAC和SAS中，见13.3.2节中的差别说明。

陷阱9　团队花费了更多的时间在工具开发而不是在用它进行软件开发上。许多工程师享受工具的开发。有时他们失去自制力而太多聚焦在工具上，以至于迷失了对工具的目的的理解。

陷阱10　工具在整个生命周期中的角色没有在计划中解释。常见的情况是，开发、验证、配置管理以及质量保证过程的描述没有提到这些过程中使用的工具。计划中在一个工具章节列出了工具，但是没有解释工具是如何在生命周期阶段中使用的（即在讨论过程本身的时候）。例如，可能在工具章节提到一个需求管理工具，但是在计划的需求捕获和验证章节没有提到。这使得难以确保工具在生命周期中被正确利用。

陷阱11　没有清晰标识鉴定置信度。当工具替代、自动化或去除DO-178C（和/或其补充文件）的目标时，应当清楚它们影响的目标。这应当在PSAC以及软件开发计划、软件验证计划和/或软件配置管理计划中解释工具的使用的地方指明。此外，对于TQL-1至TQL-4工具，TQP应当对此进行解释。

陷阱12　没有清晰标识工具操作环境。正如前面指出的（见13.3.2节的差别11和差别14），重要的是确保鉴定中假设的操作环境就是代表在操作中使用的环境。这经常在SLECI和计划中丢失。

陷阱13　工具代码没有存档。由于工具是软件开发和验证环境的一部分，它们应当与其他软件生命周期资料一起存档。对于一些要求特殊硬件的工具，硬件可能也需要存档。

13.4.5　DO-330和DO-178C补充

基于模型的开发（DO-331）、面向对象技术（DO-332），以及形式化技术（DO-333）补充文件和DO-178C一样应用DO-330。基本上，无论使用工具的技术是什么，工具鉴定是相同的。然而，如果一个工具是使用基于模型的开发、面向对象技术以及形式化方法实现的，那么上述技术补充文件可能需要被应用于工具开发和验证。

13.4.6　DO-330用于其他领域

DO-330是为了可用于多领域而开发的。如果另一个领域（例如，航空数据库或可编程硬件）选择使用DO-330，则需要解释如何为该领域确定TQL、如何为该领域调整DO-330中的软件术语，以及澄清任何领域特定的需要。DO-330附录B提供了一个CNS/ATM领域如何实现DO-330工具鉴定文件的例子。其他领域可以使用相似的方法，或者建立自己的方法。

第14章 DO-331和基于模型的开发与验证

14.1 引言

在DO-331词汇表中这样定义一个"模型"：

"一个系统的一组给定方面的一个抽象表示，用于分析、验证、仿真、代码生成，或者由此产生的任何组合。一个模型应当是无模糊性的，无论其抽象的层级是什么。

"注1：如果该表示是一个其解释具有模糊性的图示，则不被认为是一个模型。"

"注2：'一个系统的一组给定方面'可以包含系统的所有方面，也可以只是一个子集[1]。"

模型可以进入需求层级中作为系统需求、软件需求和/或软件设计。系统和软件工程师已经使用模型来图形化地表示控制很多年了。然而，使用经过鉴定的建模工具自动生成代码，以及在一些情况下甚至自动生成测试向量，在航空软件领域是一个相对近期的范型转换。空客A380在以下系统中大量使用了基于模型的开发：飞行控制、自动驾驶、飞行告警、座舱显示、燃油管理、起落装置、制动、驾驶、防结冰以及电气负载管理[2]。其他航空器制造商也对控制系统进行了需求建模。图14.1和图14.2提供了一个简单模型的例子，是同一个模型分别显示在SCADE（见图14.1）和Simulink工具（见图14.2）中。

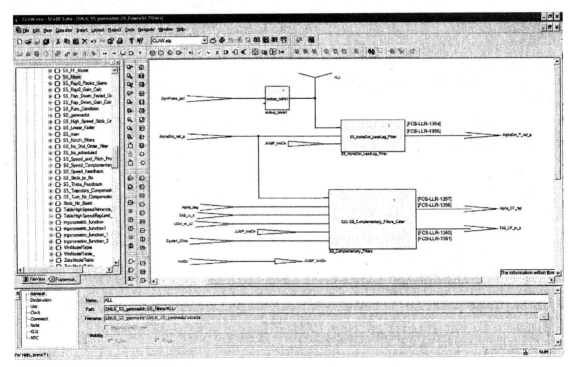

图14.1 SCADE中的模型例子（巴西航空工业公司提供）

这个范型转换具有潜在的巨大好处，但是也同时带有一些风险和伴随的问题。本章从合格审定和安全性的视角说明基于模型的开发的有利和不利之处，此外还给出了DO-331，即《DO-178C和DO-278A的基于模型的开发与验证补充》的简要概览。

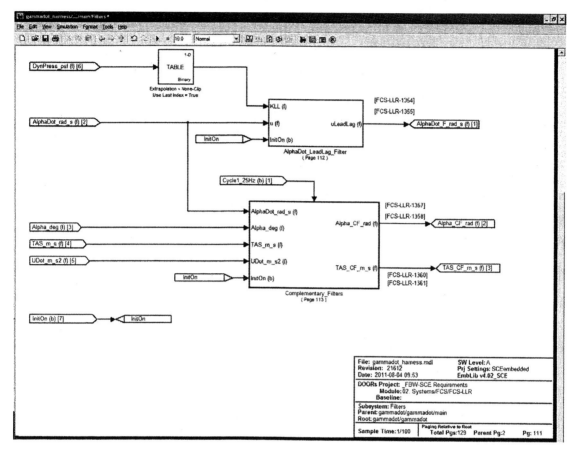

图14.2　Simulink中的模型例子（巴西航空工业公司提供）

14.2　基于模型开发的潜在好处

基于模型的开发与验证有许多潜在好处。获得这些好处的能力依赖于实现细节，并且可能做不到完全实现。

潜在好处1　V生命周期到Y生命周期。基于模型的开发的一个主要动因是从传统的V生命周期变为一个Y生命周期，带来降低开发时间、成本，以及甚至可以降低人为错误的潜力。通过将注意力聚焦于系统需求和利用自动化，生命周期可以缩短。一些估计显示，使用一个没有鉴定的代码生成器可以有20%的缩短，使用一个得到鉴定的代码生成器可以达到50%。图14.3和图14.4显示了从V生命周期到Y生命周期的变化。

有许多方式将模型引入产品生命周期中。它们可以在系统层、软件需求层和/或软件设计层生成。大多数公司尝试实现一个将模型从平台中抽象出来的平台独立层模型，使之更具可移植性。平台特定的细节可以在一个较低层的模型中表示。

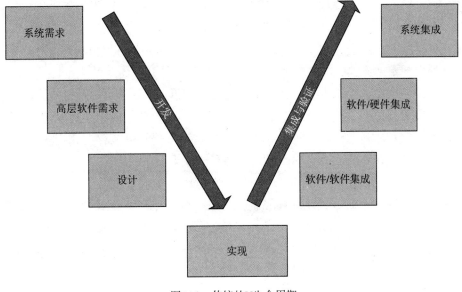

图14.3 传统的V生命周期

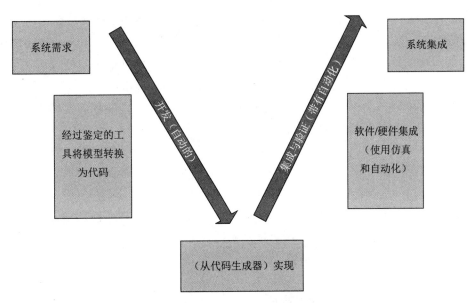

图14.4 使用基于模型的开发与验证的Y生命周期

潜在好处2 更聚焦于需求。正如第6章指出的，需求错误经常是软件相关的服役期间问题的根本起因。此外，需求错误发现得越晚，修复的成本就越高。当用一个模型表示需求时，它比文字需求更有能力在需求捕获中表示出系统或软件功能的一个清晰视图。当使用自动化（例如一个经过鉴定的自动代码生成器）来实现模型时，使得开发团队能够聚焦于需求的图形表示，而不是实现细节。如果正确实施，就能促进更高质量的需求，以及需求错误的更早检测。

潜在好处3 更早的验证。当使用经过鉴定的"模型到代码"工具时，焦点从代码转移到了模型，也就是说，在代码实现细节上花费更少的时间，在模型本身花费更多的时间。模型仿真和/或自动测试用例生成器的使用促进了及早验证，使得需求以及错误检测能够更早成熟。图14.3和图14.4显示了传统和基于模型的开发的不同。由于验证通常花费50%~70%的软件资源，更早检测出错误和减少手工验证活动可以对项目预算和进度有好处[4]。

潜在好处4 减少不必要的冗余和不一致。传统的软件开发使用3层需求：分配给软件的系统需求、软件高层需求（HLR）和软件低层需求（LLR）。依赖于需求捕获方法，在这些层级之间可能存在大量冗余，这可能在进行变更时带来不一致性。使用经过鉴定的建模工具有能力降低这些冗余和不一致性。然而，当有多层模型时，仍然可能存在相当多的冗余和潜在的不一致。因此，与其他好处指出的一样，这确实依赖于使用的方法。

潜在好处5 提高需求易理解性。一些工具生成比文本需求更易于理解的模型，因此，它们可以促进更高的准确性、一致性和完整性。模型可以比文字需求更直观，更易于在规划的行为中发现错误和差距[2]。然而，并非所有的建模工具都可以生成易于理解的模型，并且生成的一些模型是非常令人困惑的。建模工具的选择应当谨慎。一个好的建模标准对于保证所有的开发者使用模型标记、符号和工具十分重要。

潜在好处6 改进的客户交互。正如第6章所讨论的，客户的输入对于捕获正确的需求至关重要。由于模型更直观的本质，它们对于从客户和系统工程师那里获得输入很有用。这可以增强客户、系统和软件团队之间的早期协调，提高需求的整体质量和准确性。

潜在好处7 增长的工具支持。基于模型开发与验证工具的能力和质量在增长。可用的经过鉴定的代码生成器还不多，但是已有一些。还已经有工具可用于验证代码生成器的输出。如果不能完全建立对一个工具的信心，就可以使用两个不同的工具来增强信心。对于一些更关键的系统（例如飞行控制），这可能是一个推荐的方法。即使你确实对工具有信心，它也可以帮助降低共性设计错误的担心。

潜在好处8 纳入形式化方法支持。有趣的是，可以看到建模技术、工具支持以及形式化方法之间有一个汇聚，这可以大大增强基于模型的开发与验证的好处。当一个包含代码生成器的建模工具包的正确性得到形式化验证时，就可以依赖该工具去执行其预期的功能。没有形式化验证，总会令人心存不安，担心建模工具或者底层的代码生成器会在一些边界场景中注入一个错误。形式化方法可以通过验证整个输入和输出空间，提供"模型到代码"工具包的信心。形式化方法的更多信息见第16章。

14.3 基于模型开发的潜在风险

与任何技术一样，在使用基于模型的开发与验证时，存在一些潜在的挑战。以下指出其中的一些。

潜在风险1 缺失多个需求评审。当使用自动代码生成来实现模型时，可能丢失一些传统的需求审查，特别是当模型是在系统层引入的时。在传统的软件开发中，有系统需求、软件需求、设计和代码的评审，并且由于每层需求经过分析产生更低层需求，因此问题可以得到发现和解决。例如，实现代码的某人可能发现一个需求的不一致性。Mat Heimdahl将此称为一个"附带确认"。他指出："有经验的专业人员在设计、开发代码，或定义测试用例时，提供了对软件系统的非正式确认"[4]。在这些工程师检查资料时，他们能够注意到错误，并确保采取适合的纠正行动。然而，当模型被推向一个更高层级，并且实现是由代码处理时，这种"附带确认"就减少或者完全失去了[4]。

　　潜在风险2　系统工程角色的扩展。在航空世界中，至少目前而言，软件工程师比系统工程师更遵从过程。DO-178B，以及现在的DO-178C强化了过程要求。系统工程师实际上现在只是刚刚开始实现开发保证实践。因此，如果模型是由系统工程师控制的，模型的质量是否满足DO-178C和DO-330期望就是一个隐忧。例如，让系统工程师确保标准符合性、执行对其工作产品的有记录的评审，或者测试所有的需求，这些可能还不常见。系统工程师还可能不熟悉需求覆盖、健壮性测试、模型覆盖分析等概念。为了克服这个问题，给系统工程团队补充有经验的软件工程师是可取的办法，系统和软件工程师都会从这种安排中获益。

　　潜在风险3　可追踪性困难。即使当需求被图形化地表示为模型时，它们仍然需要向上追踪到更高层需求，以及向下追踪到更低层需求或代码。向更高层和更低层的追踪必须是双向的。一些建模工具不能很好支持可追踪性。文本需求与基于模型的需求之间的追踪尤其会有挑战性。

　　潜在风险4　测试完整性的困难。依赖于建模方法和测试团队的经验，确保以模型形式表示的需求得到完全验证可能是困难的。复杂的模型的完全验证尤其有挑战性。需要详细的测试指南来确保基于需求的测试完全验证了模型。此外，为了保证模型的易测试性，也需要控制模型的复杂性。

　　潜在风险5　仿真置信度的争议。基于模型的开发与验证的一个动因是想要利用仿真工具尽可能早地发现错误。然而，当公司试图用仿真作为正式的验证置信度时（没有在目标计算机上执行），这会变得有争议。DO-331试图澄清对于仿真期望什么和允许什么。但是在DO-331之前，这已经是一个与合格审定机构之间的就事论事的争论。即使有DO-331，仿真要求的置信度也需要与合格审定机构的密切协调①。

　　潜在风险6　模型经常混合"做什么（what）"和"怎样做（how）"。由于模型经常包含关于实现的细节，要分辨模型"做什么（what）"是困难的。基本上，设计和需求是混合的。正如第6章指出的，这在传统的开发中也经常是一个问题，然而，模型尤其导致这种困境。为了防止这种情况，DO-331要求在模型之上的一层需求。该指南将有希望鼓励开发者标识模型预期要做什么。遗憾的是，作者只看到过一些针对模型的很弱的需求。例如，作者曾经看到一个98页的模型只有一个需求。这个需求本质上是说："你应当有一个模型。"要测试它真是太困难了！

　　潜在风险7　分离（需求）规格模型与设计模型的挑战。后面将要简短讨论，DO-331提供了规格模型和设计模型指南。该指南说这些模型不能组合。事实上可以证明，区分规格模型和设计模型是有挑战性的，尤其对于已经存在的模型。多数已有的模型在一定程度上组合了"做什么（what）"（需求）和"怎样做（how）"（设计）。此外，大多数建模技术鼓励包含设计细节（例如，公式和算法）。对大多数组织来说，分离规格模型和设计模型将需要一个重大的范型转换。

---

　　①　随着DO-330经验的获得，合格审定机构可能要在这方面开发额外的指南。

潜在风险 8　模型确认的挑战。规格模型，特别是在系统层，需要进行正确性和完整性的确认；否则，模型的实现就没有价值。常见的情况是，用于模型确认的过程很有限。除了追踪到模型的需求，DO-331试图通过要求模型覆盖分析（在本章后面讨论）来解决这个问题。

潜在风险 9　模糊系统和软件角色。依赖于模型在哪里引入，系统团队可能要比他们原来熟悉的方式更多地介入低层细节，而软件团队可能要比传统的方式更多地介入高层细节。如果处理得正确，那么系统工程师和软件工程师之间的更紧密关联是有益的。然而，如果考虑不当，在过程中就会有不必要的重叠或鸿沟。

潜在风险 10　传统和基于模型开发的组合的挑战。多数基于模型的开发项目在模型之外还有一些传统（非模型）的需求和设计。类似地，即使使用了一个代码生成器，通常还需要一些手工代码。传统和基于模型的开发的组合必须小心定义，以确保一致性和完整性。另外，还需要使用DO-178C和DO-331（DO-178C用于传统，DO-331用于模型），这要求一些额外的考虑、协调和策划。计划应该清晰定义开发、验证，以及传统和基于模型技术的集成。

潜在风险 11　不一致的模型解释。如果没有良好地定义和小心地实现建模符号，就会导致对模型的不一致的解释。应当有全面的建模标准并得以遵守来解决这个问题。

潜在风险 12　模型维护。没有足够的文档化，模型可能是不可维护的。不久之前，作者参与了一个飞行控制项目。建立模型的工程师离开了公司，其他关键的工程师也离开了公司。留下来完成合格审定的团队不知道模型是做什么的，以及为什么这样做。所有留下来的东西就是模型本身，没有更高层的需求、假设、理由证明或原理。不清楚为什么做出某项决策，以及为什么包含某些模型元素。确认该模型的正确性和完整性并验证其实现就是一个噩梦。这个故事的宗旨就是：可维护的模型需要全面的文档。正如在代码中放入注释（见第8章）的重要性一样，解释和证明模型决策的理由是至关重要的。14.4节（差别3）进一步解释了这个概念。

潜在风险 13　自动测试生成的争议。一些建模工具不仅自动生成代码，还自动生成对模型的测试。这对于非正式的验证和建立对模型的信心是有益的。然而，当一个项目试图把自动生成的测试用于合格审定置信度时，会带来一些问题。如果模型是错误的，该错误就可能找不到。在传统的软件测试中，编写测试的人员经常发现需求的问题和系统中的脆弱性（见第9章），而机器生成的测试可能就没有这么有效。如果实现得正确，模型覆盖分析就能帮助减轻一些此类问题。但是，除了模型覆盖分析，可能还需要手工生成针对集成、安全性需求、关键功能、挑战性功能以及健壮性的测试，来补充自动生成的测试。在使用自动生成的测试时，还必须确保足够的独立性，对于较高等级的软件，测试生成器和代码生成器必须是独立开发的。

潜在风险 14　工具不稳定性。由于基于模型的开发与验证对工具的依赖性，工具中的任何不稳定性会带来问题。不成熟的工具可能频繁变化，这会导致需要重新生成和/或重新验证模型。作者最近听到在一个已经被多个航空器制造商和他们的供应商使用的建模工具中发现了一个问题，该工具的每个用户不得不评价新发现的问题对他们产品的影响。在安全关键领域，一个工具问题的影响波及面会非常大。建议如果使用经过鉴定的工具支持基于模型的开发与验证，就要确保它们对于手上的任务足够成熟和严格。工具的独立评估以及它的支持资料会对表明其适用性和成熟性有益。

潜在风险15 建模限制。不是每个系统都适合于建模。基于模型的开发与验证不会对每个项目或组织都是正确的方法。它不是银弹①,尽管有人声称是。

14.4 DO-331概览

DO-331,即《DO-178C和DO-278A的基于模型的开发与验证补充》,是(美国)航空无线电技术委员会(RTCA)的SC-205专门委员会和欧洲民用航空设备组织(EUROCAE)的WG-71工作组开发的最有挑战性的补充。它也是委员会批准的最近一份文件,并且可能是成熟度最低的。建模的方法有许多,关于如何在安全关键领域最好地实现模型的观点也有许多。DO-331指南试图提供模型实现的灵活性,并在同时确保使用模型生成的软件执行并且只执行其预期的功能。如果正确地使用,那么该补充有助于解决本章前面提到的多个问题。

与其他补充文件一样,DO-331使用DO-178C提纲,并根据需要对DO-178C修改、替换或增加目标、活动和指南。

DO-331对模型的定义在前面14.1节已给出。DO-331认识到一个模型可以作为系统需求、软件需求和/或软件设计进入软件生命周期,并且可以有多个层级的模型抽象。无论一个模型进入软件生命周期的层级如何,必须有需求在模型之上以及在模型之外来解释细节和约束,从而使得能够进行基于模型的开发与验证活动。

DO-331的MB.1.6.2节定义了两类模型:(需求)规格模型和设计模型。每类模型的描述如下[1]。

"一个规格模型代表提供软件部件的功能、性能、接口或安全性特性的一个抽象表示的高层需求。规格模型应当无模糊地表达这些特性,以支持对软件功能的理解。它应当只包含对该理解有用的细节,而不指定特定的软件实现或者体系结构,有正当理由的设计约束可看成例外。规格模型不定义软件设计细节,例如内部数据结构、内部数据流或内部控制流。因此,一个规格模型可以表达高层需求,但绝不是低层需求或软件体系结构。

设计模型规定软件部件的内部数据结构、数据流和/或控制流。设计模型包括低层需求和/或体系结构。特别是,当一个模型表达软件设计信息时,无论其他内容是什么,它应当被分类为设计模型。这包括用于生产代码的模型。"

关于这些模型类型有两件重要事情要指出。首先,一个模型不能被分类为既是规格模型又是设计模型。第二,由于DO-331要求在模型之上必须有需求,当使用模型时将永远至少有两层需求[1]。

DO-331保留了DO-178C的大多数指南,但是增加了一些模型特定的信息。一般来说,DO-178C中与HLR相关的大多数指南都适用于规格模型,软件设计的指南适用于设计模型。DO-331与DO-178C的最主要差别总结如下。为了用于基于模型的开发与验证,DO-331在有些地方对DO-178C做了修改或澄清(即补充)。

---

① 银弹,在软件领域中比喻能从根本上解决软件工程问题的"神奇"方法,出自计算机科学大师布鲁克斯(Fred P. Brooks)的经典论文《没有银弹——软件工程的本质和附属问题》(*No Silver Bullet—Essence and Accidents of Software Engineering*)。——译者注

差别1 模型策划。在策划阶段，计划应当解释模型的使用，以及它如何适合于软件生命周期。计划应当解释每个模型代表什么软件生命周期资料、将使用什么模型标准，以及预期的验证方法。如果仿真将用于置信度，那么计划应当明确地详细说明方法以及要寻求的置信度。如果用仿真来正式支持验证，那么策划阶段还应当定义模型仿真环境，包括模型、工具、规程以及操作环境。仿真器可能需要得到鉴定，这取决于它是如何工作的。在计划中应当包含为什么需要或无须鉴定的理由。第13章解释了工具鉴定的准则和方法。

如果除了模型还使用了传统的文本需求和设计元素，则应当在计划中进行解释。在这种情况下，计划应当解释DO-178C和DO-331目标将如何同时得到满足。为此可以有不同的方式。一种方式是在软件合格审定计划（PSAC）（可能是一个附录）中同时包含DO-178C和DO-331目标，以说明两组目标将如何同时得到满足。

差别2 模型标准。使用的每类模型必须有标准来解释建模技术、约束、说明等。DO-331的MB.11.23节解释说，对每类模型应当有一个模型标准，并且每个标准包含以下类型的信息，作为最低要求[1]。

- 对将要使用的方法和工具的解释和合理性说明。
- 标识将要使用的建模语言，及其语法、语义、特征和限制。
- 风格指南和复杂性限制，使得建模方法及其实现是无模糊的、确定的，并与DO-331目标相符合。复杂性限制尤其重要。按照典型的做法，应该限制模型的深度（嵌套层次）、体系结构层次数，以及每个图示的元素数。
- 保证建模工具和支持库的正确使用的约束。
- 标识需求、建立需求层级之间的双向可追踪性、标识衍生需求、编档所有衍生需求的合理性说明，以及标识任何不是软件需求或设计的模型元素（例如注释）的方法。

模型标准是开发者的指南，使他们能够建立高质量和符合标准的模型。清晰的指南和实际的例子是有好处的。

差别3 支持性模型元素。DO-331指出，对实现需求或设计无贡献的模型元素必须被清楚地标识。DO-331为此增加了3个目标。3个目标都是在DO-331附件MB.A的表MB.A-2中，如下所列[1]。

目标MB8："标识对完成或实现任何高层需求没有贡献的规格模型元素。"

目标MB9："标识对完成或实现任何软件体系结构没有贡献的设计模型元素。"

目标MB10："标识对完成或实现任何低层需求没有贡献的设计模型元素。"

差别4 模型元素库。在多数建模工具中大量使用库。例如，用于图形化展示一个模型的符号来自一个符号库。可以用在一个模型中的每个库元素必须保证达到DO-178C的恰当软件等级。根本而言，库元素需要有相应的策划、开发标准、需求、设计、代码、验证用例与规程等，就像任何其他安全关键软件一样。如果库中有元素没有恰当的保证等级，它们就不应被使用。最好把它们从库中彻底去除，以避免不经意的使用。然而，如果这样不可行，则应当有明确的标准来限制无保证的元素的使用，并且有评审以确保标准得到遵守。此外，建模标准需要提供正确使用库元素的指南。

差别5　设计模型的模型覆盖分析。DO-331名词表定义模型覆盖分析：

"分析就是确定设计模型所表达的哪个需求没有被验证检查到，该验证基于设计模型所源自的需求。该分析的目的是支持对设计模型中的非预期功能的检测，通过验证用例达到覆盖模型开发所基于的需求。[1]"

模型覆盖分析与结构覆盖分析不同。DO-331的MB.6.7节解释了推荐的模型覆盖分析活动和准则，以及发现覆盖问题时的解决活动。有趣的是，DO-331的MB.6.7节在DO-331附件MB.A的表MB.A-4中被列入活动列，而不是目标列。目标4表述为"获得低层需求的测试覆盖。"只有设计模型需要进行模型覆盖分析。在DO-331中包含它是有些争议的，这就是为什么它被包含作为一个活动而不是一个目标。即使它在DO-331的表MB.A.4中只被列为一个活动而不是一个目标，多数合格审定机构期望它得到执行。他们可能允许使用不同的替代方法，但是仍然需要证据表明设计模型已经被完全验证，达到模型覆盖分析提供的相同严格程度。

差别6　模型仿真。DO-331名词表定义模型仿真和模型仿真器如下[1]：

- **模型仿真**。使用仿真器检查一个模型的行为的活动。
- **模型仿真器**。一个设备、计算机程序或系统，使得一个模型能够执行以表明其行为，从而支持验证和/或确认。

注意，模型仿真器可能执行，也可能不执行代表目标代码的程序。

DO-331的MB.6.8节提供了模型仿真的专门指南。模型仿真可用于满足一些DO-331验证目标。表14.1总结了使用模型仿真可能满足或不满足的DO-331目标。由于一个模型可以代表HLR、LLR或软件体系结构，表14.1中的目标应用于模型的适用表示。

如果仿真用例和规程用于正式验证置信度，就需要验证仿真用例和规程的正确性，并且仿真结果需要评审，结果差异需要解释。DO-331为附件MA.A的表MB.A-3（目标MB8至目标MB10）、表MB.A-4（目标MB14至目标MB16）以及表MB.A-7（目标MB10至目标MB12）增加了新的目标，以关注仿真用例、规程和结果的验证。增加的3个目标是相同的，但是在3个附件表中重复，因为它们适用于软件生命周期的不同阶段[1]：

- "仿真用例是正确的。"（表MB.A-3目标MB8、表MB.A-4目标MB14、表MB.A-7目标MB10）
- "仿真规程是正确的。"（表MB.A-3目标MB9、表MB.A-4目标MB15、表MB.A-7目标MB11）
- "仿真结果是正确的，并且差异得到解释。"（表MB.A-3目标MB10、表MB.A-4目标MB16、表MB.A-7目标MB12）

表14.1　与模型仿真相关的目标总结

DO-331目标	相应的正文节号	验证活动	允许模型仿真
规格模型验证			
表MB.A-3，目标1	MB.6.3.1.a	HLR对系统需求的符合性	是
表MB.A-3，目标2	MB.6.3.1.b	HLR的准确性和一致性	是
表MB.A-3，目标3	MB.6.3.1.c	HLR与目标的兼容性	否

（续表）

DO-331目标	相应的正文节号	验证活动	允许模型仿真
表MB.A-3，目标4	MB.6.3.1.d	HLR的可验证性	是
表MB.A-3，目标5	MB.6.3.1.e	HTL对标准的符合性	否
表MB.A-3，目标6	MB.6.3.1.f	HRL与系统需求之间的双向可追踪性	否
表MB.A-3，目标7	MB.6.3.1.g	HLR的算法方面	是
设计模型验证			
表MB.A-4，目标1	MB.6.3.2.a	LLR对软件HLR的符合性	是
表MB.A-4，目标2	MB.6.3.2.b	LLR的准确性和一致性	是
表MB.A-4，目标3和目标10	MB.6.3.2.c，MB.6.3.3.c	与目标计算机的兼容性（LLR和软件体系结构）	否
表MB.A-4，目标4和目标11	MB.6.3.2.d，MB.6.3.3.d	LLR和软件体系结构的可验证性	是
表MB.A-4，目标5和目标12	MB.6.3.2.e，MB.6.3.3.e	LLR对标准的符合性	否
表MB.A-4，目标6	MB.6.3.2.f	LLR与HLR之间的双向可追踪性	否
表MB.A-4，目标7	MB.6.3.2.g	LLR的算法方面	是
表MB.A-4，目标8	MB.6.3.3.a	软件体系结构对HLR的兼容性	是
表MB.A-4，目标9	MB.6.3.3.b	软件体系结构的一致性	是
表MB.A-4，目标13	MB.6.3.3.f	分区的完好性得到确定	否
测试与测试覆盖			
表MB.A-6，目标1	MB.6.4.a	可执行目标代码符合HLR	部分*
表MB.A-6，目标2	MB.6.4.b	可执行目标代码对HLR是健壮的	部分*
表MB.A-6，目标3	MB.6.4.c	可执行目标代码符合LLR	否
表MB.A-6，目标4	MB.6.4.d	可执行目标代码对LLR是健壮的	否
表MB.A-6，目标5	MB.6.4.e	可执行目标代码与目标计算机兼容	否
表MB.A-7，目标1	MB.6.4.5.b	测试规程是正确的	否
表MB.A-7，目标2	MB.6.4.5.c	测试结果是正确的，并且差异得到解释	否
表MB.A-7，目标3	MB.6.4.4.a	获得HLR的测试覆盖	部分*
表MB.A-7，目标4	MB.6.4.4.b	获得LLR的测试覆盖	否
表MB.A-7，目标5至目标7	MB.6.4.4.c	获得软件结构对适当的覆盖准则的测试覆盖	部分*
表MB.A-7，目标8	MB.6.4.4.d	获得软件结构的测试覆盖，包括数据耦合和控制耦合	部分*
表MB.A-7，目标9	MB.6.4.4.c	获得对不能追踪到源代码的额外代码的验证	否

来源：RTCA DO-331, *Model-Based Development and Verification Supplement to DO-178C and DO-278A*, RTCA, Inc., Washington, DC, December 2011.

* 仍然要求其中一些在目标机上的测试。

14.5　合格审定机构对DO-331的认识

在DO-331发布之前，国际上的合格审定机构已经使用项目特定的问题纪要（或对等物）来标识需要解决的基于模型的开发与验证问题[①]。在DO-331被用作符合性手段之后，预计这些问题纪要（或对等物）不再需要。随着DO-331经验的获得，将来可能有一些更多的合格审定机构指南来澄清基于模型的开发与验证问题。

在所有的DO-178C补充中，DO-331可能会是最难以应用的，尤其当试图应用该指南于已有的模型时。一些特别的挑战如下：

- 在模型之上开发一个完整的需求集合，特别是当模型是在软件生命周期之外时；
- 在系统领域中澄清DO-331的范围；
- 分离规格模型和设计模型；
- 执行模型覆盖分析；
- 执行模型元素与更高和更低层之间的双向追踪；
- 集成新的指南到已有的过程；
- 将模型仿真使用于合格审定置信度；
- 自动生成对模型的测试。

---

① 例如，欧洲航空安全局（EASA）合格审定备忘录CM-SWCEH-002，其中一节是基于模型的开发的（见第23节）。该合格审定备忘录在EASA合格审定评审项中被引用，后者是美国联邦航空局（FAA）问题纪要的EASA对等物。

第15章 DO-332和面向对象技术及相关技术

15.1 面向对象技术介绍

面向对象技术（OOT）于20世纪60年代末，随着Simula编程语言[1]的引入而出现。OOT是一个以"对象（object）"为中心的分析、设计、建模以及编程的软件开发范型。美国电气和电子工程师协会（IEEE）将OOT称为"一种软件开发技术，其中的系统或部件是用对象以及对象之间的关联来表达的"[2]。一个对象在软件层就像一个黑盒，每个对象能够接收消息、处理数据，以及发送消息给其他对象。对象同时包含代码（方法）和数据（结构），使用者无须了解对象内部细节就能使用对象，因此将其比喻为一个黑盒。对象可以把现实世界实体，例如一个敏感器或硬件控制器，建模为一个具有定义的行为的单独的软件部件。OOT中的一个主要概念是"类（class）"。类定义了共享一个代表现实世界实体的公共结构和行为的属性、方法、关系，以及语义。

DO-332的OO.1.6.1.1节提供了对象和类的以下描述[3]：

"OOT的代表性特征是使用类来定义对象，并具有通过子类创建新的类的能力。在过程式编程中，一个程序的行为是通过函数定义的，正在运行的程序的状态是由数据变量的内容定义的。在面向对象的编程中，密切相关的函数和数据被紧密耦合，形成一个聚合的抽象，称为一个"类"……

一个类是一个蓝图，从它可以创建多个具体实现。这些具体实现称为"对象"……

为类定义的子程序称为它的"方法"，或"成员函数"。操作或使用包含在一个对象实例中的数据的方法称为"实例方法"。这与仅和一个类相关，并且无须调用一个关联的实例的"类方法"是相对的。

在整个DO-332中，术语"子程序（subprogram）"用于一般性地指代所有形式的方法（实例方法和类方法）、函数或过程。DO-332还指出：

"与类关联的数据变量称为属性、字段，或数据成员。属性可以分为"实例属性"，这种情况下每个对象拥有该属性的一个单独副本；以及"类属性"，这种情况下该类的所有对象共享该属性的唯一一个副本[3]。"

15.2 OOT在航空中的使用

OOT在非安全关键软件的开发（如基于Web的和桌面应用）中广泛使用，并且大学几乎无一不在讲授。OOT也已用于安全关键的医疗和汽车系统中。OOT对于航空工业也是有吸引力的，原因有许多方面，包括强的工具支持、拥有程序员、成本节省，以及可复用性的潜力。

然而，OOT到目前还没有在航空业中广泛使用。美国联邦航空局（FAA）和航空业界已经研究和调查OOT在安全关键系统中的使用以及为它的安全实现编制指南超过10年了。有多个与OOT相关的技术挑战（大多数与编程语言相关），拖延了它在实时系统和航空业中的普及。FAA问题纪要和欧洲航空安全局（EASA）合格审定评审项（CRI）已经发出，以确保使用OOT的项目关注这些问题。

15.3　航空手册中的OOT

在1999年，FAA和工业界开始积极探索OOT在航空业中的使用。多个项目在考虑使用该方法，但是没有什么研究来评价其对安全关键和实时应用的适用性。一个航空航天飞行器系统协会（AVSI）[1]小组得到波音（Boeing）、霍尼韦尔（Honeywell）、古德里奇（Goodrich），以及罗克韦尔柯林斯（Rockwell Collins）公司的支持，他们通过一个名为"嵌入式面向对象软件的合格审定问题"的项目开展协作，目标是降低开发项目在使用面向对象软件进行机载系统合格审定时的风险。AVSI提出了一些指南，用于开发符合DO-178B的面向对象软件[4]。AVSI的工作成为FAA和美国国家航空航天局（NASA）的一项称为"航空业中的面向对象技术（OOTiA）"的活动的输入。NASA的兰利（Langley）研究中心和FAA举办了两次研讨会来收集工业界的意见建议，并合作开发了一个四卷合集《航空业中的面向对象技术手册》[5]，于2004年10月完成。

OOTiA手册中标识的问题成为在航空项目中评价OOT的基础。申请者和软件开发商被要求保证他们的OOT方法解决了OOTiA手册第2卷中标识的问题。OOTiA手册第3卷建议了一些解决这些问题的方式，这些问题的提出包括10个方面：单继承和动态分派、多继承、模板、内联、类型转换、重载和方法解析、死代码和非激活代码及复用、面向对象工具、可追踪性，以及结构覆盖。

15.4　FAA资助的OOT和结构覆盖研究

在2002到2007年间，FAA资助了一个三阶段的研究活动，研究使用OOT时可能发生的结构覆盖问题[2]。

第一个阶段调查问题，生成了一个报告，标题为《面向对象软件的结构覆盖问题》[6]。

第二个阶段研究问题，提出了用于确定商业民用航空中的OOT的数据耦合和控制耦合（DC/CC）的接受准则。正如第9章指出的，DC/CC符合性的意图是，提供一个对集成的部件进行基于需求的测试的完整性的客观评估（度量）。第二个阶段生成了一个报告，标题为《面向对象技术验证阶段2报告——数据耦合和控制耦合》[7]。该报告提出了部件之间依赖性的覆盖，作为满足DO-178B（以及现在的DO-178C）的表A-7的目标8的一个可度量的充分性准则的建议。除了报告，第二个阶段活动还生成了一个手册，标题为《面向对象技术验证

---

① AVSI是一个航空研究协会，其目标是降低航空器上复杂子系统的成本和维护其安全性。

② 该研究由波音公司的John Joseph Chilenski领导。来自波音的其他研究人员包括John L. Kurtz，Thomas C. Timberlake，以及John M. Masalskis。报告和手册可以在FAA网站www.faa.gov得到。

阶段2手册——数据耦合和控制耦合》[8]。该手册是对商业民用航空在OOT中确定DC/CC符合性的问题和接受准则的指南。

该活动的第三个阶段研究在OOT中为了满足DO-178B（以及现在的DO-178C），在源代码、目标代码或可执行目标代码层次使用结构覆盖分析的问题和接受准则。与第二阶段相同，第三阶段生成了一个报告和一个手册：

- 《面向对象技术验证阶段3报告——在源代码和目标代码层的结构覆盖》[9]
- 《面向对象技术验证阶段3手册——在源代码和目标代码层的结构覆盖》[10]

15.5　DO-332概览

DO-332即《DO-178C和DO-278A的面向对象技术与相关技术补充》，提供了使用OOT以及与OOT密切相关的技术的指南。DO-332也被称为"OOT&RT补充"。OOTiA手册、FAA研究报告、FAA问题纪要、EASA CRI以及合格审定机构软件组（CAST）观点纪要都是DO-332的输入。该补充对DO-178C修改和增加了当OOT和相关技术用于软件生命周期时的目标、活动、解释性文字，以及软件生命周期资料。由于OOT术语和对OOT的整体理解在航空工业中有多种不同，该补充提供了OOT与相关技术的一个概览。相关的技术包括参数化多态、重载、类型转换、异常管理、动态内存管理，以及虚拟化。大多数但不是全部的面向对象语言使用到这些技术。此外，这些技术中的一些甚至适用于超出OOT的地方。这里总结DO-332与DO-178C的主要不同。

15.5.1　策划

DO-332相比DO-178C在策划过程中增加了3个活动。首先，如果使用虚拟化，则应当在计划中进行解释。其次，如果复用构件（这是OOT的目标之一），则应当在计划中描述复用，包括"构件与使用它的系统之间的类型一致性、需求映射以及异常管理策略的维护"[3]。第三，计划和标准应当解释DO-332附件OO.D中的脆弱性将如何得到解决（在15.5.4节中讨论）。

15.5.2　开发

DO-332在DO-178C中已有的之外，增加了OOT特定的开发指南。特别是，DO-332的OO.5节增加了关于以下话题的指南：类的层级、类型一致性、内存管理、异常管理，以及实施复用时的非激活功能[3]。

DO-332的OO.5.5节还增加了关于OOT的可追踪性的澄清。由于面向对象的设计是使用"方法"实现的，

"可追踪性是从需求到实现需求的方法和属性（的追踪）。类是一个用于组织需求的体系结构制品。由于实现了子类，如果一个追踪到类中的某个方法在子类中被重载，那么该方法实现的需求也应当追踪到子类中的方法。这是对特定于子类的需求的追踪的补充[3]。"

15.5.3　验证

DO-332增加或修改了4个活动以验证：类的层级与需求的一致性、局部类型一致性、内存管理与体系结构和需求的一致性，以及异常管理与体系结构和需求的一致性。

DO-332还在正常范围测试中增加了一个活动，以"保证类构造函数正确地初始化了它们的对象的状态，并且初始状态与类的需求是一致的"[3]。

DO-332增加了两个面向对象技术与相关技术（OOT&RT）特定的验证目标：

目标OO10　"验证局部类型一致性"[3]。用于这个目标的活动包含在DO-332的OO.6.7节。

目标OO11　"验证动态内存管理的使用是健壮的"[3]。用于这个目标的活动包含在DO-332的OO.6.8节。

15.5.4　脆弱性

DO-332的一个独有方面是脆弱性概念。DO-332附件OO.D包含了可能出现在一个OOT系统或者使用相关技术的系统中的脆弱性的列表。脆弱性被分为两类：关键特征和一般问题。附件OO.D是DO-332文件的一个重要部分，提供了针对OOT&RT相关的更有挑战性问题的有价值指南。

DO-332的OO.D.1节标识了关键特征的脆弱性，连同支持的指南和活动的总结。讨论了以下每个关键特征：继承、参数多态、重载、类型转换、异常管理、动态内存管理，以及虚拟化。

OOT&RT的一般问题的脆弱性在DO-332的OO.D.2节讨论。这些问题不限于OOT（这就是为什么该补充文件在标题中包含"相关技术"），也可能会在一个非OOT系统中出现。DO-332的OO.D.2节描述了可追踪性、结构覆盖、构件使用以及资源分析对于OOT&RT会如何更加复杂，并包含了当使用OOT&RT时要考虑的额外指南。

DO-332附件OO.D中的脆弱性指回到了OO.4节至OO.12节中的指南，它们提供了确保脆弱性得到解决的目标和活动。

15.5.5　类型安全

DO-332的一个独有方面是将"类型安全"标识为缓解OOT系统中的多个脆弱性，以及控制为了完全验证OOT系统所需要的测试级别和深度的手段。类型安全考虑类和子类之间的行为。DO-332叙述说："为使一个类型是其他类型的一个正确的子类型，它应当具有与它的每个上级类型相同的行为。换句话说，一个给定的类型的任何子类型应当可以用在任何要求给定的类型的地方"[3]。DO-332依赖于"Liskov替换原则（LSP）"来指定和保证类型安全。LSP定义了什么构成一个正确的子类（类型安全），这限制了一个子类可以如何行为。DO-332解释道：

"原则是，'假设q(x)是类型为T的对象x的一个可证明的属性。则在S是T的一个子类型时，对于类型为S的对象y，q(y)应当为真。'……在子类中重新定义的每个子程序应当满足在其任何超类中的同样子程序的以下需求：

- 前置条件没有被强化；
- 后置条件没有被弱化；
- 不变量没有被弱化[3]。"

就DO-178C定义的基于需求的验证目标而言，对LSP的符合性意味着一个给定类型（父类）的任何子类型（子类）应当满足给定类型（父类）的全部需求。形式化方法或测试的应用可以用于展示LSP[3]。

15.5.6　相关技术

如前面提到的，DO-332提供了动态内存管理和虚拟化的特定指南。这些话题与OOT相关，但不特定于OOT。动态内存管理的指南提供了一个为了可预测的使用而规约、设计和评价一个内存管理系统的手段。虚拟化的指南对于解释器和虚拟机管理器（hypervisor）技术是重要的。

15.5.7　常见问题

DO-332包含了关于OOT&RT以及在补充中提供的指南的39个常见问题（FAQ）。这些FAQ帮助澄清该补充的意图，以及一些与OOT相关的更有挑战性的技术话题。这些FAQ被分为5类：一般问题、需求考虑、设计考虑、编程语言考虑，以及验证考虑。

15.6　OOT建议

当考虑在安全关键应用中使用OOT时，这里给出以下建议。

建议1　研究学习DO-332，确保理解了OOT相关的技术挑战。在做出使用OOT的最终决策之前这样做是明智的。

建议2　如果是OOT新手，则应当从一个小的、不那么关键的项目（例如C级或D级软件或一个工具）开始，逐渐进入更大、更复杂并且/或者更关键的软件。这提供了解决一些过程问题以及技术挑战的机会。

建议3　遵守DO-332指南。合格审定机构和航空工业已经花费了10年研究OOT、发现问题，以及开发合理的方法来解决这些问题。DO-332是这些努力的成果汇聚。

建议4　提供一个到DO-332的映射，以确保指南和标识的脆弱性得到了完全关注。正如前面指出的，脆弱性是OOT&RT补充中的一个关键部分。

建议5　预测一些挑战。第一次实现一个新的技术，会是一个充满意外的挑战的雷区。这有时被称为"嗜血前沿（bleeding edge）"，而不是"引领前沿（leading edge）"。有希望的是，合格审定机构和工业界在过去多年中投入的努力已经识别出了大量问题，但是无疑还会有一些项目特定的"惊奇"。

建议6　与合格审定机构密切协调。由于OOT在航空工业中仍然相对较新，合格审定机构倾向于更密切地监督它。有希望的是，随着正面经验的获得，这样严密监督的需要将变少。在那一天还没有到来的时候，合格审定机构会要求深入了解OOT项目的细节。

建议7　考虑指南是否适用于任何非OOT的项目。正如前面指出的，DO-332的一些指南可以适用于非OOT项目。特别是，使用动态内存管理或虚拟化的新技术将可能需要应用DO-332的指南。

15.7　结论

随着技术在过去几年中的发展，以及DO-332中清晰指南的开发，航空业中的OOT大门已经打开。很可能OOT将会在航空软件中变得更加普遍。

第16章　DO-333和形式化方法

16.1　形式化方法介绍

从整体上讲，工程强烈依赖于数学模型来做出关于设计的正确决策。然而，软件开发从传统上就不够形式化——甚至可能时常是即兴式的，其良好性是用项目完成时的测试来确定的。形式化方法的目的是把其他工程学科中使用的同样的数学基础带入数字世界，带给软件以及可编程硬件。形式化方法应用逻辑和离散数学来建模"一个系统的行为，并形式化地验证系统设计和实现满足了功能和安全性属性"[1]。

尽管作者不是一个形式化方法专家，但是接触形式化方法已经超过15年，对形式化方法的技术学科以及它对于提高数字系统质量和安全性的超出想象的潜力，具有深刻的认识。

形式化方法得到学术界的推崇已经有许多年。作者认识的一些形式化方法专家都是非常聪明、高学历并且富有激情的人。他们专注于研究和追求信念。看到他们的艰巨工作开始与应用工程接轨，是令人激动的事。

到目前，形式化方法在电子硬件世界中有更多应用——主要因为硬件工具更标准化和稳定，使得形式化方法可以进入工程师的每日工作。软件工具和技术（例如需求和设计方法、语言、目标依赖性）仍然在快速变化中。软件工程还没有达到电子硬件和其他工程学科的成熟度。

Daniel Jackson等很好总结了软件工程中的形式化方法的现状。他们解释说，传统的软件开发依赖于人的审查和测试来完成确认和验证。形式化方法也利用测试，但是还使用符号和语言进行严格的分析。形式化方法还使用工具来推理需求、设计和代码的属性。"实践者以前怀疑形式化方法的实用性。然而，有越来越多的证据表明形式化方法可以以一种高性价比的方式为系统带来非常高的可靠性……"[2]。

一些标准，如ISO/IEC 15408，即《信息系统保密安全评价通用准则》（*Common Criteria for Information Technology Security Evaluation*），以及英国国防标准00-55，即《国防系统中的安全性相关软件需求》（*Requirements for Safety Related Software in Defense Systems*），要求对最关键的等级至少有一些形式化方法的应用①。DO-178B将形式化方法标识为一个可接受的替代方法。然而，在民用航空领域，形式化方法很少被使用。一些航空电子和工具供应商开始使用形式化方法，并且预计他们的使用将继续增长。似乎实践经验和支持的形式化方法工具已经最终达到了一个可以被航空工业使用的成熟度水平。

作者对形式化方法的初次领略是很有趣的。我曾被邀请在位于华盛顿特区的一个国防高

---

① 国防标准00-56，即《国防系统安全性管理需求》（*Safety Management Requirements for Defense Systems*，替代了国防标准00-55）对此没有要求，但它确实认可形式化证明和分析的使用对于提供安全性证据是可接受的。

级研究计划局（DARPA）会议上做一个DO-178B概览以及美国联邦航空局（FAA）软件相关策略与指南的报告。在这个60分钟的报告进行了大约5分钟时，我开始看到听众脸上的不同寻常的表情：一些人看上去比较困惑，许多人看上去不满甚至变得生气，还有一些无法形容的表情。当我终于进行到提问与回答时间时，明白了"故事的其余部分"。我是在对一群形式化方法专家讲话，他们对民用航空的现实世界毫无体验。而我则相反，审定过许多航空器，但是对形式化方法没有经验。于是，两个世界发生了冲突。从那以来，我已经对形式化方法学习到了更多，并且对它们在未来的安全关键软件中的作用抱有了巨大希望。

16.2 什么是形式化方法

美国国家航空航天局（NASA）2002年发布了一份文件为《NASA兰利形式化方法研究与技术转移项目》[1]，其中描述了形式化方法：

"形式化方法指的是在计算机系统（包括硬件和软件）的需求规格、设计和构造中使用逻辑和离散数学中的技术，并依赖于一个要求显式地列举所有假设和推理步骤的学科。每个推理步骤必须是一个相对少数允许的推导规则的一个实例。本质上，系统验证被缩减为一个可以被机器检查的计算。原则上，这些技术可以制造出无错的设计，然而这需要一个从需求向下直到实现的完整验证，这在实践中很少能做到。因此，形式化方法是计算机系统工程的应用数学。它在计算机设计中起到的作用类似于航空设计中的计算流体动力学（CFD），提供了一种计算手段，因而可以在一个数字系统的实现之前预测其行为会是怎样的。

形式化方法的巨大潜力已经被理论家认识很久，但是形式化方法还只是一些学者的领域，仅有少量例外……重要的是认识到形式化方法不是一种"要么全有，要么全无"的方法"。

正如John Rushby所说："形式化方法使得一个计算机系统的属性，通过一个近似于计算的过程，能够从系统的一个数学模型得以预测[3]。"

DO-333，即《DO-178C和DO-278A的形式化方法补充》由（美国）航空无线电技术委员会（RTCA）发布。DO-333名词表定义形式化方法为："用于构造、开发和推理一个系统行为的数学模型的描述性符号系统和分析方法。形式化方法是在形式化模型上执行的形式化分析"[4]。简而言之，一个形式化方法就是一个形式化模型加上一个形式化分析。形式化模型是"系统的一组给定方面的一个抽象表示，用于分析、仿真、代码生成，以及由此产生的任何组合。形式化模型是使用形式化符号系统进行定义的模型"[4]①。形式化符号系统是"一个具有准确、无模糊、有数学定义的语法和语义的符号系统"[4]。形式化分析"使用数学推理来保证一个形式化模型总是满足某些属性"[4]。

形式化方法通常在一个项目的开发阶段使用，用来建立不同的属性。DO-333的FM.1.6.1节提供了一些形式化模型的例子，包括图形模型、文字模型以及抽象模型。这些模型使用数学定义的语法和语义[4]。

---

① DO-333从本质上这样定义形式化方法：形式化方法=形式化模型+形式化分析。形式化方法通常不是用这种方式描述的。在DO-333中用这种方式来解释DO-178C生命周期过程中使用的形式化方法。

目前，形式化方法在典型情况下仅用于对一些软件行为进行建模，因为输入到模型的高层需求"可能包含无法用一个形式化方法验证的属性。模型还可能不具备足够的细节，无法对一些属性进行有意义的分析，但是对其他一些则很合适"[4]。

形式化方法可以被用来描述某些具有高等级保证的属性，因而支持安全性。通常情况下，模型只保证某些属性。因此，识别模型的局限性是重要的。在这些限制之外的属性通过其他模型或者传统的DO-178C方法进行保证[4]。

形式化方法可以有益于软件开发过程，然而，形式化方法最有用的方面是对形式化模型的形式化分析。形式化分析用于证明或保证软件与需求符合。为了证明或保证对需求的符合性，一组软件属性被定义（创建或嵌入在形式化分析工具中）。当一组软件属性完全定义了一组需求时，可以用形式化分析来证明这组软件属性为真[4]。

一个分析方法只有当它对于属性的确定是合理无误的时，才能被认为是形式化的。DO-333对此解释如下：

"合理无误的分析意味着方法从来不在一个属性不为真时将其评估为真。相反情况，在一个属性可能为真时将其评估为假，通俗地说就是"响假警报"，是一个可用性问题，但不是一个合理无误性问题。进一步，一个方法在试图检查一个属性是否为真时，返回"不知道"或者不返回一个结果，是可以接受的，在这种情况下，额外的验证是必要的[4]。"

DO-333标识了3类典型的形式化分析[4]：

1. 演绎方法，使用数学论证来建立一个形式化模型的各个属性。通常使用一个理论证明工具来构造证明，以表明软件属性是合理无误的。

2. 模型检测，"搜索一个形式化模型的所有行为，以确定一个指定的属性是否满足。"

3. 抽象解释，构造一个编程语言语义的保守表示，用于"无限状态程序的动态属性的合理无误确定……它可以被看成一个计算机程序的部分执行，它确定了程序的特定效果（例如，控制结构、信息流、栈规模、时钟周期数），而不实际执行所有的计算。"

这3类形式化分析共享一些性质。首先，它们依赖于形式化模型。"制品之间的符合性绝不能使用形式化分析在一个非形式化模型和形式化模型之间表明。例如，使用形式化方法来表明需求规格和代码之间的符合性，就要求它们都是形式化模型。第二，所有的形式化分析一般都是用一个工具实现的"[4]。因此，用于形式化分析的工具可能需要得到鉴定。关于工具鉴定的信息见第13章。

16.3 形式化方法的潜在好处

形式化方法提供了许多潜在好处，本节将要讨论它们。随着经验和技术的成熟，好处可能还会增长。

潜在好处1 改进需求定义。由于形式化方法的形式化本质，它们可以确保需求是完整的和考虑得当的。传统的需求经常不完整、不准确、模糊和不一致。Rushby写道："软件和硬件设计中的许多问题是因为顶层需求描述、中间设计描述，或者部件和接口规格说明中的不准确、模糊、不完整、误解，以及仅仅是简单平常的错误。这些问题中的一些可以归因于用自然语言描述大型、复杂制品的困难性"[3]。使用一个形式化方法有助于及早识别这些脆弱性。

潜在好处2 降低错误。形式化方法通过使用更严格的和基于数学的方法，帮助降低对人的直觉和判断的依赖性。由于定义一个形式化方法需要严格性，它可以降低需求和/或设计中的错误数量。

潜在好处3 检测更多的错误。形式化分析可以发现传统验证手段可能完全检测不出的错误。它可以发现错误、误解以及细微的非预期属性，使用传统的评审和测试方法可能注意不到这些。

潜在好处4 对安全性属性的增强信心。使用形式化方法来建模和验证一个系统的安全性特性，可以增强安全性和质量的信心。

潜在好处5 对高复杂系统的增强信心。形式化方法提供了更全面分析输入和输出空间的能力。对于高复杂功能，形式化方法可以比只检查一部分输入和输出空间的传统测试更全面地验证功能。

潜在好处6 在易出错区域的质量提升。虽然应用形式化方法到所有的软件设计中是不现实的，但它可以被有效地用于易出错的区域，而这些区域也往往是最复杂的区域。

潜在好处7 更有效的工具实现。多个航空电子制造商都开发了商业工具（例如自动代码生成器）。当使用形式化方法构建工具时，可以提高工具的健壮性，降低工具用户要求的额外验证量。例如，一个使用形式化方法开发的自动代码生成工具可以降低或消除对于工具输出的结构覆盖分析的需要，因为形式化方法确保工具不会生成不准确、不可追踪、不完整或无关的代码。

潜在好处8 降低成本。虽然形式化方法的应用起初可能要求更严格，需要更多资源，但它具有更早和更确定地发现错误的潜力。这可以降低软件开发的整体成本，因为在过程的后期发现错误的代价是非常大的。

潜在好处9 可维护的软件。由于形式化方法有潜力制造更清晰的需求和体系结构，它可以使系统更易于维护。无疑的是，即使使用形式化方法，在复用或修改已有软件时也必须加以小心。

16.4　形式化方法的挑战

项目在实现形式化方法时，将面临许多挑战。

挑战1 缺少培训导致很大的畏惧因素。多数软件工程师和他们的管理者仍然缺乏形式化方法的学习，并且甚至畏惧形式化方法。那些符号看上去奇怪，许多工程师没有数学背景来应用工具。这个挑战可以通过培训和用户友好的工具克服。

挑战2 形式化方法不是适用于所有的问题。形式化方法有其局限。重要的是在最有效的地方和它们具有最大潜力的地方（例如，复杂或问题多的功能）使用它们。

挑战3 形式化和不那么形式化的方法的混合会有困难。由于大多数项目在整个需求定义和验证活动的一个子集上应用形式化方法，形式化方法必须与传统的过程集成。可能有形式化方法与其他不那么传统的技术一起使用的情况，例如面向对象的技术或基于模型的开发。为了应对这个挑战，重要的是保持全局思维，记住驱动这些活动的目标。

挑战4　有限可得的形式化方法专家。还没有充足的形式化方法实践者，这会成为成功应用该技术的障碍。正如挑战1指出的，培训和用户友好的工具也可以帮助缓解这个挑战。

挑战5　形式化方法会有较高资源需求。形式化方法要求特别的技巧和工具。它们的应用也会很有挑战性。为此，最好在最关键、复杂和易出错的区域使用它们，在这些地方可以获得最大的投入回报。

挑战6　对形式化方法验证能力的过高信心。可能存在一个错误概念，认为形式化方法可以保证正确性。它们确实对软件的需求符合性提供更高信心，然而，正如Jonathan P. Bowen和Mike Hinchey所解释的："如果组织没有'建立正确的系统（确认）'，则'正确建立系统（验证）'的工作量再大也无法克服这个错误"[5]。

挑战7　对测试存在错误假设。一些认识认为形式化方法意味着无须测试。形式化方法可以降低某些错误的可能性，或者帮助检测它们，但是必须辅以恰当的测试[5]。DO-333强调软件测试的需要，即使应用了形式化方法。特别是，需要使用基于目标的测试来验证软件/硬件的集成。

挑战8　工业和合格审定指南还没有标准化。如果让3个人解释形式化方法，那么他们很可能给出至少4种回答。DO-333的完成是朝着标准化迈出的一大步，然而，仍然有许多特定于项目的问题需要解决。

挑战9　工具支持仍然不完整。形式化方法工具已经在过去的几年中取得了重大的进步，但是为了使之在航空领域中实用，仍然有相当多的工作。工具需要很好地适合于软件生命周期，并且可以被领域专家使用。如果工具对于那些具有领域专门知识的人（例如，一个飞行控制工程师）不实用，就得不到有效使用，前面提到的潜在好处就不会实现。

16.5　DO-333概览

16.5.1　DO-333的目的

DO-333通过修改、删除和增加形式化方法特定的目标，对DO-178C进行补充。DO-333补充是基于以下原则[6]。

- 形式化方法是将形式化分析应用到形式化模型。
- 形式化模型必须在一个有数学定义的语法和语义的符号系统中。
- 形式化方法可以用在软件生命周期的不同验证步骤，对于开发的全部或部分步骤，以及全部或部分系统。
- 形式化方法必须绝不能产生一个"可能不为真"的结果（即形式化分析必须是合理无误的）。
- 将源代码形式化分析的结果应用到相应的目标代码是可能的，通过足够细节地理解编译、链接和加载过程。

- 为了保证软件与目标硬件的兼容性，以及完全验证对源代码和目标代码之间关系的理解，测试总是需要的。

16.5.2　DO-333与DO-178C的比较

16.5.2.1　策划和开发

DO-333澄清了DO-178C在使用形式化方法时的策划和开发过程。DO-333解释说需要建立计划和标准来描述和关注形式化方法。如果在开发中应用一个形式化模型而没有形式化分析，就不必应用DO-333，DO-178C本身就足够关注这种情况。也就是说，如果在需求、设计和/或编码阶段使用一个形式化模型或多层模型，则DO-178C目标适用。DO-333补充提供了针对开发过程的一些模型特定的澄清，但是基本上与DO-178C标识的是相同的过程。

16.5.2.2　配置管理、质量保证和合格审定联络

DO-178C中的配置管理、质量保证和合格审定联络过程在DO-333中没有变化。

16.5.2.3　验证

DO-178C与DO-333之间的主要不同在验证部分。由于形式化方法有能力证明或否定一个形式化模型的正确性，一些传统的DO-178C评审、分析和测试目标可以被形式化分析代替。DO-333修改了高层需求、低层需求、软件体系结构以及源代码的评审和分析的目标和活动，从而特定于形式化方法。形式化分析可用于满足与输入到输出的符合性、准确性、一致性、与目标计算机的兼容性、可验证性、与标准的符合性、可追踪性、算法准确性，以及需求形式化的正确性相关的目标。

对于形式化方法验证存在两个主要挑战：1）可执行目标代码的验证（DO-178C的表A-6和DO-333的表FM.A-6）；2）验证的验证（DO-178C的表A-7和DO-333的表FM.A-7）。

首先，考虑可执行目标代码的验证。当前而言，用形式化方法代替可执行目标码测试是不可能的。形式化分析可以用于补充测试活动，以及验证与需求的符合性。然而，由于目标依赖性，模型还不足以代替测试。因此，无论使用形式化方法还是传统的软件开发方法，验证可执行目标代码的目标是相同的，即DO-333的表FM.A-6与DO-178C的表A-6具有相同的目标。不过，一个额外的目标被增加到DO-333，以关注形式化分析用于验证可执行目标代码的属性的情形。DO-333的表FM.A-7的目标FM9表述为"验证源代码和目标代码之间的属性的保持"[4]。

"通过验证源代码到目标代码的转换的正确性，在源代码层针对高层或低层需求进行的形式化分析，可以用于推导目标代码针对高层或低层需求的正确性。这与从源代码获得的覆盖度量可以用于建立目标系统测试的充分性是相似的[7]。"

做这样的分析将可能被证明是困难的。不过，随着模拟和可移植性技术的持续进步，它可以变得更加可行。

挑战的第二个区域是验证的验证。DO-178C的表A-7有9个目标。表16.1对比了DO-178C的表A-7的目标与替代DO-178C目标的DO-333的表FM.A-7的目标。该表显示，目标1至目标4和目标9（来自DO-178C）在DO-333中有对等物。然而，DO-178C的4个结构覆盖目

标（目标5至目标8）被DO-333中的一个目标覆盖。由于结构覆盖涉及测试的执行和代码覆盖的度量，在使用形式化方法时提出了一种替代方法。该替代仍然需要满足结构覆盖的目的，即检测基于需求的测试中的欠缺、识别需求中的不充分性，以及识别无关代码（包括死代码）或非激活代码。该补充提出以下4个活动来满足结构覆盖目标[4,7]。

- **每个需求的完全覆盖**。当对形式化分析做出假设时，所有的假设必须被验证，以确保每个需求的完全覆盖。
- **需求集合的完整性**。对于得到形式化建模的需求，需要表明需求集合针对预期的功能是完整的。需求必须被验证满足：对于所有的输入条件，要求的输出已经被指定；而对所有的输出，要求的输入条件也已经被指定。如果需求是不完整的，则需要被更新。如果需求的完整性不能被表明，则需要结构覆盖分析。
- **非预期的数据流关系的检测**。目的是确定源代码中的数据流与需求符合，并且在代码的输入和输出之间没有非预期的依赖。非预期的依赖需要被解决（例如，增加需求或者去除错误代码）。
- **无关代码和非激活代码的检测**。与DO-178C对于无关代码（包括死代码）和非激活代码的目的是相同的。第17章将解释无关代码、死代码和非激活代码。

DO-333的表FM.A-7的应用会是有挑战性的。选择的方法需要确保所有未覆盖的代码得到标识。此外，DO-333似乎不关注控制流分析。除了非预期的数据流，实现形式化方法的人还需要检测非预期的控制流。当使用形式化方法时，与合格审定机构针对选择的方法对DO-333的目标FM.A-7的满足性进行密切协调是重要的。

表16.1　DO-178C与DO-333的"验证的验证"目标的比较

DO-178C的表A-7的目标	DO-333的表FM.A-7的目标
1. 测试规程是正确的	FM1. 形式化分析用例和规程是正确的
2. 测试结果是正确的，并且差异得到解释	FM2. 形式化分析结果是正确的，并且差异得到解释
3. 获得高层需求（HLR）的测试覆盖	FM3. 获得HLR的覆盖
4. 获得低层需求（LLR）的测试覆盖	FM4. 获得LLR的覆盖
5. 获得软件结构的测试覆盖（修改的条件/判定覆盖）	FM5～FM8. 获得软件结构的验证覆盖（一个目标代替DO-178C中的4个结构覆盖目标）
6. 获得软件结构的测试覆盖（判定覆盖） 7. 获得软件结构的测试覆盖（语句覆盖） 8. 获得软件结构的测试覆盖（数据耦合和控制耦合）	
9. 获得对不能追踪到源代码的额外代码的验证	FM9. 源代码与目标代码之间的属性保持的验证
不适用	FM10. 形式化方法被正确定义、证明正确，以及适合

来源：RTCA DO-333, *Formal Methods Supplement to DO-178C and DO-278A*, RTCA, Inc., Washington, DC, December 2011;

RTCA DO-178C, *Software Considerations in Airborne Systems and Equipment Certification*, RTCA, Inc., Washington, DC, December 2011.

由于形式化方法在典型情况下仅用于部分软件而不是全部，选择的方法需要清楚地标识：在哪里应用DO-333、在哪里应用DO-178C和/或其他补充。

16.6　其他资源

本章只是提供了形式化方法的一个介绍。形式化方法的书籍、报告和文章有许多。有许多人常年倾心关注这个专题。他们非常勤勉地著书撰文、授业解惑。如果你选择在一个项目中使用形式化方法，就需要更深入地认识这个专题，并且可能要请一些专家来辅助和培训你的团队。参考文献包含了作者找到的一些最有用的资源，每个参考又指向其他有益的资源。

第五部分

特 别 专 题

第三部分提供了DO-178C的概览并说明了符合性要求的过程，包括策划、开发、验证、配置管理、质量保证，以及合格审定联络过程。第四部分给出了工具鉴定指南（DO-330）、基于模型的开发（DO-331）、面向对象技术（DO-332），以及形式化方法（DO-333）的DO-178C技术补充。第五部分探索与许多安全关键软件开发活动相关的技术和特别专题。说明的专题如下：

- 未覆盖代码（无关代码、死代码和非激活代码）(见第17章）
- 外场可加载软件（见第18章）
- 用户可修改软件（见第19章）
- 实时操作系统（见第20章）
- 软件分区（见第21章）
- 配置数据（见第22章）
- 航空数据库（见第23章）
- 软件复用（包括先前开发的软件和商业货架产品软件）(见第24章）
- 逆向工程（见第25章）
- 外包和离岸外包（见第26章）

还有其他一些专题作者原本希望包含在这一部分，包括综合模块化航空电子、航空器电子硬件、保密，以及电子飞行包。然而，由于时间和空间的限制，没能纳入它们。

第17章 未覆盖代码（无关代码、死代码和非激活代码）

17.1 引言

当执行结构覆盖分析以确保基于需求的测试完全检查代码结构时（如第9章讨论的），可能有一些代码没有被覆盖（即没有被测试执行到）。如果覆盖的不足是由于缺失的需求或测试造成的，就要更新需求和测试，并重新执行适当的测试。可能会有一些代码在测试环境中无法执行到，但是仍然满足需求（例如，在初始化时起作用的代码或防御性代码）。这些代码需要通过一个替代方法进行验证，例如分析或代码审查。然而，即使在此之后，仍然会有一些未覆盖代码，它们被分类为无关的（extraneous）、死的（dead）和非激活的（deactivated）。本章讨论这些类型的代码，并给出如何处理它们的建议。

17.2 无关代码和死代码

名词"无关代码"是在DO-178B到DO-178C的更新中增加的。关于这一类代码的名称存在相当大的争论，这类代码在基于需求的测试中不会被执行到，且不能追踪到功能需求。标准也考虑了许多其他的名词，例如不可追踪代码、不可达代码，以及未覆盖代码。最后，术语"无关代码"赢得了竞争。

DO-178C定义无关代码为"不能追踪到任何系统需求或软件需求的代码（或数据）。无关代码的一个例子是被不正确保留的遗留代码，尽管它的需求和测试用例已经被去除。无关代码的另一个例子是死代码"[1]。

无关代码的定义把死代码作为无关代码的一个子集。DO-178C解释死代码为"可执行的目标代码（或数据），其存在是作为一个软件开发的错误，但是在目标计算机环境的任何可操作配置中都不能被执行（代码）或使用（数据）。它不能追踪到一个系统需求或软件需求……"[1]。以下展示了一个死代码的简单例子，可以看到，按照代码的这种编法，"calculate airspeed"这一行是不可达的。

```
If (UP and OVER) and not OUT
  calculate wheelspeed
  if OUT
    calculate airspeed
  end if
end if
```

DO-178C要求去除无关代码（包括死代码）。除了去除，还要执行一个分析以确定代码去除的效果，以及在批准机载系统中的代码之前重新验证的需要[1]。这个指南对于许多项目来说是很难做到的。不过，也应指出，DO-178C还提供了如下一些不在限制之列的常见例外[1]。

- 代码中的嵌入标识，不被认为是无关代码或死代码。嵌入标识的例子包括校验和或者零部件编号。
- 用于提高健壮性的防御性编程结构，不被认为是无关代码或死代码。然而，这些防御性编程结构需要在编码标准中清晰标识。此外，防御性编程结构必须表明支持需求和设计的实现。作为一个例子，一个通常要求的防御性编码实践是对每个if语句有一个else分支。
- 非激活代码，不是无关代码或死代码（非激活代码将在本章稍后讨论）。
- 在可执行目标代码中不存在的源代码或目标代码（例如，由于编译器或链接器设置），不被认为是无关代码或死代码。然而，需要一个分析来表明该代码不存在于可执行目标代码中。此外，必须有规程来确保该代码不会在将来被不经意地插入到可执行目标代码中（例如在构建规程中，明确地说明其设置，并提供这些设置存在的原因）。

当结构分析一经标识了未覆盖代码之后，应当对资料进行检查和分析，以确定它是否是一个需求问题、测试用例问题，或代码问题。不要自动假设未覆盖代码是无关代码或死代码。以作者的经验，大多数起初发现的未覆盖代码都是由于缺失需求、缺失测试用例，或者逻辑错误造成的。一旦已经确定未覆盖代码确实是无关或死的，则必须花时间分析该代码的影响，确定最佳的解决方案。一个公司告诉我，他们把自己的一些代码称为"僵尸代码"，因为它看上去是死的，但是不时地会复活（这种情况在安全关键系统中是不可接受的）。

17.2.1 避免无关代码和死代码的晚发现

许多开发者已经痛苦地发现，在项目生命周期的后期想要快速去除无关代码或死代码会很成问题。在正式软件测试（例如，为合格审定置信度进行的测试）完成之后去除无关代码或死代码必须非常谨慎。如果代码是被错误地作为无关代码或死代码去除的，那么如果没有深入的重新验证（甚至可能是所有测试的一个重新执行）就可能难以确定影响。因此，尽一切努力尽可能早地发现编码问题是重要的。为了避免无关代码或死代码的晚发现，以下是一些建议。

- 实现高质量代码评审，尤其聚焦于代码与需求的符合性和可追踪性。
- 保持追踪资料更新。每当需求或代码变更时，应当修改追踪资料。
- 尽可能早地运行测试和分析结构覆盖（如第9章提到的，通常在评审测试用例和规程之前执行测试）。在需求或代码变更时，应当重新进行测试和覆盖分析。这些早期的测试运行和覆盖分析有助于在最终用于合格审定置信度的测试运行（即，正式测试运行或打分测试运行）之前发现问题。
- 安排时间解决测试中发现的问题。正如第9章指出的，许多项目实行的是"基于成功"的进度安排，即假设所有的测试执行将没有问题，但这会置项目于失败的境地（或者至少是严重延迟）。
- 定义解决未覆盖代码的过程和规程，并包含例子。

17.2.2 评价无关代码或死代码

即使在实现了这些建议之后，仍然可能有一些无关代码（包括死代码）在项目的后期发现。如果发生这种情况，图17.1显示了通常采取的步骤。流程图中的每个框描述如下。

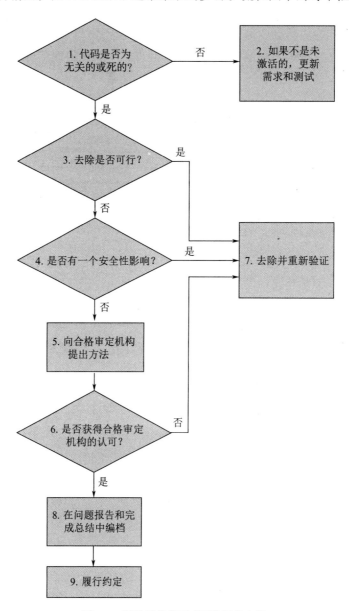

图17.1　评价无关代码或死代码的步骤

1. 全面分析未覆盖代码，以确定它确实是无关的或死的。

2. 如果未覆盖代码不是无关的、死的或非激活的，对需求或测试做适当的更改。如果是非激活的，确保它遵守了非激活代码的指南（将在17.3节讨论）。

3. 如果未覆盖代码是无关的或死的，考虑体系结构，分析该代码的可去除性。一些代码是易于去除的，一些则很有挑战性。可行性的确定还需要考虑进度。在项目后期发现的无关代码或死代码可能除了有技术约束还会有进度约束。

4. 评价激活无关代码或死代码的影响（如果它们没有被去除）。考虑如果无关代码或死代码被不经意地激活，将会发生什么（评价安全性和功能影响）。

5. 如果分析能够高信心地保证无关代码或死代码的不经意激活从安全性的角度是无害的（例如，未使用的变量），从合格审定机构获得一个特别的认可是可能的。该认可通常要求在第一次合格审定后的修改中去除该代码。该方法是主观的，必须深入分析和证明合理，并尽可能快地提交给合格审定机构。软件的关键性以及无关代码或死代码的本质，将影响提出的策略的细节。

6. 尽可能早地寻求合格审定机构对提出的策略的认可。

7. 如果是以下几种情况之一：去除是可行的（从技术和进度的角度）、激活的效果不是无害的（即可能影响安全性）、合格审定机构不同意批准保留着无关代码或死代码的软件，则去除无关代码或死代码，并执行重新验证，包括重新执行相关的测试。

8. 如果合格审定机构同意允许无关代码或死代码在初始审批中存在，则在软件完成总结（SAS）中记录同意条款，并标识针对无关代码或死代码的特定问题报告。

9. 如果达成了认可，确保工作到位以履行约定（即去除工作的进度得以实现）。修改软件的团队（通常不同于开发软件的团队）在开始软件升级时，必须了解该认可，使得他们能够确保该变更可以得到跟踪、实现和验证。

应当指出，无关代码或死代码的讨论和评价通常发生在源代码层，因为大多数项目在源代码上进行结构覆盖度量。然而，一些公司是在目标或机器代码上执行结构覆盖分析。如果是后一种情况，对无关代码或死代码考虑的同样问题仍然需要被关注——代码只是看上去不一样。

正如第9章指出的，对于A级软件，在对源代码进行结构覆盖分析时有一个额外的目标要求。要分析源代码到目标代码的可追踪性，以确保编译器没有生成无关代码或死代码。对于A级软件，编译器生成的任何无关代码或死代码必须如前面描述的那样进行分析和解决。

17.3　非激活代码

非激活代码经常用于建立灵活同时又完全满足符合性的软件。非激活代码与无关代码或死代码有关系，因为在结构覆盖分析中，它可能显现为未覆盖代码。然而，与无关代码和死代码不同的是，非激活代码是有计划的和通过设计得以实现的。

DO-178C名词表将非激活代码定义为：

"可执行目标代码（或数据），可以追踪到需求，并且根据设计，它要么不是预期执行的（代码）或使用的（数据），例如，先前开发的软件部件的一部分，诸如未使用的遗留代码、未使用的库函数，或者未来增长代码；要么只在目标计算机环境的某些配置下执行（代码）或使用（数据），例如，由一个硬件引脚选择或软件编程选项使能的代码。下面的例子经常被误分类为非激活代码，实际应当被标识为是为了实现设计/需求而要求的：为了健壮性而插入的防御性编程结构（包括编译器为了进行范围和数组下标检查而插入的目标代码）、错误或异常处理例程、边界和合理性检查、队列控制，以及时间戳[1]。"

使用非激活代码的一些例子如下所示。

- 在测试或者故障解决所用的库中的调试代码。当安装于航空器时，调试代码是不激活的。
- 授权的技术人员在地面使用的维护功能。维护功能在航空器运行中是不激活的。
- 可选项软件，用于代替硬件引脚来选择一个预先批准的软件配置，基于特定运营商的需要。没有被选择的软件是不激活的。
- 操作系统的一个子集，用于满足DO-178C目标和满足多个用户的需要。不使用的特征是不激活的。
- 飞行管理系统，用于从多个敏感器取得输入，这些敏感器的选择可以依赖于航空器的配置。不使用的敏感器代码是不激活的。
- 发动机控制器，用于单发动机或双发动机配置。要么单发动机要么双发动机的代码是不激活的。
- 从为了满足多个软件团队的需要而设计的库中选择的函数。不使用的库函数是不激活的。
- 为了在多个地方使用同样的代码（例如，同样的代码用于多个通道或多个平台）而增加的编译器选项（例如 #ifdef）。在编译时，该代码被从可执行目标代码中去除，因此，它是不激活的。

还可以列出很多。非激活代码使得可以实现软件的可配置性，以满足不同用户的需要。正如从非激活代码的定义和例子中可以看到的，非激活代码归为两个基本类型：1）在飞行中从来不会使用的代码；2）依赖于系统的配置，可能在有些时候使用的代码。表17.1总结了两种类型，以及对于每种类型要考虑的一些问题。

表 17.1　非激活代码分类概览

类　　型	描　　述	考　　虑
类型1	在航空器运行中从来不会被激活的代码。例如，调试代码	- 非激活代码在航空器运行中必须被禁止 - 不激活机制的功能必须被证明可工作（它需要有需求和测试） - 不激活方法必须支持激活的软件的软件等级 - 从合格审定的角度，非激活代码本身一般被作为类似E级软件处理。然而，仍然建议对非激活代码有需求定义和一些等级的测试，以保证它满足其预期
类型2	可能用于一些配置而不会用于其他配置的代码	- 非激活代码必须与所有其他机载软件一样绑定到需求 - 非激活代码必须被保证到适当的软件等级，因为它预期在将来被使用。也就是说，非激活代码必须满足该软件等级适用的DO-178C目标 - 不激活方法，用于确保正确的不激活和配置，必须包含在需求和设计中 - 不激活方法，必须满足恰当的开发保证等级，并且需要得到测试

作者曾经遇到一个公司，在项目结束时试图将他们的死代码归类为非激活代码。然而，这二者之间存在巨大差别：非激活代码是有策划的和设计的，死代码则不是。

图17.2总结了考虑非激活代码的过程，以及对相关的DO-178C章节的引用。策划、开发和验证过程在以下小节中描述。

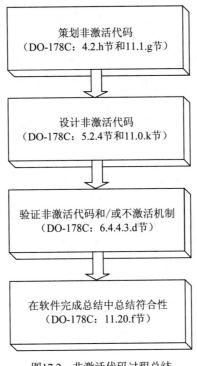

图17.2　非激活代码过程总结

17.3.1　策划

无关代码或死代码与非激活代码之间的主要区别之一是非激活代码是有策划的。作者从未看到任何人策划增加死代码（他们策划在其出现时处理它，但不是策划实现它）。非激活代码应当在软件合格审定计划（PSAC），以及软件开发计划和软件验证计划中解释。非激活代码计划通常作为一个"附加考虑"包含在PSAC中。PSAC应当解释策划的非激活代码的具体类型、非激活代码的类型（类型1或类型2）、不激活机制，以及对非激活代码和不激活手段的开发和验证方法。软件开发计划更详细解释非激活代码的开发方法。针对如何在需求、设计和编码阶段处理非激活代码，给予开发者指导是重要的。软件验证计划提供关于非激活代码本身（特别是对于类型2代码）以及不激活机制的具体验证方法的细节。

17.3.2　开发

如同DO-178C对非激活代码的定义所表明的，非激活代码是由需求驱动的，并且在设计中编档。DO-178C的5.2.4节提供了设计非激活代码的指南（称为活动）[1]。

首先，需要设计和实现不激活机制，使得非激活代码对激活的代码没有不利影响。有各种不同方式来不激活代码。无论用于不激活代码的机制是什么，它必须在安全性评估过程中得到考虑，并且必须被验证其有效地对要求的代码进行了不激活。以下是一些不激活机制的例子。

- 使用一个航空器个性化模块来选择该航空器的适当配置。该模块可以是一个带开关的物理模块，也可以是一个配置文件。
- 选择引脚来标识配置。如果使用该方法，建议使用两个或多个引脚，因为一个引脚很容易短路或开路。另外，通常要使用多个信号（例如，单独的"机轮承重"信号就可能被错误解释）。安全组应当考虑可能的失效。
- 使用一个智能的编译器，它不编译未包含在代码中的库函数（于是就从可执行映像中去除了非激活代码）。
- 使用一个编译选项（例如#ifdef）从可执行映像中去除代码。

第二，必须有证据说明，非激活代码在其非预期被使用或未得到批准的环境中是没有被激活的。这要求非激活代码及其使用得到有效的配置控制。配置控制必须在软件层以及航空器和系统层考虑。例如，如果在开发中使用了一个函数库，必须有一个过程来保证只有批准的库函数得到使用。如果不小心，未来的开发可能就会假设整个库都是得到批准的。处理该问题的一种方式是只发布批准的函数，使得未批准的函数是不可用的。

第三，非激活代码本身需要符合适用的DO-178C目标。适用的目标依赖于代码的分类。对于类型1的非激活代码，E级通常是可接受的，因为该软件不会在飞行运行中使用。然而，如果非激活代码将被用于重要的维护决策，或者执行至关重要的维护活动，它可能需要被开发为一个更高等级。类型2的非激活代码应当在开发中作为激活代码处理，因为它预期在一些配置下是要使用的。

17.3.3　验证

非激活代码和不激活机制都需要被验证到合适的DO-178C软件等级。如果编译器不是一个得到鉴定的工具，并且智能编译或者编译选项被用作不激活机制，那么，最重要的是分析编译器的输出，以确保非激活代码确实从可执行映像中得到去除。

这使作者想到一个与非激活代码相关的有些常见而且有争议的问题。有时，将非激活代码分类为类型1或类型2是有挑战性的。项目的目标可能是有类型2的非激活代码，从而满足多个客户的需要。然而，实际的实现可能是不同的结果（由于进度或者项目方向的变化）。这可能导致一些类型2代码被降级为类型1代码。这必须与合格审定机构一起进行仔细评估和讨论。如果采用这种方法，需要有具体的限制来防止使用者和未来的开发者认为非激活代码得到了批准可以在未来使用。

第18章　外场可加载软件

18.1　引言

作者作为国家软件项目经理到美国联邦航空局（FAA）总部上班的第一天，就遭遇了外场可加载软件（FLS）的问题。

这一天我刚刚从堪萨斯搬家到华盛顿特区。我乘坐弗吉尼亚快线，找到了FAA总部建筑的正确楼层，拿到自己的胸牌，并被引领到自己的格子间。在我手忙脚乱设置语音邮件时，电话响了。一位非常大嗓门和愤怒的女人（来自华盛顿特区的某一个航空组织）开始向我斥责说她需要零部件制造商的FLS批准指南，而FAA对此缺乏响应……

18.2　什么是外场可加载软件

DO-178C将FLS描述为"可以使系统或设备不必从其安装位置移出就能被加载的软件"[1]。无须打开设备单元，只使用某种数据端口将FLS加载到航空器或发动机设备即可。FAA还把在鉴定过的实验室（例如，维修站或服务中心）中，通过数据端口加载的软件作为FLS[2]。本质上，FLS是与工厂可加载软件相对的，在那里，航线可更换单元（LRU）和航线可更换模块（LRM）可能要求打开单元封口才能加载软件（例如，写入闪存）。

用于加载FLS的介质随着时间而变化。在20世纪90年代初期，使用的是3.5寸磁盘。例如，原来的波音777携带着装满软盘的盒子。技术已经发展到了CD、DVD、U盘、大容量存储设备，以及甚至局域网（LAN）。

只要采取了适当的安全性措施，并且软件得到了合格审定机构的批准，几乎任何类型的设备都可以是外场可加载的——从飞行控制和发动机控制到导航和通信系统，再到飞行管理系统和空中交通防撞系统。过程的建立和外场可加载的系统的开发不是件简单的任务。有许多的规章（例如，零部件标记和批准的维修站规章）要在不同的层次上（例如，设备层、航空器层、飞行运营层）考虑。然而，FLS在今天的航空工业中非常普遍。

应当指出的是，虽然航空数据库（例如，导航或地形数据库）是外场可加载的，但它们不与FLS相同对待。一般来说，航空数据库由DO-200A指南覆盖，而DO-178C指南适用于FLS。第23章提供了关于航空数据库的特别信息。

18.3　外场可加载软件的好处

FLS帮助实现更有效的维护过程，满足全球航空器机群的需要。软件可以被分布和加载到航空器上，而不是备好LRU或LRM并将设备从航空器中拆解出来进行升级，以及维持昂贵设备的大量备件。这可以使航空器停机的时间更少，更能满足航空公司和飞行大众的需要。

18.4 外场可加载软件的挑战

和生活中的几乎任何事情一样，好处总不会来得那么容易。当实现一个影响世上生命的过程时，有许多挑战要应对。有许多利益相关方介入应对挑战，包括软件和设备开发商、航空器或发动机制造商、航空公司，以及合格审定机构。这些挑战中的一些如下所列。

- 设计安全的系统，涉及保护防止未授权的更改、执行完好性检测等。
- 在多个层次（软件、设备和航空器或发动机）上管理配置，以保证：1）批准的软件被安装在批准的设备上；2）批准的设备被安装在审定的航空器或发动机上。
- 将面向设备的规章应用于软件（例如，零部件标记规章）。大多数规章是为航空器或发动机以及它们安装的系统编写的。由于FLS成为一个独立的零部件，这些规章需要解释，以应用于软件层面。
- 确保所有加载的软件得到合格审定机构的批准，不存在未批准的零部件被安装在航空器或发动机上。
- 确保没有保密安全性问题（病毒、黑客等），特别是当使用一个网络迁移或加载软件时。
- 验证软件被没有损坏地完整加载。
- 在飞行中禁止加载能力。
- 当更新软件时，管理与其他设备的兼容性。软件的更新可能影响与软件接口的设备，所以与软件交互的设备也必须得到评价。

18.5 开发和加载外场可加载软件

幸运的是，在实现FLS超过20年后，许多挑战已经被克服。FLS如今已经得到常规使用。本节考虑在开发FLS时要关注的4个方面：开发支持外场加载的系统、开发FLS、加载FLS，以及修改FLS。

18.5.1 开发支持外场加载的系统

FLS的设计不仅仅是关于软件的。系统本身必须设计得可以安全加载软件。DO-178C的2.5.5节指出了在开发可在外场安全加载软件的系统时，要考虑的多项问题，包括[8]：

- 保护防止不经意的加载（例如，在飞行中的加载）。这可以通过硬件、软件，或硬件和软件的组合机制保证。安全性评估必须分析检测机制失效的影响。除非在安全性评估中证明合理，否则检测机制通常设计为被加载软件的最高开发保证等级（DAL）。
- 检测失败的、部分的或被破坏的加载。根据DO-178C的2.5.5b节，当检测一个部分的、破坏的或不合适的FLS加载时，如果进入一个安全或故障模式，则"系统的每个被分区的部件应当有指定的安全性相关需求，用于在这种模式下的恢复和操作"[1]。
- 判断不合适（不正确）的软件加载。例如，不经意地加载了错误的文件，或者根本没有加载软件。

- 用于验证航空器配置（例如，确认加载了正确的软件）的显示机制的完好性。还需要关注那些对软件的零部件标识进行显示的功能，以防其失效或遭破坏。只有当航空器上的显示系统用于验证软件加载时，考虑这个问题。

这些细节的关注要求系统层的需求和设计，以及系统安全人员的介入。建议及早吸纳安全人员。作者最近在评审一个公司的软件合格审定计划（PSAC）时，发现了它的系统层外场加载策略的一个缺陷。该PSAC是在系统体系结构建立以及初始安全性评估之后准备的。这个发现导致在项目后期的一个系统层的重新设计，如果及早纳入安全考虑，本来是可以避免的。

另一个系统层的考虑是FLS的零部件标记方法。一些制造商在加载FLS时，更新硬件的零部件号。另一些公司独立地管理硬件和软件零部件号。两种方法都是可以接受的，但是需要作为系统设计的一部分得到确立。

18.5.2 开发外场可加载软件

与任何其他软件一样，FLS的开发要符合DO-178C和/或适用的补充。此外，FLS必须被设计得支持外场加载。这通常意味着实现一个完好性检测（例如，一个循环冗余校验）、设计解决了前面指出的问题的软件，以及开发一个外场可加载应用（经常是一个单独的应用）。许多申请者设计他们的系统符合ARINC 615，它提供了"一般的和特定的设计指南，用于所有类型航空器的软件数据加载设备的开发"[3]。此外，ARINC 644可用于维护终端。ARINC 644为航空公司使用的便携式多功能接入终端的开发提供了指南[4]。

策划是任何DO-178C活动的一个重要部分。对于FLS尤其是这样。计划描述FLS的开发、验证、配置管理、质量保证，以及合格审定联络方面。PSAC解释FLS的计划，确保前面指出的问题得到关注，解释使用的完好性检测以及它对于给定的软件等级的充分性（即准确性），并描述FLS开发和验证的配置管理细节。软件开发计划建立在PSAC内容之上，为FLS开发团队提供细节。它包括对保护机制、完好性检测以及任何适用的特定标准（例如ARINC 615）的解释。软件验证计划包含确保FLS、完好性检测以及保护机制得到验证和测试的细节。软件配置管理计划讨论FLS的配置管理过程。在开发阶段，配置管理可能与非外场可加载软件是相同的，但是需要解释谁负责在开发之后的配置管理（通常在PSAC和软件配置管理计划中对其进行解释）。

一旦建立了计划，就应当遵守，就像遵守其他机载软件的计划一样。

18.5.3 加载外场可加载软件

在FLS被开发和得到合格审定机构的批准之后，它就可以被加载。多数申请者使用一个完好性检测（例如，一个循环冗余校验）来确保软件在加载过程中没有被破坏。完好性检测的充分性应当在开发中得到确认。准确性通常是由完好性检测的算法和被保护的文件的大小决定的。对于大文件，可能有必要使用更多位数的完好性检测（例如32位，而不是8位或16位），或者将数据分割为较小的包，并使用额外的完好性检测。错误的概率应当与被加载的软件的等级一致。

如果没有使用一个可靠的完好性检测，用来加载FLS的设备可能需要某种类型的鉴定（例如，数据加载器软件可能需要使用DO-178C或DO-330开发，并且软件只能使用得到批准的数据加载器加载）。这种方法已经很少使用。

根据FAA规定8110.49，FLS加载过程还应当确保[2]：

- 被加载的软件已经得到合格审定机构的批准。
- 加载规程已经得到批准和遵守。正如第10章指出的，加载规程通常在软件配置索引中引用或包含。如果它们不是软件组的职责，它们可以被包含在系统层或航空器层的文档中。如果是这种情况，则软件配置索引应当做出解释。
- 软件对于被加载的硬件得到批准（即是一个批准的软件/硬件配置）。
- 软件对于被加载的航空器或发动机得到批准（即，批准的航空器或发动机配置）。这包括确保航空器或发动机上的任何冗余部分被正确地配置。例如，如果有两个全权数字发动机控制（FADEC）系统，当更新的软件被加载时，它们可能都需要被加载，除非航空器或发动机配置允许一个FADEC使用新的软件版本而另一个FADEC使用老的软件版本。
- 软件被没有错误地完全加载。这通常通过确定循环冗余校验与加载指令中提供的值相匹配来完成。
- 软件零部件号（包括版本号，如果适用）在加载后得到确认。
- 配置中的变更被编档在航空器或发动机配置记录以及任何其他适用的维护记录中。

18.5.4 修改外场可加载软件

FLS的一个目的就是让软件可以被修改和加载，而无须将设备返回给制造商。

当FLS被修改时，应当进行一个变更影响分析过程，与任何其他机载软件一样。所有变更的和受影响的数据和代码被重新验证（关于变更影响分析的信息见第10章）。软件必须针对预期安装的目标硬件和航空器或发动机配置进行重新验证，而且，修改的软件必须在安装之前得到合格审定机构针对设备和航空器或发动机配置的批准。

18.6 总结

FLS在今天的航空工业中已经普及。然而，系统和软件设计、加载，以及配置管理仍然必须小心实施，特别是当作为新手进入市场，以及加载方法有新发展时。

第19章 用户可修改软件

19.1 引言

本章定义用户可修改软件（UMS），并给出这种软件的几个例子。本章还解释当设计一个包含UMS的机载系统时要用到的合格审定指南。最后一节关注的是将在系统合格审定之后修改和维护软件的用户（例如，一个航空公司）。

19.2 什么是用户可修改软件

UMS是"预期不经过合格审定机构、机身制造商或者设备供应商的评审就能进行修改的软件，只要是在原先的合格审定项目中建立的修改约束之内[1]。ARINC 667-1，标题为《外场可加载软件管理指南》（*Guidance for Management of Field Loadable Software*），将UMS描述为"预期不经过合格审定机构、型号合格证（TC）或补充型号合格证（STC）持有者，或设备制造商的评审，由航空器运营商进行修改的软件。修改可以包括对数据或可执行代码的修改，或者兼而有之"[2]。有各种形式的UMS，包括可执行源代码、航空器特定的参数设置，或者数据库[2]。

用户通常是航空器运营商或者一个航空公司。然而，可能有些情况下用户是设备客户（例如，安装一个技术标准规定（TSO）授权单元到其航空器的航空器制造商，该单元可能是作为一个商业货架产品单元）。

UMS通常作为一个既有不可修改软件（例如，飞行控制、发动机监视或导航软件）又有可修改软件（例如，航空公司可修改的检查单）的机载系统的一部分，得到设计和初始批准。不可修改软件是设计或预期为不能被用户修改的软件，这类软件是本书的主题。与之相反，UMS是设计为可以被用户利用得到批准的规程进行更改的。不可修改的软件必须被保护防止用户的任何更改。正如本章后面将要讨论的，这种保护可以有多种方式。

在初始的合格审定中，系统被设计为允许用户修改，并保护不可修改软件防止用户改动。此外，在系统的初始批准中，还批准UMS规程。由于UMS是在设备和航空器制造商的控制之外，它通常在初始合格审定中被作为E级软件。一些制造商会将它作为D级，但那是出于质量而不是合格审定的目的。

DO-178C和美国联邦航空局（FAA）规定8110.49第7章都关注了UMS。这些文件专注于作为型号合格审定的一部分的机载软件。它们强调需要把系统设计为可修改的，并且保护不可修改的软件不受UMS影响。两份文件还都解释了UMS一旦被作为UMS得到批准，它将无须合格审定机构的介入，但可能仍要求得到运行机构的批准。航空器的型号合格审定和运行批准通常由合格审定机构的不同部门授权（例如，在美国，FAA的航空器合格审定办公室授予航空器型号合格证，飞行标准办公室授予航空器运行批准）。因此，从用户的角度，可能有两类UMS：要求运行批准的UMS和不要求运行批准的UMS。第一类被一些实体分类为"航空公司可审定软件"或"用户可审定软件"，因为用户或航空公司负责获得运行机构的批准[2]①。

19.3　UMS例子

UMS的类型和规模随着航空器和航空公司的不同而不同。最近，作者的一个学生任职于一家大型国际航空公司，他说自己管理的某种航空器型号约有130个可修改部件。以下提供的只是UMS的一些例子。

例1　航空器通信寻址与报告系统（ACARS）。ACARS提供航空器与地面站之间发送消息的能力。用户可以针对特定航空公司的需要优化系统。ACARS可以执行的一些功能是异常飞行条件识别、维修和维护计划、机组与空中交通管制之间的电子邮件传递、天气报告，以及发动机报告。

例2　飞机状态监控系统（ACMS）。ACMS允许用户收集必要的数据，从而进行关于维护的决策。用户可以编程ACMS来记录特定的数据用于将来的分析。ACMS从机载系统接收数据，但是不发送数据给不可修改的软件。

例3　航空公司特定的检查单。一些航空公司有可编排的检查单用于其特定的运行。一些检查单可能需要得到监管机构的运行批准，但是不作为型号合格审定的一部分进行批准。

例4　可改动的断路器面板。一个可改动的断路器面板允许在型号合格审定之后增加非必需的设备（例如，咖啡壶、飞行娱乐或立体音响）。UMS用于根据用户的输入设置断路器的限制。

例5　客舱公告和照明系统。公告和照明系统随着航空公司的不同而不同。因此，一些航空公司使用UMS对此进行编程。这些UMS需要得到运行批准，但不作为航空器型号合格证的一部分进行批准。

例6　航空公司可修改信息（AMI）。AMI是一个数据文件，允许用户对客舱管理数据、记录、报告格式，以及提供给各个乘客座舱（例如，头等舱、商务舱、经济舱）的服务指定偏好。

19.4　为UMS设计系统

带UMS的系统必须设计为可修改的。DO-178C（2.5.2节和5.2.3节）、FAA规定8110.49（第7章），以及欧洲航空安全局（EASA）合格审定备忘录CM-SWCEH-002（第9章）提供了如何设计一个容纳UMS的系统的详解[1,3,4]。本节使用开发商建议来简要总结该过程，适用于系统的初始合格审定。19.5节为那些将要在合格审定之后修改软件的用户提供建议。

---

① 应当指出，一些地方也使用名词"航空公司可审定软件"来指那些也要求合格审定机构批准的软件（例如，航空公司的一个STC）。因此，这个名词的使用要谨慎。

开发商建议1 在型号合格审定和系统开发中考虑UMS事宜。UMS的预期出现应当是有计划的［在软件合格审定计划（PSAC）中、软件开发计划中，也可能在软件验证计划中］并与合格审定机构协调。UMS通常在PSAC中作为一个"额外考虑"进行解释。关于容纳UMS和保护不可修改软件的需求和设计都要有。这样的需求也必须得到验证。

UMS本身不被作为型号合格证的一部分进行批准。正如DO-178C（见7.2.2.b节）指出的："用户可修改软件不包含在软件产品基线中，除了它相关的保护和边界部件。因此，对用户可修改软件的修改可以不影响软件产品基线的配置标识"[1]。根本而言，合格审定机构批准的系统将能够容纳UMS，但是不包括UMS本身。

开发商建议2 保证UMS不能对安全关键数据造成不利影响。UMS本身以及对UMS的更改一定不能影响以下任何安全相关数据：安全余量、航空器或发动机的运行能力、飞行机组工作负荷、不可修改部件、保护性机制、软件边界（例如预先验证的数据范围）[3]。这些应当作为系统安全性评估过程的一部分得到考虑。如果任何安全相关的数据会被UMS或者UMS的一个变更影响，该软件就不应当被分类为UMS。

开发商建议3 吸纳合适的利益相关方。由于UMS跨越适航和运行的边界（即，航空器和系统设计以及用户运行），吸纳适当的利益相关方是重要的，包括合格审定机构、运行批准机构、航空器制造商、系统开发商、软件开发商、安全人员，以及用户。及早并贯穿开发过程地与这些方面进行协调对于成功非常关键。

开发商建议4 使用手段来保护不可修改软件。DO-178C的5.2.3节强调"不可修改部件应当被保护不受可修改软件的影响"[1]①。该保护应当在UMS运行中和修改时是健壮的。保护可以通过硬件（例如，单独的处理器）、软件（例如，一个软件分区）、工具（例如，一个限制什么可以输入的用户界面），或者硬件、软件和工具的一个组合实现[1]。保护的一个例子是嵌入在核心软件中的监视功能，用于防止对不可修改软件的任何改动。监视软件和不可修改软件对于用户是不可访问的[2]。保护机制的开发保证等级应当与UMS可能影响的系统中的最严重的失效状态相同[3]。例如，如果机载（不可修改）软件是A级的，并且使用软件分区来保护不可修改软件，则软件分区需要被开发为A级（第21章将提供关于分区的信息。）

开发商建议5 评价用于强化不可修改软件的保护的工具。多数容纳UMS的系统提供一个工具或工具集给用户来修改UMS。需要考虑工具对不可修改软件的影响。在系统的初始开发中，工具的使用、控制、设计、功能（对UMS的修改），以及维护都应当得到考虑。工具必须设计得足够健壮，以防止用户的不正确输入。规定8110.49的7.6.b节甚至更进一步要求："作为工具的一个部件和用于保护功能的软件应当被开发到系统最严重失效状态的软件等级，这个等级由系统安全性评估决定[3]。"

有些情况下工具可能需要得到鉴定。规定8110.49的7.6.c节鼓励工具鉴定"以及对使用和维护工具的规程的批准"[3]。遗憾的是，关于工具何时需要得到鉴定的指南有些不清晰。DO-178C的12.2节提供了用于DO-178C过程中的工具何时应当被鉴定以及等级的指南。然而，对于UMS，这也有模糊性（因为支持UMS的工具通常并不能减少、自动化或去除一个DO-178C过程）。作者一般建议，如果保护机制仅仅依赖于工具，则工具应当被鉴定；相反，

---

① DO-248C常见问题7也讨论了这个概念[5]。

如果工具的影响被系统体系结构缓解（例如，嵌入的监视器），则无须鉴定。即使工具无须鉴定，它仍然应当被建立需求规格、验证和配置控制。是否对工具进行鉴定的决定必须与合格审定机构协调（工具鉴定的更多信息见第13章）。

　　开发商建议6　考虑显示的数据。FAA规定8110.49（见7.3节）解释说，UMS驱动的任何显示给飞行机组的数据应当清晰地标注为建议信息，或者应当得到运行批准。根本而言，重要的是让飞行员理解其观察到的数据的完好性，从而确保正确地使用。该类数据需要在航空器的初始合格审定中与飞行试验和人因人员密切协调。

　　开发商建议7　防止不经意的和未授权的变更。UMS应当只能由授权的人员在地面上使用得到批准的规程进行修改。在初始的合格审定中，必须确保批准的规程是更改UMS的唯一方式[3]。

　　开发商建议8　告知用户所有的UMS软件。型号合格证持有者应当告知航空器用户航空器上的所有UMS。此外，批准的更改UMS的规程应当清晰地编档，并提供给用户。这些规程应当是可重复的，并纳入配置控制。

　　开发商建议9　为用户标识约束和规程。初始的系统开发应当清晰地编档约束和规程，以确保用户有足够的资料来修改UMS，而不影响航空器安全性。DO-178C的11.16.j节指出，软件配置索引应当标识"用于对用户可修改软件进行修改的规程、方法和工具（如果有）"[1]。这些规程需要被提供给用户。有趣的是，航空公司代表指出，这是他们经常发现缺失的地方。经常发生的情况是，航空公司从航空器或系统制造商那里收到不清晰或不完整的文档。这导致航空公司的雇员做出可能准确也可能不准确的假设。这就是在DO-178C中添加11.16.j节的原因。

　　此外，任何影响UMS的变更应当被清晰地传达给用户（例如，对包含UMS的系统的变更、对批准的规程的更新，或者对用于更改UMS的工具的修改）。航空运营商指出，他们很少在系统、规程或工具更新后收到新的规程。

19.5　修改和维护UMS

　　一旦软件在型号合格证中被批准为UMS，管理UMS就是用户的职责。这包括管理环境、对UMS的变更，以及整个航空器配置。对于修改和维护UMS的可用的指南非常少，因此，本节为需要管理UMS的用户提供一些建议。由于UMS的类型有很大不同，这些建议是一般性的。特定的细节必须由项目特定的利益相关方制定。

　　用户建议1　保证协议的存在。用户应当确保与航空器和/或设备制造商存在协议（例如，技术服务协议）以获得所有必要的资料、工具和支持。

　　用户建议2　管理航空器上的所有UMS的配置。了解每个航空器上安装的是什么版本的软件（UMS以及不可修改软件），是很重要的。维护记录应当标识特定的软件版本或零部件号何时被安装。

　　用户建议3　管理每个UMS部件的环境。每个UMS部件将有一个环境来修改和变更UMS。组成环境的工具通常由设备制造商或航空器制造商提供（例子包括软件编辑器、编译器、零部件号生成器，以及介质集创建工具）[2]。支持工具应当纳入配置管理。如果更新的工具由设备或航空器制造商提供，应当在使用之前评估这些工具的影响。为了理解该影响，可能需要与设备或航空器制造商之间的协调。

用户建议4　使用提供的约束和规程修改软件。正如开发商建议9中指出的，设备或航空器制造商应当标识用户要遵守的任何约束和规程。这些约束和规程被型号合格审定资料引用（即，作为型号合格证的一部分得到批准）。因此，期望用户执行这些规程。如果规程缺失或不清楚，用户应当与供应商协调。正如规定8110.49的7.8节指出的，未遵守批准的规程将会有严重的后果，包括可能撤销航空器型号合格证[3]。

用户建议5　使用一个有组织的可重复过程来修改UMS。对UMS的修改应当是有计划的，并由编档的需求驱动。UMS的配置管理过程应当包含变更控制（以确保变更是授权的）、变更跟踪（以确保变更被编档）、配置标识（对软件版本或零部件号，以及支持文档的更新）、发布，以及归档。修改应当得到验证（最好使用一些测试）以满足需求，并受到质量保证的监督。虽然UMS通常不要求符合DO-178C，但可以考虑使用类似DO-178C的过程（例如DO-178C的D级）。这样的过程有助于帮助保证UMS的功能、配置管理和质量保证。无论使用什么过程，它应当是可审核的。

用户建议6　如果需要，获得UMS的运行批准。正如前面指出的，一些UMS可能需要运行机构的批准，即使它无须型号合格审定机构的评审。应当在修改的UMS被用于飞行运行之前获得这样的批准。

用户建议7　保证修改的UMS在航空器上的正确安装。一旦合适的批准被授予（例如，运行批准），应当确保批准的UMS版本确实是安装在航空器上的版本。正如用户建议2中指出的，维护记录应当保持最新。

第20章 实时操作系统

20.1 引言

21世纪以来，实时操作系统（RTOS）已经成为航空系统中的一个常用部件。本章解释什么是RTOS、为什么使用它、它如何适用于典型的航空电子系统中、需要的RTOS功能、使用RTOS时要关注的问题，以及RTOS相关的一些未来挑战。

20.2 什么是RTOS

H. M. Deitel写道：

"操作系统主要是资源管理者。它管理的资源主要是计算机硬件，具体包括处理器、存储器、输入/输出（I/O）设备和通信设备；管理的资源还包括数据。操作系统实现许多功能，例如实现用户界面、在用户之间共享硬件、使用户可以共享数据、防止用户相互干扰、在用户之间调度资源、简化I/O、恢复错误、记录资源的使用、实现并行操作、组织数据实现安全和快速的访问，以及处理网络通信[1]。"

一般地说，操作系统是管理一个计算机的硬件资源、提供对运行于计算机上的一个或多个应用的受控访问的软件。一个通用的RTOS执行这些操作，还被特别设计用于以非常精确的计时运行应用。安全关键RTOS是通用RTOS的一个子集，偏重具有以下特征：确定性（可预测的）、响应性（在一个有保证的时间帧中）、可控的（被软件开发者和集成者）、可靠的，以及失效安全[2]。这些特性将在考虑一个安全关键RTOS要求的功能时进一步讨论。

在本章和RTOS文献中使用到以下术语①。

- **应用**。由任务或进程组成的软件，在航空器上执行一个指定的功能。一个应用可能包含一个或多个分区[3]。
- **应用编程接口（API）**。形式化的一组软件调用和例程，可以被应用程序调用，从而访问支持的系统或网络服务。
- **分区（partition）**。"一个程序，包括指令代码和数据，可以被加载到一个内核模块中的一个单个地址空间"[3]。为了将每个分区与共享内核处理硬件的所有其他分区隔离，RTOS对于每个分区对计算机资源的使用（处理器时间、内存和其他资源）具有控制。
- **分区间**。分区之间的通信。
- **健壮分区**。"一种机制，用于确保驻留于共享的计算机资源中的独立航空器运行功能在各种情况下的预期的隔离，包括硬件和程序错误。健壮分区的目标是提供与一个联合

---

① 这些定义主要是基于ARINC 653的第1部分，即《航空电子应用软件标准接口：第1部分—要求的服务》[3]。

体成员的实现（即独立驻留于单独计算元素上的应用）相同等级的功能隔离。这意味着健壮分区必须支持一个核心处理器上的应用的协作共存，并确保防止未授权的或非预期的干扰。"[3]

20.3　为什么使用RTOS

RTOS是许多现代航空电子系统的心脏。一个RTOS可以影响软件可靠性、工作效率和可维护性[4]。RTOS使用API提供应用与底层硬件之间的一个清晰定义的受控接口。此外，RTOS限制了可能的交互，使得易于验证应用的正确性。没有RTOS，程序员就需要底层硬件及其功能的细节知识。

在过去，嵌入式系统中的软件是作为一组整体代码编写，并紧密耦合到底层硬件上。这对于确保满足性能需求是必要的。遗憾的是，这种设计使得软件难以维护、复用和移植到不同的硬件。

RTOS通过抽象和封装硬件接口，很大程度上消除了应用开发者编写硬件特定代码的需要。RTOS提高了可移植性，并且"对编程者屏蔽了计算机的复杂性，使之可以专注于手上的工作，不再需要中断、计时器、模数转换器等的细节知识。其结果是把计算机看成一个虚拟机，是提供安全、正确、高效和及时操作的设施。换句话说，它使得一切变得容易（或者至少是容易一些）[4]"

RTOS的使用增长的另一个驱动是微处理器能力的提升。以今天的处理器速度和能力，可以在单个处理器上运行多个应用。此外，由于重量的减轻可以节省航空器的成本，最小化航空器上的硬件的愿望十分强烈。为了最大化处理器的能力、最小化航空器上的重量，以及提高可维护性，综合模块化航空电子（IMA）系统正代替许多传统的联合体系统。一个IMA允许多个应用运行于单个处理器上。

为了使IMA运行正常，需要应用之间的健壮分区。一个健壮分区的RTOS保证[6]：

- 一个应用的执行不干扰任何其他应用的执行；
- 分配给应用的专用计算机资源不会冲突或导致内存、调度或中断冲突；
- 共享的计算机资源以一种维持资源完好性和应用隔离的方式分配给应用；
- 资源被分配给每个应用，独立于其他应用的存在或不存在；
- 提供对应用的标准化的接口；
- 软件应用和承载它的硬件资源是独立的。

IMA的实现取决于健壮分区的RTOS及其环境。第21章将更具体讨论分区。

航空市场的竞争还使得商业货架产品（COTS）RTOS的应用具有吸引力。使用COTS RTOS很大程度上去除了系统开发商开发自己的RTOS以及将操作系统开发作为一个核心竞争力的需要。一个符合DO-178C（或DO-178B）的COTS操作系统是十分昂贵的，但是比从头建立一个RTOS、使之成熟以支持安全性需要、开发它以满足DO-178C，以及维护它，具有更高性价比。COTS RTOS的一些常见问题在本章后面讨论。

20.4 RTOS内核及其支持软件

图20.1显示了RTOS在一个航空电子系统中的典型位置。应用软件可以在一个或多个分区中。分区和不分区的RTOS都在安全关键系统中应用。分区的RTOS在航空项目中变得更普遍。由于RTOS内核及其支持软件是嵌入式系统的一部分，它们需要满足DO-178C（或DO-178B）[①]。图20.1表明RTOS内核由多个部件支持，包括库、主板支持包（BSP）、设备驱动器及API。RTOS内核及每个主要支持部件在以下小节简要描述。

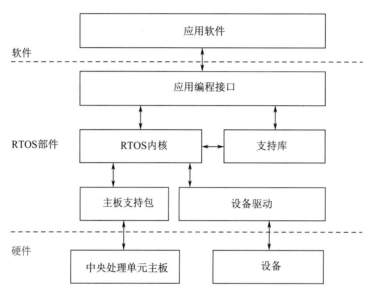

图20.1 典型的RTOS部件及其与应用的关系

20.4.1 RTOS内核

内核是RTOS的心脏。它提供基本服务（例如在20.8.1节中描述的ARINC 653服务），并被设计得尽可能独立于底层硬件[②]。大多数RTOS开发者的目标是将内核与硬件隔离，从而允许复用和可移植性。硬件特定的代码通常实现在BSP和设备驱动中。

20.4.2 应用编程接口

应用通过API访问RTOS服务，API是RTOS内核与应用之间的接口。API提供了编程者可以调用从而使用RTOS的可用调用的列表。ARINC 653 APEX（应用程序执行控制器）是航空电子中用于IMA系统的最常用的API。可移植操作系统接口（POSIX）也被一些RTOS使用。POSIX标准（例如IEEE 1003.1b）包含RTOS的以下接口定义：任务管理、异步I/O、信号量、消息队列、内存管理、排队信号、调度、时钟和计时器[7]。POSIX是基于UNIX的。

---

① 在本书写作时，RTOS已经满足DO-178B，但是随着DO-178C的发布，它们将要迁移到DO-178C。这对于RTOS来说应当是一个比较容易的迁移，因为它们大多数没有使用面向对象技术，也没有使用基于模型的开发或形式化方法。

② RTOS有一些部分是硬件特定的，例如，执行上下文切换的代码，但这被保持尽可能最少。

由于UNIX存在许多版本，有多个（美国）电气和电子工程师协会（IEEE）标准与POSIX相关[4]。由于UNIX不是为一个硬实时环境开发的，POSIX在航空电子中的使用必须小心。这是开发ARINC 653 APEX的动机之一。在ARINC 653与POSIX之间有一些相似性，因为许多POSIX概念影响了ARINC 653。POSIX与ARINC 653 APEX之间在API层的区别很小，但是在程序组织层区别明显。APEX被设计为在共享同一个处理器的不同应用之间提供隔离，即提供APEX分区间的健壮分隔。POSIX不提供同样类型的健壮分区，但是它提供多进程协作的支持。表20.1给出了ARINC 653与POSIX之间的一个高层的一般性比较。

表20.1　POSIX和ARINC 653特征的基本比较

POSIX	ARINC 653 APEX
事件驱动的执行模型	基于循环的执行模型来调度分区
多进程或多线程执行模型	与POSIX相同的概念，但是术语不同：使用"分区"代替"进程"，而"进程"代替"线程"
不支持时间分区	支持时间分区，在分区间使用轮转调度
对进程和线程使用优先级抢占式调度。循环式调度可以被编程	对一个分区内的线程支持优先级抢占式调度，分区间为循环式调度
I/O调度依赖于设备驱动，可以是中断驱动的或轮询的	许多模型是可能的，在进行I/O的分区运行时用中断驱动，或者用轮询的I/O获得更好的控制（即，按照请求进行I/O）
支持内存隔离	与POSIX相同的概念，但是术语不同：使用"空间分区"代替"内存隔离"。使用静态配置表提供内存布局、访问策略、高速缓存策略，以及内存保护
使用套接字	使用绑定到伪端口的取样和排队端口来进行板外通信。这些端口可以被链接到以太网套接字，或其他协议
使用进程间通信	使用取样和排队端口，或者通过内存管理系统控制的共享内存（随机访问内存）进行通信
使用计时器	API服务可以响应超时。进程可以是周期性的，延迟和其他机制可用于应用代码与时间的同步
使用信号管理，并要求用户建立错误响应策略	使用健康监控来管理配置表中建立的用户策略，或者绑定到一个用户定义的错误处理程序

来源：Goiffon, S. and Gaufillet, P., Linux: A multi-purpose executive support for civil avionics applications? IFIP—International Federation for Information Processing, 156, 719-724, 2004.
还包括VEROCEL公司的George Romanski提供的资料。

20.4.3　主板支持包

主板支持包（BSP）将RTOS与目标计算机处理硬件隔离。它允许RTOS内核移植到相同中央处理器（CPU）家族的不同硬件体系结构。"BSP初始化处理器、设备和内存，执行各种内存检测等。一旦完成初始化，BSP仍然工作，可以执行底层高速缓存操作"[9]，以及其他一些硬件访问（例如，闪存操作或计时器访问）。大多数BSP代码运行于特权模式，与RTOS

密切共同工作。BSP有时被称为一个硬件抽象层、硬件接口系统或平台使能软件。它针对特定的硬件定制，通常用C语言和汇编语言实现。BSP有时由RTOS用户（如航空电子开发商）开发，使用来自RTOS供应商的一个模板——尤其当航空电子使用定制硬件时。另外的时候，BSP由RTOS供应商提供和/或剪裁。BSP可以是一个非常大的部件，这取决于硬件的特质。

20.4.4　设备驱动

与BSP相似，设备驱动提供RTOS内核与一个硬件设备之间的接口。硬件设备可以在处理器主板上，也可以是单独的。在处理器主板上的硬件可以被BSP或一个单独的驱动处理。驱动是一个低层的、依赖于硬件的软件模块，提供应用（有时通过较高层的RTOS库或者内核函数中介）与特定硬件设备之间的接口。设备驱动负责访问设备的硬件寄存器，还可以包含一个中断处理程序为设备产生的中断提供服务。大多数航空电子系统有多个设备，例如以太网设备、ARINC 664航空电子全双工交换以太网（AFDX）端系统、RS-232串行设备、I/O端口、模数转换，以及控制器区域网络（CAN）数据总线。

20.4.5　支持库

通常情况下，语言特定的运行时支持由RTOS内核以库的方式提供。例如，"在C语言中，许多标准库规格说明允许用户调用函数来移动内存、比较字符串，以及使用数学函数，例如mod、floor、cos"[9]。这些运行时库经常与RTOS一起打包（要么在内核中，要么作为一个单独的库包）。库通常由RTOS供应商提供，作为预先编译的目标代码，可以与应用进行链接。以这种方式，只有需要的库函数被链接进来。一些智能的链接器可以实际识别哪些库函数被应用调用，只链接这些函数到可执行代码中。

20.5　安全关键系统中使用的RTOS的特性

本节标识航空领域中使用的安全关键RTOS的关键特性。

20.5.1　确定性

安全关键系统在正确的时间以正确的顺序发出正确的结果。"确定性是一个系统的特性，允许在给定当前状态和未来对系统环境的改变（输入）的知识时，可以正确预测系统未来的行为"[10]。与之相反，不确定性"意味着一个系统的未来行为不能被正确预测。（一个不可预测的系统不能被称为'安全'）"[10]。在一个安全关键领域中的RTOS的行为必须是可预测的。也就是说，给定一个特定的输入，RTOS生成相同的输出。特别是，输出是在需求中定义的边界以内。一个确定性的RTOS提供与需求定义相同的功能正确性和时间正确性，它还只消耗已知和预期（有限）容量的内存和时间。

20.5.2　可靠的性能

RTOS必须满足使应用能执行其预期功能所需要的"马力"需求。许多因素决定RTOS的性能，包括计算时间、调度技术、中断处理、上下文切换时间、高速缓存管理、任务分派等[4]。

性能基准通常由RTOS在一个数据单中提供。依赖于特定的硬件、接口、时钟速度、编译器、设计和操作环境，性能有很大变化。因此，在选择一个RTOS时，公司几乎总要在决定购买哪个RTOS之前进行自己的评估。

20.5.3 硬件兼容

RTOS内核必须与选择的处理器兼容。类似地，BSP必须与选择的处理器主板和核心设备兼容，设备驱动必须与系统设备兼容。

20.5.4 环境兼容

RTOS应该能够支持选择的编程语言和编译器。多数RTOS有一个集成开发环境支持，它包括编译器、链接器、调试器，以及用于成功集成应用、RTOS、支持软件和硬件的其他工具。

20.5.5 容错

容错是"一个系统的内置能力，用于提供在有限数量的硬件或软件故障时的继续执行"[11]。容错RTOS负责为应用的失效做出规划，并提供恢复或关机的机制。RTOS使得能够进行故障管理，包括：1）检测故障、失效和错误；2）当检测到故障、失效和错误时，正确标识它们；3）执行为系统预先规划好的响应[11]。

20.5.6 健康监控

健康监控与故障管理密切相关，是容错RTOS的另一个特性。健康监控是一种经常由RTOS提供的服务，为使用RTOS的大多数系统提供故障管理。DO-297解释说，健康监控负责检测、隔离、围堵和报告可能对资源或者使用资源的应用造成有害影响的失效[11]。DO-297聚焦于IMA平台，然而，RTOS在系统的整个健康管理机制中起到关键作用。美国联邦航空局（FAA）对于IMS系统中的RTOS的研究报告有以下表述：

"ARINC 653对健康监控做出了规定。健康监控负责识别、响应并报告硬件故障、应用故障和RTOS的故障，以及失效的RTOS功能。健康监控帮助隔离故障和防止失效传播。通过分级、分类故障和监控管理响应，提供一系列帮助应用供应商和IMA系统集成商选择合适行为的可能。使用配置表来描述识别的失效的预期恢复，例如忽略故障、重新初始化一个进程、重新启动（热启动或冷启动）一个分区、执行一个全系统复位，或者调用一个系统特定的例程来采取系统特定的行为[12]。"

ARINC 653标识了必须检测和处理的一组错误码。"一个错误可以在一个进程内、在一个分区中，或者在健康监控模块或进程中得到处理"[9]。

ARINC 653健康监控功能的目标是：

"在故障跨过一个接口边界传播之前围堵故障。除了使用自监视技术，还要把应用违背、通信失效，以及应用检测到的故障，都报告给RTOS。一个故障恢复表用于指定响应特定故障所采取的行为。该行为由健康监控器启动，可能包括终止一个应用和启动一个备选应用，连同一个合适级别的报告[13]。"

恢复行为依赖于系统设计和需求。

20.5.7　可审定

可审定性是安全关键系统使用的RTOS的一个必要特性。如果RTOS是被安装在一个航空器上，它需要满足DO-178C的目标[1]。如果RTOS自身是没有审定的，则一切都为零。RTOS应当被开发作为一个航空器、发动机或推进器的一部分得到审定[2]。大多数适合安装于航空产品的COTS RTOS有一个"合格审定包"，以支持整个合格审定。合格审定包包含表明符合DO-178C（或DO-178B）以及支持安全性和合格审定的制品。RTOS的一些典型的合格审定挑战在20.7节中给出。

20.5.8　可维护

可维护性是用于安全关键系统的所有软件需要的特性，包括RTOS。由于系统的生存期可能非常长（可能超过20年），RTOS必须是可维护的（即能够被修改，从而容纳增加的应用、设备、硬件等）。DO-178C要求的生命周期资料和配置管理过程为可维护性提供支持。

20.5.9　可复用

虽然不是一个要求的特性，大多数RTOS被设计为可复用的。正如前面指出的，使用一个BSP和设备驱动将内核从硬件抽象出来。FAA咨询通告AC 20-148的标题为《可复用软件构件》（*Reusable Software Components*），通常应用于一个RTOS。AC 20-148提供了打包一个可复用软件构件（RSC）复用于多个系统中的FAA指南。即使项目不准备从FAA申请一个RSC信函，也最好遵守该AC的建议，从而开发尽可能可复用的RTOS构件。复用的话题将在第24章进一步讨论。

20.6　安全关键系统中使用的RTOS的功能

本节标识航空领域中使用的大多数安全关键RTOS的关键功能。这些功能与前面指出的特性密切相关，提供了实现那些特性的手段。这里讨论安全性角度最相关的功能。

20.6.1　多任务

多任务是多个任务（也被称为进程）共享一个公共处理器的方法。多任务产生许多任务并发运行于一个处理器的效果，而实际上，内核（对于一个单核处理器）使用一个调度算法交替执行这些任务。当处理器停止执行一个任务和开始执行另一个任务时，称为一个上下文切换。当上下文切换发生的频度足够高时，显现得这些任务是在并行运行。每个表面上独立的程序（任务）都有自己的上下文，这是该任务每当被内核调度运行时，所得到的处理器环境和系统资源。

---

[1]　大多数符合DO-178B的RTOS也将符合DO-178C，除非它们使用面向对象或相关技术、基于模型的开发，或者形式化方法。不过，可能需要注意DO-178C关于参数数据项、数据和控制耦合、结构覆盖以及追踪资料的指南。

[2]　FAA审定航空器、发动机和推进器，而不是零部件。

20.6.2　有保证和确定性的可调度性

满足截止时间是一个RTOS的最基本需求之一。对于安全关键系统，多个任务的调度和按时完成必须是确定性的。对于用在先进航空电子（例如，IMA系统）中的RTOS，通常要求两类可调度性[1]：分区间的调度和分区内的调度。这里逐一进行讨论。

20.6.2.1　分区间的调度

ARINC 653模型要求实现分区间的轮转（round-robin）执行顺序。这种方式下，建立一个称为主时间帧的时间帧。在主时间帧内定义固定长度的时间槽，每个时间槽的长度不必相同。一个配置表定义了哪个分区将在一个时间帧内的哪个时间槽中执行：

"一个分区可以被分配给一个帧中的不止一个槽。每个分区的执行遵守顺序，从一个帧的开头开始。当帧中的最后分区执行完成时，该顺序被重复。时间槽被模块操作系统（MOS）严格强制。一个时钟设备用于保证分区间的按时切换[9][2]。"

20.6.2.2　分区内的调度

在一个分区内可以存在许多类型的调度机制。多数RTOS使用优先级和抢占式进行调度。每个任务被分配一个优先级。较高优先级的任务在所有较低优先级的任务之前执行。抢占式意味着一旦一个更高优先级的任务准备好运行，它可以停止当前正在运行的一个较低优先级的任务的运行。这就像你正在与上级进行一个会议，如果公司的首席执行官（CEO）过来了，你与上级的讨论就被抢占，直到他完成了与CEO的更高优先级讨论。下面的列表总结了安全关键RTOS中使用的最常见调度方法。其中的每一个都有大量的文献可读，这里只简短讨论其概要[3]。

- **循环执行**。该技术对一组进程进行循环，它们的执行顺序是被预先确定的。这是一个通常的方法，即使不使用一个RTOS。
- **轮转**。该算法的名字来自轮转原则，其中每个人对某事物拥有相同的共享份额。作者曾经参加过一次"四健会（4-H）"的循环表演赛，比赛分配给每位参赛选手同样长的时间来展示一匹马、一头牛、一头猪和一只羊。轮转调度算法是在一个处理器上共享时间的最简单调度算法之一。系统定义一个微小时间片，所有的进程被保持在一个循环队列中。调度器巡视队列，给每个进程分配一个时间片时段的处理器资源。当新的进程到来时，它们被添加到队尾。调度器从队列中选择第一个进程，设置一个在一个时间片结束时进行中断的计时器，然后运行该进程。如果进程在时间片结束时还没有完成，它就会被抢占，然后添加到队尾。如果进程在时间片结束前完成，它就会释放处理器。每当一个进程被授予处理器访问时，发生一个上下文切换。上下文切换增加了进程执行时间的开销[9]。

---

① 对于无分区的系统，只需要第二种可调度性。

② 在ARINC 653规范中，建议了两个调度机制。MOS提供对分区的调度，分区操作系统（POS）提供对一个分区内的进程的调度。

③ 稍显过时的FAA报告DOT/FAA/AR-05/27，标题为《实时调度分析》（*Real-Time Scheduling Analysis*），提供了关于航空工业中的实时调度的一些有用信息（详见FAA的网站www.faa.gov）。

- **固定优先级抢占式调度**。每个任务有一个不变的固定优先级。在固定优先级抢占式调度下，调度器保证任何时候，在当前所有准备好执行的任务中，最高优先级的任务被执行。如果一个更高优先级的任务就绪，该方法使用一个中断来抢占一个较低优先级的任务。该方法的好处是保证较低优先级的任务不会独占处理器时间。然而不利的方面是，它可能无限地阻止一个较低优先级任务的执行。许多RTOS支持这种调度方案。

- **速率单调（rate monotonic）调度**。速率单调调度算法被认为是最佳的静态优先级算法。它是一个优先级抢占算法，为任务分配固定的优先级，目标是最大化可调度性和保证满足所有的截止时间。每个任务被根据其周期分配一个优先级。周期越短（频率较高），优先级越高。该调度算法在用于安全关键系统的多个COTS RTOS中得到实现。

- **截止时间单调（deadline monotonic）调度**。截止时间单调调度算法与速率单调调度算法相似，不同的是，优先权被分配给具有最短截止时间的任务，而不是最短周期的任务。这样，具有最短截止时间的任务被分配给最高的优先级，具有最长截止时间的任务被分配给最低的优先级。

- **最早截止时间优先（earliest deadline first）调度**。这是一个动态优先级抢占式策略。它将任务放入一个优先级队列，每当一个任务完成时，从队列中寻找最接近其截止时间的进程[①]。该进程成为下一个调度执行的任务。简单说，调度器选择具有最早截止时间的进程首先运行，它抢占任何具有较晚截止时间的进程。

- **最小空闲时间（least slack）调度**（又称为最小空闲时间优先调度）。与最早截止时间优先调度方法一样，这是一个动态优先级抢占式策略。优先级基于空闲时间（到截止时间的剩余时间减去所需的剩余执行时间，这可能不容易精确预测）进行分配。空闲时间也可以被描述为距离一个任务截止的时间与其还需要的执行时间的差。具有最小空闲时间的进程抢占具有较大空闲时间的进程。

20.6.3　确定性的任务间通信

由于在同一时间只能有一个任务运行（对于单核处理器），所以必须有机制用于任务的相互通信。对于许多RTOS，队列和消息提供了一种任务间通信的手段。该方法帮助避免一个任务读取另一个任务正在写入的一段内存。需要进行任务间通信的情况至少有以下3种[4]。

1. 不带数据传输的同步或协同活动。一般来说，这些任务通过事件链接，包括时间相关的因素，例如时间延迟或流逝时间。任务同步或协同被用于共享资源的同步。任务同步和任务协同之间有一些交叠，因为任务同步操作可用于协同任务操作。然而，一旦一个中断被用于阻塞和释放任务，就不再是任务协同，因为这些任务是用实时中断进行同步的。

2. 不带同步地交换数据。有时候任务交换信息无须同步或协同。这通常通过一个纳入互斥从而保证数据不被破坏的数据存储（例如池或缓冲）来完成。

3. 在小心同步的时刻交换数据。这种情景是，任务等待事件和使用与这些事件关联的数据。例如，可以通过挂起或停机任务直到需要的条件满足，来获得任务同步。

---

① 这与截止时间单调调度相似，不同的是，最早截止时间优先调度策略是动态的。

20.6.4 可靠的内存管理

RTOS支持内存分配和内存映射，当一个任务使用内存时采取动作。多数处理器包含一个片上内存管理单元（MMU），允许软件线程运行在硬件保护的地址空间[14]。MMU负责处理对内存的访问。MMU功能通常包括虚拟地址到物理地址转换、内存保护、高速缓存控制以及总线仲裁。由于MMU是与处理器一起提供的COTS功能，并且MMU的完好性是未知的，MMU在合格审定活动中通常需要一些特别的注意。一般来说，MMU以及整个处理器功能的准确性，是通过RTOS及其支持软件（例如BSP）的详细测试得以验证的。要避免的一些常见的内存问题（例如内存泄漏、内存碎片，以及内存一致性）在后面讨论。

20.6.5 中断处理

实时系统通常使用中断，通过中断服务例程（ISR）对外部事件进行响应。RTOS一般对中断处理之后要返回的任务的上下文进行保存。中断处理可能对系统性能有很大的影响。一般来说，中断处理实现[15]：

- 挂起活动任务；
- 保存恢复任务时需要的任务相关数据；
- 将控制转给适当的ISR；
- 执行ISR中的一些处理，以确定必要的行为；
- 获取和保存与中断相关的关键（输入的）数据；
- 设置需要的设备特定的（输出）值；
- 清除中断硬件，使得下一个中断可以被识别；
- 将控制转给下一个任务，由调度器决定。

为了防止竞争条件（两个任务试图没有协同地改变同样的数据），RTOS有时在访问或操作内部（关键）操作系统数据结构的时候禁止中断。RTOS禁止中断的最大时间被称为中断延迟。最坏情况的中断延迟应当包含"在实际ISR被执行之前必须经历的所有软件开销"[16]。在中断延迟、吞吐和处理器利用率之间通常有一个折中①。当确定最坏情况性能时，应当考虑这个因素[17]。满足性能的一个关键是要有低的中断延迟[18]。

一些RTOS通过称为"工作延缓（work deferral）"的技术降低中断恢复时间。如果一个ISR引起在一个中断中调度其他工作，则将该工作保存在一个工作队列中，以后再调用。这样就减少了临界区时间，从而使系统响应更快。然而，它增加了计算最坏情况执行时间的复杂性。

20.6.6 钩子函数

许多RTOS包含称为钩子（hook）函数（或回调函数）的机制。一个钩子函数允许开发者将应用代码与RTOS内的一个特定功能关联。钩子被RTOS功能执行（有时带着提升的优先

---

① 应当指出，中断处理开销不是降低吞吐（即每个时间周期中，应用程序对结果的有用计算）的唯一开销。上下文切换、周期性自检测、健康监控等，也花费时间和影响吞吐。

级和对RTOS资源的访问）。这些钩子可用于为特定的用户需要而扩展RTOS，特别是如果专有的RTOS源代码不可得的时候。钩子函数允许定制，而不用修改RTOS源代码和不经意地引入一个缺陷。钩子函数允许RTOS用户在RTOS响应一些事件之前或之后执行一些动作，而没有创建一个单独任务的开销。钩子函数常用于辅助进行开发中的调试。它们可以在最终的产品中不激活或禁止。显然，在安全关键系统中必须对钩子函数小心处理，因为它们具有修改一个RTOS本身行为的能力[19]。

20.6.7   健壮性检查

一个RTOS应当被设计为保护自己防止某些用户错误。内置的健壮性检查的例子包括确认由应用进行一个系统调用时通过API传递的参数、保证一个任务的优先级在RTOS允许的范围内，或者保证一个信号量操作只作用在一个信号量对象上。健壮性检查是复杂的，健壮性功能的验证可能要求特别的测试技术[20]。

20.6.8   文件系统

文件系统是管理数据存储的一个方式①。与一个桌面环境中的文件系统相似，RTOS文件系统管理和隐藏硬件上的各种形式数据的细节。文件系统提供打开、关闭、读、写，以及删除文件和目录的能力。实现是特定于存储介质类型的［例如，随机访问存储器（RAM）、闪存、可擦除可编程只读存储器（EPROM），或者基于网络的介质］。文件系统允许多个分区访问存储介质。RTOS内核或其支持库实现文件系统，从而为使用它的分区管理介质的低层细节。航空电子应用经常使用一个文件系统来存储和提取数据。例如，飞行管理系统和地形感知系统可以使用一个文件系统来访问它们的数据库[13]。

20.6.9   健壮分区

许多IMA RTOS支持健壮分区。健壮分区的定义在前面（见20.2节）已给出。DO-297的2.3.3节有以下解释：

"健壮分区的目标是提供一个与联合体实现［即独立驻留在单独的航线可更换单元（LRU）中的应用］相同等级的功能隔离和独立性。这意味着健壮分区支持使用共享资源的应用的协作共存，同时保证检测和消解任何未授权或非预期的交互企图。平台健壮分区保护机制独立于任何承载的应用，即应用不能改变平台提供的分区保护[11]。"

RTOS在实现健壮分区中发挥着重要作用——保证共享的时间、内存和I/O资源得到保护。分区的更多细节将在第21章描述。

20.7   需考虑的RTOS问题

本节总结开发一个RTOS和实现它用于一个安全关键系统时经常需要考虑的技术和合格审定问题。一些问题在前面已指出，在这里将进一步讨论。这不是在一个项目中可能遇到的问题的完全列表，然而是一些通常会出现的并且一般与安全性最相关的问题。

---

①   ARINC 653的第2部分包含文件系统作为一个扩展的服务。

20.7.1 要考虑的技术问题

20.7.1.1 资源竞争

顾名思义，资源竞争是在一个共享资源上的冲突，例如处理器或内存。在一个RTOS中需要处理的3个特别竞争是死锁、饿死和闭锁，分别描述如下。

- "死锁（deadlock）"是这样一种条件，没有进程可以完成，因为它们不能访问为了继续运行所需的资源。对于一个死锁的发生，以下条件必须为真：1）互斥（资源在同一时间只能被分配给一个进程）；2）持有和等待（一个进程可被分配一个资源而等待其他资源）；3）没有抢占（一个资源不能被强制地夺走）；4）循环等待（进程持有其他进程需要的资源）。死锁几乎不可能通过测试发现，但是可以通过分析发现（形式化方法可以对此有帮助）。死锁通常通过设计来避免[7]，即通过在RTOS体系结构中阻止以上4个条件之一的产生[21]。

- "饿死（starvation）"发生在"一个任务得不到足够的资源以在其分配的时间里完成处理的时候"，因为其他任务正在使用这些所需的资源[22]。

- "闭锁（lockout）"是"饿死"的一个特别条件，一个任务被闭锁是由于另一个任务在返还一个共享资源之前被阻塞[7]。

20.7.1.2 优先级反转

优先级反转是一类死锁，发生在一个较高优先级任务被迫等待一个较低优先级任务释放拥有的共享资源时。"一个任务在一个共享资源上有一个锁的时间段称为该任务的临界段或临界区"[21]。优先级反转的一个著名例子是火星探路者任务。在进入任务后的几天，探路者开始持续复位，导致很长时间失联。测试和分析表明，问题是由于优先级反转引起的。探路者上的一个低优先级的软件任务与一个高优先级的任务共享了一个资源。低优先级的任务在被一些中等优先级的任务抢占之后，阻塞了共享的资源。"当另一个高优先级的任务发现先前的高优先级任务没有完成时，它就会启动一个系统复位"[5]。RTOS中的一个全局默认设置使得优先级反转的发生成为可能。

通常有两种方法用于解决优先级反转问题：优先级继承协议，或者优先级封顶协议。一些RTOS同时提供两种协议，让用户决定首选的算法[14]。Kyle和Bill Renwick在其题为《如何使用优先级继承》[23]的论文中总结了两种协议的优点和缺点。他们建议"解决优先级反转的最佳策略是设计系统让反转不会发生"。关于优先级反转有相当多的文献涉及，本节只是给出一个介绍。

20.7.1.3 内存泄漏

内存泄漏是"程序的动态存储分配逻辑中的一个错误，使程序不能回收丢弃的内存，导致最终由于内存耗尽而产生的崩溃"[24]。在安全关键应用中，典型的做法是通过避免动态内存操作来解决该问题，这是通过在初始化之后锁住内存分配机制和禁止内存释放实现的。

20.7.1.4　内存碎片

内存碎片发生于当内存被低效使用的时候，这时会导致不佳的性能以及可能的内存耗尽。为了避免这种情况，内存分配技术需要有良好的定义、组织和控制。以下方法可以帮助避免内存碎片：固定块大小分配、分区和按大小排列分配内存、使用标识符跟踪已分配的内存，以及保护和隔离内存段[4]。

20.7.1.5　任务间干扰

任务间干扰发生于当一个任务可以修改另一个任务甚至操作系统本身的内存时。这通过隔离RTOS与应用（例如使用保护模式）和利用MMU设施[4]来解决。正如前面指出的，在实现健壮分区的时候，内存保护十分关键。

20.7.1.6　抖动

处理器的高速缓存和流水线操作特征提高了性能，但是也增加了任务执行时间的不确定性。"该不确定性被称为'抖动'，它实际上是不可能被分析量化的"[25]。抖动取决于硬件平台、操作系统调度方法，以及共享处理器的任务。高速缓存的有选择的清除是解决高速缓存抖动的一个通用方法。高速缓存在分区切换时被清除，使得切入的分区在其使用期开始时有一个干净的高速缓存区。"清除意味着把只出现在高速缓存中的所有缓存数值复制回主内存（即它们已经被更新，并使用回拷模式）。这样把开销放在分区的开始，而不是从头到尾分布"[9]。执行清除的时间量随着需要被写回内存的数值的量而不同[9]。

20.7.1.7　脆弱性

由于RTOS通常是独立于使用它的应用开发的，所以它可能带有用户应当注意的脆弱性。需要一个软件脆弱性分析来识别RTOS脆弱性，并缓解它们。任何没有被RTOS的设计缓解的脆弱性需要标识给系统集成者和/或应用开发者关注。此外，应当标识RTOS的任何假设或限制，以确保RTOS被正确使用。一些危险可能需要应用的特别设计或编码实践。"其他危险可以通过在后续的验证过程中采取的特别的分析和验证技术得到缓解"[20]。

"一个软件脆弱性分析（SVA）可以识别潜在异常的区域，这不仅可以被提供作为健壮性或强度测试计划的输入，还可以是一个系统功能危险评估（SFHA）或系统安全性评估（SSA）的输入。怎样进行一个SVA，取决于RTOS开发商或申请者[26]。"

SVA是基于特定的RTOS实现的。FAA研究报告《航空应用中的商业货架产品（COTS）实时操作系统研究》[26]提供了一个表格，可以作为一个SVA的起点。该表标识了要考虑的7个功能区域：数据一致性、死代码或非激活代码、任务、调度、内存和I/O设备访问、队列，以及中断和异常。为方便使用，在本书附录B中包含了该表。

FAA咨询通告AC 20-148的5.f节解释说，一个RSC开发商，例如一个RTOS开发商，需要做出："对用户实现可能造成不利影响的RSC行为的分析（例如脆弱性、分区需求、硬件失效影响、冗余需求、数据延迟，以及正确RSC操作的设计约束）。该分析可以支持集成商或申请者的安全性分析[27]。"

SVA可以类比为RTOS功能的一个安全性评估[①]。对于一个分区的RTOS,SVA通常与分区分析相结合,因为许多脆弱性是在分区区域中。然而,方法随每个项目而不同,该分析没有一个标准化的打包方案。有些RTOS将其打包为一个SVA,有些作为一个危险分析,还有一些作为一个分区分析。

20.7.2 要考虑的合格审定问题

本节对于在一个安全关键航空系统中使用RTOS时遇到的一些常见的合格审定相关场景或问题进行说明。

20.7.2.1 建立一个安全子集

当前安全关键应用中使用的许多RTOS是基于一个商业可得的操作系统,它具有广泛的应用,以及质量和性能的一个可证实的跟踪记录。多数通用的RTOS的开发是以"进入市场时间"而不是安全性为优先的。为了让RTOS适合于安全关键应用,可以使用全功能的通用RTOS的一个子集建立一个新的RTOS。任何可能不适合于安全关键环境的功能都被去除或修改。识别安全性问题并去除或修改它们而不影响其他的RTOS功能具有挑战性,应当谨慎进行。这要求对RTOS设计和代码的详细了解。

20.7.2.2 用户手册

经常发生的情况是,当建立一个安全子集时,用户手册没有被更新到与RTOS子集一致。这可能导致对RTOS的不正确理解或使用。

20.7.2.3 逆向工程

为了符合DO-178C（或DO-178B）,一个RTOS的生命周期资料经常从源代码进行逆向工程。这样做的时候,可能会发现源代码本身的问题。正如第25章将要讨论的,在逆向工程时有许多问题要考虑。

20.7.2.4 非激活功能

大多数RTOS的设计是为了多个客户使用,因此具有不是每个项目都必须使用或需要的功能。有些RTOS被设计为可扩展的,使得用户可以只选择和编译或链接需要的RTOS功能。另一些RTOS可能包含可用但未使用的功能。为一个应用特别构建的RTOS的优势是,只给出应用使用的功能。构建一个基于应用的子集是困难的,因为RTOS的功能经常是相互关联的。一种更通常的方法是定义和验证一个RTOS,使之与每个应用所使用的特定功能无关,然后将未使用的RTOS功能作为非激活代码。有时,某些功能在RTOS中可用但未被应用使用,第17章为此提供了关于非激活代码以及一些要考虑的问题的讨论。

20.7.2.5 复杂性

一些RTOS极其复杂,包含了带有可能并不需要的复杂交互和功能的代码。复杂性会使确定性和安全性特性难以证明。此外,如果不控制复杂性,数据耦合和控制耦合分析也会很困难。为了降低复杂性的设计和编码实践见第7章和第8章。

---

① Bate和Conmy在其论文《实时软件的安全组装》中解释了执行一个RTOS失效分析的典型步骤[5]。

20.7.2.6　与系统的不关联

由于RTOS的开发是独立于将要使用它的系统的，所以可能在系统的需要和期望与RTOS功能之间存在不一致性。此外，由于RTOS是机载软件的一部分，它需要连接到系统需求或软件需求。实现RTOS的系统必须有需求（典型的是软件需求）追踪或连接到RTOS需求，以保证RTOS功能支持整个系统的需要、执行其预期的功能，并且没有任何不想要的或不使用的功能。

20.7.2.7　代码符合性问题

如果RTOS原本不是为安全关键环境和DO-178C（或DO-178B）符合性而开发的，则代码本身通常达不到期望的标准。事实上，代码的开发可能完全没有任何编码标准。许多时候商业RTOS的代码注释有限，并且非常复杂以至于即使原来的开发者都无法确定其意图是什么。此外，代码通常带有复杂的数据结构、嵌套和相互关联，使之难以验证。

20.7.2.8　错误处理问题

错误处理是嵌入式系统中的一个重要功能。RTOS经常用于辅助错误处理。错误处理可以占据RTOS代码的相当一部分。遗憾的是，RTOS错误处理本身就是易于出错的，这是因为它们可能没有被充分验证，原因是激活它们的条件可能很少见或很隐秘。在低层报告了故障，但是在API中看不到的情况并不少见，这对于错误处理程序自身可能不算一个问题，但是对于要使用错误处理程序的代码就是问题。

20.7.2.9　问题报告

由于许多RTOS是由独立于应用开发商或系统集成商的组织开发的，RTOS开发商生成的问题报告可能对用户（例如，应用开发商、系统集成商、航空电子制造商或航空器制造商）是不可得的。在合格审定世界中，所有的问题报告需要对航空器申请者可见，并且确定它们没有一个安全性影响。这是一个持续进行的过程。一些RTOS开发商可能通常在RTOS的整个生存期中都不与其客户共享问题报告（这可能是一个出于避免负面影响的商业决策）。当选择使用一个COTS RTOS时，只要RTOS用在一个航空器上，用户就应当确保在发现问题时提供问题报告，并且一直如此。

20.7.2.10　分区分析

如前面指出的，许多RTOS包含对健壮分区的支持。为了证明健壮分区是足够的，需要进行一个分区分析。对RTOS内核以及支持的部件（例如BSP、设备驱动、CPU、MMU以及设备硬件）进行分析，以确定分区是足够的。分区分析就像对分区实现的一个安全性分析。分析考虑对于共享的时间、空间和I/O资源，分区违背如何会发生，然后对于每个脆弱性需要有缓解。在一些项目中，分区分析可能不完整或不足以证明健壮分区。第21章进一步讨论分区分析。

20.7.2.11 其他支持软件

虽然通常关注的是RTOS内核，但连接RTOS和硬件或应用的库、BSP、中间件、设备驱动等也需要考虑，即它们也需要符合DO-178C，因为它们是安全关键系统的一部分。

20.7.2.12 目标测试

许多时候，RTOS使用COTS BSP和COTS硬件进行初始测试。然而，RTOS必须使用将要安装的实际硬件和支持软件进行测试。这通常需要额外的测试，以及对一些使用COTS BSP和硬件的已有测试进行修改。基于目标的测试不仅对于证明RTOS、BSP和设备驱动的功能是重要的，而且对于验证COTS处理器、MMU等按照预期工作也是需要的。在选择RTOS时的一个关键准则是有可用的测试包，并考虑预计为合格审定置信度而复用这些测试所需的返工程度。

20.7.2.13 修改

虽然RTOS的复用是一个目标，但这个目标很少被完全实现。AC 20-148提供了RSC的指南。然而，现实中多数RTOS为每个特定用户而修改。理解修改了什么和没修改什么是重要的（即，需要一个全面的变更影响分析）。通常情况下，建议在为不同用户进行修改或者与不同的硬件进行集成时，重新测试整个RTOS。自动的测试包易于使该工作相对简便。

20.8 RTOS相关的其他话题

本节考虑与RTOS相关的各种话题，包括ARINC 653概览、工具支持、开源RTOS、多核处理器、虚拟化，以及虚拟机管理器（hypervisor）技术。

20.8.1 ARINC 653概览

ARINC 653，即《航空电子应用软件标准接口》，是一个包含3个部分的标准，双面打印时有大约3英寸厚。这里只给出一个高层概览。ARINC 653指定应用与下层的运行时（run-time）系统之间的APEX接口。它为一个健壮分区的操作系统提供一个API标准，同时也允许RTOS实现的灵活性。

Paul Prisaznuk解释了ARINC 653标准化RTOS接口的两个关键好处。首先，它为航空电子软件开发提供了一个清晰的接口边界。航空电子软件应用和底层的核心软件可以独立开发，使得可以并行开发RTOS和基于RTOS的应用。并且，相同的应用可以被移植到符合ARINC 653的其他平台。其次，ARINC 653 RTOS接口定义使得底层的核心软件和硬件平台的演化能够独立于将要运行于其上的软件应用[13]。

APEX API定义了一个RTOS的功能：1）向/从其他软件应用或联网系统发送或接收数据；2）管理资源，如时间、内存、I/O和显示；3）处理错误；4）管理文件；5）调度软件任务或进程。

APEX API与其他API相比有一些独特之处。首先，它是考虑到安全性并特别为航空领域设计的。其次，它是为一个分区的计算环境设计的。它包含对应用的2级调度（分区间和分区内），以保证一个分区不会影响另一个分区。它还定义了分区间的通信，使得分区间能够安全通信。第三，它提供了一个安全性监控接口，允许计算模块层的错误和状态可以传递给应用，同时应用层的错误可以传递给模块（主板）层进行处理[3]。20.4.2节和表20.1提供了ARINC 653 APEX与POSIX特征的一个高层比较。

除了API，APEX为软件应用提供了一个标准化的可配置操作环境，以利于应用软件从底层硬件抽象出来。ARINC 653定义了配置规格和一个假设的操作环境。

ARINC 653的基本概念是，一个应用被赋予一个分区（就像一个容器），并在其中运行。分区的规格由诸如内存大小、处理器利用率（例如，按照周期和持续时长）、分区间的I/O端口和连接（通信通道），以及健康监控行为等属性来定义。分区的属性由系统集成商定义的配置数据决定。

ARINC 653包含3部分，以下简要描述每一部分。

第1部分定义了为满足安全性需要、保证应用的可移植性，以及允许分区间的通信所要求的服务。第1部分定义了以下核心服务[3]：

- 分区管理：允许应用（即使带有不同的关键等级）执行于同一个硬件，没有空间上或时间上的相互不利影响。
- 进程管理和控制：包括在一个分区内管理进程所需要的资源。
- 时间管理：允许管理操作系统控制的最关键资源之一，即时间。在APEX逻辑中，时间是独立于进程或分区的执行的。所有的时间值与核心模块时间相关，而与分区或进程无关。
- 分区间通信机制：允许执行于同一个硬件，或不同硬件上的两个或多个分区间的消息通信。提供了两个范型：变长消息的队列和定长消息的取样。
- 分区内通信机制：允许同一个分区内的进程间的消息通信，无须全局消息传递的开销。
- 健康监控功能：监视和报告平台和应用的故障和失效。还帮助隔离故障以防止故障传播。在一个IMA系统中，健康监控同时在应用层和系统层执行故障监视、故障围堵以及故障管理。

第2部分扩展第1部分服务，包含[28]：

1. 文件系统。一个通用、抽象方法用于管理数据存储（正如20.6.8节指出的）。

2. 取样端口数据结构。一组标准化的数据结构用于交换参数化数据。这有助于降低参数格式的不必要变化，因而可以降低定制I/O处理的需要。这些数据结构也有利于应用的可移植性，并提高核心软件的效率。

3. 多模块调度。扩展第1部分的单个静态模块调度，允许在配置表中定义多个调度。

4. 日志系统。用于存储消息。在断电时保持存储的数据，使得可以在供电恢复时将数据恢复到模块。每个日志只能由一个分区访问，并且日志的内容和状态不能被分区的复位而改变。

5. 取样端口扩展。为取样端口用以下服务扩展第1部分的基本服务：

  a）READ_UPDATED_SAMPLING_MESSAGE

  b）GET_SAMPLING_PORT_CURRENT_STATUS

  c）READ_SAMPLING_MESSAGE_CONDITIONAL

6. 支持访问端口（SAP）。一个特定类型的队列端口，允许在发送和接收消息时访问寻址信息。

7. 名字服务。SAP服务的一个伴生物。它允许一个分区基于一个名字检索到一个地址，以及基于一个地址检索到一个名字。

8. 内存块。提供一个分区访问模块地址空间中的内存块的手段。分区的访问权限在配置表中定义。分区可以被授予内存块的只读或读写访问。

第3部分是一个一致性测试规范。它描述测试断言，以及为了表明与要求的服务软件接口的一致性所必需的响应，该接口在第1部分定义。该规范的目的是用于评价 ARINC 653 符合性。

大多数 RTOS 符合 ARINC 653 第1部分和第2部分中的一部分，但不是全部。目前而言，合格审定不要求第3部分，因为 API 是作为 DO-178B 或 DO-178C 符合性的一部分测试的。它可以在将来被潜在的 RTOS 客户用来评价 RTOS 功能和确定 ARINC 653 符合性。此外，如果 ARINC 653 变为由一个独立的标准化组织管理，一致性测试将成为标准遵从性的一个有价值度量。

ARINC 653 经常性地被更新，以满足航空领域的需要。因此，确定使用的 ARINC 653 的版本以及实现的特定服务至关重要。

20.8.2　工具支持

有力的工具支持是为了成功集成和验证安装的 RTOS，以及分析使用 RTOS 的实时应用所必要的。一个 RTOS 通常由一个集成开发环境支持。正如 Gerardo Garcia 所说："开发环境对于开发的质量和速度以及项目的整体成功具有巨大的影响"[18]。

工具用于支持代码开发和分析。代码开发工具包括编辑器、汇编器、编译器、调试器、浏览器等。支持运行时分析的工具包括调试器、覆盖分析器、性能监视器等。"你的实时软件开发工具的调试能力可以意味着建立一个成功的控制系统和掉进无穷的隐晦错误排查的天壤之别"[18]。调试工具（例如应用剖面工具、内存分析工具，以及运行跟踪工具）帮助优化实时应用[18]。

工具还用于评价 RTOS 行为和应用性能。面向 RTOS 的工具可以分析：任务和 ISR 的时间行为、任务/任务和任务/ISR 交互（例如异步和抢占）引起的影响、与资源保护功能相关的问题（例如，优先级反转和死锁），以及由于任务间通信引起的开销和延迟等[4]。

此外，工具还经常用于帮助 RTOS 配置。配置工具帮助配置内存、分区约束、通信机制（例如，缓冲区和端口）、I/O 设备、健康监控参数等。对于符合 ARINC 653 的平台，许多开发和实现细节在配置表中定义。一些 RTOS 或平台开发商提供工具用于支持配置，不过这还是一个处在发展中的领域。Horváth 等人说，尽管 ARINC 653 配置具有复杂性，遗憾的是当前只有针对非常低层设计的工具可以得到。在较高层管理配置过程、确认配置设计约束、记录设计决策、追踪配置数据到需求等的工具仍然匮乏。"在这种情况下，配置表的验证是一个冗长乏味的活动"[29]。

20.8.3 开源RTOS

开源RTOS的特点是源代码公共可得、免费，可供使用或修改其原始设计。这样的RTOS通常作为一个协作活动进行开发，其中程序员改进代码和在社区内共享变更。有许多开源的RTOS可以得到，例如Linux，这已经引起了相当的关注。然而，截至目前，据作者所知，没有一个开源RTOS具有支持的DO-178C资料可用于合格审定。此外，代码时常更新——通常没有注意安全性影响。如果要在一个安全关键系统中使用一个开源RTOS，可能需要实现体系结构缓解（例如包装器）来限制RTOS的影响，或者使用一个已定义的代码基线来逆向工程DO-178C生命周期资料。一些政府资助的研究正在进行考察是否可能获益于开源和大量可得的工具集，并且同时能够满足安全性和合格审定需求。

Serge Goiffon和Pierre Gaufillet进行了一个针对ARINC和Linux的研究。他们的论文指出，Linux不具备DO-178B（DO-178C）符合性的条件，有以下原因：没有开发和验证计划、开发环境是异质的和复杂的（分布于互联网、多平台等）、没有使用统一的开发标准（需求、设计或编码标准），以及几乎少到没有的开发文档[8]。该论文还总结了为争取DO-178B[①]合格审定所需要的一些工作，包括对缺失的资料进行逆向工程、增加ARINC 653分区调度，以及APEX API符合性[8]。让一个开源RTOS准备好用于满足DO-178C的安全关键应用将是一个艰巨的任务。

20.8.4 多核处理器、虚拟化和虚拟机管理器

许多航空电子组织在考虑多核处理器以及使用虚拟化和虚拟机管理器（hypervisor）技术的可行性。虚拟化提供了一个软件环境，其中程序（包括整个操作系统）可以好似在裸硬件上运行，实际上不是运行在硬件上而是在一个称为虚拟机的中间层上。虚拟机基本上是实际机器的一个隔离的副本。提供虚拟机环境的软件层通常称为虚拟机监视器（VMM）或虚拟机管理器。VMM有以下核心特征[30]：

1. 它提供了一个看上去与原始机器相同的环境；
2. 运行于这个环境的程序只有微小的速度降低；
3. VMM完全控制系统资源。

虚拟化在主流的计算领域中已经得到普及，现在开始在COTS RTOS中提供。它隔离了运行于同一个硬件平台的操作系统、应用、设备和数据。虚拟机管理器用于提供虚拟化和保护服务。为了优化性能，虚拟机管理器相对比较轻量[30]。

如果使用虚拟化或虚拟机管理器技术，应当考虑DO-332《DO-178C和DO-278A的面向对象技术与相关技术补充》。DO-332的"相关技术"部分可以应用于该技术。

目前而言，多核处理器、虚拟化和虚拟机管理器技术正被考虑安装于航空器。然而，据作者所知，还没有一个已经被批准安装于商业民用航空器。制造商和合格审定机构目前正进行调查、识别问题，并致力于解决它们。作者相信，该技术会在不久的将来用于商业航空器。

---

① 该论文写于DO-178C发布之前。

20.8.5 保密性

许多RTOS被要求同时满足安全性和保密性标准，特别是当RTOS被用于军事航空应用时。对于保密性领域，应用公共准则[①]。公共准则有7个评价保证等级（EAL），其中EAL7是最高的。对于用于安全和保密领域的RTOS，DO-178C和公共准则都要应用[②]。

20.8.6 RTOS选择问题

当选择一个用在安全关键系统中的RTOS时，有多个方面要评价。本书附录C提供了选择RTOS时要考虑的3类问题：一般性RTOS问题、RTOS功能性问题，以及RTOS集成问题。

---

① 公共准则是指ISO/IEC 15408，即《信息技术保密性评价公共准则》（*Common Criteria for Information Technology Security Evaluation*）。
② 在过去，EAL评级是单独授予RTOS的，然而现在EAL评级基于整个系统。

第21章 软件分区

21.1 引言

分区是综合模块化航空电子（IMA）系统和先进航空电子的"阿喀琉斯之踵"[①]。实现一个健壮的分区系统需要极其小心和注意。本章给出与分区相关的基本概念，并概述在一个安全关键系统中实现分区必须具备的关键行为。

21.1.1 分区：保护的一个子集

分区是一个称为"保护"的更宽泛概念的一个子集。保护的概念在合格审定机构软件组（CAST）的主题为"软件分区/保护方案评估指南"的纪要CAST-2中具体描述如下[1]：

- **双向保护**。一个部件X被针对部件Y保护，并且部件Y被针对部件X保护。双向保护的一个例子是，一个航空电子单元中的两个没有交互和共享资源的部件。
- **单向保护**。一个部件X被针对部件Y保护，但是部件Y没有被针对部件X保护。单向保护的一个例子是，一个航空电子单元，可以从飞行管理计算机接收数据，但不能发送数据给飞行管理计算机。飞行管理计算机软件可以影响航空电子单元，反之则不能。
- **严格保护**。如果一个部件Y的行为对部件X的运行没有任何影响，则部件X被针对部件Y严格保护。这种保护的一个例子是，一个航空电子单元内的两个没有交互和共享资源的部件。严格保护可以是单向的或双向的。
- **安全性保护**。如果一个部件Y的任何行为对部件X的安全性属性没有影响，则可认为部件X是针对部件Y安全性保护的。这种保护的一个例子是，对传递在无保证数据链路上的数据使用一个循环冗余校验（CRC），其中唯一重要的安全性属性是数据的破坏。在这个例子中，数据的丢失不是一个关注的安全性属性。为了实施安全性保护，需要通过安全性分析或危险分析识别安全性属性。安全性保护可以是单向的或双向的。

保护可以被实现在软件、硬件，或硬件和软件的组合上。如何实现保护的一些例子包括编码/解码、包装器、工具、单独硬件资源以及软件分区。本章专注于软件分区，因为它是在软件中实现的最通常方法。需要指出，许多软件文件（例如DO-178C）混用了术语"保护"和"分区"。

本章与关于设计的第7章和关于实时操作系统（RTOS）的第20章密切相关。

---

① "阿喀琉斯之踵"出自希腊神话，借指"要害"之意。——译者注

21.1.2 DO-178C和分区

DO-178C的2.4.1节描述分区为"一种提供软件部件之间隔离，从而围堵和/或隔离故障，并能潜在地减少软件验证工作的技术"[2]。DO-178C还解释说，软件部件之间的分区可以通过分配软件部件到不同的硬件资源，或者在同一个硬件上运行多个软件部件来实现。以今天处理器的速度和能力，经常选择后一种方法。DO-178C的2.4.1节提供了以下5个指南，无论分区的方法是什么[2]。

1. 一个分区的软件部件不应当被允许破坏另一个分区的软件部件的代码、输入/输出（I/O），或数据存储区域。

2. 一个分区的软件部件应当只有在其得到调度的执行时段中才被允许使用共享的处理器资源。

3. 一个分区的软件部件独有的硬件失效不应当对其他分区的软件部件产生不利影响。

4. 任何提供分区的软件应当具有与分配给任何分区的软件部件的最高等级相同或更高的软件等级。

5. 任何提供分区的硬件应当得到系统安全性评估过程的评估，以确保它不会对安全性产生不利影响。

DO-178C中有一个目标明确地提到了分区——表A-4的目标13，表述为："软件分区的完好性得到确认"[2]。该目标引用DO-178C的6.3.3.f节，它解释说在软件体系结构的评审和/或分析中，必须确保分区破坏（违背）得到防止。当使用分区时，该目标适用于所有软件等级。

有5个DO-178C目标与分区有间接关联。表A-5的目标1至目标5全部引用（无论作为一个目标还是作为一个活动）DO-178C的6.4.3.a节，认为"软件分区的违背"是一个在基于需求的软件/硬件集成测试中应当被发现的典型错误类型[2]。这意味着分区要被需求覆盖，并且它必须得到测试。这是困难的，因为分区需求经常是否定性的，例如，"一个分区不应当能修改另一个分区的数据内存，除非该内存被配置为共享的。"编写一个测试来展示一两个例子是容易的，但是由于各种配置选项，要表明测试集足以验证需求则是有挑战的。

当用于分隔和/或隔离软件功能时，分区也直接支持安全性。它确保关键等级低的软件功能不妨碍关键等级高的软件功能，并且所有的功能拥有执行其预期功能所需要的时间、内存和I/O资源。

21.1.3 健壮分区

直到20世纪90年代后期，分区还很少被使用于分隔运行在同一硬件上的两个或多个软件等级。然而，从20世纪90年代后期起，它成为航空电子的一个更加常用的技术。随着计算机能力的剧增，以及支持分区的RTOS的可用，分区已成为许多现代航空电子系统的一个关键特性。

健壮分区是IMA的一个基石。RTCA DO-297定义IMA为"一组共享的灵活、可复用和可互操作的硬件和软件资源，集成起来形成一个提供服务的平台，通过设计和验证，满足一组安全性和性能需求，用于承载执行航空器功能的应用"[3]。由于IMA平台承载不同软件等级的应用，需要健壮分区以确保每个应用获得必要的资源，并且不会妨碍其他的应用。

第20章介绍了健壮分区的概念并提到它与RTOS相关。该概念在本章将进一步讨论。DO-297的2.3.3节解释健壮分区的概念如下[3]：

"健壮分区是在一个分区独有的或与应用特定的硬件相关的设计错误和硬件失效发生时，确保驻留于IMA共享资源中的独立的航空器功能与应用的预期隔离的一种手段。如果一个（不同的）失效可以导致健壮分区的丧失，则它应当是可检测的，并可以采取适当行动。健壮分区的目标是提供与一个联合体的实现相同等级的、功能上的（如果不是物理上的）隔离和保护。这意味着健壮分区应当支持运行于一个处理器上并且使用共享资源的核心软件和应用的协作共存，同时保证未授权或非预期的干扰得到阻止……健壮分区是在航空器功能和承载的使用共享资源的应用的所有条件下（包括硬件失效、硬件和软件设计错误，以及异常行为），确保预期的隔离和独立性的一种手段。健壮分区的目标是提供一个与联合体的系统实现［即应用分别驻留于单独的航线可更换单元（LRU）中］相同等级的功能隔离和独立性。这意味着健壮分区支持使用共享资源的应用的协作共存，同时保证任何试图的未授权或非预期的交互得到检测和缓解。"

健壮分区的实现源自计算机保密领域，后者使用数据和信息流（即访问控制、无干扰和可分离性）、完好性策略、计时通道、存储通道，以及拒绝服务的概念。然而，当安全性分区和软件保密性的概念关联时，两个模型不完全一致，因为它们是由不同的目标驱动的[4,5]。

DO-297的3.5节列出了健壮分区的如下特性[3]。

1. 分区服务应当为航空器功能和所承载的共享平台资源的应用提供足够的分隔和隔离。分区服务是平台提供的服务，它定义和维护分区间的独立性和隔离。这些服务确保一个分区内的功能或应用的行为不会不可接受地影响任何其他分区中的功能或应用的行为。这些服务应当阻止所有共享资源的功能和应用分区的未检测到的故障对航空器的不利影响。

2. 具有实时地（并以一个适当级别的信心）确定分区服务的执行与定义的安全等级相一致的能力。

3. 分区服务不应当依赖于任何航空器功能或承载的应用的任何要求的行为。这意味着建立和维护分区所要求的所有保护机制是由IMA平台提供的。

如果健壮分区没有被正确实现，则会导致大量的问题，其中一些会有安全性影响。分区问题的例子如下[3,6]。

- 错误地写数据到错误的区域。例如，一个有问题的分区允许一个应用写一个内存位置，而另一个分区假设自己对该位置具有独占访问。
- 从另一个应用窃取时间。
- 使处理器崩溃。
- 破坏I/O（通过错误地发送看似来自一个关键功能的数据）。
- 破坏输入数据，在关键功能使用它之前。
- 独占内部通信通道。
- 破坏一个共享的闪存文件系统。
- 在向一个新分区的上下文切换中引入时间抖动（改变新分区的性能）。

健壮分区发生于任何计算机平台的3个基本子系统：内存、中央处理器（CPU）和I/O[7]。分区间的通信也可以被作为一个共享资源[8]，不过这与其他共享资源的情况类似，因此不进一步讨论。这些共享资源（内存、时间和I/O）都应在分区设计、实现和验证中得到关注。每种共享资源的分区在下面讨论。

21.2 共享内存（空间分区）

John Rushby写道："空间分区必须保证一个分区中的软件不能改变另一个分区中的软件或私有数据（无论在内存中或在传送中），或者操纵其他分区的私有设备或执行机构"[4]。根本而言，空间分区阻止一个分区中的一个功能破坏或覆盖另一个分区中的一个功能的数据空间[9]。Justin Littlefield-Lawwill和Larry Kinnan解释说，空间分区保证一个分区中的共享资源"其使用方式不会导致对需要访问相同资源的其他分区产生一个拒绝服务"[10]。有两种常用的内存保护方法：使用一个内存管理单元（MMU），或使用软件故障隔离（SFI）。

基于硬件的空间分区是空间分区的最普遍形式。硬件MMU通常与CPU一起提供。MMU运行的细节随处理器的不同而不同。MMU确保能够按照MMU表中描述的策略实现对内存访问的预期控制。由于MMU是一个商业货架产品（COTS）设备，没有支持的生命周期资料，操作系统用于建立处理器接下来要使用的MMU表。MMU的正确功能（准确性）需要在合格审定活动中得到确定。第20章解释了这经常是在RTOS测试中确定。美国联邦航空局（FAA）的报告《商业货架产品实时操作系统与体系结构考虑》[11]提供了MMU和RTOS如何用于提供健壮分区的一些额外细节。

如果没有使用MMU，SFI是另一个备选[4]。使用这种方法，在每个内存访问点上对代码加入逻辑校验。检查分区中的机器代码，以确定内存引用的目标并检查其准确性。

"间接内存访问不能被静态检查，所以对程序增加指令，从而在运行时，在即将使用该内存之前检查地址寄存器的内容。SFI技术给程序增加代码，因而附加了一些开销。它还需要对每个项目产生额外的分析和合格审定代价。然而，对多数检查规程进行自动化，以及鉴定一个可以用于多个项目的工具或工具集，是有可能的[9]。"

CAST-2观点纪要标识了在实现内存分区时要考虑的多个方面，例如输入或输出数据的丢失或破坏或延迟、内部数据的破坏、程序覆盖、缓冲区顺序、外部设备交互、影响内存的控制流缺陷（例如，不正确地从一个分支进入一个分区或受保护区域）等[1]。

21.3 共享中央处理器（时间分区）

"时间分区必须保证一个分区中的软件从共享资源获得的服务不能被另一个分区中的软件影响。这包括关注的资源的性能，以及速率、延迟、抖动以及被调度的对该资源的访问持续时长"[4]。在时间域中的分区与多任务调度密切相关（已在第20章讨论过）。ARINC 653对分区强制严格的轮转调度（在一个配置文件中指定持续时长和周期）。在一个分区内，使用其他调度器。

时间分区的目标是确保一个分区中的功能不干扰另一个分区中的事件的时间。考虑的问题包括一个分区独占CPU、使系统崩溃，或发出一个停机指令——导致对其他分区的拒绝服务。"可能导致一个分区不按时交出CPU的其他情况包括简单的调度溢出和执行失控，调度溢出是指特定的参数值导致一个计算花费的时间比分配的时间长，执行失控是指一个程序卡在一个循环中"[4]。时间分区的方法应当考虑这些情况。

处理器中断用于实时系统，以识别一个需要处理器访问的事件。中断必须被小心处理，以避免暗中破坏时间分区。通常通过彻底禁止中断来防止这种破坏，除了用计时器滴答来实现中断。然而，一些组织想要扩展ARINC 653来提供一个处理中断的确定性手段[7]。中断将在21.5节更多讨论。

CAST-2观点纪要标识了在实现时间分区时要考虑的方面，例如中断和中断限制、循环、时间帧溢出、计数器或计时器破坏、流水线和高速缓存、控制流缺陷、内存或I/O连接、软件陷阱（例如被零除）等[1]。

21.4 共享输入/输出

多数系统有多个I/O端口、设备和通道，例如，一个串行总线、一个ARINC 664 AFDX（航空电子全双工交换以太网）端系统、一个现场可编程门阵列设备，或一个CRC设备。一些设备专用于一个特定的分区，另一些则被多个分区共享。正如第20章关于RTOS所指出的，一个设备驱动通常作为设备和RTOS内核之间的黏合代码。

与其他共享资源一样，I/O资源需要被分区。共享I/O的分区问题与空间和时间分区密切相关。对于每个I/O设备，时间和空间域的分区都必须得到考虑。

处理I/O中的分区会是设计一个分区系统的最有挑战性的方面之一。ARINC 653对于分区间I/O提供了取样和排队端口接口和操作定义。然而，物理设备的I/O或模块间I/O的实现取决于RTOS开发商或其他利益相关方的考虑。ARINC 653端口机制（基于伪端口和伪分区）可以被用作一个用于连通性的接口标准。然而，它可能导致应用的性能问题[10]。Steve VanderLeest解释说：当分区的I/O设备（不仅是端设备）必须被考虑时，还必须考虑连接设备到内存和CPU的通信机制（例如通信总线、直接内存访问引擎，以及中间缓存）。"分区环境必须管理I/O子系统的所有特别特征"（包括延迟、带宽、控制寄存器和缓存空间），以防止分区被一个未授权的手段彼此影响[7]。

解决I/O分区的方法的选择依赖于I/O硬件细节和底层设备驱动。FAA研究报告《综合模块化航空电子系统中的实时操作系统和部件集成考虑》指出[8]：

"不同的方法是可能的，例如以内核为中心的I/O控制或分区I/O控制。许多实现融入一些类型的RTOS管理的分区，或者只允许某些分区或任务访问特定的I/O的任务许可表。一个健康监控器被用来识别其他任务或分区的未指定的访问。对于不同的RTOS，I/O的考虑不同。"

取决于具体情况，RTOS可以实现一些约束或进行一些假设，这要求集成商采取特别的集成步骤[8]。与其他任何假设或约束一样，这应当被RTOS供应商和/或平台供应商编档，并传递给集成商。通常，平台数据单中包含这类信息。

I/O中断的使用应当在分区方案中得到小心的评价。多数CPU支持来自I/O相关事件的中断。然而，正如即将讨论的，中断可以影响分区，可能被不允许。因此，可能需要建立另一个方法来传递需要执行动作的事件。

21.5 一些与分区相关的挑战

一些组织想要单独依赖RTOS来实现分区。然而，分区是一个系统层面的特性。处理器、主板支持包（BSP）、设备、设备驱动、MMU等在分区方法中都扮演重要角色，并且可能破坏健壮的时间和空间分区。本节标识一些对分区提出挑战的特别方面，包括直接内存访问、高速缓存、中断，以及分区间通信。

21.5.1 直接内存访问

直接内存访问（DMA）以独立于处理器的自治方式，在一个短时间段内传输一大块内存。DMA传输使用一个DMA引擎，它可以授予对内存总线的专有访问，从而执行一个块传输。内存总线是一个共享资源，因此如果不正确共享，它可能拒绝一个应用使用资源。一个DMA可能违背时间分区，如当一个传输被一个分区启动，而该分区剩余的执行时间少于完成DMA传输所需要的时间时。DMA也可能引起内存分区违背。解决DMA分区问题的一个方式是建立一个应用编程接口（API）来控制对DMA的访问，而不是允许应用直接访问。API可能影响性能，但是只要传输的内存块足够大，仍能比其他方式的内存传输速度更快[10]。

21.5.2 高速缓存

高速缓存是一个存在于主存储器和CPU之间的中间高速内存。它包含经常访问的内存的一个拷贝，用于快速访问。它极大地提高了性能，然而，COTS处理器不提供专用于特定分区的分区高速缓存（尽管在一些计划未来发布的新设备中有所改变）。在一个分区的系统中，处理器的状态随着每个分区切换而更迭，切换之前的状态被装在CPU寄存器中。大多数处理器提供了快速执行这种更迭的功能。在一个未分区的系统中，无须保存高速缓存的状态，因为只有一个应用，它不会自己干扰自己。然而，在一个分区的系统中，高速缓存是一个共享的资源[7]。

在使用高速缓存时有多个选择来保护分区。一个选择是关闭高速缓存，从而解决高速缓存引起的潜在的分区违背。然而，这种方法的性能影响通常太大，因此必须实现一个使用高速缓存的确定性方法。到目前为之，"高速缓存清除"是最常见的解决方案。该方法是在分区切换时清除高速缓存，使得新的分区在开始时有一个干净的高速缓存。正如前面指出的，"清除意味着将只出现在高速缓存中的所有缓存值复制回主存（即它们已经被更新，并使用回拷模式）。这将开销置于分区的开始，而不是分布在整个分区使用期间"[11]。清除对上下文切换增加了时间，并在分区的开始加载高速缓存时降低了缓存性能，但仍然比没有高速缓存高效。由于执行清除操作花费的时间是变化的，依赖于写到内存的数据量，因此必须考虑上下文切换的最坏情况时间，以保证需要的时间得到满足。由于每个分区时间槽开始于一个空的高速缓存，应用的性能可能被影响（如果分区的持续时间过短，使高速缓存总没有机会被填满）。

高速缓存直写模式是解决高速缓存分区问题的另一个选择。这比没有缓存的选择高效，但是代码的执行更慢。该选择的好处是，一条快速指令即可使高速缓存无效。

21.5.3　中断

中断是异步事件触发的一个信号。当中断被处理器使能时，为了使用一个中断服务例程对中断事件进行服务，会挂起正常操作。为了防止这种干扰，在健壮分区系统中，中断有时被完全禁止，除了用于实现调度的计时器滴答[10]。符合ARINC 653的分区RTOS趋向于在系统时钟上限制中断。然而，可以使用一些特别的硬件和/或软件技术来避免中断期间的时间分区违背（例如，不允许一个应用访问引起中断的硬件、实现软件来轮询中断信号相关的数据，或者实现一个API来检查请求的活动是否可以在当前最小帧时间结束之前完成）[10]。这些技术的有效性必须被小心地分析，这可能不是一个简单的工作。

21.5.4　分区间通信

如果每个分区是一个无须与其他分区通信的孤岛，事情就简单了。然而，由于分区可能需要相互通信，分区间的通信必须设计得支持健壮分区。

"挑战是设计一个分区解决方案，使得能够实现分区的功能之间的信息交换（例如分区间通信），以及控制对其他共享资源（如I/O设备）的访问，同时保持分区功能很大程度是自治的和不被其他功能影响。分区间通信和I/O设备的共享同时影响分区和保护机制的空间和时间方面[9]。"

当解决分区间通信时，内存维度（主要聚焦于从一个分区传递数据到另一个分区）和时间维度（主要关心同步，以及一个分区如何调用另一个分区中的服务）必须得到考虑[4]。分区间的通信必须被仅限于那些预期的和得到系统配置数据授权的情况。FAA的研究报告提供了实现分区间通信而不破坏时间或空间分区的建议[9]。

21.6　分区的建议

本节提供一些在实现和验证分区时的实践建议。每个项目不同，技术细节必须针对单个案例进行考虑。以下建议的目的是提供一个起点。

建议1　记住健壮分区是一个系统层的考虑。正如21.5节指出的，健壮分区不是由软件单独实现的。它是一个系统层的考虑，需要系统、硬件和软件组之间尽早并持续地合作。类似地，健壮分区不是由RTOS单独实现的。RTOS可以在强制健壮分区方面扮演一个重要角色，但不是涉及的唯一一部件。

建议2　主动在先地为健壮分区进行设计。健壮分区需要用心设计——它不是从天而降的。有多个维度要考虑，许多技术挑战要应对。然而，在开发阶段中主动在先地应对这些挑战可以大大减少集成和验证阶段的"惊奇"。这里给出以下建议。

1. 考虑前面指出的常见问题（例如中断、高速缓存、I/O挑战），并作为设计方案的一部分解决它们。

2. 对分区的目标进行编档，例如：

  a）系统将实现健壮的内存保护。一个应用总能使用其被分配的内存资源，没有其他应用的干扰。

  b）系统将实现健壮的时间保护。一个应用总能得到其指定的执行时间，没有其他应用的干扰。

  c）系统将实现健壮的资源保护。一个应用总能使用其被分配的物理和逻辑资源，没有其他应用的干扰。

3. 定义健壮分区需求来满足这些目标。

4. 标识所有共享的资源，使得它们可以被正确利用来支持健壮分区。

5. 在设计中对分区细节进行编档。特别是，确保所有的部件和它们的交互被清晰地标识。

6. 标识支持或影响分区的所有需求（在每个层级上）。例如，可以分配一个需求属性来辨别与分区相关的需求。这也为后面的分区分析提供帮助。

7. 标识多个手段来防止失效的传播。

8. 使用围堵边界来限制失效的影响。

9. 参考DO-297的3.5.1节的指南（主题为"设计健壮分区"）[3]，它提供了在设计一个健壮分区的IMA平台时可以参考的指南。即使系统没有被分类为IMA，DO-297的概念也是适用的。

建议3 在设计和设计评审中确保解决了脆弱性。在设计编档和评审时，考虑将会揭示分区违背的探查提问。表21.1提供了帮助发现数据相关和控制相关的脆弱性的提问举例。

表21.1 帮助识别分区脆弱性的提问举例

数据相关的脆弱性	控制相关的脆弱性
<ul><li>分区会被数据流破坏吗？</li><li>共享数据会被不恰当使用吗？</li><li>消息会被不正确发送或接收吗？</li><li>函数参数会被不恰当使用吗？</li><li>配置数据会无效吗？</li><li>数据会被不正确传递吗？</li><li>数据会被不正确地初始化吗？</li><li>全局数据会被不正确地读或写吗？</li><li>全局数据会被非预期的函数错误地写吗？</li><li>全局数据会未初始化或者不正确地再次初始化吗？</li><li>硬件寄存器会被不恰当地使用吗？</li><li>链接器会不正确地组装数据或代码吗？</li><li>数据会变得陈腐或无效吗？</li><li>数据会丢失吗？</li><li>会发生对数据的错误比较的不正确响应吗？</li><li>会出现非预期的浮点值吗？</li></ul>	<ul><li>分区会被控制流破坏吗？</li><li>函数会在一个特征内或特征之间被不恰当地调用吗？</li><li>中断会引起错误的行为吗？</li><li>硬件故障或失效会影响数据完好性或执行顺序吗？</li><li>模式间的转换会不正确地实现吗？</li><li>资源会被不恰当地分配吗？</li><li>非激活代码会被不经意地激活吗？</li><li>初始化顺序会不正确吗？</li><li>会发生对异常的不恰当响应吗？</li><li>故障处理程序会动作不恰当（例如，丢失故障或失效，或者不正确地处理故障或失效）吗？</li><li>会发生内存重叠吗？</li><li>会读或写不正确的硬件地址吗？</li><li>在复位时会发生不恰当的响应吗？</li><li>同步会被错误的比较或错误的等待影响吗？</li><li>不正确的上下文切换会引起错误的数据或计时吗？</li><li>会生成任何非预期的异常吗？</li><li>函数会以不正确的速率或时间执行吗？</li></ul>

建议4　考虑使用一个符合ARINC 653的RTOS。正如前面指出的，单单RTOS解决不了所有分区问题，然而，它是一个好的开始。ARINC 653提供了指南帮助RTOS和平台开发商深入应对分区的挑战。

建议5　利用其他的开发和验证活动来防止冗余的工作。分区应当贯穿系统和软件开发得到考虑。其他开发或验证活动可以被利用来支持健壮分区设计和验证，包括以下3个方面。

- 建立在数据和控制耦合分析之上。数据和控制耦合分析提供了健壮分区的一个好的起点。数据和控制耦合与软件分区是相关的，但是概念不同。分区是提供独立的软件部件之间的隔离，以及因而提供对独立的分区部件之间的非预期耦合的保护的一个方式。数据和控制耦合是部件之间的预期的交互，包括单独分区的部件之间的耦合。软件分区不保证避免数据或控制耦合问题，反之，数据和控制耦合问题不意味着分区机制是有缺陷的。对于分区的系统，不但需要分区分析，还需要数据和控制耦合分析。两个目标之间可以有一些协同。
- 使用健壮性测试来确认分区没有被违背。当分区在需求和设计中被清晰编档时，它驱动测试活动，这提供了证明健壮分区声明的一个好的开始。分区分析可以识别额外测试的需要，然而，基于需求的测试提供了一个基础来对分区策略建立初始信心。
- 利用RTOS软件脆弱性分析（SVA）。如果使用一个RTOS，可能可以从RTOS供应商那里得到一个SVA，用于作为分区分析数据的输入。第20章讨论了SVA。

建议6　测试分区机制。验证分区机制的主要目的是保证没有一个分区中的错误行为会引起任何其他分区的错误行为或失效，以及保证共享资源的分区没有被违背。DO-248C讨论纪要14的主题为"DO-178C/DO-278A中的分区方面"，提供了验证分区机制的一些建议：

"可以通过使用特定的测试场景、仿真和/或分析技术对分区机制进行检测，使分区的完好性得到验证。应当编写测试场景来激励分区机制，通过注入错误或违背企图来打破时间和空间约束。额外分析的一个例子是计算最坏执行时间来评估时间性能……应当建立一个验证测试包（包含正常范围测试用例和异常或超范围测试用例，对于分区机制的所有需求）。分区机制的健壮性可以通过使用基于需求的测试包来表明（满足基于需求的测试覆盖）[12]。"

一些项目还实现恶意分区测试，在该测试中开发恶意分区来试图蓄意地破坏分区。

建议7　执行一个分区分析。DO-297建议一个活动称为分区分析。该分析的目的是表明在一个分区中没有应用可以以一种不利的方式影响任何其他分区中的应用的行为。分区分析与系统安全性评估相似，其中所有潜在的失效来源被考虑和缓解。所有的脆弱性应当被标识、分类和缓解[11]。执行分析的工程师必须具有对系统、硬件和软件体系结构的详细理解。首席架构师经常是做这个分析的理想人员。以下是作为分区分析的一部分执行的一些通常任务：

1. 收集支持分析的数据，包括初步系统安全性评估、系统需求和设计、软件需求和设计、硬件体系结构、BSP和设备驱动设计数据、处理器数据单和/或用户手册、设备用户手册、接口规格说明、配置工具需求和设计（如果适用）等。

2. 标识将要分析的健壮分区声明，例如：①

    a）系统将实现健壮的内存保护。一个应用总能使用其被分配的内存资源，没有其他应用的干扰。

    b）系统将实现健壮的时间保护。一个应用总能得到其指定的执行时间，没有其他应用的干扰。

    c）系统将实现健壮的资源保护。一个应用总能使用其被分配的物理和逻辑资源，没有其他应用的干扰。

3. 标识可能违背每个声明的潜在脆弱性。所有潜在的错误来源应当被系统化地标识和处理，包括资源限制、调度任务、I/O、中断错误源等。做一个从所有共享资源追踪到使用该资源的模块、部件和应用的可追踪性分析，可以帮助确定已处理所有潜在的脆弱性[13]。共享内存设备，例如只读内存（ROM）、随机访问内存（RAM）、高速缓存、队列和板上芯片寄存器的潜在分区违背应当得到分析。类似地，在共享和非共享的硬件部件上的硬件失效的影响也应当得到分析。DO-297 的 3.5.2.5 节标识了一些可能影响分区的设计错误的通常潜在来源[3]：

    a）中断和中断禁止（软件和硬件）；

    b）循环，例如无限循环或间接无终止调用循环；

    c）实时通信，例如时间帧溢出、实时时钟干涉、计数器/计时器破坏、流水线和高速缓存，以及确定性调度；

    d）控制流，例如不正确地从一个分支进入一个分区或受保护的区域、一个跳转表的破坏、处理器顺序控制的破坏、返回地址的破坏，以及不可恢复的硬件状态破坏（例如屏蔽和停机）；

    e）内存、输入和/或输出竞争；

    f）数据标志共享；

    g）软件陷阱，例如被零除、未实现的指令、特定的软件中断指令、不识别的指令，以及递归终止；

    h）停顿命令，即性能障碍；

    i）输入或输出数据丢失；

    j）输入或输出数据破坏；

    k）内部数据破坏，例如直接或间接内存写入、表溢出、不正确的链接、涉及时间的计算，以及破坏高速缓存；

    l）延迟的数据；

    m）程序覆盖；

    n）缓冲区顺序；

    o）外部设备交互，例如数据丢失、延迟的数据、不正确的数据，以及协议停机。

4. 标识被设计缓解的潜在脆弱性。大多数脆弱性通过设计加以缓解，尤其当健壮分区在开发阶段得到主动在先的考虑时。被设计缓解的每个脆弱性应当追踪到表明缓解的需求（即应当有脆弱性与提供缓解的需求之间的映射）。此外，每个缓解应当在测试中得到验证。

---

① 前面已经给出过同样的例子，这里为了讨论完好性而加以重复。

5. 标识被过程缓解的潜在脆弱性。一些潜在的脆弱性可以被过程缓解（例如，使用一个得到鉴定的工具来验证配置数据的准确性，或者一个设计标准来确定某些内存分配）。

6. 标识不能被设计或过程缓解的潜在脆弱性。需要将其告知集成商以及可能的应用开发商。该告知通常编档在数据单和适当的用户信息中，使集成商和应用开发商能够采取适当的行动。

7. 在分区分析中与安全和系统人员协调。分区分析从本质上是安全性评估的扩展，应当与系统安全人员密切协调。

8. 确保所有的潜在脆弱性已经被缓解，特别是那些没有被设计或过程解决的。目的是最小化集成商或应用需要采取的缓解活动。然而，在一些情况下，可能需要一些特别的行动。例如，集成商可能不得不执行一些特别的验证步骤，或者通过配置文件加以特别的限制。

第22章　配置数据

22.1　引言

许多安全关键系统被设计为可配置的。配置数据提供了一个灵活而又可控的方式来配置和重新配置一个系统。用于对系统进行配置的数据在本章中称为配置数据。DO-178C和合格审定机构的原则和指南使用其他各种术语来描述配置数据，包括配置文件、数据库、机载系统数据库、参数数据项、适应数据项等。

本章解释一些与配置数据相关的术语、指南和建议。本章不讨论航空数据库（例如，导航或地形数据库），这些内容将在第23章讨论。

22.2　术语和例子

欧洲航空安全局（EASA）合格审定备忘录CM-SWCEH-002将配置数据表述为配置文件，其定义如下：

"放置参数的文件，这些参数被一个运行的软件程序作为计算数据使用，或者用于激活/不激活软件部件（例如，适应软件到多个航空器/发动机配置之一）。有时使用名词"注册表"或"定义文件"代表配置文件。配置文件（例如符号数据、总线规格说明或航空器/发动机配置文件）被从嵌入式软件的其他部分分离出来，目的是模块化和可移植性[1]。"

美国联邦航空局（FAA）规定8110.49（变更1）的15.2节将配置数据引用为机载系统数据库。该规定对机载系统数据库解释如下：

"被一个机载系统使用，并批准作为航空器或发动机型号设计的一部分。这些数据库可能影响在可执行目标代码中的执行路径、用于激活或不激活软件部件和功能、使软件计算适应航空器配置，或者被用作计算用的数据。机载系统数据库可能包含脚本文件、解释语言、数据结构或配置文件（包括注册表、软件选项、操作程序配置、航空器配置模块，以及可选项软件）[2]。"

DO-178C建立在合格审定机构指南之上，引入了参数数据项和参数数据项文件的概念，定义如下[3]：

- **参数数据项**——一组数据，以一个参数数据项文件的形式，影响软件的行为而不修改可执行目标代码，并且被作为一个单独的配置项进行管理。例子包括数据库和配置表。
- **参数数据项文件**——参数数据项的表示，可以被目标计算机的处理单元直接使用。参数数据项文件是参数数据项的实例化，包含对每个数据项定义的值。

配置数据被从可执行目标代码分离出来。有时配置数据被作为某零部件号的机载软件的一部分，因此包含在DO-178C软件生命周期资料中，即出现在机载软件的软件完成总结（SAS）和软件配置索引（SCI）中。有的配置数据可能有一个不同于机载软件的单独零部件号，目的是为特定的航空器的需要来配置软件。在这种情况下，配置数据可能有自己的生命周期资料（包括一个单独的SAS和SCI）和一个单独的零部件号。配置数据也可以是外场可加载的或用户可修改的。

配置数据以多种格式出现，包括文本文件、二进制数据、可扩展标记语言（XML）数据、查找表、数据库等。配置数据的一些例子包括用于以下工作的数据：

- 为一个显示系统定义符号；
- 指定数据总线参数；
- 使能或禁止预先编程的功能，例如可选项软件；
- 配置一个数据网络；
- 对综合模块化航空电子（IMA）平台的资源分配（例如内存、时间和共享资源）进行编程；
- 标识航空器特定选项，例如一个个性化模块；
- 校正敏感器或执行机构；
- 配置一个实时操作系统。

DO-178C的2.5.1节解释说[3]："参数数据项可以包含的数据能够：

a）影响可执行目标代码中的执行路径；

b）激活或不激活软件部件和功能；

c）使软件计算适应到一个系统配置；

d）作为计算数据使用；

e）建立时间和内存分区分配；

f）为软件部件提供初始值。"

配置数据通常由以下实体之一开发和控制。

- 设备/航空电子制造商的系统组或系统集成组。系统的配置可以由系统组或系统集成组建立。例如，当确定系统通信需求时，系统组可以标识网络连接，而集成组可以开发配置数据来实现连接。
- 设备/航空电子制造商的软件组。软件组可以打包配置数据作为设备软件的一部分，或者作为一个单独的配置项。作为软件包的一部分的一个例子是设置增益的查找表。单独打包的一个例子是应用的资源分配文件。
- 设备/航空电子制造商的生产过程。在一些情况下，配置数据被作为生产过程而不是工程和软件开发过程的一部分建立。例如，硬件配置数据，如处理器序列号和装备序列号可以作为生产过程的一部分输入。另一个例子是标校数据，在验收测试和装运给客户之前输入。

- 航空器制造商的安装过程。有时候，航空器制造商负责一些配置数据。例如，航空器制造商可以使用一个可配置的航空器个性化模块来配置航空器，以满足客户的特定需要。
- 用户的修改过程。一些配置数据可以是用户可修改的。例如，一个航空公司可以使用配置数据来标识他们将要为了维护的目的收集哪些参数。

22.3　DO-178C关于参数数据项的指南总结

DO-178B没有对配置数据提供单独的指南。然而，正如前面指出的，DO-178C使用术语"参数数据项"和"参数数据项文件"来描述配置数据。DO-248C解释说，参数数据项是一个只包含数据（没有可执行目标代码）的软件部件。一个参数数据项也是一个配置项。机载软件可以包含一个或多个可执行目标代码配置项和一个或多个参数数据配置项。参数数据项文件是一个参数数据项的实例化，包含对每个数据项定义的值[4]。

参数数据项被赋予与使用该参数数据项的软件部件相同的软件等级。在DO-178C中，参数数据项文件与可执行目标代码被很相似地对待。它们是由需求驱动的，无论单独或作为机载软件的一部分都必须得到验证。DO-178C第7节和第8节解释说，参数数据项文件需要与可执行目标代码一样纳入配置管理，并在软件质量保证活动中得到评估。DO-178C第9节标识参数数据项文件作为与可执行目标代码一起的型号设计资料。

以下DO-178C目标直接提及了参数数据项文件[3]。

目标7　"可执行目标代码和参数数据项文件，如果有，被生成和在目标计算机中加载。"该目标从DO-178B扩展到DO-178C，以关注参数数据项到目标计算机的集成。

目标8　"参数数据项文件是正确的和完整的。"该目标是DO-178C新加的。它确保一个参数数据项文件中的每个元素满足其需求、有正确的值，并与其他数据元素一致。

目标9　"参数数据项文件得到验证。"这确保每个参数数据项文件的所有元素在验证中得到覆盖。

22.4　建议

配置数据覆盖许多不同的场景。对于特定的项目，每个场景都有自己独特的需要。本节给出一些需要记住的一般性建议。在这些建议中，许多是基于DO-178C和/或合格审定机构的原则和指南的。

建议1　确定配置数据将如何被使用，以及什么原则和/或指南适用。依赖于配置数据如何被使用，关于外场可加载软件（见第18章）、用户可修改软件（见第19章），或者非激活代码或可选项软件（见第17章）的指南可能适用。DO-178C关于参数数据项的指南和来自合格审定机构的任何关于配置数据的特别指南应当得到考虑。在本书写作时，与配置数据相关的合格审定指南还在形成中。DO-178C的发布澄清了期望什么，然而，由于参数数据项指南是新加的，可能有一些来自合格审定机构的额外的说明。一般来说，配置数据被作为一类特殊的软件，因此，适用于机载软件的大多数指南也适用于配置数据——个别地方有一些调整，将在后面讨论。

建议2　确定适用的软件等级或开发保证等级（DAL）。安全性评估考虑如果配置数据错误或者被破坏时将发生的可能情况。在安全评估过程中，一般把配置数据作为软件对待，因此为其指定一个软件等级。然而，如果配置数据是在系统层建立的，一个DAL可能适用。配置数据通常被指定与使用配置数据的软件（或系统）部件相同的软件等级（或DAL）。如果出现多个等级，则按最高等级指定，例如在一个IMA系统中的情况就是如此。

DO-178C解释说，一个参数数据项的软件等级与使用该参数数据项的软件部件的软件等级相同。然而，安全性评估将是优先的。如果应用了体系结构缓解，可能会有配置数据等级较低的情况，但是这可能很少出现。

建议3　为配置数据建立适当的生命周期过程。虽然配置数据与软件相似，并且适用大多数与机载软件相关的指南，但是存在一些不同。多数项目将DO-178C目标应用到配置数据。然而，对于配置数据，经常只需要一层需求（例如高层需求），并且结构覆盖目标的满足是不同的，因为在配置数据中没有条件或判定。DO-178C对参数数据项和参数数据项文件的指南、目标和活动解释了如何将DO-178C应用到配置数据。

建议4　建立计划来编档过程。配置数据的策划可以被作为一部分包含在软件计划中，或者可以是单独的。典型情况下，如果配置数据规模庞大，或者经常要对配置数据进行独立于软件的修改，将配置数据以及支持它的生命周期资料从可执行软件的资料分离出来就是有意义的。当配置数据与机载软件分别打包时，DO-178C标识的5个计划可以被压缩成1或2个配置数据计划，因为过程可以不像机载软件那么复杂，并且团队可以小许多。作者在不止一个项目中看到过计划被压缩为两个：一个软件合格审定计划（PSAC），提交给合格审定机构；另一个计划详细说明配置数据的开发、验证、配置管理和质量保证。许多时候，机载软件的软件配置管理计划和软件质量保证计划也适用于配置数据，所以那些计划只是从第二个计划中引用。无论计划如何打包，DO-178C的4.2.j节解释说当使用参数数据项时，在计划中应当考虑以下的额外信息[3]：

1. 参数数据项的使用方式；
2. 参数数据项的软件等级；
3. 开发、验证和修改参数数据项，以及任何相关工具鉴定的过程；
4. 软件加载控制和兼容性。

建议5　为配置数据定义需求。配置数据应当是需求驱动的，就像任何影响航空器功能的其他数据一样。经常只需要一层需求来定义配置数据的功能。DO-178C建议将配置数据需求捕获为高层软件需求。然而，有些情况下，系统需求或一个配置文件设计规格说明用于捕获配置数据需求。打包是有一定灵活性的，然而，无论打包方案如何，应当记住：用于指定配置数据的需求是必要的，并且配置数据必须追踪到这些需求。

建议6　追踪配置数据到它的需求。与源代码一样，配置数据必须追踪到它的需求。正如后面将讨论的，追踪资料对于配置数据尤其重要，因为追踪资料的分析时常被用于确保没有非预期的配置数据。

建议7 开发标准来确保配置数据的格式正确。为了配置数据可以被可执行代码读取，它们需要有良好定义的格式。通常需要标准来定义数据的格式、允许的取值、数据类型等，用于指导配置数据开发者并提供一致性和准确性。可能有一些场景下，总是需要一些常数值，例如，对一个特定设备驱动的一些网络设置。这些情况可以由需求或开发标准处理。注意，当验证配置数据时也应当考虑标准（即验证配置数据满足开发标准）。当使用工具时，工具可以强制数据格式，但数据格式的标准仍然是需要的。

建议8 将可执行软件设计为可配置的。要与配置数据打交道的软件应当被设计为可以使用该数据。软件需求应当指定将要使用的配置数据的结构、属性、允许范围等。可执行软件将常常执行一些类型的确认检查来保证配置数据是在预先批准的范围之内并且没有被破坏。

建议9 验证配置数据。配置数据的验证涉及如下多个活动。

1. 保证配置数据的需求是准确、完整、一致、可验证和正确的。EASA的CM-SWCEH-002将此作为一个确认步骤[1]。然而，无论被称为确认还是验证，它都需要被执行。该活动通常通过评审和分析完成。对于复杂的配置数据，例如一个航空器的网络配置，经常使用仿真来验证数据的正确性和完整性。对于较简单的配置数据，一个评审可能就足够了。一些配置数据可以通过评审和分析的组合来验证。

2. 对配置数据到对应的需求的追踪进行验证。要确保所有的配置数据需求得到实现，并且所有的配置数据是需求驱动的。准确和完整的可追踪性有助于保证这一点。重要的是不仅要确定追踪存在，还要确定追踪是正确的。

3. 确保配置数据符合需求。基于需求的测试，以及评审和分析，应当被应用于配置数据，以保证需求得到满足。有时将配置数据与可执行目标代码一起进行验证。另一些时候，可能单独验证。DO-178C的6.6节指出，如果配置数据（DO-178C称之为参数数据项文件）独立于使用数据的可执行目标代码进行验证，则必须做到[3]：

- 可执行目标代码已经被开发，并通过正常范围测试得到验证，可以正确处理所有与其定义的结构和属性符合的参数数据项文件。
- 可执行目标代码对于参数数据项文件而言是健壮的。
- 参数数据项文件内容引起的可执行目标代码的所有行为可以被验证。
- 生命周期资料的结构允许参数数据项被单独管理。

4. 确保所有的配置数据已经在验证中得到覆盖。为了保证没有非预期的配置数据，应当有一个活动来保证所有的配置数据已经被验证。这与对软件执行的结构覆盖分析相似。然而，由于结构覆盖准则通常不适用于数据库，必须开发另外的方法。该方法可能类似于DO-254的元素分析概念，用于电子硬件来保证所有的元素与已经被验证的需求绑定。对于我们的目的，配置数据可以被视为一个元素，追踪资料可用于支持分析，以及确定配置数据的每个元素已经得到测试。无论什么方法，目标是确保所有的配置数据已经被正确验证，并且没有无关数据或死数据。

5. 在可能的地方使用一个得到鉴定的验证工具来检查一致性。由于配置数据可以非常冗长并且有时手工验证的效果很差（特别如果是一个位图格式），工具可以很有效。例如，一个得到鉴定的工具可用于确定系统没有发送消息给一个发送通信端口、不共享的内存段没有重叠、所有资源请求的总和没有大于系统所提供的总量，等等。

6. 将配置数据与可执行目标代码集成到目标计算机。集成可以在测试中进行，特别是如果可执行目标代码和配置数据是一起验证的。然而，可能有些情况下配置数据和可执行目标代码是分别验证的。如果是这种情况，将需要有一个额外的集成步骤来确保可执行目标代码和配置数据在特定的目标计算机上像预期的那样一起工作。

建议10 保证可执行目标代码和配置数据的兼容性。执行验证来确保可执行目标代码的特定配置与配置数据是兼容的。应当有活动来保证配置数据不是被破坏的，也不是可执行目标代码不可接受的（例如，与约定好的格式和范围不相符）。此外，兼容性需要被编档在适当的配置索引中。

建议11 对配置数据进行配置管理。将配置管理和配置控制应用于配置数据，以及它们的支持生命周期资料。例如，配置文件应当有配置标识，对配置数据需求和文件的变更应当通过变更请求或问题报告进行处理，配置数据应当只能由授权的人员更改等。此外，应用控制类别1或2（CC1或CC2）的所有方面到配置数据和它们的支持生命周期资料——就像对机载软件一样。关于DO-178C的配置管理期望的更多信息见第10章。

建议12 如果在生产过程中开发配置数据，那么应保证它是一个受控的过程。以作者的经验，在生产中进入的配置数据不像在开发过程中由工程开发的配置数据那么普遍，但是，有些系统可能需要它们。生产过程必须被良好定义和可重复。此外，该过程应当包含对数据实体（特别是对于更关键的数据，例如A级和B级）的独立验证。在一些场景下，验收测试计划（ATP）可以被追踪到配置数据需求，以确保ATP将会识别任何错误的数据。在其他场景下，一个独立的人员可以手工验证数据（例如，审查硬件和固件零部件的序列号）和签署生产记录。

建议13 生成必要的文档（生命周期资料）。与机载软件一样，配置数据必须有要求的生命周期资料来支持它们的审批。计划、开发资料、验证资料、配置管理资料以及质量保证资料都是需要的。一般来说，配置数据的审批需要与DO-178C第11节和附件A对机载软件的符合性标识一样的生命周期资料。不过，正如前面指出的，资料可以用不同的方式打包（例如，计划可以被合并，可以只有一层需求，参照DO-178C第11节中的参数数据项指南）。

建议14 当修改配置数据时更新文档和进行重新验证。当配置数据被更新时，应当执行一个变更影响分析（见第10章）并且更新所有受影响的资料。还可能需要额外的验证来保证更新的配置数据仍然与使用它的软件兼容。

建议15 如果使用工具，则要保证考虑了必要的鉴定。工具经常用于生成和验证配置数据，因为利用工具可以消除一些人为的细微错误。如果工具的输出没有得到验证，它将可能需要得到鉴定。关于工具鉴定的更多信息见第13章。

建议16 确保加载指令得到编档和批准。由于配置数据可能与软件分别加载，重要的是确保加载和更新配置数据的指令被良好编档、可重复、无模糊，并且得到批准。加载指令应当在SCI中包含或引用。

第23章 航空数据

23.1 引言

航空数据是"用于诸如导航、飞行计划、飞行仿真器、地形感知和其他目的的航空应用的数据，它由导航数据和地形以及障碍数据组成"[1]。航空数据库是"一个数据集合，其组织和安排是为了在一个支持机载或基于地面的航空应用的系统中更容易地进行电子存储和获取"[1]。

对待航空数据与第22章讨论的配置数据不同。配置数据是作为航空器型号设计资料的一部分进行审批的，而航空数据通常不是型号设计资料的一部分，在航空器的持续适航指令中这类数据的加载被标识为一个维护行为。《美国联邦法规》第14篇的43.3节允许采用这个方法，并将该更新作为预防性维护。将航空数据和配置数据区别对待，至少有两个原因。

首先，航空数据通常需要频繁更新，对它实施型号合格审定过程是不现实的。例如，导航数据库每28天更新一次。要每28天经历一次DO-178C软件审批过程和附加的型号合格审定或者改进的型号合格审定，事实上是不可能的。地形数据库的更新频度稍低一些（可能每年3或4次），这对于实施DO-178C过程仍然是过于频繁而做不到。

其次，这些数据库的来源经常是一个政府组织，而不是航空电子或航空器制造商。国际民用航空组织（ICAO）附件15说明了关于全世界负责通过航空信息发布[2]汇编和传送航空数据的ICAO合约国家的需求。"每个合约国家必须对自己负责的整个版图采取所有必要的行动，以确保其提供的航空信息/数据是充分的，达到了要求的质量（准确性、分辨率和完好性），并能以及时的方式提供。"[1]在过去，ICAO需求主要应用于导航数据。最近，地形数据也已被包含在ICAO需求中。

正如第22章指出的，DO-178C一般不应用于航空数据。然而，RTCA DO-200A，即《航空数据处理标准》（*Standards for Processing Aeronautical Data*），适用于这类数据。美国联邦航空局（FAA）在咨询通告AC 20-153A，即《航空数据过程和相关数据库的接受》（*Acceptance of Aeronautical Data Processes and Associated Databases*），以及各种其他文件（包括技术标准规定TSO-146c、TSO-151b、AC 20-138B、AC 90-101A、规定8110.55A以及规定8110.49）中认可了DO-200A。

本节综述与航空数据相关的DO-200A、AC 20-153A以及其他多个FAA和工业文件，目的是提供对于航空数据的期望的一个高层概览。

23.2 DO-200A：航空数据处理标准

（美国）航空无线电技术委员会（RTCA）的DO-200A［以及它的欧洲民用航空设备组织（EUROCAE）对等物，ED-76］被认可作为保证航空数据质量的标准。DO-200A在以下FAA文件中被引用。

- AC 20-153A——航空数据过程和相关数据库的接受。
- 规定 8110.55A——如何评价和接受航空数据库供应商过程。
- 规定 8110.49——软件审批指南。
- AC 20-138B——定位与导航系统适航审批。
- AC 90-101A——要求授权（AR）的所需导航性能（RNP）程序审批指南。
- TSO-C151b——地形感知与告警系统（TAWS）。
- TSO-C146c——使用全球定位系统和基于卫星的增强系统的独立机载导航设备。

本节提供 DO-200A 的一个概览。下一节说明 FAA 的 AC 20-153A 和规定 8110.55A，它们定义了为一个符合 DO-200A 的过程获得一个接受函（LOA）的过程。

DO-200A 被作为关注用于导航、飞行计划、地形感知、飞行仿真器等的航空数据的过程质量保证和数据质量管理的最低标准和指南。符合 DO-200A 的过程的输出是一个数据库，被分发给用户在其设备中实现。

DO-200A 标识用于为航空数据提供适当保证等级的需求和建议。DO-200A 定义保证等级为"数据元素在存储和传送中没有被破坏的信心级别。这可以被分为3级：1、2和3。其中1是最高信心级别"[1]。与 DO-178C 软件等级相同，DO-200A 保证等级是由被破坏的数据对安全性的潜在影响决定的。DO-201A（在23.5.1节中讨论）定义了与区域导航（RNAV）相关的航空信息的保证等级。DO-201A 没有覆盖的数据应用的保证等级需要由最终用户或应用供应商基于安全性影响而确定[2]。

表23.1 显示了3个 DO-200A 保证等级及其与 ICAO 关键等级以及失效状态类别的对应关系，还显示了相关的开发保证等级（DAL）或者软件等级。ICAO 对于关键、核心和常规的分类的定义如下[3]：

- **关键数据**（保证等级1）——该数据如果出错，将妨碍连续安全飞行和着陆，或者降低处置不利运行情况的能力，达到了对安全余量或功能能力有大幅降低的程度。当试图使用被破坏的关键数据时，航空器将有一个高的概率处于生命受到威胁的境地。
- **核心数据**（保证等级2）——该数据如果出错，将降低处置不利运行情况的能力，达到了对安全余量有一个明显降低的程度。当试图使用被破坏的关键数据时，航空器将有一个低的概率处于生命受到威胁的境地。
- **常规数据**（保证等级3）——该数据如果出错，不会明显降低飞机安全性。当试图使用破坏的常规数据时，航空器将有一个很低的概率处于生命受到威胁的境地。

表23.1 DO-200A 保证等级

DO-200A 保证等级	对国家提供的数据的相关需求（ICAO）	失效状态类别	DAL 或软件等级
1	关键	灾难性的，危险的/极其严重的	A，B
2	核心	严重的，不严重的	C，D
3	常规	无安全影响的	E

DO-200A 使用航空数据链的概念来解释航空数据经过的路径："一个航空数据链是一系列相关的链路，其中每段链路提供一个为特定目的而生成、传递和使用航空数据的功能"[1]。

通常有5段主要链路，包括生成、传递、准备、应用集成，以及最终使用[1]。在一段链路中可能涉及多个组织（例如，在准备和传递阶段可能有子链路），或者一个组织可能执行多类链路（例如，一个公司可能生成、准备和传递数据）。生成者是"在一个航空数据链中，接受数据责任的第一个组织。例如，一个国家或符合RTCA DO-200A/EUROCAE ED-76的组织"[1]。最终用户是"在一个航空数据链中的最后用户。航空数据最终用户通常是航空器运营商、航空公司策划部、航空交通服务供应商、飞行仿真供应商、机身制造商、系统集成商，以及监管机构"[1]。图23.1表示了一个典型的航空数据链。

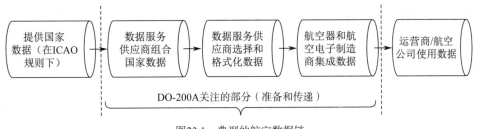

图23.1 典型的航空数据链

在航空数据链中的每段链路上，基于使用数据的意图功能，数据应当满足以下7个质量特性：准确性、分辨率、保证等级（基于安全性评估）、可追踪性（到数据来源）、及时性（支持有效和当前数据的需要）、完整性（提供所有必要的数据），以及格式（与数据的用途一致，包括传递分辨率）。这些数据质量需求的定义则基于数据支持的用途功能。

DO-200A聚焦于航空数据链中的准备和传递功能链路。虽然为了提供上下文而提到生成、应用集成以及最终使用链路，但这些被认为超出了DO-200A的范围。

航空数据准备功能链路包含以下4个阶段：

1. 组装——从供应商收集数据；
2. 转换——改变信息格式（经常与组装阶段结合）；
3. 选择——从组装的航空数据的集合中选择想要的数据；
4. 格式化——转换数据到下一个功能链路可以接受的格式。

航空数据传递功能链路包含两个阶段：

1. 接收——接受、验证和确认数据；
2. 分发——处理模型的最后阶段，成为传递功能链路的一部分。

在处理的每个阶段，数据被验证，所有问题被编档在一个错误报告中，再根据需要采取纠正行为。如果数据来自一个信任源（例如一个ICAO成员国家）而被发现有一个错误，就必须将该错误报告给信任源。然而，经常难以让信任源立即纠正数据。一旦数据被确认为错误的，常常由采用符合DO-200A的过程的组织纠正它们。

DO-200A第2节对每个组织定义了指南，目的是保证数据满足前面提到的7个质量特性。数据链中的每个组织负责以下工作：

- 建立一个符合性计划；
- 定义数据质量需求；
- 定义数据处理规程；

- 保证没有发生数据改变，除非与生成者进行了正确协调；
- 维护配置管理；
- 保证人员的技能和能力；
- 根据需要执行工具评估和鉴定；
- 开发和实现质量管理规程。

根据保证等级，要求的确认和验证的程度不同。DO-200A对确认和验证定义如下[1]：

- 确认。检查一个数据元素具有一个完全适用于该数据元素被给予的实体的值，或者一组数据元素对于其意图是可以接受的。
- 验证。检查一个数据元素的当前值是否与原始提供的值相同。

一般来说，对于保证等级1，要求通过应用进行确认（即应用数据进行测试）和验证。对于保证等级2，不要求应用确认，但要求验证。对于保证等级3，建议但不要求确认和验证[1]。

23.3 FAA咨询通告AC 20-153A

上一节给出了DO-200A的一个高层概览，本节给出FAA咨询通告AC 20-153A的一个概括。

AC 20-153（AC 20-153A的前身）只适用于导航数据库。2010年，FAA将其扩展应用于其他类型的航空数据，包括地形、障碍和机场地图数据库（AMDB）。以下简要介绍AC 20-153覆盖的每个数据库。该AC可用于其他数据库，但是应当与合格审定机构密切协调。

- 导航数据库——"在一个系统中电子化存储的支持导航应用的任何导航数据。导航数据是为了用于辅助飞行员识别航空器相对于飞行计划、地面参考点和助航设施定位点……以及机场地面物体的位置的信息"。[2]
- 地形数据库——"在一个系统中电子化存储的支持地形应用的任何数据。地形数据包括除人造障碍物外的地球自然表面"。[2]
- 障碍数据库——"在一个系统中电子化存储的支持障碍应用的任何数据。障碍数据包括任何自然的或人造的、相对于邻近和周围的物体具有垂直突出性，并且被作为航空器安全通过的一个潜在危险的固定物体"。[2]
- 机场地图数据库（AMDB）——"在一个系统中电子化存储的支持机场地图应用的任何导航数据。机场地图数据是为了用于辅助飞行员识别相对于机场地面物体的航空器位置的信息"。[2]

AC 20-153A为必须获得一封LOA的航空服务供应商、设备或航空电子制造商和/或运营商提供了指南。LOA是FAA授予的一封信函，认可航空数据处理符合AC 20-153A和DO-200A。"LOA正式地文档化一个供应商的数据库是按照RTCA DO-200A建立的，对一些已建立的系统则是RTCA DO-200"。[2]AC 20-153A标识了两类LOA。

- 类型1 LOA：类型1接受函主要是给作为数据服务供应商的数据供应商。"一个类型1 LOA提供认可数据供应商符合RTCA DO-200A，不标识与航空器系统的兼容性……该LOA可以被发放给数据供应商、运营商、航空电子制造商，或其他单位及个人"。[2]

- 类型2 LOA："类型2接受函是基于保证与特定系统或设备的兼容性的需求，是给作为航空电子制造商/应用集成商的数据供应商的……类型2数据供应商有额外的需求，要确保交付的数据库与支持批准的目标应用的预期功能所必要的数据质量需求（DQR）兼容"。[2]

AC 20-153A解释了LOA应用过程和如何应用DO-200A，以及对于类型1和类型2 LOA应用的额外需求。该AC还给出了关于DO-200A过程的额外说明。指南提供给运营商、设备和航空电子制造商（即，应用供应商），以及数据服务供应商。该AC还解释说，鼓励合约国家遵守DO-200A，以及其他适用的数据质量指南（例如，DO-201A、DO-272B以及DO-276A）。

AC 20-153A第14节解释说从一个符合DO-200A的来源或者从一个合约国家获得的数据是可信的，而来自其他供应商的数据必须按照适当的保证等级进行验证和确认。根据该AC，DO-272B（见3.9节）对机场地图数据的验证和确认提供了可接受的技术[4]①。类似地，根据该AC，DO-276A（见6.14节和6.15节）对地形和障碍数据提供了可接受的验证和确认技术[5]。

AC 20-153A第17节提供了对DO-200A的错误检测概率的一个纠正。该AC指出，对于保证等级1，错误检测必须达到未检测到的破坏小于等于10^{-9}的概率（而不是DO-200A中标识的10^{-8}）。对于保证等级2，错误检测必须达到未检测到的破坏小于等于10^{-5}的概率（而不是DO-200A中标识的10^{-4}）。这些概率与在航空器层的XX.1309需求②更为一致[2]。

AC 20-153A附录3为航空数据库供应商提供了一个符合性矩阵，用于帮助确保他们在申请一封LOA之前满足DO-200A和AC 20-153A需求。

除了AC 20-153A，FAA还发布了规定8110.55A《如何评价和接受航空数据库供应商的过程》[6]。该规定为FAA航空器合格审定办公室评价和接受航空过程和授予LOA提供了指南。虽然这份规定主要是给FAA职员的，但它对航空数据库供应商关于在FAA审核中的预期以及如何准备审核，也提供了一些详解。

23.4 用于处理航空数据的工具

由于数据的量以及可重复性的需要，航空数据处理是工具密集的。通常，完好性检测（例如循环冗余校验）和得到鉴定的工具被组合用于保证航空数据在经过数据链时的完好性。有时可以并行运行多个工具并对结果进行比较，从而免除鉴定的需要。所有工具必须被标识和评估。如果工具的输出没有得到验证，则工具可能需要鉴定。DO-200A和AC 20-153A引用DO-178B的12.2节准则用于工具鉴定。DO-178C的12.2节也是可接受的。正如第13章指出的，DO-178C的12.2节使用了DO-330，即《软件工具鉴定考虑》。DO-330的编写可应用于多个领域，包括航空数据领域。DO-330常见问题FAQ D.7可以在一些场景下为航空数据的处理提供有价值的信息。该FAQ描述一个未鉴定的工具的输出如何可以被一个已鉴定的工具验证，以保证未鉴定的工具的准确性。

---

① 应当指出，自AC 20-153A发布之后，DO-272B已经被DO-272C替代。
② XX可以是《美国联邦法规》第14篇的第23、25、27或29节。

23.5　与航空数据相关的其他工业文件

DO-200A和AC 20-153A引用了其他一些工业文件。这里给出这些文件的一个简要总结，来完成航空数据库指南的综述。首先给出RTCA文件（按顺序号），然后是两个（美国）航空无线电协会（ARINC）文件。

23.5.1　DO-201A：航空信息标准

DO-201A汇编了航空数据的一般和特别需求，重点是在RNP空域中的RNAV运行。给出的航空数据的一般需求和标准包括准确性、分辨率、计算惯例、命名惯例，以及对完成的数据的及时传播[3]。另外还给出了特别的操作需求和标准，这些在开发在航、到达、离开、进场，以及机场环境规程时都需要考虑。正如前面指出的，DO-201A对特定于RNP的航空信息定义保证等级。DO-201A没有覆盖的数据应用的保证等级需要由最终用户或应用供应商决定，基于安全评估过程。DO-201A的EUROCAE对等物是ED-77。

23.5.2　DO-236B：航空系统性能最低标准：区域导航要求的导航性能

DO-236B包含了在一个RNP环境中运行的RNAV系统的航空系统最低性能标准（MASPS）。该标准用于设计商、制造商和航空电子设备的安装商，以及这些系统全球运行的服务供应商和用户[7]。DO-236B引用RNAV系统中使用的针对导航数据库的DO-201A和DO-200A符合性。此外，DO-201A提供了关于支持DO-236B中描述的RNAV和RNP运行的需求的指南。DO-236B的EUROCAE对等物是ED-75B。

23.5.3　DO-272C：机场地图信息的用户需求

DO-272C提供了适用于内容、生成、发布和更新机场地图信息的最低需求。它还提供了评估需求符合性和确定必要的信心级别的指南。它定义了可用于机场地图显示的数据质量需求的最小集[2,8]。DO-272C的EUROCAE对等物是ED-99C。

23.5.4　DO-276A：地形和障碍数据的用户需求

DO-276A定义了适用于地形和障碍数据的最低用户需求。它包含与地形和障碍数据相关的属性的最小列表，并描述了可能需要注意的相关错误[5]。DO-276A的EUROCAE对等物是ED-98A。

23.5.5　DO-291B：地形、障碍和机场地图数据互换标准

DO-291B[①]与DO-272C和DO-276A联合使用，指定地形、障碍和机场数据库内容和质量的用户需求。DO-291B对于生成的数据设置符合DO-272C和DO-276A的数据交换格式。DO-291B是基于国际标准化组织（ISO）19100（地理信息）系列标准在航空使用的地形、障碍和机场地图数据库上的应用。该标准指定范围、标识、元数据、内容、参考系统、数据质

---

①　AC 20-153A只引用DO-291A，因为该AC是在DO-291B发布之前就已发布的。

量、数据获取以及维护信息的需求[9]。DO-291B的EUROCAE对等物是ED-119B。DO-291B也与ARINC 816相关，后者在23.5.7节中描述。

23.5.6 ARINC 424：导航系统数据库标准

"ARINC 424成为在数据供应商和航空电子供应商之间交换导航数据的工业标准已经有30多年。"[10]它作为航空运输业的推荐标准，用于准备机载导航系统参考文件。

"这些文件中的数据预期与机载导航计算机运行软件融合来生成航空器上的计算机使用的介质……它使数据库供应商、航空电子系统，以及数据库的其他用户按照飞行计划规程设计者的指示执行飞行。"[11]

ARINC 424的初始版本在1975年发布。目前，ARINC 424的最新版本是424-19。然而，一个委员会正在积极工作于ARINC 424A。当前的ARINC 424格式定义了固定长度文件，每行132个字符。这些文件被转换为二进制映像和加载到一个特定的飞行管理系统。由于对目标的依赖性，每类飞行管理计算机有一个不同的二进制映像。其导致的情形是，一个拥有多种型号航空器和飞行管理系统的航空公司可能有几十个数据库包，即使用于建立数据库包的原始数据是一样的。该委员会对于ARINC 424A的期望目标是开发一个开放标准数据库，使飞行管理计算机可直接可读，无须采用该计算机特定的二进制格式。这样，航空公司就可以只从一个来源获得数据。ARINC 424A提议使用统一建模语言（UML）输出与传统的ARINC 424同样的美国信息交换标准码（ASCII）。此外，UML模型还可用于自动生成一个可扩展标记语言（XML）格式，它可以被转换为一个二进制XML（为了得到更小的文件大小和更容易解析）。该委员会正努力保持当前的ARINC 424格式，并同时推出可以用于多个飞行管理系统的更标准化的结果文件。

23.5.7 ARINC 816-1：机场地图数据库的嵌入式互换格式

ARINC 816-1定义了一个用于机场移动地图（AMM）的数据库。AMM具有通过减少由于机组缺乏周围情况感知而导致的跑道和滑行道入侵来提高安全性的能力。ARINC 816-1简化了数据处理，并提供了有利于机场移动地图显示的特征[12]。

ARINC 816-1与DO-272C和DO-291B相关，前面有所描述。图23.2说明了3份文件之间的关系。DO-272C定义了AMDB的内容、质量和处理需求。DO-291B定义了数据库的数据互换格式需求，使得数据生成者和集成者之间能够交换AMDB。ARINC 816-1对嵌入式的航空电子系统定义了一个数据库标准。标准化的格式使得最终用户能够独立于航空电子供应商，在不同的数据库集成商之间选择。这允许数据库集成商将机场数据直接转换到最终系统规格说明[13]。

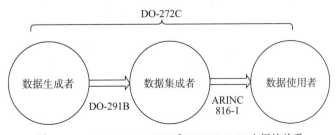

图23.2 DO-272C、DO-291B和ARINC 816-1之间的关系

第24章 软件复用

24.1 引言

软件复用是一个重要的专题，因为大多数软件项目（至少在航空领域）是由已有的系统衍生而得的。从一张白纸开始的全新的航空电子、电子系统、机身和发动机实际上极其少见。DO-178C鼓励建立一个良好组织和有章法的复用过程，不仅支持初始的合格审定和规章符合性，而且支持持续的修改和维护。

讨论软件复用重要性的另一个原因是，已经有相当一些广为人知的不成功软件复用的后果。阿里安5号火箭的爆炸就是一个例子。阿里安5号的软件原本是用于阿里安4号的，并且在那个平台上工作正确。然而，阿里安4号和5号火箭的发射特性不同。对阿里安4号软件的不正确复用导致了阿里安5号的爆炸[1]。Nancy Leveson在其著作《安全件：系统安全性与计算机》中解释说，软件复用能够提高安全性的说法是一个"传说"。她列举了起源于复用的许多安全相关问题的例子（以下给出其中3个）。第一个例子是，Therac-25医疗设备复用了其前身Therac-20的一些部件。有一个错误存在于Therac-20软件，但是在Therac-20上的运行没有严重后果，除了偶尔的保险丝熔断。遗憾的是，当用于Therac-25时，该错误导致了大量的辐射超剂量以及至少两人的死亡。软件复用不是Therac-25有问题的唯一原因，但它是一个重要的导致因素。第二个例子是，在美国使用的空中交通管制软件被复用到英国，而英国的用户没有考虑到美国与英国的经度不同。第三个例子是，为一个在北半球和海平面以上的航空器编写的软件被复用到南半球或者海平面以下时出现的问题[2]。

软件的复用必须非常谨慎。本章通过讨论先前开发的软件（PDS）和商业货架产品（COTS）软件来审视复用问题。术语复用、PDS、COTS软件，以及软件构件是相互关联的。COTS是PDS的一个子集，复用实现了PDS构件。可能如下一些定义能够进一步说明它们的关系。

- **软件复用**。关于软件复用存在种种观点和定义。作者倾向于将其视为一个使用已有的软件资产实现或更新系统的过程。资产可以是软件构件、软件需求、软件设计、源代码，以及其他软件生命周期资料（包括计划、标准、验证用例和规程，以及工具鉴定资料）。软件复用可以发生在一个已有系统中、跨越相似的系统，或者差别很大的系统。
- **软件构件**。DO-178C定义构件为："一个自包含的零部件、零部件的组合、分组件或单元，执行系统的一个清晰的功能"。[3]不过，作者倾向于以下更具描述性的定义："一个原子软件元素，可以被复用或与其他构件联合使用。理想地，应当可以不经改动就能直接使用，并且工程师无须了解构件的内容和内部功能。然而，工程师必须对接口、功能、前置和后置条件、性能特征，以及要求的支持元素有很好的了解"。[4]

- **COTS软件**。商业可得的软件构件，意图上不是供用户定制或增强的，尽管它们可以为用户特定的需要进行配置[3]。
- **PDS**。已经开发供使用的软件。这包括了广泛的软件，包括从COTS软件到根据以前或当前的软件指南开发的软件"[3]。

合在一起，这些定义指出，软件复用经常是使用打包为一个构件的PDS。该PDS可以是商业可得的（COTS软件）、内部的一个过去的项目开发的、使用DO-178 [ ]①开发的，使用其他一些指南或标准开发的（例如，一个军用或汽车标准），或者完全未使用指南开发的。表24.1提供了PDS的一些例子，分为4个类别。一些PDS被完全未改变地使用，另一些则需要进行修改从而用于新的系统或环境。

表24.1　先前开发的软件（PDS）的例子

	非COTS	COTS
DO-178 [ ]	<ul><li>按照DO-178A开发的一个航空电子应用</li><li>符合DO-178B的一个飞行控制软件，被修改用于一个相似的系统</li><li>符合DO-178C的电池管理软件，被安装在一个新的航空器上</li></ul>	<ul><li>一个实时操作系统（RTOS），有DO-178B或DO-178C资料可得</li><li>一个符合DO-178C的主板支持包，用于一个特定的RTOS和微处理器</li></ul>
非DO-178 [ ]	<ul><li>使用美国国防部军用标准498开发的一个电力能源系统</li><li>使用英国国防标准00-55开发的军用航空器飞行管理系统软件</li><li>一个汽车刹车系统软件</li><li>控制区域网络数据总线的设备驱动</li></ul>	<ul><li>一个没有DO-178 [ ] 资料的操作系统（例如Windows）</li><li>一个编译器提供的库</li><li>用在汽车市场中的数据总线软件</li><li>符合开放系统国际通信协议的通信栈</li></ul>

为了让软件真正得到复用（而不是挽救式地），它必须被设计为可复用的。虽然根据任何航空标准，这不是要求的，然而是一个实际的现实和最佳实践。因此，本章讨论如何为复用进行策划和设计。然后将焦点转到如何复用PDS。本章最后是软件服役历史的一个简要综述，这与PDS密切相关。

24.2　设计可复用构件

软件复用不会自己发生。一个成功的复用需要策划和谨慎的设计决策。为了让构件可以被成功复用，它们必须被设计为可复用的。为了复用而进行的设计通常会增加初始的开发时间和成本，但是当构件被无须大量工作而复用时，就可以得到投入的回报。

阿里安5号、Therac-25以及之前讨论的其他例子提供了没有得到小心评价和实现的软件复用的例子。随着软件变得更加复杂和广泛使用，在安全关键系统中的软件复用的问题也在增大。复用可以是一个可行的选择，但是，它必须被小心地评价和实现。如果软件一开始就被设计为可复用的，它可以帮助避免那样的事故。

---

① DO-178 [ ]，指DO-178、DO-178A、DO-178B或DO-178C。

一般地说，软件工业特别是航空软件工业，在为复用而开发方面还很不成熟。从作者完成关于复用专题的硕士论文并得出该结论以来的10年间，在复用领域中，对于像实时操作系统和库函数这样的构件，已经有一些进步。遗憾的是，在航空工业中，为复用而设计仍然是一个难度很大的目标。一个项目最初想要为复用而设计，而一旦被强加了进度和预算的约束，复用的目标常常就被抛弃了。

以下是在为复用而设计时的16个建议。这些相互关联的建议总结了有效复用的重要的现实和技术概念。

建议1　锁定管理者对复用的长期承诺。设计一个可复用的构件要比设计一个不准备复用的构件花费更多的时间和成本。进度和成本增加的量依赖于使用的过程、组织的经验和领域技能、开发的构件的类型、管理者的承诺，以及许多其他因素。有人估计，一个可复用构件的花费是一次性构件的2～3倍[5]。让管理者理解这个现实和给出长期承诺是重要的。为了让复用成功，高层的管理者必须捍卫它。多数复用的失败可归咎于当工作遇到困难时管理者的不支持。

建议2　建立和培训一个复用团队。一个良好培训并以开发可复用软件为主要目标的团队要比一个"寻常开发"的团队更成功。可以是一个小的专门团队，或者由只投入部分时间的人员组成。然而，为了保证责任，重要的是有一个明确的团队，并保证所有的成员经过适当的培训。

建议3　评价已有的项目以识别阻碍复用的问题。在公司内评价已有的软件项目从而识别阻碍复用的问题，是有益的。设计实践、编码实践、硬件接口、开发环境，以及编译器问题都可能阻碍复用。通过汇集一个阻碍复用的问题清单，团队可以开始建立策略来解决这些问题。

建议4　尝试一个试点项目。通常最好从一个小的试点项目开始，而不是试图一夜之间改变整个组织。该项目可以是识别复用实践和培训复用团队的基础。一个小的、成功的项目可以建立经验和信心。

建议5　编档复用实践和经验教训。在进入一个可复用构件开发活动之前，起草团队将要遵守的实践。在一两个项目之后，这些实践应当得到更新。理想地，随着实际经验教训的获得，实践和规程被持续精化。最终，这些实践可以被建立作为公司范围的推荐或规程。

建议6　在构件开发中识别预期的使用者，并全程支持他们。由于使用者是构件的客户，重要的是识别谁是构件使用者，从而保证他们的需要得到满足，任何冲突的需要得到识别，并且在开发和维护构件时如果遇到任何问题会通知他们。此外，重要的是将构件设计为用户友好的，包括这些特性：易于识别（使用者应当能够容易地看到构件是否满足他们的需要）、易于使用（使用者应当能够很快掌握如何使用构件），以及对于经验差别很大的集成商（从新手到专家）的易用性。

建议7　实现一个领域工程过程。一个合理的领域工程过程对于成功的软件复用至关重要。一个领域是"一组或一簇相关的系统。该领域中的任何系统共享一组能力和/或数据"[7]。领域工程是通过领域分析、设计和实现，建立可管理和可复用的领域资产的过程。领域工程师建立一个满足大多数应用的需要，并适合未来的复用的体系结构。区分领域工程和复用工程的概念是重要的。领域工程是为了复用进行开发，而复用工程是通过复用进行开发。为了能够复用整个构件或者这些构件的设计遗产而不只是挽救代码，一流的领域工程是关键。

建议8 识别和编档"使用领域"。一个"使用领域"是声明的一组特性，表明：

- 构件符合其功能、性能和安全性需求；
- 构件满足所有的断言和保证，针对其定义的可分配资源和能力；
- 构件性能是完全刻画的，包括故障和错误处理、失效模式，以及在不利环境影响下的行为[8]。

对使用领域进行编档是很重要的，因为当复用一个构件时，需要执行一个使用领域分析来评价在新的安装中的构件复用。该分析评价构件的后续复用，以确保构件开发者做出的任何假设得到了关注、构件对安装的影响得到考虑、新环境对构件的影响得到考虑、在新安装中与构件的任何接口与构件的使用领域和接口规格说明是一致的[8]。

建议9 创建小的、良好定义的构件。Steve McConnell写道："你最好一开始将复用工作聚焦在小的、有力的、特别的构件，而不是大的、臃肿的、一般的构件。试图通过创建一般性构件来建立可复用软件的开发者很少充分预测未来使用者的需要……'大'和'臃肿'意味着'过于难以理解'，还意味着'过于容易用错'。"[5]为了使一个构件是可复用的，其功能必须是清晰且良好编档的。功能的定义是通过一个高层的"构件做什么"，而不是"构件如何实现"。功能应该有一个单一的用途，只提供与其用途相关的功能，并且大小适当（即不要过小而无用，也不要过大而无法管理）。此外，为了允许顺利和成功的集成，一个软件构件必须有一个良好定义的接口。接口定义了使用者如何与构件交互。一个成功的接口有一致的语法、逻辑设计、可预测的行为，以及一个一致的错误处理方法。一个良好定义的接口是完整、一致和内聚的，它提供了使用者要让构件工作所需要的东西。

建议10 设计时不忘可移植性。可移植性是大多数软件产品需要的一个属性，因为它通过扩展其有用的生命和可以使用的安装范围，提高了软件包的价值[10]。有两类可移植性：二进制移植（移植可执行形式）和源代码移植（移植源语言表示）。二进制移植显然是需要的，但是通常只在高度相似的处理器（例如，相同的指令集）之间才可能，或者有一个二进制转换器可用。源代码移植的条件是源代码可得，但是提供了对软件单元进行调整适应广泛环境的机会[11]。为了获得二进制或源代码的可移植性，软件必须被设计为可移植的。一般来说，融入可移植性需要的设计策略例子包括[10]：

- 标识最低需要的环境需求和假设；
- 在整个设计中去除不必要的假设；
- 标识特定于环境所需要的接口，例如过程调用、参数和数据结构；
- 对于每个接口，做到以下两者之一：
  a）将接口封装于一个适合的模块、包或对象等，即预测接口适应到每个目标系统的需要；
  b）标识一个接口标准，它将在大多数目标环境中可用，并且在整个设计中得到遵守。

建议11 健壮地设计构件。Betrand Meyer写道："构件在被正确使用时，一定不能失效。"[6]由于构件将会有多个使用者，它必须得到健壮的设计。构件必须预测非预期的输入并加以处置（例如，使用错误处理功能）。在开发构件需求和设计时，必须考虑健壮性。

建议12　将资料打包为可复用的。美国联邦航空局（FAA）规定8110.49的第12章讨论了在航空器合格审定环境中的软件生命周期资料的复用[18]。为了使这些资料（包括软件本身）是可复用的，软件需要为了复用而打包。这常常意味着对每个构件有一个全套的DO-178C生命周期资料。规定8110.49提供了在一个公司内复用的指南，而FAA咨询通告AC 20-148讨论了跨公司边界的软件复用的概念（例如，一个RTOS在多个航空电子系统上的复用）。AC 20-148对于如何编档一个将要复用的构件提供了指南。无论是否寻求一个FAA的复用接受函，构件都可被打包成能从一个程序复用到另一个程序。该规定和AC提供了打包的建议。

建议13　对可复用构件进行良好编档。由于未来谁将使用构件是未知的，对构件进行全面编档非常重要。这包括建立文档确保构件的正确使用和集成（例如，接口规格说明和用户手册），以及支持合格审定和维护的资料。AC 20-148要求建立数据单，说明为了确保构件的正确使用，可复用软件构件（RSC）使用者所需的信息。AC 20-148（见6.i节）要求在数据单中有以下数据：构件功能、限制、潜在安全性问题分析、假设、配置、支持数据、开放问题报告、构件特性（例如最坏情况时间、内存、吞吐），以及支持构件使用的其他相关信息[12]。

建议14　编档设计理由。为了有效地复用一个软件构件，其设计理由必须被良好编档。构件本身的设计决策，以及首次集成构件的系统的设计决策都是重要的。编档的设计决策帮助确定一个构件可以在哪里"被恰当地和有利地复用"[13]。此外，一个使用构件的系统的得到编档的设计决策，还可以帮助确定该构件是否适合在另一个系统中复用。Dean Allemang将设计理由分为两类：1）内部理由（设计的一部分与该设计的另外部分的关系——一个构件与其他构件交互的方式）；2）外部理由（设计的一部分与其他设计的一部分之间的关系——构件在多个系统中的使用）[13]。

建议15　为使用者编档安全性信息。在一个构件的开发和后续的复用中，必须考虑安全性。构件开发者定义失效状态、安全性特征、保护机制、体系结构、限制、软件等级、接口规格说明，以及构件的预期使用，是至关重要的。必须分析所有的接口和配置参数，来描述这些参数和接口对使用者的功能和性能影响。此外，根据AC 20-148的5.f节，一个RSC开发者必须"生成一个可能会对使用者的实现造成不利影响的RSC行为的分析（如脆弱性、分区需求、硬件失效影响、冗余需求、数据延迟，以及对于正确的RSC运行的设计约束）。该分析可以支持集成商或申请者的安全性分析"[12]。

建议16　聚焦于质量而不是数量。由于可复用构件可能有多个使用者，确保每个构件按要求工作是重要的。McConnell写道："成功的复用要求建立事实上无错的构件。如果试图使用一个可复用构件的开发者发现该构件包含缺陷，复用计划将很快失去价值。一个基于低质量程序的复用计划会实际上增加软件开发的成本……如果你想要实现复用，就聚焦于质量而不是数量"[5]。在开发AC 20-148时，FAA强调这样的事实：一个可复用构件的首次审批要求一个高级别的合格审定机构监督和介入，以保证其正确工作。

24.3　复用先前开发的软件

本节考虑先前开发的软件（PDS）的3个方面：1）为了将其包含在一个安全关键系统中而评价PDS的过程，特别是当需要满足民用航空规章时；2）当复用未使用DO-178〔 〕开发的PDS时的特别考虑；3）当PDS也是COTS软件时要评价的额外因素。

24.3.1 为在民用航空产品中使用而评价PDS

为了更好理解为在一个民用航空产品（航空器、发动机或推进器）中使用而评价PDS的过程，给出了一个流程图（见图24.1）。尽管可能没有覆盖所有会出现的情况，但应该覆盖了与民用航空项目相关的大多数情形。这个方法也可用于其他领域，但是可能需要做一些改动。流程图中的每个框被编号并描述如下：

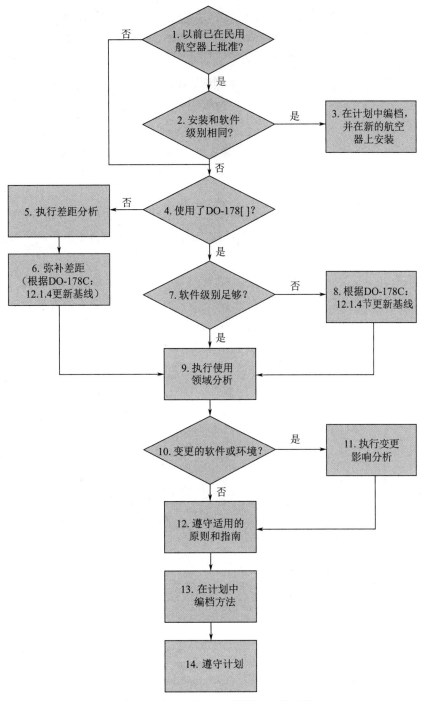

图24.1 为民用航空项目评价PDS的过程

1. 确定该PDS是否已批准安装于一个民用航空器。如果PDS以前在一个经过合格审定的民用航空器、发动机或推进器中得到批准，它可以适合复用，无须返工或再次验证。如果以前没有得到批准，将需要表明它满足DO-178C或者一个相当的保证等级。

2. 确定安装和软件等级是相同的。如果软件被安装于相同的系统并使用相同的方式（例如，一个被安装于另一个航空器且不改变硬件和软件的空中交通防撞系统），并且安全性影响是相同的，该PDS可能就适合复用，无须返工或重新验证。通常需要一个系统层的相似性分析来评价软件的使用，确定安全性考虑，并支持复用声明（该信息将可能出现在系统层计划中）。如果安装有改变或者软件等级不够，则需要进一步的评价（见框4）。

3. 在计划中编档使用PDS的意图。使用PDS的意图和相似性分析的结果需要在计划中编档。根据具体情况，这可以是系统层计划（例如，如果整个系统被复用）或者在软件合格审定计划（PSAC）中（如果只有一个软件构件被复用）。该计划必须对等效的安装，以及软件等级的充分性进行解释，正如第1条和第2条所解释的。

4. 软件是否原本使用DO-178［　］得到批准？该判断的目的是标明在原始的开发中是否遵守了DO-178C或其前身。如果没有，要执行一个差距分析来标识差距，并标识一个弥补这些差距的方法（见框5和框6）。

5. 执行一个差距分析。差距分析涉及针对DO-178C目标对PDS及其支持资料的评估。对于谱系未知的软件（SOUP），该分析大概是不可能的，因为资料通常不可得。这样的软件通常只能被批准为D级或E级。

6. 弥补差距。一旦差距已被标识，它们需要被弥补。DO-178C的12.1.4节，"更新一个开发基线"，提供了这项任务的指南。依赖于原始的开发，这可能是一个大量的工作，并且可能导致重新考虑复用计划。本章后面将讨论（见24.3.2节）一些可能用于弥补差距的替代方法。如果PDS是一个COTS构件，为了识别和弥补差距的额外建议见24.3.3节。

7. 确定软件等级是否足够。确定新的安装所必要的软件等级，并确定PDS的软件等级是否足够。对于没有根据DO-178［　］开发的软件，回答是"不"，并且需要一个差距分析（见框5和框6）。如果软件是根据DO-178或DO-178A开发的，则对应DO-178B和DO-178C的相当等级见表24.2。

表24.2　软件等级对应关系

安装所要求的DO-178B/C软件等级	基于DO-178/DO-178A的遗留系统软件等级		
	关键/等级1	核心/等级2	非核心/等级3
A	是/分析	否	否
B	是	否/分析	否
C	是	是	否
D	是	是	否
E	是	是	是

来源：Federal Aviation Administration, Software Approval Guidelines, Order 8110.49, Federal Aviation Administration, Washington, DC, Change 1, September 2011.

8. 更新基线。如果 PDS 的软件等级不够，资料（以及可能软件本身）将需要被更新，以关注额外的 DO-178［ ］目标。DO-178C 的 12.1.4 节描述了该过程。通常，这涉及额外的验证活动。如果软件不是用 DO-178B 或 DO-178C 开发的，该升级可能还要求一个差距分析（见框 5 和框 6）使其符合 DO-178C。是否需要该分析，取决于要求增加的软件等级，以及已有的资料支持安全性需要的能力，并且应当与合格审定机构密切协调。

9. 执行使用领域分析。对于 PDS 的一个新安装，该分析至少保证：

a）将要被使用的软件与原始批准的软件是相同的。

b）对于航空器的安全性或运行能力没有不利的影响。

c）设备性能特性是相同的。

d）任何开放的问题报告对于新安装的影响得到评价。如果问题报告得不到，可能限制 PDS 的复用。

e）范围、数据类型以及参数与原始的安装是相当的。

f）接口是相同的。

该分析中的一些方面已经被其他步骤关注，然而，这一步骤的目的是将信息收集在一起，对预期的复用进行更全面的评价。该分析可以识别软件需要的更改。如果将要修改 PDS，该分析可以与变更影响分析联合执行，并作为变更影响分析的一部分进行编档。然而，如果软件及其环境没有改变，这个使用领域分析被包含在计划中（通常是 PSAC 或系统合格审定计划）。

10. 确定软件或其环境是否有变化。使用领域分析（见框 9）用于确定 PDS 的安装是否有变化。此外，如果开发环境（例如，编译器、编译器设置、代码生成器的版本、链接器的版本）或者软件有更改，需要一个变更影响分析，并且需要对相关的软件生命周期资料进行修改。DO-178C 的 12.1.2 节和 12.1.3 节讨论安装、应用和开发环境的变更。

11. 执行变更影响分析。正如第 10 章指出的，修改的软件需要一个变更影响分析，分析变更的影响和重新验证的计划[①]。第 10 章也讨论了，变更影响分析还用于确定软件变更是主要的还是次要的。如果 PDS 被分类为遗留软件（软件的开发是针对一个较老版本的 DO-178，而不是合格审定基础），这可能会影响软件变更如何实现。根据规定 8110.49，对于次要变更，原本用于遗留软件的过程可用于实现该变更（例如，对一个符合 DO-178A 的 PDS 的次要变更可以使用 DO-178A 过程）。然而，如果变更被分类为主要变更，对 PDS 的变更以及对该 PDS 的所有后续变更必须针对合格审定基础要求的 DO-178 版本（对于新项目可能是 DO-178C）[②]。

12. 遵守适用的合格审定原则和指南。除了 DO-178C 的 12.1 节指南，大多数合格审定机构有与 PDS 和/或复用相关的原则和指南（例如，FAA 规定 8110.49 和 AC 20-148）。类似地，当现有的指南不适用于项目特定的场景时，可能提出项目特定的问题纪要（或对等物）。

13. 在计划中编档方法，并获得合格审定机构的认可。使用 PDS 的计划必须在 PSAC（或者可能是一个系统层的合格审定计划）中编档。PSAC 描述 PDS 的功能、其原始谱系、对其

---

① DO-178C 的 12.1.1.c 节和 12.1.1.d 节也要求一个变更影响分析。

② 目前，规定 8110.49（变更 1）有效[18]。当规定 8110.49 升级到认可 DO-178C 时，针对遗留软件的方法可能会改变。

安装及软件或开发环境的任何改变，以及变更影响分析和/或使用领域分析的结果。如果PDS不是针对DO-178［ ］开发的，应当具体解释差距分析和替代的方法。PSAC还应当解释任何必要的变更，以及如何验证它们。此外，PSAC解释将要如何根据DO-178C的12.1.5节[①]和12.1.6节[②]考虑软件的配置管理和质量保证。一旦完成PSAC，它将被提交给合格审定机构。（大多数合格审定机构还会想要看到变更影响分析。正如第10章指出的，变更影响分析经常包含在PSAC中。）在复用工作进行太多之前获得合格审定机构的认可是重要的。

14. 执行计划和根据认可的过程进行实现。一旦合格审定机构批准了计划（这可能花费多次迭代），批准的计划必须被遵守。所有必要的返工、验证和编档必须执行。随着项目的进行，可能需要更新变更影响分析和计划。

24.3.2　复用未使用DO-178［ ］开发的PDS

正如图24.1的框5和6指出的，如果软件不是按照DO-178［ ］开发的，要执行一个差距分析来识别没有满足的DO-178C目标。弥补这些差距可能是一个简单的任务也可能需要花费很多的时间，取决于原先的开发情况。对于SOUP，大概可以证实重新开始要比试图重建不存在的资料更高效。对于有一些资料可得的PDS，弥补差距可能是一个可行的途径。PDS可能可以成功使用该方法，因为PDS有出色的跟踪记录，但不是在民用航空领域（例如，一个COTS RTOS、一个军事应用或一个汽车软件构件）。

差距分析针对DO-178C的要求检查可用的资料，确定需要多少额外工作。以作者的经验，对于A级和B级软件，该差距往往很大。如果源代码不可得，一般D级是可行的最高等级[③]。如果几乎没有资料，但是有源代码，则使用服役历史和逆向工程可能是最通常的选择。

DO-278A的12.4节和DO-248C的4.5节标识了典型的替代方法，用于保证PDS具有与DO-178C已经预先得到满足的情况下一样的信心级别。表24.3总结了一些更常用的方法。在大多数情形下，通过这些方法的组合来弥补PDS差距。服役历史在本章后面讨论，逆向工程将在第25章讨论。

表24.3　PDS的替代方法总结

方　法	描　述	限　制
服役历史/经历	DO-178C定义产品服役历史为："一个连续时间阶段，其中软件在一个已知的环境中运行，并且在此期间的相继失效得到记录"[3]。这在本章后面更详细讨论	• 历史存在的环境与预期的环境可能不同 • 可能难以证明问题报告和收集是足够的 • PDS可能已经更改了多次，从而难以证明历史 • 服役经历小时数可能不够 • 这是一个非常主观的方法，难以获得合格审定机构的批准。很可能地，将需要其他方法来补充服役历史/经历声明

---

① DO-178C的12.1.5节保证实现一个变更管理过程，包括对以前基线的可追踪性，以及一个带有问题报告、问题解决和变更跟踪的变更控制系统。

② DO-178C的12.1.6节确保软件质量保证评价了PDS以及PDS的任何变更。

③ FAA规定8110.49的第8章提供了一些关于怎样符合D级目标的说明。

（续表）

方　法	描　　述	限　　制
过程认可	如果PDS获得过批准，或者被使用一个已定义的过程独立地认证，就可能可以对一些或全部DO-178C目标声明置信度。过程的例子包括军用标准498（MIL-STD-498）或国防部标准2167A（DOD-STD-2167A）符合性过程，或者一个得到软件工程研究所（SEI）能力成熟度模型集成（CMMI）评估的过程	● 过程通常没有关注所有的DO-178C目标 ● 用户可能得不到资料进行评估
逆向工程	"逆向工程是从已有的软件资料建立更高层软件资料的过程。例子包括从目标代码（或可执行目标代码）到源代码，或者从低层需求开发高层需求"[17]。该话题将在第25章讨论	● 逆向工程是一个主观性方法，合格审定机构不鼓励 ● 从较低层抽象到较高层抽象是困难的（例如，当从源代码逆向工程低层需求时，得到的需求经常是对代码的模仿） ● 原始开发者的思维过程可能不被理解 ● 逆向工程要求一个非常有经验的团队才能正确完成
功能限制	功能限制是将PDS的使用限制为其全部功能的一个子集的过程。实现该限制的一些方式有运行时检查、非激活代码、内置限制，或包装器[17]。大多数用于航空的RTOS是全功能通用RTOS的一个子集，去除了任何不确定或潜在不安全的功能	● 难以证明不要的代码不会被执行 ● 保护性机制可能需要额外的验证
体系结构缓解	系统可以通过体系结构设计防止软件的一些非预期的行为。一些常见的方法是软件分区和安全性监控。分区可用于隔离软件与其他软件的交互。监控可用于检测潜在的失效	● 如果不了解PDS的所有功能，可能难以证明任何非预期的影响已缓解
附加测试	可以开发附加的和深度的测试来确保软件按照预期工作并且没有不利的影响。一些附加的测试可能包括[14]： ● 对一个有隔离的输入和输出的简单软件功能的穷举输入测试 ● 全面的健壮性测试以确保任何超范围、非标称，或错误的输入不会引起不期望的行为 ● 系统层的测试以确保软件在系统层按照预期工作 ● 长期浸泡测试，通过长时间运行系统，将其暴露于大范围的正常和不正常输入——继而在不复位情况下进行功能测试 ● 将系统用作培训设施，将它暴露给多个独立的用户	● 难以证明在软件中不存在非预期的功能，特别是对于较大和较复杂的软件来说

来源：RTCA DO-278A, *Guidelines for Communications, Navigation, Surveillance, and Air Traffic Management(CNS/ATM) Systems Software Integrity Assurance*, RTCA, Inc., Washington, DC, December 2011;

RTCA DO-248C, *Supporting Information for DO-178C and DO-278A*, RTCA, Inc., Washington, DC, December 2011.

24.3.3 COTS软件的额外考虑

正如前面指出的，COTS软件是一类特别的PDS。COTS软件的例子在表24.1中包含。DO-278A的12.4节对获取和集成COTS到一个安全关键系统提供了一些特别的指南。DO-178C没有提供对等的指南，但是DO-278A方法可以被应用于DO-178C项目。DO-278A提出了一个COTS软件完好性保证用例（integrity assurance case）的概念，用于保证COTS软件提供与按照DO-278A或DO-178C开发的软件同样的信心级别。用于DO-178C符合性的完好性保证用例包含以下信息[14]：

- 关于COTS软件完好性以及该用例没有满足哪个DO-178C目标的声明；
- COTS软件将被使用的环境；
- COTS软件满足的需求；
- COTS软件中的不需要的能力的标识、评估和去除；
- 使用已有的COTS软件资料满足的DO-178C目标的解释；
- 没有满足的DO-178C目标的标识，以及对于如何使用替代的方法获得对等的信心级别的解释；
- 将要采取的策略的解释；
- 支持用例的所有资料的标识，包括将使用替代方法生成的额外的软件生命周期资料；
- 用在完好性保证论证中的假设和理由说明的列表；
- 验证所有在差距分析中标识的未覆盖目标得到满足的过程的描述；
- COTS软件具有与原始开发中满足所有目标的情况相同的完好性的证据。

此外，当确定COTS软件用在一个安全关键系统中的可行性时，需要关注以下的COTS特定考虑。

1. 可以得到支持COTS的生命周期资料。

2. COTS软件对于安全关键使用的适用性。许多COTS软件构件的设计不是以安全性为考虑的。

3. COTS软件的稳定性。评价以下因素：

　　a）它被更新的频度？

　　b）已经打了补丁吗？

　　c）每次更新的完整生命周期资料集提供了或可得吗？

　　d）供应商在有更新时会通知、解释为什么发生、提供修复的问题报告（以支持变更影响分析），以及提供更新的资料用于支持变更吗？

4. 从供应商可以得到的技术支持。考虑以下问题：

　　a）如果在使用COTS软件时发现问题，供应商愿意（和有义务）修复吗？

　　b）供应商愿意支持合格审定吗？

　　c）供应商愿意（和有义务）在COTS软件使用的整个生命周期中关闭已知的问题（可能是被其他用户发现的问题）吗？

　　d）如果供应商倒闭了或决定不再支持该软件了，会发生什么？

5. COTS 软件的配置控制。考虑以下问题：

　　a）有一个问题报告系统吗？

　　b）变更可以追踪到以前的基线吗？

　　c）COTS 软件和支持的生命周期资料被唯一标识了吗？

　　d）有一个受控的发布过程吗？

　　e）提供了开放的问题报告吗？

6. 保护 COTS 软件防止病毒、保密脆弱性等。

7. COTS 软件的工具和硬件支持。

8. COTS 软件与目标计算机和接口系统的兼容性。

9. COTS 软件的可修改性或可配置性。

10. 不激活、禁止或去除 COTS 软件中的不想要和不需要的功能的能力。

11. 供应商的质量保证的充分性。

24.4 产品服役历史

本节简要解释产品服役历史，以及将它提出作为 PDS 的替代方法时要考虑的因素。

24.4.1 产品服役历史的定义

如表 24.3 中指出的，DO-178C 定义产品服役历史如下："一段持续的时间段，其中软件在一个已知的环境中运行，并且在该期间的相继失效得到记录。"[3]该定义包含了问题报告、环境（包括运行和目标计算机环境）和时间的概念。

工业界和合格审定机构都已经付出大量工作来找到一个可行的方式将产品服役历史用于合格审定置信度。CAST 发布了一份关于该话题的纪要 CAST-1；FAA 赞助了该领域的研究（其成果是一份研究报告和一本手册）；DO-178B 中的 1 页在 DO-178C 中扩展为 4 页；DO-248C 包含了 7 页对该话题的讨论。然而，虽然有这些努力来解析这个话题，它的实现仍然是困难的。

DO-178C 的 12.3.4 节解释说一个产品服役历史案例依赖于以下因素[3]：软件的配置管理、问题报告活动的有效性、软件的稳定性和成熟性、产品服役历史环境的相关性、产品服役历史的长度、产品服役历史中的实际错误率，以及修改的影响。该节继而给出了关于服役历史的相关性、累计服役历史的充分性、服役历史中发现的问题的收集和分析，以及当提供服役历史作为替代方法时要包含在 PSAC 中的信息的额外指南。

产品服役历史可用于没有针对 DO-178［ ］开发的软件，或者开发为符合 DO-178［ ］要求，但等级低于想要的更高等级系统要求的软件。

24.4.2 使用产品服役历史寻求置信度的困难

目前为止，单独使用产品服役历史做出一个成功的声明，事实上是不可能的。但是，它已经被成功用于补充其他方法（例如，逆向工程或过程认可）。

正如由 Uma Ferrell 和 Thomas Ferrell 撰写的 FAA 研究报告《软件服役历史报告》中指出的[15]，DO-178C 中的产品服役历史的定义"与 IEEE 的可靠性的定义非常相似，后者是'一个产品在指定的条件下和指定的一段时间内执行一个要求的功能的能力'"。无论DO-178C还是合格审定机构都没有鼓励软件可靠性模型，因为历史上没有证明它的准确性。由于可靠性与服役历史的相似性，使用产品服役历史来做出一个满意的声明也很困难。

使服役历史难以证实的另一个因素是，在产品历史中收集的资料经常是不充分的。公司通常不会事先计划给出一个产品的服役历史的声明，所以可能不存在问题报告机制来收集资料。

24.4.3　使用产品服役历史声明置信度时考虑的因素

当使用服役历史声明置信度时，需要考虑以下问题：

1. 必须表明服役历史的相关性。根据DO-178C的12.3.4.1节，为了表明产品服役历史的相关性，应当做到[3]：

　　a）PDS在服役中激活的时间量必须被编档，并且足够；

　　b）PDS和环境的配置必须是已知的、相关的和受控的；

　　c）如果PDS在服役历史中被更改，服役历史对于更新的PDS的相关性需要得到评价，并表明是相关的；

　　d）必须分析PDS的预期使用方式，以表明产品服役历史的相关性（表明软件将以相同的方式使用）；

　　e）必须分析PDS服役历史环境和将被安装的环境之间的所有差异，以保证服役历史是适用的；

　　f）必须分析服役历史，以保证在产品中未使用的任何软件，例如非激活代码，与服役历史置信度无关。

2. 服役历史必须足够。除了表明服役历史的相关性，必须表明服役历史的量足以满足系统安全性目标，包括软件等级。服役历史还必须令人满意地解决了想要弥补的DO-178C差距。

3. 服役中的问题必须被收集和分析。为了给出服役历史的声明，必须表明PDS服役历史中发生的问题是已知的、编档的，并且从一个安全性的角度是可接受的。这要求一个恰当的问题报告过程的证据。正如前面指出的，这会是一个难以执行的任务。

FAA的《软件服役历史手册》标识了在提出一个产品服役历史声明时要问的4类问题[16]。这些是很好的提问。如果可以令人满意地回答它们，声明服役历史大概就是可行的。如果不能，就难以向合格审定机构提供成功的案例。这些问题的分类如下：

- 与问题报告相关的45个问题。
- 关于运行的11个问题（比较PDS在先前领域和目标领域中运行的相似性）。
- 关于环境的12个问题（评估计算环境以确保PDS在服役历史中存在的环境与新提出的环境是相似的）。
- 关于时间的19个问题（评价服役历史持续时间以及错误率，使用从产品服役历史可以得到的资料）。

为了方便起见，这些特定的问题包含在本书附录D中。关于产品服役历史的更多信息，参考DO-178C（见12.3.4节）、DO-248C（讨论纪要5）[17]，以及FAA的《软件服役历史手册》[16]。

第25章 逆向工程

25.1 引言

本章定义逆向工程，标识一些与之相关的问题，并对如何逆向工程从而生成满足DO-178C目标需要的生命周期资料提供高层建议。本章与第24章密切相关，因为逆向工程在DO-178C中被认为是生成生命周期资料的一个替代方法，特别是对于先前开发的软件（PDS）。与全书的其他专题一样，本专题也聚焦于民用航空领域的安全关键软件。这些概念也可以适用于其他的安全关键领域。

注意本章大部分内容关注从源代码进行逆向工程生成软件生命周期资料（需求和设计），因为这往往是逆向工程在航空软件工业中的最通常应用。然而，该概念也可以用于其他场景，例如开始于目标代码，或者编档缺失的系统需求。

25.2 什么是逆向工程

逆向工程的定义有多种。DO-178C将其定义为"从存在的软件资料开发更高层的软件资料的过程。例子包括从目标代码或可执行目标代码开发源代码，或者从低层需求开发高层需求。"[1]

DO-178C的12.1.4.d节解释说，逆向工程可以被用作升级基线的一种方法。"逆向工程可以用于重新生成在满足本文件（DO-178C）的目标时不充分或缺失的软件生命周期资料。除了生成软件产品，还可能需要执行额外的活动来满足软件验证过程的目标"[1]。

Roger Pressman定义软件的逆向工程为"分析一个程序，力图建立该程序的一个比源代码更高层抽象表示的过程。逆向工程是一个设计恢复的过程"[2]。

合格审定机构软件组（CAST）纪要CAST-18解释逆向工程如下：

"逆向工程是一个为了满足适用的DO-178B/ED-12B目标，生成原本不存在、找不到、不充分或不可得的软件生命周期资料的方法。不过，它不仅仅是生成相关的软件生命周期资料，而且是一个保证这些资料正确、软件功能被理解和编档，以及软件的功能（执行）符合预期和系统要求的过程。它涉及恢复需求和设计，以及按适当的等级执行相关的验证活动，以保证软件的完好性，确保所有的软件生命周期资料是可得且正确的，并且获得一个适当的设计保证等级[3]①。"

由George Romanski等人撰写的美国联邦航空局（FAA）研究报告《软件和数字系统逆向工程》中指出[4]：

---

① CAST-18是在DO-178C发布之前编写的，因此引用的是DO-178B。

"逆向工程（RE）是这种一类开发过程，它开始于一个实现的详细表示，应用各种技术来生成更一般化的、不那么详细的表示。目标是得到更抽象的表示，可用于对更详细表示的结构和意图进行理解和推理"。

25.3　逆向工程的例子

逆向工程可以或已经被应用的例子有许多，包括：

- 商业货架产品（COTS）软件，例如实时操作系统或供应商提供的库；
- 原本针对另一个标准（例如军用或汽车标准）开发的软件，例如发动机控制器、控制器区域网络总线驱动，或者一个飞行控制部件；
- 开源软件，例如 Ada 编程语言的 GNAT 开源编译器的运行时库、Linux 操作系统，或 Xen 虚拟机管理器（hypervisor）；
- 已有的软件，经过多年的维护之后已经变得过于脆弱无法升级或修复。

25.4　逆向工程要考虑的问题

合格审定机构在 CAST-18 中标识了围绕逆向工程的常见问题。CAST-18 聚焦于从源代码开始的逆向工程。在 FAA 针对不同项目的各问题纪要中，在涉及逆向工程时也对这些问题有所说明。这里对这些问题进行解释[3,5]①。

问题1　缺少良好定义的过程。软件制品的逆向工程过程必须是有组织且良好定义的。非常多见的情况是，逆向工程用于弥补糟糕的开发实践，并且没有遵守一个编档的过程。如果使用逆向工程，过程、活动、转换准则，以及满足 DO-178C 目标的策略必须在计划和标准中编档。

问题2　未能说明 DO-178C 目标如何得到满足的理由。合格审定机构经常看到，当公司提出逆向工程作为一个生命周期模型时，没有充分地解释 DO-178C 目标将如何得到满足[3]。根据 CAST-18，"逆向工程应当被小心使用，并且只应在良好说明理由的情况下（例如，对于一个已用于多个应用并且已经表明自身的高度完好性的项目）使用。合格审定机构强烈不赞成在新的软件开发中使用逆向工程。"[3]

问题3　缺乏对专家和原始开发者的接触。当生命周期资料缺失时，经常有必要接触原始的开发者，以理解他们的思维过程。源代码的解读会是很困难的，尤其当源代码注释很少或没有注释，并且是为了优化性能而编写时。根据 CAST-18，最成功的逆向工程项目是那些与原始开发团队有接触的项目，特别是当需要对模糊和困难的地方进行澄清的时候[3]。

问题4　复杂或糟糕编档的源代码。除非强制执行严格的编码标准，否则许多 COTS 产品的源代码是难以阅读的。作者已经查看过多个 COTS 实时操作系统的源代码，亲身体验过源代码会多有挑战性。源代码经常填充着复杂的数据结构和指针，并且更糟糕的是，注释很少。源代码的问题会发生是因为该代码不是为安全关键环境开发的，或者因为这是一个从未

---

①　FAA 的逆向工程研究报告的附录 C 标识了对最常见问题的可能缓解方法[4]。

预期被用作最终产品的快速原型。糟糕编档的源代码使得难以理解代码的意图功能，并且难以保证逆向工程得到的需求和设计是恰当的。CAST-18总结得好："代码的全面理解对于成功的逆向工程至关重要。糟糕编档的或者复杂的代码不是逆向工程的好候选对象"[3]。

问题5 抽象困难。当从源代码逆向工程设计和需求时，获得合适层级的抽象是很困难的。Pressman解释说："理想地，抽象层级应当尽可能高"[2]。从低层抽象（例如代码）到高层抽象（例如需求）是非常困难的。未能获得正确抽象层级的后果有许多，这里列举其二。首先，如果逆向工程做得不好，就会使得到的设计和需求与源代码非常相近。针对这样的需求进行测试的作用甚微，因为它评价的不是软件的意图［"做什么（what）"］，而是其实现［"怎样做（how）"］。本质上，这样的测试仅仅证明了代码就是代码，无法证明代码做了其预期要做的事。其次，没有正确的抽象，不想要的功能可能存在于源代码中，而在系统层看不到。当系统需求与软件需求之间的粒度差距很大时，难以确定系统层需求的完整性。

这里要提出一个"伪码警示"的问题。逆向工程的项目经常将低层需求（LLR）表达得看上去几乎就像代码的伪码。这就够糟糕的了，更糟糕的是，这些项目有时试图使用针对伪码的测试来满足DO-178C结构覆盖分析目标。这使得结构覆盖分析事实上毫无用处。关于伪码的更多信息见第7章和第8章。

问题6 追踪困难。可追踪性与抽象的问题密切相关。如果抽象层级没有正确建立，可能出现两个潜在的追踪问题。这两个问题都是开发者没有真正理解软件"做什么"的症状表现。首先，追踪可能是粗暴的，也就是说，建立追踪是因为代码或设计不得不追踪到一些东西。建立链接也是因为同样的理由而不是对软件的真正理解。其次，需求可能被标识为衍生的，目的是回避追踪的需要。这两个追踪问题都可能掩盖存在于代码中的非预期功能。

问题7 合格审定联络问题。合格审定联络过程在逆向工程项目中经常没有被良好执行。有时，逆向工程没有在计划中标识，并且没有与合格审定机构协调[3]。作者有太多次评审一组计划时，计划中指出使用的是瀑布生命周期模型，而审查实际资料时发现它其实是一个没有计划的逆向工程。

25.5 逆向工程的建议

为了主动在先地关注这些指出的问题，给出以下建议。这些建议中的一些不一定仅限于逆向工程。

建议1 评价和说明逆向工程的适合性。在启动一个逆向工程活动之前，评价该方法的适合性是重要的。有大量服役经历的、成熟的、得到很好证明的代码（例如25.3节中包含的例子）可以是逆向工程的一个合适的候选。然而，对于用来确认需求的原型代码，要说明逆向工程的合理性是困难的。一些项目试图照原样使用其快速原型代码，编写设计和需求与之匹配。该方法是不推荐的，因为代码的成熟性和稳定性以及它的设计是不确定的。正如第6章指出的，原型代码可以被用作需求、设计和最终代码的输入。然而，原型代码作为其他过程和生命周期资料的输入应当谨慎，因为该代码可能没有清晰而健壮的体系结构，甚至没有一个安全的体系结构。以作者的经验，来自原型代码的逆向工程通常比简单地重写代码还要花费更多的成本和时间。

建议2 当使用逆向工程时要诚实。作者在过去10年间评审过的许多项目使用了一些形式的逆向工程,然而,大多数都不在其计划中承认这一点。如果准备有效地使用逆向工程,它就必须得到策划和正确实现。为什么使用它、如何实现它,以及它如何满足DO-178C目标,都应当是清晰的。

建议3 执行一个全面的差距分析。在投入一个逆向工程活动之前,重要的是对已有的资料做一个全面的差距分析,从而确定哪些DO-178C目标已得到满足,哪些还没有。项目经常只执行一个快速的总览并基于其结果建立一个进度表。但是,在项目进行几个月之后,发现有比原本发现的多得多的漏洞。为了避免这种风险,组织一个有资质的工程师团队(一个"老虎队"或"A小组")来全面分析和识别资料和过程的差距。该团队应当包含有能力和有经验的,拥有整个生命周期技术经验、领域知识和DO-178C经验的工程师。

建议4 编档生命周期、过程和转换准则。逆向工程是一个生命周期,它应当与其他生命周期一样在计划中编档。应当定义开发和验证活动的阶段,包括每个阶段的输入、入口准则、执行的活动、输出、出口准则。例如,图25.1表示了一个逆向工程阶段的一般过程[4]。该图表明,一个较低抽象层(LAL)被用作输入,用于开发一个较高抽象层(MAL),并应在开发MAL之前评审LAL(为了保证LAL的质量和对相关标准的符合性,例如编码标准)。一旦建立了MAL,也对它进行评审。然后,对MAL和LAL一起进行评审。还应当指出,该一般过程显示了变更请求的存在。该过程不假设一个LAL是完美的,因而避免"代码为王"(即假设代码是完美的)的现象。

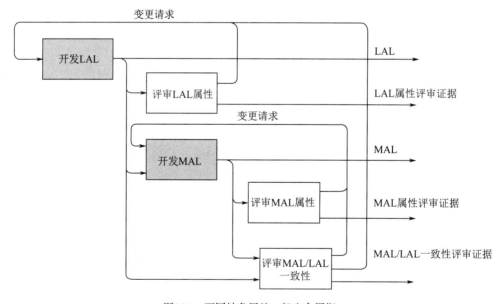

图25.1 不同抽象层的一般生命周期

建议5 编档详细的规程和标准。实现一个成功且可重复的逆向工程过程需要详细的规程、检查单和标准。例如,如果逆向工程项目开始于源代码,而原始的编码标准可能不够或者完全丢失。因此,可能需要生成合适的编码标准,并且针对这些标准评审代码。还可能要开发特定的规程用于管理代码的变更。特别是,变更将需要与所有相关实体进行协调,并在实现之前得到批准。

建议6　协调计划和得到认可。与任何寻求合格审定机构批准的项目一样，计划和标准应该得到评审、内部批准、与合格审定机构协调，并得到合格审定机构的批准。由于前面给出的挑战，一个逆向工程工作可能需要额外的协调，要确保考虑到这一点。正如第5章指出的，与合格审定机构协调计划并得到认可的工作做得越早越好。

建议7　与多个利益相关方协调。依赖于项目的特点，可能有多个利益相关方，包括系统组、软件的原始开发商、客户（或者甚至可能多个客户）、逆向工程组等。重要的是保证所有的利益相关方得到识别、通知，并按照预期执行其任务。有多个利益相关方的项目应当做到[4]：

- 清晰标识角色和职责；
- 标识和协调使用的过程；
- 描述、协调和验证利益相关方之间的配置管理；
- 协调所有利益相关方之间的问题和故障跟踪；
- 控制和跟踪利益相关方之间的信息流；
- 确保利益相关方有必要的技能来完成其职责；
- 确保利益相关方之间的沟通是无障碍的。

建议8　收集所有存在的资料和实施软件配置管理，包括变更控制和问题报告。已有的制品应当在实现逆向工程之前建立基线和纳入变更控制。例如，源代码和用户手册、需求文档或用作开发活动的输入的设计资料应当被获取、建立基线和受控。任何变更应当通过变更控制过程处理（使用问题报告和/或变更请求）。

建议9　纳入软件质量保证（SQA）和合格审定联络人员。与所有项目一样，纳入SQA和合格审定联络人员是重要的。对于一个逆向工程活动，这尤为重要。由于逆向工程被认为是一个高风险的解决方案，合格审定机构经常提供项目特定的指南（例如，FAA问题纪要或欧洲航空安全局（EASA）合格审定评审项）。SQA和合格审定联络人员的及早和持续介入有助于主动在先地关注这些考虑。

建议10　使用一个技术强有力和具备领域技能的团队。逆向工程不是新手工程师能完成的工作。逆向工程要求具有技术技能和领域知识的工程师，因为它涉及从抽象程度较低的资料建立抽象程度更高的资料。让一个飞行管理系统工程师成功地逆向工程一个实时操作系统将很困难（或者不可能）。一个虽然能干却没有经历多个项目的完整开发生命周期的工程师也不是逆向工程的好候选者。以作者的经验，逆向工程项目的成功与实现它的工程师的经验直接成正比。好的逆向工程需要一个跨专业的团队，并具有强的认知能力和好的沟通技能，从而生成生命周期资料。工具可以有帮助，但是项目的成功主要依赖于工程师的素质。

建议11　咨询原始的开发者。如果可能，与原始的软件开发者进行协调是极有价值的。有些原始的开发者仍然可以找到，他们的见解能够起到决定成败的作用。他们可能无法在项目中承担一个活动角色，但是即使在项目中与他们共处的一小段有效时间也会非常有益。这种沟通可以极大地提高对软件的理解和制品的质量。由于咨询原始开发者的机会可能很少，因此要智慧地利用时间。建立一个特定问题的列表，并保证完全理解了回答。应当指出，

FAA基于逆向工程的研究，认为对主题相关的专家（最好是原始的开发者）的咨询应当是必不可少的[4]。

建议12　力求全面理解软件的功能。在逆向工程时，理解软件的功能和行为是重要的。事实上，可以把逆向工程看成一个行为发现过程[4]。必须考虑整体全局（软件做什么）——而不仅仅是低层细节。

建议13　自顶向下思考。作者已经评价过几十个项目，对于一个项目中的逆向工程，即使项目计划中说的不是，也能识别出来，因为其自顶向下的视图是不完整的。也就是说，在做自顶向下的需求线索时（从系统需求到软件需求到设计到代码），有断的连接和丢失的实现细节。自底向上的视图可能看上去不错（例如，所有的代码追踪到LLR，并且所有的LLR追踪到高层需求），但是自顶向下的视图却是粗糙的。作者发现的主要问题是，追踪没有表明需求是被完全实现的。即使在自底向上开发资料时，在头脑中保持自顶向下的视图也是重要的。FAA关于逆向工程的研究报告解释说需要强调"自底向上不能保证系统层要求的所有特征是存在的"[4]。需要有一些"引入真正系统意图的手段"，并建立"通过逆向工程认识到的系统意图的完整性"[4]。

建议14　评价健壮性。在进行逆向工程时，特别是从代码开始的话，评价软件的健壮性是重要的。PDS或者原型代码的开发可能在出现非预期或异常的输入时不具有健壮性。任何缺失的健壮性功能应当在一个问题报告中标识和正确解决。

建议15　开发适当层级的抽象。正如前面讨论的，逆向工程涉及从资料的LAL开发资料的MAL（例如，从代码到设计，以及从设计到高层需求）。开发抽象的MAL是困难的。一个正向工程已不容易，逆向工程就更困难。从更多细节到更少细节是很有挑战性的。"应当谨慎考虑抽象层级之间的差异，保证附加足够的智力价值，以表明对追踪和验证的两种表示的全面理解。"[4]这是有经验的工程师的用武之地。当一个经验或资质不足的工程师进行逆向工程时，LLR看上去就如同代码。

FAA研究报告有很好的叙述：

"MAL和LAL抽象层之间的差别应当在每层抽象之间的差别和抽象层数之间找到平衡。MAL应当提供一个指定LAL的意图行为的表示。

1. 如果在相同或相似层上使用不同的符号对意图的行为进行再叙述，其作用只在于检查转换而不是意图的行为的正确性。

2. 如果MAL和LAL之间的抽象差别过大，对于该过程是可重复的并实现相同或相当结果的信心就会较低。

该问题也适用于正向工程，但是工程师可能禁不住会从代码开发低层需求，指定代码怎么做而不是指定预期的行为。这会导致低层需求与高层需求之间的抽象层的差别过大[4]。

建议16　主动在先地对资料进行追踪。双向追踪对于正向和逆向工程项目都是重要的。在有一些较高层制品（例如，系统或软件需求）存在，想要开发与之一致的较低层制品（例如设计和代码）的逆向工程项目中尤其重要。也就是说，较低层资料被逆向工程得符合较高层资料。双向追踪将帮助同时保证自顶向下和自底向上视图中的一致性。

建议17 查找错误，制定修改代码的计划。逆向工程中的一个最常见错误之一是视"代码为王"或"代码为金"（即认为代码是完美的）。一个好的逆向工程过程应该认识到代码可能是有问题的。它可能包含不需要的功能、缺少健壮性、有糟糕的注释，或者过于复杂，甚至可能有一些逻辑或功能错误。作为FAA赞助的逆向工程研究一部分的一项调查指出，逆向工程中发现的大多数问题是针对源代码的（71%）[4]。FAA的报告也指出，绝大多数的源代码错误是使用手工过程发现的："惊人的发现是，在执行逆向工程时最有效的错误检测方法是手工分析，它被作为一个开发过程，生产LLR和建立LLR与源代码之间的可追踪性。"[4]FAA研究报告还警告说："如果一个工作的代码库被逆向工程，该代码库可以工作这个事实会导致错误地相信软件是正确的，这进而会导致在开发RE制品时研究得不够全面或谨慎。"[4]逆向工程过程应当寻找在代码中可能影响安全性的错误、弱点、复杂性、模糊性等，并且继而主动在先地解决这些问题（例如，建立代码的一个安全子集）。

建议18 寻找漏洞。当把所有各种抽象层级放在一起时，寻找和标识缺失的片段是重要的。也就是说，寻找遗漏错误——本应在代码（和需求）中然而实际却没有的功能。同时，寻找各种抽象层级之间的不一致性，包括缺失或错误的追踪、不完整的系统或软件需求、错误的设计，以及未使用的代码。识别没有的东西比评审已有的东西更具有挑战性。这是有经验的工程师可以提供重要洞察力的又一个地方——他们已经看过多个项目，知道要期望什么和可能丢失什么。

建议19 在发现问题时进行编档。在逆向工程时，当观察到潜在的或实际的问题时，进行编档是很重要的。否则，它们可能被忘记或忽视。有许多种方式这样做。其一是保持一个调查列表，周期性地分析它，对问题进行认定后进入问题报告。另一种方法是对每个问题启动一个问题报告，如果它最终不是一个问题，可以容易地中止或关闭，不采取行动。正如第8章和第10章指出的，标识问题的发现者以及最了解该问题的工程师是重要的。

建议20 解决问题。被分类为有效问题的问题必须得到解决。可能发现的一些共性问题是：未初始化的变量、指针问题、不一致的数据定义、不一致的数据使用（类型、单位）、不正确的算法、不充分的模块集成、不成熟的启动设计（热启动和冷启动）、未能关注所有的功能场景、不正确的事件顺序、缺失的内置测试，以及传递而不使用的数据[6]。

建议21 确认需求。DO-178C假设分配给软件的系统需求是得到确认的，因此，DO-178C没有要求需求确认（保证需求是完整的和正确的）。然而，当系统需求被逆向工程时，它们需要得到确认，以保证它们是正确的需求。应当在评审软件需求、设计和代码之前确认系统需求。此外，任何被分类为衍生（追踪不到系统需求）的软件需求需要得到确认。

建议22 执行正向验证。为了满足DO-178C目标，任何逆向工程得到的开发资料需要得到正向验证。也就是说，自底向上的开发是可以接受的，但自顶向下的验证仍然是需要的。换句话说，针对系统需求评审高层软件需求，针对高层软件需求评审低层软件需求，针对低层软件需求评审源代码，等等。正向验证也确定了自顶向下的一致性。

建议23 一旦一个稳固的需求基线被建立，则进行正向工程。一旦一个包含支持的生命周期资料的稳固的基线存在，项目应当进行正向工程。强烈反对在已有需求存在的情况下，继续进行逆向工程。

建议24　知道何时停止。不是所有的逆向工程项目都会成功。如果在逆向工程活动开始的时候，代码没有成熟或稳定，会导致有相当多的代码需要返工。这会变得花费巨大和不可管理。FAA的研究报告指出：

"如果产品是不稳定的，并且需要对代码库进行许多更改，则成本会非常高。对正在更新之中的软件进行需求开发会使用大量的资源，因为工作会被重复，并且随着影响的扩展，问题变得更大和不可控。如果产品是不稳定的，则逆向工程过程应当停止，应当在继续进行逆向工程过程之前先进行非正式的调试步骤[4]。"

作者想更进一步建议，可能有些情况下代码应当被废弃和重新开始。有时候，重写干净的代码比试图挽救破裂或脆弱的代码更快速。

建议25　对逆向工程的难度有思想准备。端到端的逆向工程不是容易的。它要求相当的投入和应有的努力。在一些方面，它比正向工程更困难，因为向上抽象比向下分解更有难度。

建议26　记录经验教训。与生命中的所有经历一样，记录经验教训并避免重蹈覆辙是非常重要的。在整个项目期间，建议保持一个经验教训列表，并持续评估哪些有效、哪些无效。

第26章 外包和离岸外包软件生命周期活动

26.1 引言

"'包'指的是转移工作、职责和决策权力给别人的行动"[1]。"外包"是把工作包给外面的组织，即包给一个外部实体的活动。软件开发和验证的外包不是新事物，但现在确实比以前普及得多。在外包时有许多方面要考虑，这里无法面面俱到。本章关注将一些或全部的安全关键软件开发和验证外包给一个或多个团队的问题。本章研究为什么推行外包、外包和离岸外包的潜在风险和挑战，以及应对这些风险的建议。

本章从安全性和合格审定的角度聚焦外包的话题。主要是为进行安全关键软件的外包决策和管理外包资源的技术领导者编写的，不过也适用于开发者、验证者、质量保证以及合格审定人员。讨论许多现实的方面，因为它们影响软件生命周期和最终产品。政治、法律和合同方面不在讨论范围。请注意本章是从美国的角度考虑外包。如果你是在其他地方，这些概念也应该适用。不过对于位于美国的公司，在外包民用航空产品时有一些特别的问题要考虑。

根据作者的航空电子经验，外包一般分为3类：产品［例如航线可更换单元（LRU）或整个系统］、软件或电子硬件应用，以及劳务服务（例如，一部分软件开发和/或验证）。从美国的角度，外包发生的地点有3个：美国之内、美国之外且与美国联邦航空局（FAA）有双边协议的国家，以及美国之外且与FAA没有双边协议的国家。位置重要性的原因有多个，包括经验、领域技能、法律框架，以及合格审定要求。FAA特别考虑外包组织的位置，因为它直接影响谁负责合格审定监督。在美国执行的项目由FAA监督。对于在与FAA有双边协议的国家中执行的活动，FAA可能请求国际合格审定机构来执行监督①。在与FAA没有双边协议的国家，没有本地的合格审定机构可以让FAA合法地批准或接受，因此，可能导致需要额外的资源让FAA来监督其活动。这会被视为美国政府的一个"不当负担"，因为FAA不是一个"按服务收费"的组织。如果外包活动被分类为一个不当负担，其最终工作可能不被FAA接受。

经验表明，离岸外包进行的软件活动需要谨慎的考虑。因此，合格审定机构将离岸外包项目视为具有更高风险。FAA不区分外包、离岸外包和分包工作——执行这些工作的实体被简单地称为供应商。即使拥有美国之内或之外的外部地点设施的公司也需要考虑外包的问题。

在本章的其余部分，术语"外包"将包含本土（在本国）、近土（在与本国邻接的国家）或离岸（在与本国不邻接的国家）执行的分包或付酬工作。这些术语与谁拥有执行工作的组织无关。有些人激烈争论说被一个自己拥有的子公司执行的工作不应视为外包。作者同意这样的商务安排是不同的，风险也较低，但许多问题是相似的，因此作者将它们包含在外

---

① 双边协议必须覆盖被分派的工作类型。部分的或有限的双边协议可能不覆盖软件或高级航空电子。

包分类中。从一个合格审定的角度，商务安排不如工作的质量重要。历史告诉我们，许多离岸外包的项目有质量问题，其中的一些在后面讨论。当公司更倾向于关注质量挑战时，这个认识会发生改变。

26.2　外包的原因

有许多原因进行外包，一些是经济的，一些是技术的。以下列出一些常见原因。

- 外包有助于解决工程短项。在西方世界（例如，美国、加拿大、欧洲）存在软件工程师的短缺。为了满足项目要求，使用外包的工程师补充公司的已有团队和帮助项目安排。这使得一个公司可以承担更多的工作，并分配内部的资源/人员到最关键的项目。
- 在一些国家的劳务成本比较低。降低的劳务成本对于商业经理也具有吸引力。然而，以作者的经验，成本往往与完成的工作的质量成正比。作者的父亲喜欢说："得到的就是付出的。"由于经验不足、效率不够，以及监督不力，作者看到过一个低价的工程师最终的花费超过一个高价工程师的三倍多。在看到劳务费用时，商业经理经常忘记外包的团队需要监督，对本国工程师的监督和对离岸工程师的监督的比例是从1∶1到1∶30，这取决于被外包的工作的特点和执行工作的团队。一旦一个离岸外包团队变得更有经验，他们的劳务费用会提高，于是他们就不再廉价。以为可以通过外包的劳务节省大量费用的管理者应当得到事先警告：在安全关键软件开发中没有免费的午餐。
- 一些公司拥有特别的技能。与其在一个新的或非核心的领域（例如操作系统）中雇人或开创经验，不如把工作外包给一个在该领域有专长的组织可能更现实。这使得一个公司可以在其自己的边界之外获得技能、知识和能力[1]。
- 外包能够实现"夜以继日"的工作方式。通过外包给位于大跨度时区的团队，可以实现24小时不间断的生产。这样有利也有弊。一个夜以继日的进度意味着许多深夜和凌晨的会面或电话会议，这可能会把团队累垮。夜以继日的运转还要求使用一个全球的基础设施，需要在项目启动之前建立。
- 外包是指令性的。由于其他的商业考虑或航空器合同，一些外包（特别是外包给离岸国家）是被高层管理指定的。该指令经常伴随着某个比例或数量的工作必须被外包给某些国家或组织。遗憾的是，这些经常是最难以有效外包的项目。

做得正确时，外包对于涉及的每一方都可以是一个胜利。然而，作者已经看到足够多的外包惨败（既有美国内的也有美国外的），因此知道需要非常仔细的关注和持续的监督才能使之成功。

外包没有魔法配方或者"一个尺寸适合全部"的解决方案。本章其余部分给出解决这些问题的一些警示和建议。

26.3　外包的挑战和风险

外包工作的差别很大——从外包给国内供应商的几个任务，到外包给没有双边协议的国家的一个离岸实体的整个系统，在这两个极端之间有许多变化。本节解释一些常见的挑战。

26.4节将讨论缓解这些挑战的建议。前9个挑战与国内和离岸团队有关。后8个更适用于离岸团队。

请注意,在整个本节,外包团队被称为供应商,无论执行的工作类型或商业关系的本质是什么。供应商是被选择做一个安全关键软件项目中的一些或全部工作的组织。在本节中,利用外包团队(供应商)的公司被称为客户。客户被假设为对DO-178C符合性最终负责。

挑战1 缺乏经验。如果供应商没有适当的软件工程、管理、合格审定和安全性经验,成功的可能性就很小。许多年前,作者30多岁的时候,为一个A级项目访问了一个离岸供应商。作者感觉自己像是可以当奶奶了,因为几乎每个团队成员都是刚刚走出大学。我欣赏年轻,但是这需要得到经验的平衡和指导。常言道:"如果你想赢,你就不要牵着骡子参加肯塔基赛马。"为了在肯塔基赛马会中取胜,你需要一匹良种马。另外,还需要有能力和有经验的工程师来开发和验证高质量软件。

挑战2 缺乏领域知识。如果一个工程师在一个领域中缺乏经验,工作的质量就受影响。虽然工程师可能绝顶聪明,但他可能并未掌握某种明智决策所需的知识。把安全关键嵌入式软件开发和验证外包给一个有电信经验的公司可能对于多数航空软件不适合,因为这些工程师一般缺少对实时性、确定性、安全驱动软件,以及DO-178C要求的规则和严格度的理解。

作者最近为一个A级项目咨询,其中的软件负责人是首次从事航空电子和合格审定项目。他过去的工作对象是农场设备。他是一个聪明的工程师,但是不理解飞行控制、安全性、DO-178B目标或合格审定期望。与一些人想的不一样,航空电子需要领域经验、对卓越的倾注,以及完美主义信念。如果期望获得质量,工程师就不能被像棋盘上的棋子一样到处挪动。

挑战3 不稳定的人员。高频度的职员更迭会是一些供应商面临的一个问题。更迭可能是由于士气低、报酬不足、缺乏奖励机会、国家局势的动荡等等造成的。在正确的地方建立一支由正确的人员组成的高技能团队要花费数年时间。如果职员连续变动,就要不断重新培训和从学习曲线的底部(或者临近底部)开始,这导致更低的工作质量。

挑战4 不现实的预期。许多努力的失败源于不现实的预期。许多项目使用的是作者称为"基于成功的策划"。这发生在项目经理不考虑学习曲线、转换时间、可能的执行费用、失败的测试、审核发现,或者总会存在的进度依赖而进行策划的时候。其结果是项目注定要失败。依靠一个未经考验的团队,在较短的时间进度条件下,期望获得高质量的软件,这是不现实的。换句话说,期望太多太快是愚蠢的。进度压力通常导致错误的决策(例如,投入更多的工程师到一个问题,而不是让正确的和有资质的工程师成功地完成其工作)。同样,期望一个没有经验的团队制造高质量的产品也是不现实的(陡峭的学习曲线不总是可以攀登的)。良好的质量需要足够的资源、合理的进度,以及有经验的成员。

挑战5 快速增长。成功会导致灾难。一些供应商成长得太快。在努力满足多个客户或项目的要求时,他们会扩展自己而摊得太开,投入缺乏经验的人员帮忙,或者让有经验的工程师在项目之间跳来跳去。在正确的时间和地点得到正确的人员是一个挑战。作者咨询的一个公司提出在后来的5年中每年双倍或三倍扩充人力,而且是在一个没有多少安全关键软件经验的国家。作者认为这不是一个基于现实的计划。

挑战6　过于推销公司和它的能力。一些软件供应商有巧舌如簧的营销人员，却交付不出产品。作者已经参加过多个营销活动，其中市场代表大谈DO-178B或DO-178C以及合格审定行话，仿佛确实明白自己说的是什么。但是一旦作者开始提问，营销活动就明显变得像一个电视广告。购买者要小心了：欺骗性的营销不仅会出现在二手车上！即使负责任的供应商有时候也会过于推销自己的能力。

挑战7　变化的过程。一些公司在遵守自己的过程时可以做好，但当过程改变时（可能由于客户或领域的需要），他们可能就无法很好地适应。以作者的经验，团队越大，改变一个过程就越困难。培训每个人和强制改变是困难的，尤其如果团队成员不理解为什么要改变时。

挑战8　糟糕的选择过程。当确定要做什么工作以及在哪里做时，重要的是要有一个客观的评估。团队常常被迫选择某些供应商（可能基于位置或市场关系）而不是最佳的供应商。不能正确评估供应商的技能、实力和记录，会导致后来的问题。作者曾经见证过一个项目，有3个潜在的供应商对工作进行竞标。他们选择了给出的估算成本最低的那个，即使显而易见这么低的竞标不可能按时交付质量合格的工作。该活动最终结果花费了至少10倍于原始投标的费用，大约等于更有资质的供应商提出的费用的3倍，并且晚了2年。

挑战9　糟糕的质量。从外包的供应商获得高质量的工作通常是有挑战的。在一个公司内这也可以是一个挑战，但是要到过程或生命周期的后期识别另一个公司中的质量问题经常更困难（并且可能要改变方向已经太晚）。质量不仅仅是跟踪测量。没有正确的技术监督，可能会在项目的后期才认识到需求有问题、设计有缺陷，以及代码不能工作。有时候，即使有经验的公司也可能有质量滑坡，可能由于他们摊得太开、雇用了对工作准备不足的新项目经理，或者屈从于进度压力。

挑战10　语言问题。与一些海外供应商的沟通会是一个挑战。如果一个团队对英语掌握得不够好[①]，就难以编写没有模糊的需求，难以准确地测试需求，也难以编写有用的问题报告并交流问题等。作者已经咨询过多个需要翻译进行沟通的项目。这会非常浪费时间，并容易出错。语言问题和经验缺乏以及/或者缺乏安全性文化的问题加在一起，成功的概率就大大降低。在语言的问题上应当指出，FAA要求合格审定相关的资料是用英语编写的，并且可以在美国获取到[2]。

挑战11　文化问题。在外包时理解文化差异是重要的。即使在美国之内也可能有文化差异，国际项目的挑战就更大。这里是一些需要了解的文化方面的例子。

- 不同文化中的激励是不一样的。在美国对一个团队有作用的激励可能在欧洲、亚洲或南美就不起作用。
- 在一些国家，指出某人或某事的问题会被认为是不尊重。然而，在做软件验证时，目标是发现错误。如果没有一个正确的验证理念，一个人可能极其"成功"地完成了测试，但是系统仍然不能工作[②]。

---

①　英语是航空领域使用的国际语言。由于航空器是被审定用于国际用途的，英语是典型的要求，特别是对于寻求FAA的合格审定的项目。

②　回忆第9章所讲的，一个真正成功的测试工作是发现了错误——而不是通过了所有的测试。

- 不是所有的国家都有同样的安全标准或者同等认识生命的价值。软件缺陷的评价对于安全关键软件要求一个"零缺陷"的信念。在一个例子中，作者咨询过的一个海外公司不理解A级软件测试或修复错误的必要性。
- 一些文化可能不尊重或者不存在一个关于"卓越"的概念。在一些文化中，甚至可能认为你对自己的工作感到骄傲是错误的。然而，开发安全关键软件要求一个完美主义者的信念和对细节的关注。如果工程师满足于平庸或"足够好"，就难以证明软件是安全的。

每个文化都有其长处和脆弱性。理解所有实体的文化背景、对所有涉及的团队成员提供文化培训，以及给出融合差异的时间，是重要的。

挑战12 伦理问题。不是所有的文化都依从相同的伦理标准。在一些文化中，为了成功而撒谎、偷窃只要没被抓住，以及行贿受贿都是可以接受的。一些国家令人怀疑在其开发的产品中植入了保密脆弱性和后门。

挑战13 教育问题。不是所有的工程课程都相同地建立。在世界上的一些学校，50分就被认为"通过"。仅仅因为某人有一个工程学位并不意味着他可以做工程。确保检查供应商的工程师受教育的质量以及经验。

挑战14 隐藏的费用。在离岸外包时会有，并且很可能能有预期之外的费用。商务舱机票和安全酒店的开销剧增。尽管有视频会议和基于网络的会议，仍然需要有人亲自参加的会议和监督。此外，建立一个基础设施（设备、高速网络访问等）也会很耗费成本。

挑战15 流失有经验的工程师。尽管在外包时做出最佳努力并鼓励团队工作，但有时外包还是会导致有经验的工程师的流失。工程师可能因为外包而感到自己无用武之地，或者他们想要做的是设计和编码，而不是监督供应商。凌晨和深夜会议的煎熬也会是一个因素。

挑战16 合格审定挑战。正如前面指出的，合格审定机构已经看到外包（尤其是离岸外包）的问题，因此他们通常要求对于离岸供应商的特别的合理性说明和监督。如果工作是在一个没有双边协议的国家执行，需要给出保证没有不当负担的理由证明。关于如何做到的一些建议在下一节给出。

挑战17 项目后健忘症。作者曾为一些合格审定惨败的项目提供过咨询。他们仅仅是撑到了最后，没有让公司破产，这样的事实却不知怎么被扭曲地视为了成功。作者看到过糟糕运行的外包公司被安排了新任务，因为管理层好像忘记了前面发生的混乱。供应商的市场部可能甚至声称自己是项目成功的关键（且不说他们引起的麻烦）。除非采取了特别的行动来纠正以前的错误，问题很可能再次发生。作者听到过这样的说法："愚蠢的定义就是再次做同样的事情并期望不同的结果。"遗憾的是，说到外包，尤其是离岸外包时，作者曾经见到足够多的乱象，以至于让自己变成了怀疑论者。

26.4 克服挑战和风险的建议

尽管存在26.3节识别的风险，外包还是可以成功的。当正确完成时，它可以提供很大的益处。本节给出一些应对外包挑战的策略和建议。正如前面指出的，焦点是在安全性和合格审定。一个有组织的过程对于开发执行预期功能的软件至关重要。因此，这里给出一些在外包时影响整个软件质量的现实实践。

培养一个项目或团队，收获外包的益处是需要花费一些时间的。但是一旦做到，就会让人很有成就感。以下建议的目的是帮助你和你的团队实现这样的理想。

建议1 确定准备好外包。一些公司进行外包是因为看到其他人都在做。没有正确的准备和基础，外包的结果会是可悲的失败。在进入一个外包安排之前，评价客户的外包准备就绪是重要的。Steve Mezak 在其著作《软件无国界》[3]中提供了20个问题的外包就绪测试，来评价一个组织的外包准备。该测试检查外包经验、技术、商业情况以及管理方法①。该评价可以帮助识别外包是否是一个明智的决策，以及在哪里可能需要额外的帮助。

建议2 保证最高管理者的承诺。获得执行官一级管理者的短期和长期支持是至关重要的。否则，一旦出现问题就注定会失败。对需要、风险、选项和预期的一个完整且准确的理解必须提供给管理层。客户和供应商团队应当小心不要承诺实现不了的东西。乐观是好的，但是乐观需要与准确的现实理解相平衡。一个熟悉情况和完全承诺的管理者可以打开大门，提供支持，以及赋予项目和整个企业以远见。

建议3 使用一个系统化和有组织的方法。一些组织甚至在没有一个计划的情况下就双脚跳进一个外包安排——这是软件开发的"准备—开火—瞄准"方法。没有蓝图就无法盖房，没有一个有组织的方法，就不能有效地将公司的部分甚至全部工作外包。Mark Powers 等所著的《外包手册》[1]一书解释了需要一个过程驱动的方法进行外包，并提出了一个包含7个阶段的外包生命周期。这7个阶段是循环的（除非出口条件符合），并且每个阶段独立于后面的阶段而执行。很好地执行每个阶段并且不要匆匆进入任何一个阶段是很重要的。这里简要讨论每个阶段。

1. 战略评估。做一个商业案例来识别一个外包安排的好处（包括一个核心竞争力的分析以及适合外包的领域）。

2. 需要分析。在一个特定的项目上进行，以识别项目特定的需要。

3. 供应商评估。评估供应商，从而确定谁最佳适合特定的需要。这不仅包括项目管理评估，还有一个工程能力、深度、基础设施和质量的详细的技术评审。"选择正确的供方（供应商）很像选择一个好的配偶，机会在于如果你从一开始就做出了正确的决策，那么你将拥有一个潜在持续的关系。而如果选择了错误的供方（供应商），则会破坏和阻碍一个初衷良好的外包项目。"[1]

4. 合同和谈判管理。这是谈判外包协议和获得合同的过程。需要对每个交付物和里程碑建立质量和移交准则。作者曾看到项目为交付物付了款，却发现它们是不够的，并且需要完全返工。

5. 项目启动和移交阶段。在该阶段，工作被移交给供应商。该阶段为项目的其余部分建立基调，因此快速地解决问题是重要的。这是一个对于技术工作特别关键的阶段。项目应当策划适当级别的技术监督，以确保沟通、问题调解，以及交付物的可接受性。

---

① 该测试可以在 www.softwarewithoutbordersbook.com 找到。

6. 关系管理。在项目进入例行状态时，保持客户和供应商之间的健康关系很重要。该阶段包括评价关系、解决问题、管理沟通、共享知识，以及管理过程。

7. 持续、更改或退出策略。在每个项目的末尾，有必要评价外包关系，以确定该安排是否应当继续、更改或退出。如果决策是继续，应当评价经验教训和实现改进。如果决策是更改过程，需要一个清晰的更改策略。如果决策是退出，也需要一个良好策划的策略。

建议4 良好掌握情况。保证有学识的人可以用于实现外包安排。如果是外包的新手，建议寻求一些帮助。可能一个外包战略家或者企业的另一个部门可以提供帮助。有许多细节需要考虑，例如具有法律约束力的合同、进口和出口法律、知识产权保护、文化敏感性培训（对于离岸外包项目）、签证申请、设备运输、网络基础设施。重要的是从一开始就获得一些专家的帮助，并且有一个专门的团队从这些专家那里学习所有需要的知识，从而建立牢固的基础。

建议5 了解自己的组织。在启动一个外包安排之前，了解自己的组织的特点是重要的。标识强项、脆弱性、特定的需要、组织成熟度、技术专长、过程成熟度等。从一个技术的角度，检查核心的和非核心的能力是重要的。"核心竞争力是特别技能、专有技术、知识、信息，以及集成到组织的产品和服务中，并且对于组织的客户而言能体现独有差异化的独特操作过程和规程。"[1]非核心竞争力是在组织与竞争者之间无法形成差异化，并且不直接影响组织的产品和服务的能力。非核心竞争力对于日常操作是需要的，并且间接影响组织的服务和产品[1]。大多数公司选择首先外包非核心竞争力。

建议6 确定外包什么和保留什么。评价核心竞争力有助于该工作，然而，一旦确定了核心竞争力和需要，就需要一个针对它们的战略。对项目进行架构规划从而进行外包的一些通常方法如下：

- 外包整个产品系统、硬件和软件；
- 外包整个软件生命周期，保留硬件和系统开发与测试；
- 功能模块化，使得一些功能由内部完成，而另外的进行外包；
- 分离软件开发和验证团队（典型的做法是，内部做开发而将验证外包）；
- 外包软件开发和验证，但是使用内部专家来监视和督查工作。

在决策外包什么和保留什么的时候，要考虑知识产权、必须很快用上的关键功能、各个部件之间的接口，以及对客户高度可见的区域。这些方面通常最好保留在内部。

建议7 确定最佳的外包方法。正如建议6中提到的，有许多可能的方法进行外包。可以外包整个系统，或者只是让一个供应商编写和执行测试；可以外包到一个本地公司，或者外包到地球另一侧的一个公司；可以与供应商有一个合同化的安排，或者实际拥有子公司。Mezak标识了软件开发的6个常见策略：内部工程师、本土合同外包、离岸合同外包、内部和离岸混合、离岸子公司，以及建立、运行和转移（开始于一个合同团队，其中可以选择未来将工程师转移到一个子公司）。由于最佳的方法有多种，应该对选择进行评价，以确定针对短期和长期需要的最适合方式。

建议8 明智地选择供应商。这应该是显然的，然而鉴于见到过许多不明智的选择，因此还是值得提醒。一旦确定了强项、脆弱性和客户团队的需要，就要寻找一个满足这些需要的供应商，补充客户的团队。使用像招聘关键岗位的全职成员那样的细审和期望，检查推荐信和审查简历。以下是一些要考虑的特别方面。

- 在安全关键软件项目上的经验。
- 对于DO-178C（和/或DO-178B）的经验。
- 对于计划的任务的经验的相似性。
- 语言能力（写作和口头）。
- 对安全领域的理解。
- 对计划使用的工具包和环境的熟悉度。
- 对遵守建立的过程的承诺。
- 职员的稳定性和实力。
- 在分配的时间中支持赋予的任务的能力。
- 在项目不能按计划进行时增加资源的能力。
- 特定领域的经验（例如，导航、通信、飞行控制）。
- 业界中的跟踪记录（检查推荐信，并且不仅仅是供应商给出的）。
- 针对计划的项目规模（例如小型、中型或大型项目）的经验。
- 与客户团队的工作日的重叠。
- 教育（获得简历，并有手段保证团队将在项目上得到重新培训）。
- 位置（安全、保密、易于前往等）。
- 在需要时现场支持的能力（这可能涉及了解签证申请过程、旅行选择、长期的停留住宿等）。
- 对知识产权和专有资料的尊重。
- 保密脆弱性的可能性（要认识到，一些地方存在政府支持的恶意软件活动）。
- 设备（高质量的远程通信系统、持续的电力、高速互联网、办公室空间和设备质量、视频会议能力、实验室空间等）。
- 供应商和客户团队之间的文化兼容性。
- 建立的质量保证。
- 风险（例如，政府稳定性、保密性、利益冲突、电力中断）。

《外包手册》标识了在选择一个供应商时的如下6种常见错误[1]。

1. 为一个有诱惑力的供方牺牲了对需要的分析。
2. 把成本节省作为一个决策因素来评价一个供方。
3. 对供方的风险评估不足。
4. 选择供方的过程匆匆了事。
5. 管理供方之间的交互缺乏小心。
6. 在使用当前和新的供方之间未能维持一个平衡。

在评价和选择一个外包伙伴时记住这些。不要单单基于价格做选择，这一点再多强调也不为过！否则基本上总会导致后悔。

建议9　在过程中坚持同一个团队。一些供应商开始于一个有力的成熟团队，但是在项目启动后，那些工程师很快转移到了其他项目上。确保把团队组成写进协议，并在项目过程中进行检查。一些职员更迭是可以预期的，并且会有一些情况需要调换工程师以获得更好的适合性。然而，持续监督团队的组成是重要的。

建议10　准备客户团队。客户的团队需要一些特别的注意。一些工程师可能反对外包尤其是离岸外包。确保他们理解外包的原因，并且不断强化他们是项目和公司成功的关键这一事实。取决于供应商的位置，可能有必要安排换班，从而与供应商的团队有时间交叠。供应商和客户团队还可能都需要一些文化敏感性和多样性培训。在项目过程中，倾听反馈和认真对待输入。大多数时候，工程师会提出值得考虑的有效问题。随着时间推移，会清楚谁的输入可以依赖、谁的输入需要一些过滤。然而，每个人都应当得到重视和给予自由共享的机会。

建议11　交叉团队。依赖于项目的规模和特点，有一些客户人员在供应商设施的现场，以及有一些供应商的人员在客户的场所，经常是有好处的。短期停留似乎效果最好（3个月或更少）。交叉方式对于每个团队都是有价值的。这帮助他们更好理解和主动在先地解决项目的问题。

建议12　从"小"开始。通常最好从小的、良好定义的任务开始外包探险。这些任务可以帮助建立关系，解决过程问题，标识领导者，以及建立专业能力和信心。许多公司开始于一个试点项目——典型的是一个小的非关键功能（或者一个工具）。这使得能够测试沟通能力、测试技术团队的技能，并实现一个虽然小却是需要的功能。

无论是否执行一个试点项目，从小处开始总是明智的。一些公司首先外包低等级软件（可能是C级或D级）。如果它进行得好，就可以外包更关键的和更大的项目。

建议13　清晰指定预期。将要执行的任何任务和将要生成的资料应当在工作说明书（SOW）中编档。SOW应当是完整、无模糊、一致以及可测量的。DO-178C制品应当包含在SOW中。最好有一个技术团队和一些了解DO-178C的人评审SOW。

建议14　对于职员扩充，使用公共的工具和方法。如果外包的团队被补充以客户的职员，建议使用公共的工具和方法。以下工具应当是常用的：需求管理和捕获工具、设计工具、源代码工具、源代码控制工具，以及问题报告工具。包含详细的规程、例子和培训也是重要的。有时候，使用了多年的客户团队对规程是了解的，但是外部供应商团队可能不了解。供应商将要使用的规程可能需要被增强。

当外包一个完整部件或系统时，可能不必使用相同的工具集和过程。然而，重要的是：1）理解供应商的过程；2）保证供应商根据客户和合格审定机构的需要，交付或者长期维护资料和环境；3）策划和实现一个移交策略用于移交产品和资料。

建议15　建立一个供应商管理计划。FAA规定8110.49（变更1）要求一个编档的供应商管理计划[2]。该计划可以是软件合格审定计划（PSAC）或系统合格审定计划的一部分，或者可以是一个企业范围的计划。供应商管理计划需要保证供应商（包括职员扩充和海外子公司合伙方）符合所有适用于该项目的规章、原则、指南、协议和标准。计划还解释将如何管理所有的供应商。合格审定机构特别感兴趣的地方是符合性、各种制品（例如需求、设计、代码）的集成、合格审定联络、问题报告和解决、集成、验证、配置管理、符合性实证，以及资料保留[2]。合格审定机构想要知道做了什么、谁做的，以及在哪里做的。他们还想要知道申请者（申请合格审定或授权的实体）如何管理外包。即使离岸设施是客户或申请者拥有的，或者是一个用作职员扩充的国内团队（而不是供应商），FAA也想要知道工作是如何被管理的[①]。

建议16 协调问题报告过程。软件开发者和验证者可能意识不到一个低层问题对系统或航空器安全性的影响，因此，建议对所有的供应商有一个公共的问题分类。此外，需要在开发和/或验证活动的整个过程具有对供应商的问题报告的可见性（等到最后去看问题报告是有很大风险的）。延迟到初始合格审定的任何问题报告将需要合理性说明，以及所有的利益相关方的评审，包括合格审定机构。

建议17 在关键的领域进行培训。在项目的开始，建议对整个团队识别培训的需要（包括客户和供应商团队）。一些常见的不足方面是DO-178B/C符合性、健壮性测试、低层需求捕获、可重复的分析和规程、集成，以及数据和控制耦合分析的编档。对于大的团队，可能需要创造性来获得对正确的团队成员的培训。一个常见的策略是首先培训技术负责人，然后让他们把知识传递下去。基于计算机的培训和各种例子也会是有价值的。此外，一个在线的时常更新的最佳实践指南可以是一个大众获得知识的好方式[②]。

建议18 持续关注沟通。糟糕的沟通是项目失败的一个主要原因，因此，应当特别注意沟通的安排和它的有效性。正如Mezak所说："使用外包就像婚姻，双方都需要承诺以使该关系运转。好的沟通是需要的。"[3]以下是加强沟通的一些方式。

- 为团队负责人召开面对面的会议，特别是在项目的早期和关键阶段。
- 安排团队之间的经常性的远程会议和/或虚拟会议。如果是一个离岸的供应商，那么当交接班重叠时，可以每天召开一个远程会议。视频会议和基于网络的文档共享会有帮助。
- 鼓励团队成员个人之间的交往，而不只是工作上的沟通。
- 使用图形来交流复杂的概念。一个图示经常可以帮助解决沟通的问题。
- 实现一些级别的现场合作（即交叉团队）。
- 鼓励团队立即沟通问题和考虑，而不是让它失控。
- 当任何一个公司确信有一个重要问题（技术的或实际的）未得到充分解决时，应建立一种向上级传递问题的方法。
- 基于得到的经验教训，持续寻找改进沟通的方式。

建议19 评估和缓解风险。软件开发有一些风险。外包会增加其中的一些。正如前面指出的，应当在选择之前仔细评价供应商的资格。任何不足应当被标识为一个风险。随着项目的演进，风险应当被一贯性地再次评估，并建立缓解措施。识别一个风险却不做任何事情的方法是没有用处的。没有被关注的风险就像船底的破洞，如果不注意，就可能使船只（项目）沉没。一个持续的风险评估和具体的缓解步骤帮助防止沉没。

建议20 考虑不当负担。与风险评估密切相关的是不当负担的缓解。正如前面指出的，位于一个没有双边协议的国家的一个离岸供应商可能成为美国政府的一个不当负担。因此，

---

① 欧洲航空安全局（EASA）的合格审定备忘录CM-SWCEH-002有类似的指南。
② 这样一个指南应当在软件计划中解释，并纳入配置管理。

FAA需要知道供应商被正确地监督，并且风险被主动在先地关注。以下是一些避免不当负担的常见策略：

- 将离岸工作限制于验证，并在美国执行为了合格审定的测试；
- 在资料的同行评审中纳入美国团队（客户团队）；
- 利用FAA授权的委任者来执行供应商工作的现场审核，以保证它是符合的；
- 将离岸工作限制于较低等级的软件，直到合格审定机构对客户和供应商团队都有信心。

建议21　良好管理。作者观察到的许多外包惨败是由于糟糕的管理。外包项目应当由有资质和经验的人员来管理。担任这个角色的管理者应当有以下技能和能力：在不确定环境下做出良好决策的能力、接受变化的能力、良好的关系建立和沟通技能、出色的知识管理技能，以及执着力[1]。此外，技术管理者应当拥有强的技术技能，能够理解技术问题和风险。

里程碑的完整列表，以及这些里程碑的详细跟踪和接受，是管理任何软件项目的重要工具，包括外包项目。团队与任务之间的依赖性应当得到标识，并且应当保证状态的准确性。进度和里程碑应当在需要时更新，基于实际的项目进展。

建议22　要面对现实。技术预期和进度预期应当面对现实。期望一个新手工程师的团队快速地完成高质量的工作是不现实的。一般来说，建议做最好的期望但是做最坏的打算。"基于成功的策划"对任何人没有任何好处。它可能在某个时间点上让每个人很高兴，但是如果它不现实，这种高兴就不会持久。好的管理者面对现实！ Johanna Rothman写道："对每个项目计划花费更长和更多的时间，尤其是在开始一个外包关系的时候。我的经验法则是，对于第一个项目增加估计时间的30%。然后监控项目，了解是否需要增加这个估计。"[4]

建议23　记住长期目标。一些公司被挫败是由于其外包活动最终与预想的不一样。记住长期目标是重要的。如果短期目标和长期目标都似乎不现实，它们可能需要改变。

建议24　策划监督。合格审定机构要求了解监督方法，包括管理监督、技术监督、质量保证监督、保密性控制，以及合格审定联络监督。每个方面都应该在PSAC和/或合格审定机构能够得到的某个其他计划中详细说明。

建议25　策划项目后的支持。外包安排应当考虑谁将执行项目后支持。也就是说，谁将在初始合格审定之后维护资料？这将是当确定如何划分角色和职责以及什么资料放在哪里时的一个考虑因素。例如，如果开发测试用例和规程的供应商在合格审定之后不再被利用，则重要的是拥有交付的所有工具、数据、设备等，使得未来可以对测试数据进行更新。

负责提供支持的人应当确保在变更之前获得所有的生命周期资料，包括开放的问题报告、软件配置索引，以及软件完成总结。

建议26　实现持续改进。每个完成的外包项目提供了大量的经验教训。重要的是捕捉这些经验，学习它们，并相应地修改过程。

26.5　总结

外包是一个现实，因此学习如何有效地实现和管理它是重要的。本章标识了一些常见的问题和一些建议，以帮助防止或解决这些问题。这些只是个人之见，更多建议可参考这方面的其他资源和专家。

附录A 活动转换准则举例

表A.1和表A.2提供了针对开发和验证活动的一组转换准则的例子，这些准则可以包含在软件开发计划（SDP）（见表A.1）和软件验证计划（SVP）（见表A.2）中[①]。SDP准则（见表A.1）只给出评审方面的简要内容，因为SVP（见表A.2）提供了评审的详细转换准则。

表A.1 软件开发计划的转换准则例子

阶 段	入口准则	活 动	出口准则
软件需求 开发和评审	• 系统功能开发保证等级（FDAL）和软件等级已确定 • 系统合格审定计划已发布 • 软件合格审定计划（PSAC）已发布 • 软件开发计划已发布 • 软件需求标准已发布 • 系统需求足够成熟，可以开始分解	• 对于分配到软件的需求，在软件需求文档（SWRD）中进行高层软件需求编档，这些需求来自系统需求文档（SRD） • 标识有安全性影响的需求（用安全性属性标记） • 标识的软件需求（追踪不到SRD的需求，以及定义实现细节的需求），并提供为什么需要这些需求的理由 • 建立SRD和SWRD需求之间的双向可追踪性 • 需要时，在SWRD中包含交互/接口 • 适用时，在SWRD中包含对硬件数据的引用 • 编档与需求标准的任何偏差，并获得软件质量保证（SQA）批准 • 编档健壮性需求 • 使用SVP中定义的公司规程评审SWRD，并在需要时进行更新 • 确认衍生需求（作为评审的一部分），以保证它们是正确的需求（正确且完整的） • 在对所有衍生需求的评审中纳入安全人员 • 在软件生命周期环境配置索引（SLECI）中编档开发环境	• SRD已发布并纳入配置管理 • SWRD已评审、更新、发布，并纳入配置管理 • 衍生的高层软件需求已得到适当的安全人员评审 • SLECI已初拟并纳入配置管理

[①] 这些转换准则是作为例子提供的，不是为了用于合格审定，因为它们只涉及了SDP和SVP中提出的软件生命周期的一部分。

（续表）

阶 段	入口准则	活 动	出口准则
软件设计说明（SDD）开发和评审	• PSAC已发布 • SDP已发布 • 软件设计标准已发布 • SRD和SWRD足够成熟，可以开始设计	• 编档低层需求，使用SRD、SWRD和其他引用的需求作为输入 • 需要时，在SDD中标识交互/接口 • 标识任何衍生的低层需求（追踪不到SWRD的需求，以及定义实现细节的需求），并解释需要每一个需求的理由 • 编档健壮性需求 • 确认衍生需求（作为评审的一部分），以保证它们是正确的需求（正确的和完整的）（关于评审的细节见SVP） • 开发高层需求和低层需求之间的双向可追踪性 • 开发与需求一致的软件体系结构 • 使用SVP中定义的过程评审SDD，并做出需要的更新 • 编档与设计标准的任何偏差，并获得SQA批准 • 在对所有衍生需求的评审中纳入安全人员	• SDD（包括低层需求和体系结构）已评审、更新、发布，并纳入配置管理 • SRD和SWRD已发布并纳入配置管理 • 衍生的低层需求已得到适当的系统安全人员评审
代码开发和评审	• PSAC已发布 • SDP已发布 • 编码标准已发布 • SWRD和SDD可得并足够成熟，可以开始编码	• 编写代码，使用SWRD、SDD、SDP和编码标准作为输入 • 建立代码与低层需求之间的双向可追踪性 • 评审代码和根据意见进行更新（关于评审的细节见SVP） • 编档与设计标准的任何偏差，并获得SQA批准 • 开发和评审软件配置索引（SCI）	• 代码已评审、更新、发布，并纳入配置管理 • SRD、SWRD和SDD已发布并纳入配置管理 • SCI已评审并纳入配置管理
代码集成	• 代码已可得 • SCI已初拟 • 编译器和链接器选项已在SLECI中标识	• 开发构建规程（在SCI中），并有一个独立人员运行规程以保证可重复性 • 使用构建规程构建代码 • 在正式测试之前，使用批准的构建规程（在SCI中）编译和链接发布的代码 • 开发加载规程（在SCI中），并有一个独立人员运行规程以保证可重复性 • 更新和评审SCI（包括构建和加载规程） • 更新（如果需要）和评审SLECI（在代码正式构建之前）	• 代码已发布并纳入配置管理 • SCI（包括构建规程和加载规程）和SLECI已评审、发布并纳入配置管理 • 发布的代码已编译和链接 • 可执行目标代码已发布并纳入配置管理

表A.2 软件验证计划的转换准则例子

评审类型	入口准则	活　动	出口准则
计划评审	• 5个计划已全部纳入配置管理 • 需求、设计和编码标准已纳入配置管理	• 使用计划检查单评审所有的计划和标准 • 编档评审意见 • 根据评审意见更新计划和标准 • 关闭或处置来自评审的行动项和/或问题报告 • 发布更新的计划和标准	• 所有计划和标准已评审、更新、发布，并纳入配置管理 • 来自评审的行动项和问题报告已关闭或处置
软件需求文档（SWRD）评审	• 计划和需求标准已发布 • 系统需求已发布 • SWRD已纳入配置管理（如果SWRD是按节评审，每一节需要在评审之前成熟并纳入配置管理）	• 对照系统需求，使用SVP中的SWRD检查单评审SWRD • 确认衍生需求 • 保证SDP中标识的需求标准得到遵守 • 保证SWRD和SRD之间的双向可追踪性是正确的和完整的 • 保证SWRD基于评审意见得到正确更新 • 如果发现纳入配置管理的相关资料的任何问题，建立行动项（基线之前）或问题报告（基线之后） • 关闭或处置来自评审的行动项和/或问题报告 • 保证适当的系统安全人员评审了所有衍生需求	• SWRD已经基于评审得到更新、发布，并纳入配置管理 • 来自评审的行动项和问题报告已关闭或处置
软件设计评审	• SRD和SWRD已评审、更新和发布 • SDD已纳入配置管理 • 设计标准已发布 • 高层需求和低层需求之间的可追踪性已纳入配置管理	• 使用来自SVP的设计检查单评审SDD • 确认衍生需求 • 保证SDP中标识的设计标准得到遵守（对于低层需求和体系结构） • 确定高层需求和低层需求之间的双向可追踪性的准确性 • 保证SDD根据评审意见得到正确更新 • 如果发现纳入配置管理的相关资料的任何问题，建立行动项（基线之前）或问题报告（基线之后） • 关闭或处置来自评审的行动项和/或问题报告 • 保证适当的系统安全人员评审了所有衍生需求	• SDD已经基于评审得到更新、发布，并纳入配置管理 • 来自评审的行动项和问题报告已关闭或处置
代码评审	• SRD、SWRD和SDD已评审、更新和发布 • 源代码已纳入配置管理 • 编码标准已发布 • 低层需求与源代码之间的可追踪性已纳入配置管理	• 使用编码检查单（来自SVP）评审源代码 • 保证SDP中标识的编码标准得到遵守 • 确定低层需求和代码之间的双向可追踪性的准确性 • 保证代码基于评审意见得到正确更新 • 如果发现纳入配置管理的相关资料的任何问题，建立行动项（基线之前）或问题报告（基线之后） • 关闭或处置来自评审的行动项和/或问题报告	• 代码已基于评审得到更新、发布，并纳入配置管理 • 来自评审的行动项和问题报告已关闭或处置

（续表）

评审类型	入口准则	活　　动	出口准则
代码集成评审	● 代码已评审和发布 ● SLECI已初拟 ● SCI已初拟（包括构建和加载规程）	● 使用检查单评审SLECI（来自SVP） ● 使用检查单评审SCI（来自SVP） ● 评审用于构建软件的任何文件（例如make文件）	● SCI和SLECI已基于评审得到更新，并纳入配置管理 ● 构建文件已评审、发布，并纳入配置管理 ● 可执行目标代码已构建、发布，并纳入配置管理 ● 来自评审的行动项和问题报告已关闭或处置
测试用例和规程开发（高层和低层测试）	● SWRD和SDD已足够成熟，可以开始开发测试 ● SLECI已纳入配置管理	● 开发测试用例和规程来检查正常和非正常的（健壮性）条件 ● 保证所有的需求得到测试 ● 标识健壮性测试用例（如果一个需求被编写为健壮的，则编档解释无须额外的健壮性测试的理由） ● 保证用于测试执行的需要鉴定的工具已经得到鉴定，或者足够稳定可以开始测试开发 ● 开发测试用例与需求，以及测试用例与测试规程之间的双向可追踪性 ● 编档测试构建指令并保证构建或执行测试所需的工具都已在SLECI中编档 ● 增加测试信息到SCI ● 评审测试用例和规程并根据需要更新（见本表中的"测试用例和规程评审"项）	● SWRD、SDD和代码已发布 ● 测试用例和规程已评审、更新、发布，并纳入配置管理 ● SLECI已发布 ● SCI已使用测试规程信息更新，并纳入配置管理
集成分析执行（适用于所有分析）	● SVP已发布 ● 分析所需要的数据已足够成熟，可以开始分析	● 编档分析规程，使用SVP或其他适用的文档中标识中的准则 ● 评审规程的可重复性以及与标识的准则的符合性 ● 基于评审反馈更新规程 ● 如果使用任何鉴定的工具执行分析，保证工具的鉴定已完成 ● 使用发布的规程执行额外的分析（例如链接/加载、最坏情况执行时间，以及内存映像分析） ● 在分析报告中编档分析结果（见本表中的"分析结果评审"） ● 通过问题报告对分析中指出的任何问题进行编档	● 分析规程已评审、更新和发布 ● 分析结果已编档于一个分析报告，并纳入配置管理 ● 对分析中指出的任何问题已生成问题报告

（续表）

评审类型	入口准则	活　动	出口准则
测试用例和规程评审（高层和低层测试）	• SRD、SWRD和SDD已发布 • 适用的测试用例和规程已纳入配置管理 • SLECI和SCI纳入配置管理 • 测试用例与需求、测试用例与测试规程之间的可追踪性已建立并纳入配置管理 • SVP已发布 • 测试构建指令已纳入配置管理 • 测试已由测试开发者非正式地运行，并且结果可用于评审	• 使用SVP中标识的检查单评审测试用例和规程 • 验证测试用例和需求，以及测试用例与测试规程之间的双向可追踪性 • 保证所有的需求得到测试 • 保证标识了预期的结果和通过/失败准则 • 运行测试构建指令来保证准确性 • 评审非正式测试的结果，以保证测试可执行、能够测试通过，并且结果得到了正确编档 • 保证存在适当的健壮性（如果无须健壮性测试，则保证给出理由解释） • 关闭或处置来自评审的行动项和/或问题报告	• 测试用例和测试规程已基于评审得到更新和发布 • 来自评审的行动项和问题报告已关闭或处置
测试执行	• 测试用例和规程已发布 • 工具代码和鉴定资料已发布 • 测试构建指令已发布 • SLECI已发布 • 所有的测试已经被试运行 • 测试就绪评审已执行并且准则得到满足	• SQA审核测试工作站配置，以保证所有的测试工作站与SLECI中的配置一致 • 使用发布的构建规程构建测试软件（SQA见证构建） • 标识测试执行计划 • 将准备执行测试的打算通知SQA和合格审定联络人员 • 执行测试 • 分析测试结果以确定通过或失败 • 执行结构覆盖分析和编档 • 标识任何失败，如果需要则重新运行，或者在一个问题报告中编档 • 分析任何失败以确定是否需要返工 • 在测试报告中对结果进行编档 • 评审缺失的结构覆盖，并根据需要生成问题报告	• 测试结果已纳入配置管理 • 对于失败的测试和任何修正已生成问题报告
测试结果评审	• 测试用例和规程已发布 • 测试用例和规程已执行 • 测试结果已在测试报告中编档 • SCI已用测试结果信息更新 • 测试报告已纳入配置管理	• 使用SVP中的检查单评审测试报告的完整性和准确性 • 验证测试规程和测试结果之间的可追踪性是准确和完整的 • 保证任何测试失败得到解释，并且打开了一个问题报告 • 保证修正被编档并得到SQA批准 • 关闭或处置来自评审的行动项和/或问题报告 • 评审SCI的测试信息的准确性，并根据需要更新	• 测试报告已评审、更新和发布 • 来自评审的行动项和问题报告已关闭或处置 • SCI已评审、更新和发布

（续表）

评审类型	入口准则	活 动	出口准则
分析结果评审（适用于所有已完成的分析）	• 将要分析的数据已发布 • 分析规程已发布 • 分析结果在分析报告中，并已纳入配置管理 • 用于分析的需要鉴定的工具已经完成鉴定 • SCI已经用分析信息更新	• 评审分析报告，以保证分析是根据规程执行的 • 保证分析的执行具有独立性（当要求时） • 确定分析结果与预期的结果是一致的 • 保证使用的工具的版本与鉴定的版本相同（如果适用） • 评审分析中产生的所有问题报告及理由证明，以保证它们是可接受的 • 评审SCI的分析信息的准确性，并根据需要更新	• 分析报告已评审、更新和发布 • 来自评审的行动项和问题报告已关闭或处置 • SCI已评审、更新和发布

附录B 实时操作系统关注点

本附录所列为美国联邦航空局（FAA）研究报告DOT/FAA/AR-02/118，即《航空应用中的商业货架产品（COTS）实时操作系统（RTOS）研究》中的表格。表B.1在www.faa.gov可以公开得到，为了方便使用而把它包含在这里。它标识了RTOS的通常关注点。应当考虑以下7个功能域：数据一致性（D）、死代码或非激活代码（C）、任务（T）、调度（S）、内存和输入/输出（I/O）设备访问（M）、队列（Q），以及中断和异常（I）。关于RTOS的更多信息见第20章。

表B.1 典型的RTOS关注点

编　　号	功能类	关注点	描　　述
D1	数据一致性	在RTOS内由于RTOS本身造成的数据破坏或丢失	RTOS可见的数据被RTOS破坏或"弄丢"
D2	数据一致性	RTOS造成的输入数据破坏或丢失	RTOS不正确地处理输入数据或由于不正确存储而丢失它，或者不正确的数据值被赋给数据变量或者作为结果返回
D3	数据一致性	RTOS的不正确计算或操作造成的错误的数据或结果	不正确的数据值被赋给数据变量或作为结果返回
D4	数据一致性	不正常参数	如果作为参数传递的值不正常，数学库函数执行的计算可能返回不可预测的小数
C1	包含非激活代码或死代码	包含非激活代码	未使用的函数可能被应用加载，即使它们从来不被调用。该函数行为也可以依赖于一个用于链接可执行代码到可执行映像中和/或加载映像到目标计算机内存的链接器或加载器。该代码的非预期行为可能有未知的影响，典型的情况是导致系统失效
C2	包含非激活代码或死代码	生成死代码	额外的软件被编译器或链接器生成，它在基于需求的测试或覆盖分析中没有得到验证。这对于A级应用尤其是一个问题，此时申请者需要对不能追踪到源代码的可执行目标代码做出解释。它可能导致死代码，并且编译器生成的代码可能导致在基于需求的测试中没有被检查到，或在通常在源代码层进行的结构覆盖分析中也没有被包含的代码。对于A～D级，为了符合需求和健壮性，而对于A～C级，为了符合低层需求，编译器/链接器生成的目标代码不能免除这些目标

（续表）

编 号	功能类	关注点	描 述
T1	任务	任务终止或被删除	任务运行到完成，或者被另一个任务删除。如果编程模型要求一个任务在一个从不终止的循环中永久运行，则用于删除任务的API调用应当被去除
T2	任务	内核存储区溢出	内核中的一个中央存储区域，持有任务控制块和其他核心对象，可能由于一个持续分配新的内核对象的恶意任务而耗尽空间，这进而会影响其他任务的执行。应当实现一个限额系统来保护系统中的其他任务
T3	任务	任务栈大小超出	任务栈被重叠写，导致不可预测的系统行为和栈数据破坏
S1	调度	破坏的任务控制块（TCB）	TCB可能被破坏，这将危及一个RTOS的调度操作。调度信息数据应当被保护，防止用户软件应用的访问
S2	调度	由于优先级反转造成的过度任务阻塞	一个高优先级的用户任务可能被低优先级任务过度阻塞，这是由于它们共享了一个公共资源，并且一个中间的任务抢占了低优先级的任务
S3	调度	死锁	如果两个任务都要求同样的两个资源，但任务被以错误的顺序调度，则可能互相阻塞而造成一个死锁
S4	调度	任务繁衍额外的任务，耗尽中央处理单元（CPU）资源	一个存在的任务繁衍的新任务可能影响系统中所有任务的可调度性。用户应用不应当被允许按照自己的意愿繁衍新任务
S5	调度	任务优先级分配中的破坏	提升或降低系统中的任务的优先级可能导致不能被调度的任务集合，或者系统不能以及时的方式响应。改变一个任务的优先级的能力应当被限制于特别的情况，例如防止优先级反转的发生
S6	调度	执行时间不受限的服务调用	如果有执行时间不受限的内核服务调用，则任务的可调度性受到影响。做出这些服务调用的任务，其自身的执行时间可能被影响，任务之间切换的内核开销也可能受影响。无论系统加载条件是什么，内核服务调用应当有受限的执行时间
M1	内存和I/O设备访问	堆内存空间碎片	从堆中分配、回收以及释放内存可能导致空闲内存的碎片，这会使将来的分配变复杂，并且可能拖累时间分析使之不可预测。动态内存分配、回收以及"垃圾收集"应当很有限并受到控制
M2	内存和I/O设备访问	一个不正确的指针引用/解除引用	对一个对象的不正确引用，例如一个信号量，可能通过一个服务调用被传递给内核，这会有灾难性的后果。内核应当检查指针引用的有效性
M3	内存和I/O设备访问	数据覆盖写	数据被写在超出其分配的边界的位置，并且覆盖和破坏了内存中其他函数的毗邻数据

（续表）

编　　号	功能类	关注点	描　　述
M4	内存和I/O设备访问	妥协的高速缓存一致性	由于高速缓存不命中而增加了访问时间。这发生在当需要的数据在高速缓存中得不到，并且数据必须从其他通常较低速的内存中访问时。数据丢失是由于缺失的内存更新
M5	内存和I/O设备访问	内存可能被锁或不可得到	内存管理单元（MMU）页表可能被不正确地配置或破坏，使得对一个内存区的访问被阻止
M6	内存和I/O设备访问	对关键系统设备的非授权访问	对I/O设备的非授权访问可能导致系统的不正确功能。内核必须对所有关键设备实现强制的访问控制
M7	内存和I/O设备访问	未监视的资源	资源的正确分配和使用应当被监视，否则资源可能被死锁
Q1	队列	任务队列溢出	可能发生信息丢失或调度器执行中的变化。可能导致错过的调度截止时间和不正确的任务顺序
Q2	队列	消息队列溢出	如果队列大小不合适或消息没有被迅速消费，则消息可能被错过、丢失或延迟，除非得到了保护
Q3	队列	内核工作队列溢出	工作队列用于排队那些必须被延迟的内核工作，因为内核已经被另一个请求占据并且队列已满。延迟到工作队列的内核工作必须起源于一个中断服务例程。如果中断速率过高，使得内核不能在分配的时间帧内处理任务，工作队列可能溢出
I1	中断和异常	原子操作中的中断	工作于全局数据的某些操作，必须在后续操作可被另一个任务调用执行之前完成。在此期间到达的一个中断可能导致修改或使用一个部分修改结构的操作；或者，如果中断在关键代码执行中间被屏蔽，则该中断可能丢失
I2	中断和异常	无中断处理程序	对一个中断没有定义中断处理程序。如果用户没有指定，RTOS应当提供一个默认的中断处理程序
I3	中断和异常	无异常处理程序	对任务引起的一个异常，没有定义异常处理程序。应当提供一个默认的异常处理程序，在异常点上挂起该任务并保存任务的状态
I4	中断和异常	信号被发出而没有相应的处理程序	一个信号可以被一个任务发送给另一个任务，或者在定义的异常条件下被硬件发送
I5	中断和异常	对进程监控器（supervisor）任务的不正确保护	由于一个异常而调用的进程监控器运行于一个可能被破坏的未保护的地址空间

来源：V. Halwan and J. Krodel, Study of commercial off-the-shelf (COTS) real-time operating Systems (RTOS) in aviation applications, DOT/FAA/AR-02/118, Office of Aviation Research, Washington, DC, December 2002.

附录 C　为安全关键系统
选择实时操作系统时考虑的问题

第20章讨论了实时操作系统（RTOS）的典型特性、功能和问题。本附录包含为了置于一个安全关键系统中而选择RTOS时要考虑的问题清单（与本书其他部分一样，假设要求符合DO-178B或DO-178C）。问题被分为3类（一般问题、RTOS功能问题、RTOS集成问题），不过3个类别是相关的。除了作者的经验，汇编这个问题清单的信息来源还包括：美国联邦航空局（FAA）软件作业辅助《在合格审定之前进行软件评审》[1]，以及FAA研究报告《商业货架产品实时操作系统与体系结构考虑》[2]。

C.1　一般问题

1. 是否需要一个RTOS？

2. RTOS是否满足DO-178C（或DO-178B）目标，并且支持的生命周期资料是否可得，从而表明符合性？

3. 是否提供了必要的资料？如果没有，支持合格审定和持续适航性的资料是否可以得到？FAA咨询通告20-148列出了一个可审定的部件提供的典型资料。

4. RTOS有多复杂？

5. 是否有足够的资料支持要求的关键等级？

6. 如果RTOS被逆向工程，那么过程是否满足DO-178C目标（见第25章）？

7. 第20章标识的关注RTOS的技术和合格审定问题，以及其他项目相关的问题是否已经被解决？

8. 第20章列出的RTOS的典型特性和功能是否实现？如果没有，缺失的特性或功能是否影响安全性或符合性？

9. RTOS对于将使用RTOS的系统的开发生命周期有什么影响？

10. RTOS是否与开发的其他部件兼容？

11. RTOS是否灵活？或者，它是否对开发的系统有约束？如果有，它们是否被解决？

12. RTOS是用什么语言和编译器开发的？编译器是否利用了处理器属性，例如乱序执行、高速缓存，以及流水线操作？编译器是否是确定性的？

13. RTOS提供什么工具支持？

14. 硬件过时的可能性如何影响RTOS的使用？

15. RTOS供应商是否将支持RTOS的持续适航性需求（例如，在使用它的航空器的整个生命周期提供支持服务）？如果RTOS供应商倒闭了会怎样？通常，需要某一类型的合同或法律合约来处理这些情况。

16. 对于 RTOS 产品有什么样的问题报告系统支持持续适航性？

17. 有什么保证 RTOS 产品将来不会在用户不知道的情况下更改？如果被更改，将使用什么过程以及用户如何得到通知？

18. 是否已经建立了一个准确的用户手册？它是否关注多个用户的需要？或者，它是否为每个用户进行了剪裁？

19. 使用什么应用编程接口（API）？ API 是否支持可移植性？ RTOS 是否提供对 API 的全面支持？

20. RTOS 开发中使用什么配置管理和软件质量保证过程？这些过程对于使用 RTOS 的系统是否足够？这些过程是否与使用 RTOS 的系统的配置管理和软件质量保证过程兼容？

C.2　RTOS 功能问题

1. 当增加任务时 RTOS 是否可以扩展？

2. 运行时的任务数目是否有限制？如果有，上限是否足够支持用户的需要？

3. 支持什么类型的任务间通信？

4. 时间片是否可以调整？

5. RTOS 是否防止优先级反转？

6. RTOS 是否支持选择的异步机制？

7. RTOS 是否允许用户选择调度算法？可用的调度方法是否支持安全性？

8. 任务切换时间是否可接受？

9. RTOS 如何实现任务处理，内存管理及中断？是否以一种确定性方式实现？

10. RTOS 如何使用内存，例如内部和外部高速缓存？

11. 这些数据一致性问题是否已解决：数据破坏或丢失、错误结果，以及不正常参数？

12. 常见的任务问题是否被解决（包括不经意的终止或删除、内核存储溢出，以及栈大小超出）？

13. 常见的调度问题是否已解决（包括破坏的任务控制块、优先级反转引起的过度任务阻塞、耗尽中央处理单元（CPU）资源的大量繁衍任务、任务优先级分配的破坏、执行时间不受限的服务调用，以及竞争条件）。

14. 内存和输入/输出问题是否已解决（例如，堆碎片、不正确的指针引用、数据覆盖写、妥协的高速缓存一致性、内存被锁、对设备的未授权访问，以及未监视的资源）。

15. 常见的队列问题是否在 RTOS 中解决（包括任务队列溢出、消息队列溢出，以及内核工作队列溢出）。

16. 中断和异常问题是否在 RTOS 中解决（例如原子操作中的中断、没有中断处理程序、没有异常处理程序，以及对进程监控器（supervisor）任务的不正确保护）。

17. 如果 RTOS 用于支持分区/保护，是否解决了内存、输入/输出，以及时间分区/保护问题（见第 21 章）？

18. 无关代码、死代码或非激活代码是否在 RTOS 中解决？特别地，在需求中如何处理 RTOS 的未使用部分？

19. RTOS或系统是否有一个健康监控？问题恢复机制是否满足系统安全性需要？

20. 数据和控制耦合分析是如何解决的？是否满足DO-178C的表A-7的目标8？

21. 内核是否从硬件抽象出来从而支持移植到其他目标？

22. 如果RTOS是一个商业货架产品（COTS）产品，COTS软件的典型问题是否得到解决（见第24章）？

C.3　RTOS集成问题

1. RTOS的潜在脆弱性是否已识别？对任何未被RTOS的设计缓解的脆弱性，其缓解对于集成商/用户是否是明了且可行的？

2. 是否有一个数据单总结了RTOS特性、限制、可用的合格审定资料等？数据单中的特性和限制的计算方法是否被编档？

3. RTOS的时间性能是否被标识（例如延迟、线程切换抖动、调度机制，以及优先级级别）？

4. 谁将开发主板支持包（BSP）和设备驱动？开发团队是否有正确的信息来执行该任务？

5. 用于辅助RTOS集成的开发工具是否可得？许多RTOS供应商提供工具来帮助剪裁RTOS、开发驱动、开发BSP等。

6. RTOS是否易于配置以用于特别的使用，或者是否需要大量的定制？

7. RTOS是否被开发用于一个特定的处理器或处理器家族？

8. RTOS和CPU的接口能否被很好地理解？

9. RTOS对最坏情况执行时间的影响是否被有效地计算？

10. 如果需要用于支持低层功能，高关键等级应用开发者是否可以得到源代码用于研读？

11. RTOS影响什么硬件资源？

12. 用于隔离RTOS与目标计算机的软件（例如BSP或设备驱动）对系统合格审定有何影响？

13. 有什么工具可用于分析RTOS性能，这些工具是否可以验证确定性行为？

14. 远程诊断的工具是否可得？许多RTOS供应商还提供可以帮助分析系统行为的工具，并支持分析和测试活动。

15. RTOS是否有与系统安全性目标冲突的保密性能力？如果有，将如何解决？

16. CPU是否有内部内存管理单元，以及是否支持分区？

17. RTOS与应用之间的数据和控制耦合是如何处理的？

附录 D 软件服役历史问题

第24章提供了评价软件服役历史时要考虑的4类问题。本附录包含来自美国联邦航空局（FAA）的《软件服役历史手册》[11]的特别问题。该手册在FAA的网站 www.faa.gov 可以得到，下文列出这些问题以便读者阅读。

D.1 针对问题报告的问题

1. 在服役历史期间的软件版本是否被跟踪？
2. 针对特定软件版本的问题报告是否被跟踪？
3. 问题报告是否与一个解决方案/补丁以及一个变更影响分析关联？
4. 是否针对不同的软件版本维护修订/变更历史？
5. 对变更是否进行了变更影响分析？
6. 服役中的问题是否被报告？
7. 所有报告的问题是否被记录？
8. 这些问题报告是否存储在一个库中可供提取？
9. 服役中的问题是否被全面分析，以及/或者在问题报告中包含或恰当引用这些分析？
10. 问题报告库中的所有问题是否被分类？
11. 如果同一类型的问题被多次报告，对一个特定的问题有多个条目还是只有一个条目？
12. 如果在服役历史期间，在执行软件的运行版本副本的实验室中发现问题，这些问题是否包含在问题报告系统中？
13. 每个问题报告是否跟踪了其为已修复还是开放的状态？
14. 如果问题被修复，是否有问题如何得到修复的记录（在需求、设计、代码中）？
15. 在问题被修复后，是否有一个新发布的软件的新版本的记录？
16. 是否有一个问题的修复对软件有变更，但是在软件版本中没有变更的记录？
17. 变更历史是否说明软件当前是稳定的和成熟的？
18. 产品是否有通过一个传递给用户的消息显现错误的方式？（一些产品可能没有错误捕获机制，所以它们可能只是用错误的结果继续运行而没有失效指示。）
19. 供应商（或者问题报告收集代理）是否让所有用户清楚了问题已被收集和纠正？
20. 安全相关的问题是否被标识？安全相关的问题可以被提取吗？
21. 是否有记录哪些安全性问题得到解决以及哪些保留开放？
22. 在安全相关问题的上次修复之后，是否有足够的资料可以评估问题已被纠正，并且没有新的安全相关问题出现？

23. 开放的问题报告是否有任何安全性影响？

24. 问题报告和它们的解决方案是否被分类，以指示一个修复是如何实现的？

25. 是否可能用发布版本追踪特定的补丁，并且从设计和代码的修复推断出新版本是对应于这些修复的？

26. 是否可能分离出那些在硬件中修复的和对需求进行变更的问题报告？

27. 问题报告是否与解决方案/补丁以及一个变更分析关联？

28. 如果解决方案指出一个对硬件、使用模式或需求的变更，有没有分析这些变更是否使变更之前的服役历史失效？

29. 定义的服役周期是否适合于关注的软件的特质？

30. 软件有多少副本在被使用和进行问题跟踪？

31. 多少应用可以被认为在操作和环境上相似？

32. 服役期间的和新提出使用的输入/输出域是否相同？

33. 如果输入/输出域不同，是否可以使用黏合代码改善它们？

34. 服役阶段是否包含正常和非正常运行情况？

35. 是否有一个在该期间的全部服务调用数目的记录？

36. 告警和服务中断是否是这个问题报告系统的一部分？

37. 告警是否得到分析，从而确定它们是或不是问题？

38. 是否有一个规程将问题报告作为错误记录？

39. 规程内容背后的推理是什么？

40. 是否有证据表明该规程被强制执行，并在服役历史期间被一致地使用？

41. 在产品上做的担保声明的历史是否与服役历史中看到的问题的类型匹配？

42. 在原先领域中被识别为一个非安全性问题的问题报告是否得到评审，从而确定它们在目标领域中是否是安全相关的？

D.2　针对运行的问题

1. 预期的软件运行是否与服役历史中的使用相似（即它与外部世界、人和规程的接口）？

2. 服役历史中的使用和新提出的使用之间的差别是否被分析？

3. 在新的使用中的运行模式是否存在不同？

4. 服役期间是否只使用了一部分功能？

5. 对于新提出的应用中需要的但是没有在服役期间使用的功能，是否有一个差距分析？

6. 正常运行和正常运行时间的定义是否适合产品？

7. 服役期间是否包含正常和不正常运行情况？

8. 在产品使用方面，是否有与服役期间的技术差异（手工或自动、拦截错误的用户、用于一个网络中还是独立运行，等等）？

9. 在记录的服役历史期间，运营商是否接受了产品使用中所需规程的培训？

10. 是否有计划在新的运行中提供相似的培训？

11. 新系统中的软件等级是否与在老系统中的一样？

D.3　针对环境的问题

1. 服役历史的硬件环境与目标环境是否相似？

2. 两个计算机之间的资源差异是否得到分析（时间、内存、准确性、精确性、通信服务、自检测、容错、通道和端口、排队模式、优先级、错误恢复行动等）？

3. 产品在两个环境中遇到的安全性需求是否相同？

4. 产品在两个环境中遇到的异常是否相同？

5. 分析环境相似性所需要的资料是否可得（该资料通常不是问题资料的一部分）？

6. 分析是否说明哪些服役历史资料适用于提出的应用？

7. 与服役历史期间的计算机环境的容错属性不同，有多少服役历史的置信度可赋予产品？

8. 是否无须修改产品软件，产品就能与目标计算机兼容？

9. 如果硬件环境不同，差异是否得到分析？

10. 在服役历史阶段中是否有硬件修改？

11. 如果有硬件修改，考虑修改之前的服役历史持续时间是否仍然合适？

12. 是否需要软件需求和设计资料来分析在服役历史中指出的任何硬件变更的配置控制是可接受的？

D.4　针对时间的问题

1. "服役期间"的定义是什么？

2. 定义的服役期间是否适合于考虑的软件的特质？

3. "正常运行时间"的定义是什么？

4. 服役期间中使用的正常运行时间是否包含正常和不正常运行情况？

5. 是否可以从服役历史资料中导出连续运行时间？

6. 从整个服役历史资料中识别的"适用的服务"部分是否可得？

7. 评价服役历史持续时间的准则是什么？

8. 软件有多少副本在使用并进行问题跟踪？

9. 什么是"适用的服役"的持续时间？

10. "适用的服役"的定义是否合适？

11. 这是否是用于计算错误率的持续期间？

12. 度量时间的手段有多可靠？

13. 度量时间的手段在整个服役历史期间有多一致？

14. 在分析服役历史资料之前，是否有一个提出的可接受的错误率，对于提出使用的安全性等级是合理和合适的？

15. 在分析服役历史资料之前，怎样提出该错误率的计算方法？

16. 错误率计算（全部错误除以持续时间、执行周期数、事件数例如着陆等、飞行小时、飞行距离，或全部人数运行时间）是否适合于考虑的应用？用于该计算的整个持续时间是什么？是否小心地只考虑了合适的持续时间？

17. 什么是在分析服役历史资料之后计算的实际错误率？

18. 该错误率是否比软件合格审定计划（PSAC）中定义的可接受的错误率大？

19. 如果错误率较大，是否进行分析重新评估错误率？

缩 略 语

AC	Advisory Circular	咨询通告
ACARS	Aircraft Communications Addressing and Reporting System	航空器通信寻址与报告系统
ACG	Autocode Generator	自动代码生成器
ACMS	Airplane Condition Monitoring System	飞机状态监控系统
AFDX	ARINC 664 Avionics Full-Duplex Switched Ethernet	ARINC 664航空电子全双工交换以太网
AL	Assurance Level	保证等级
AMDB	Airport Mapping Database	机场地图数据库
AMI	Airline-Modifiable Information	航空公司可修改信息
AMM	Airport Moving Map	机场移动地图
ANSI	American National Standards Institute	美国国家标准协会
APEX	APplication EXecutive	应用程序执行控制器
API	Application Program Interface	应用编程接口
AR	Authorization Required	要求授权
ARINC	Aeronautical Radio, Incorporated	（美国）航空无线电协会
ARM	Ada Reference Manual	Ada参考手册
ARP	Aerospace Recommended Practice	（SAE）航空航天推荐准则
ASA	Aircraft Safety Assessment	航空器安全性评估
ASCII	American Standard Code for Information Interchange	美国信息交换标准码
ATP	Acceptance Test Plan	验收测试计划
AVSI	Aerospace Vehicle Systems Institute	航空航天飞行器系统协会
BSP	Board Support Package	主板支持包
BVA	Boundary Value Analysis	边界值分析
CAN	Controller Area Network	控制器区域网络
CASE	Computer-Aided Software Engineering	计算机辅助软件工程
CAST	Certification Authorities Software Team	合格审定机构软件组
CC1	Control Category #1	控制类别1
CC2	Control Category #2	控制类别2
CCA	Common Cause Analysis	共因分析

CCB	Change Control Board	变更控制委员会
CEO	Chief Executive Officer	首席执行官
CFD	Computational Fluid Dynamics	计算流体动力学
CFR	Code of Federal Regulations	美国联邦法规
CIA	Change Impact Analysis	变更影响分析
CMA	Common Mode Analysis	共模分析
CMMI	Capability Maturity Model Integration	能力成熟度模型集成
CNS/ATM	Communication, Navigation, Surveillance, and Air Traffic Management	通信、导航、监视和空中交通管理
COTS	Commercial Off-The-Shelf	商业货架产品
CPU	Central Processing Unit	中央处理单元
CRC	Cyclic Redundancy Check	循环冗余校验
CRI	Certification Review Item	合格审定评审项
CSPEC	Control Specification	控制规格说明
DAL	Development Assurance Level	开发保证等级
DARPA	Defense Advanced Research Project Agency	（美国）国防高级研究计划局
DC/CC	Data Coupling and Control Coupling	数据耦合/控制耦合
DER	Designated Engineering Representative	委任工程代表
DMA	Direct Memory Access	直接内存访问
DoD	Department of Defence	（美国）国防部
DP	Discussion Paper	讨论纪要
DQR	Data Quality Requirement	数据质量需求
EAL	Evaluation Assurance Level	评价保证等级
EASA	European Aviation Safety Agency	欧洲航空安全局
EASIS	Electronic Architecture and System Engineering for Integrated Safety Systems	综合安全系统电子体系结构与系统工程
EPROM	Erasable Programmable Read-Only Memory	可擦写可编程只读存储器
EUROCAE	European Organization for Civil Aviation Equipment	欧洲民用航空设备组织
FAA	Federal Aviation Administration	（美国）联邦航空局
FADEC	Full Authority Digital Engine Control	全权数字发动机控制
FAQ	Frequently Asked Question	常见问题
FDAL	Function Development Assurance Level	功能开发保证等级
FHA	Functional Hazard Assessment	功能危险评估
FLS	Field-Loadable Software	外场可加载软件
HIRF	High Intensity Radiated Fields	高强度辐射场

HLR	High-Level Requirement	高层需求
I/O	Input/Output	输入/输出
ICAO	International Civil Aviation Organization	国际民用航空组织
IDAL	Item Development Assurance Level	（软/硬件）项开发保证等级
IEC	International Electrical Technical Commission	国际电工技术委员会
IEEE	Institute of Electrical and Electronics Engineers	（美国）电气和电子工程师协会
IMA	Integrated Modular Avionics	综合模块化航空电子
ISO	International Standards Organization	国际标准化组织
ISR	Interrupt Service Routine	中断服务例程
LAL	Less Abstract Level	较低抽象层
LAN	Local Area Network	局域网
LLR	Low-Level Requirement	低层需求
LOA	Letter Of Acceptance	接受函
LRM	Language Reference Manual	语言参考手册
LRM	Line Replaceable Module	航线可更换模块
LRU	Line Replaceable Unit	航线可更换单元
LSP	Liskov Substitution Principle	Liskov 替换原则
MAL	More Abstract Level	较高抽象层
MASPS	Minimum Aviation System Performance Standards	航空系统最低性能标准
MC/DC	Modified Condition/Decision Coverage	修改的条件/判定覆盖
MISRA	Motor Industry Software Reliability Association	（英国）汽车工业软件可靠性协会
MMU	Memory Management Unit	内存管理单元
MOS	Module Operating System	模块操作系统
MTBF	Mean Time Between Failures	平均故障间隔时间
NASA	National Aeronautics and Space Administration	（美国）国家航空航天局
ODA	Organization Designation Authorization	机构委任授权
OOT	Object-Oriented Technology	面向对象技术
OOT&RT	Object-Oriented Technology and Related Techniques	面向对象技术与相关技术
OOTiA	Object-Oriented Technology in Aviation	航空业中的面向对象技术
PASA	Preliminary Aircraft Safety Assessment	初步航空器安全性评估
PDCA	Plan, Do, Check, Act	策划、执行、检查、行动
PDS	Previously Developed Software	先前开发的软件
PMAT	Portable Multi-purpose Access Terminal	便携式多功能接入终端

POS	Partition Operating System	分区操作系统
POSIX	Portable Operating System Interface	可移植操作系统接口
PPP	Pseudocode Programming Process	伪码编程过程
PQA	Product Quality Assurance	产品质量保证
PQE	Product Quality Engineer	产品质量工程师
PR	Problem Report	问题报告
PRA	Particular Risk Analysis	特别风险分析
PSAA	Plan for Software Aspects of Approval	软件批准计划
PSAC	Plan for Software Aspects of Certification	软件合格审定计划
PSCP	Project-Specific Certification Plan	项目特定的合格审定计划
PSPEC	Process Specification	处理规格说明
PSSA	Preliminary System Safety Assessment	初步系统安全性评估
RAM	Random Access Memory	随机访问存储器
RBT	Requirements-Based Tests	基于需求的测试
RE	Reverse Engineering	逆向工程
RNAV	Area Navigation	区域导航
RNP	Required Navigation Performance	所需导航性能
ROM	Read Only Memory	只读存储器
RSC	Reusable Software Component	可复用软件构件
RT	Related Techniques	相关技术
RTCA	Radio Technical Commission for Aeronautics	（美国）航空无线电技术委员会
RTOS	Real-Time Operating System	实时操作系统
SAE	Society of Automotive Engineers	（美国）汽车工程师学会
SAP	Support Access Port	支持访问端口
SAS	Software Accomplishment Summary	软件完成总结
SC-205	Special Committee #205	SC-205专门委员会
SCI	Software Configuration Index	软件配置索引
SCM	Software Configuration Management	软件配置管理
SCMP	Software Configuration Management Plan	软件配置管理计划
SDD	Software Design Description	软件设计说明
SDP	Software Development Plan	软件开发计划
SEI	Software Engineering Institute	（卡耐基梅隆大学）软件工程研究所
SFHA	System Functional Hazard Assessment	系统功能危险评估
SFI	Software Fault Isolation	软件故障隔离

SLECI	Software Life Cycle Environment Configuration Index	软件生命周期环境配置索引
SOI	Stage Of Involvement	介入阶段
SOUP	Software Of Unknown Pedigree	谱系未知的软件
SOW	Statement Of Work	工作说明书
SQA	Software Quality Assurance	软件质量保证
SQAP	Software Quality Assurance Plan	软件质量保证计划
SQE	Software Quality Engineer	软件质量工程师
SRD	System Requirements Document	系统需求文档
SSA	System Safety Assessment	系统安全性评估
STC	Supplemental Type Certificate	补充型号合格证
SVA	Software Vulnerability Analysis	软件脆弱性分析
SVCP	Software Verification Cases and Procedures	软件验证用例与规程
SVP	Software Verification Plan	软件验证计划
SVR	Software Verification Report	软件验证报告
SW	Software	软件
SWRD	Software Requirements Document	软件需求文档
TAWS	Terrain Awareness and Warning System	地形感知与告警系统
TBD	To Be Determined	待定
TC	Type Certificate	型号合格证
TCAS	Traffic Collision Avoidance System	空中交通防撞系统
TCB	Task Control Block	任务控制块
TOR	Tool Operational Requirements	工具操作需求
TQL	Tool Qualification Level	工具鉴定等级
TQP	Tool Qualification Plan	工具鉴定计划
TRR	Test Readiness Review	测试就绪评审
TSO	Technical Standard Order	技术标准规定
UML	Unified Modeling Language	统一建模语言
UMS	User-Modifiable Software	用户可修改软件
UNIX	Uniplexed Information and Computing System	UNIX 操作系统
VMM	Virtual Machine Monitor	虚拟机监视器
WCET	Worst-Case Execution Timing	最坏情况执行时间
WG-71	Working Group #71	WG-71 工作组
WORA	Write Once, Run Anywhere	一次编写，到处运行
XML	eXtensible Markup Language	可扩展标记语言
ZSA	Zonal Safety Analysis	区域安全性分析

参 考 文 献

第1章

1. K. S. Mendis, Software safety and its relation to software quality assurance, ed. G. G. Schulmeyer, *Software Quality Assurance Handbook,* 4th ed., Chapter 9 (Norwood, MA: Artech House, 2008).

2. IEEE, *IEEE Standard Glossary of Software Engineering Terminology,* IEEE Std-610-1990 (Los Alamitos, CA: IEEE Computer Society Press, 1990).

3. National Aeronautics and Space Administration, *Software Safety Standard,* NASA-STD-8719.13B (Washington, DC: NASA, July 2004).

4. B. A. O'Connell, Achieving fault tolerance via robust partitioning and N-modular redundancy, Master's thesis (Cambridge, MA: Massachusetts Institute of Technology, February 2007).

5. L. R. Wiener, *Digital Woes: Why We Should Not Depend on Software* (Reading, MA: Addison-Wesley, 1993).

第2章

1. SAE ARP4754A, *Guidelines for Development of Civil Aircraft and Systems* (Warrendale, PA: SAE Aerospace, December 2010).

2. ISO/IEC 15288, *Systems and Software Engineering—System Life Cycle Processes,* 2nd ed. (Geneva, Switzerland: International Standard, February 2008).

3. ISO/IEC 12207, *Systems and Software Engineering—Software Life Cycle Processes,* 2nd ed. (Geneva, Switzerland: International Standard, February 2008).

4. SAE ARP4754, *Certification Considerations for Highly-Integrated or Complex Aircraft Systems* (Warrendale, PA: SAE Aerospace, November 1996).

5. Electronic Architecture and System Engineering for Integrated Safety Systems (EASIS) Consortium, *Guidelines for Establishing Dependability Requirements and Performing Hazard Analysis,* Deliverable D3.2 Part 1 (Version 2.0, November 2006).

第3章

1. SAE ARP4754A, *Guidelines for Development of Civil Aircraft and Systems* (Warrendale, PA: SAE Aerospace, December 2010).

2. SAE ARP4761, *Guidelines and Methods for Conducting the Safety Assessment Process on Civil Airborne Systems and Equipment* (Warrendale, PA: SAE Aerospace, December 1996).

3. J. P. Bowen and M. G. Hinchey, Ten commandments of formal methods... Ten years later, *IEEE Computer,* January 2006,40-48.

第4章

1. RTCA DO-178C, *Software Considerations in Airborne Systems and Equipment Certification* (Washington, DC: RTCA, Inc., December 2011).

2. RTCA DO-248C, *Supporting Information for DO-178C and DO-278A* (Washington, DC: RTCA, Inc., December 2011).

3. RTCA DO-331, *Model-Based Development and Verification Supplement to DO-178C and DO-278A* (Washington, DC: RTCA, Inc., December 2011).

4. RTCA DO-332, *Object-Oriented Technology and Related Techniques Supplement to DO-178C and DO-278A* (Washington, DC: RTCA, Inc., December 2011).

5. RTCA DO-333, *Formal Methods Supplement to DO-178C and DO-278A* (Washington, DC: RTCA, Inc., December 2011).

6. RTCA DO-278A, *Guidelines for Communications, Navigation, Surveillance, and Air Traffic Management (CNS/ATM) Systems Software Integrity Assurance* (Washington, DC: RTCA, Inc., December 2011).

第5章

1. RTCA DO-178C, *Software Considerations in Airborne Systems and Equipment Certification* (Washington, DC: RTCA, Inc., December 2011).

2. Federal Aviation Administration, *Software Approval Guidelines,* Order 8110.49 (Change 1, September 2011).

3. European Aviation Safety Agency, *Software Aspects of Certification,* Certification Memorandum CM-SWCEH-002 (Issue 1, August 2011).

第6章

1. N. Leveson, *Software: System Safety and Computers* (Reading, MA: Addison-Wesley, 1995).

2. IEEE, *IEEE Standard Glossary of Software Engineering Terminology,* IEEE Std-610-1990 (Los Alamitos, CA: IEEE Computer Society Press, 1990).

3. RTCA DO-178C, *Software Considerations in Airborne Systems and Equipment Certification* (Washington, DC: RTCA, Inc., December 2011).

4. K. E. Wiegers, *Software Requirements,* 2nd ed. (Redmond, WA: Microsoft Press, 2003).

5. D. Leffingwell, Calculating the return on investment from more effective requirements, *American Programmer* 10(4), 13-16, 1997.

6. Standish Group Study (1995) referenced in I. F. Alexander and R. Stevens, *Writing Better Requirements* (Harlow, U.K.: Addison-Wesley, 2002).

7. D. L. Lempia and S. P. Miller, *Requirements Engineering Management Findings Report,* DOT/FAA/AR-08/34 (Washington, DC: Office of Aviation Research, June 2009).

8. SearchSoftwareQuality.com, Software quality resources, http://searchsoft-warequality.techtarget.com/definition/use-case (accessed on 5/1/2012).

9. K. E. Wiegers, *More about Software Requirements* (Redmond, WA: Microsoft Press, 2006).

10. RTCADO-248C, *Supporting Information for DO-178C and DO-278A* (Washington, DC: RTCA, Inc., December 2011).

11. Certification Authorities Software Team (CAST), Merging high-level and low-level requirements, Position Paper CAST-15 (February 2003).

12. A. M. Davis, *Software Requirements* (Upper Saddle River, NJ: Prentice-Hall, 1993).

13. D. L. Lempia and S. P. Miller, *Requirements Engineering Management Handbook,* DOT/FAA/AR-08/32 (Washington, DC: Office of Aviation Research, June 2009).

第7章

1. RTCA DO-178C, *Software Considerations in Airborne Systems and Equipment Certification* (Washington, DC: RTCA, Inc., December 2011).

2. R. S. Pressman, *Software Engineering: A Practitioner's Approach,* 7th ed. (New York: McGraw-Hill, 2010).

3. RTCA DO-248C, *Supporting Information for DO-178C and DO-278A* (Washington, DC: RTCA, Inc., December 2011).

4. K. Shumate and M. Keller, *Software Specification and Design: A Disciplined Approach for Real-Time Systems* (New York: John Wiley & Sons, 1992).

5. M. Page-Jones, *The Practical Guide to Structured Systems Design* (New York: Yourdon Press, 1980).

6. J. Cooling, *Software Engineering for Real-Time Systems* (Harlow, U.K.: Addison-Wesley, 2003).

7. H. V. Vliet, *Software Engineering: Principles and Practice,* 3rd ed. (Chichester, U.K.: Wiley, 2008).

8. E. Yourdon and L. Constantine, *Structured Design: Fundamentals of a Discipline of Computer Program and Systems Design* (New York: Yourdon Press, 1975).

9. S. Paasch, Software coupling, presentation at *Federal Aviation Administration Designated Engineering Representative Conference* (Long Beach, CA: September 1998).

10. C. Kaner, J. Bach, and B. Pettichord, *Lessons Learned in Software Testing* (New York: John Wiley & Sons, 2002).

第8章

1. RTCA DO-178C, *Software Considerations in Airborne Systems and Equipment Certification* (Washington, DC: RTCA, Inc., December 2011).

2. Wikipedia, Assembly language, http://en.wikipedia.org/wiki/Assembly_language (accessed on January 2011).

3. J. Cooling, *Software Engineering for Real-Time Systems* (Harlow, U.K.: Addison-Wesley, 2003).

4. Wikipedia, Ada programming language, http://en.wikipedia.org/wiki/Ada_(programming_language) (accessed on January 2011).

5. Wikipedia, C programming language, http://en.wikipedia.org/wiki/C_(programming_language) (accessed on January 2011).

6. S. McConnell, *Code Complete,* 2nd ed. (Redmond, WA: Microsoft Press, 2004).

7. The Motor Industry Software Reliability Association (MISRA), *Guidelines for the Use of the C Language in Critical Systems,* MISRA-C:2004 (Warwickshire, U.K.: MISRA, October 2004).

8. A. Hunt and D. Thomas, *The Pragmatic Programmer* (Reading, MA: Addison-Wesley, 2000).

9. C. M. Krishna and K. G. Shin, *Real-Time Systems* (New York: McGraw-Hill, 1997).

10. C. Jones, *Software Assessments, Benchmarks, and Best Practices* (Reading, MA: Addison-Wesley, 2000).

11. RTCA DO-248C, *Supporting Information for DO-178C and DO-278A* (Washington, DC: RTCA, Inc., December 2011).

12. G. J. Myers, *The Art of Software Testing* (New York: John Wiley & Sons, 1979).

13. C. Kaner, J. Falk, and H. Q. Nguyen, *Testing Computer Software,* 2nd ed. (New York: John Wiley & Sons, 1999).

14. Certification Authorities Software Team (CAST), Compiler-supplied libraries, Position Paper CAST-21 (January 2004, Rev. 2).

15. Aeronautical Radio, Inc., Software data loader using ethernet interface, ARINC REPORT 615A-3 (Annapolis, MD: Airlines Electronic Engineering Committee, June 2007).

第9章

1. RTCA DO-178C, *Software Considerations in Airborne Systems and Equipment Certification* (Washington, DC: RTCA, Inc., December 2011).

2. Certification Authorities Software Team (CAST), Verification independence, Position Paper CAST-26 (January 2006, Rev. 0).

3. RTCA DO-248C, *Supporting Information for DO-178C and DO-278A* (Washington, DC: RTCA, Inc., December 2011).

4. RTCA DO-254, *Design Assurance Guidance for Airborne Electronic Hardware* (Washington, DC: RTCA, Inc., April 2000).

5. Certification Authorities Software Team (CAST), Addressing cache in airborne systems and equipment, Position Paper CAST-20 (June 2003, Rev. 1).

6. C. Kaner, J. Bach, and B. Pettichord, *Lessons Learned in Software Testing* (New York: John Wiley & Sons, 2002).

7. G. J. Myers, *The Art of Software Testing* (New York: John Wiley & Sons, 1979).

8. E. Kit, *Software Testing in the Real World* (Harlow, England, U.K.: ACM Press, 1995).

9. A. Page, K. Johnston, and B. Rollison, *How We Test Software at Microsoft* (Redmond, WA: Microsoft Press, 2009).

10. C. Kaner, J. Falk, and H. Q. Nguyen, *Testing Computer Software,* 2nd ed. (New York: John Wiley & Sons, 1999).

11. J. A. Whittaker, *How to Break Software: A Practical Guide to Testing* (Boston, MA: Addison-Wesley, 2003).

12. R. S. Pressman, *Software Engineering: A Practitioner's Approach,* 7th ed. (New York: McGraw-Hill, 2010).

13. K. J. Hayhurst, D. S. Veerhusen, J. J. Chilenski, and L. K. Rierson, *A Practical Tutorial on Modified Condition/Decision Coverage,* NASA/TM-2001-210876 (Hampton, VA: Langley Research Center, May 2001).

14. Certification Authorities Software Team (CAST), Structural coverage of object code, Position Paper CAST-17 (June 2003, Rev. 3).

15. Certification Authorities Software Team (CAST), Guidelines for approving source code to object code traceability, Position Paper CAST-12 (December 2002).

16. Certification Authorities Software Team (CAST), Clarification of structural coverage analyses of data coupling and control coupling, Position Paper CAST-19 (January 2004, Rev. 2).

17. V. Santhanam, J. J. Chilenski, R. Waldrop, T. Leavitt, and K. J. Hayhurst, *Software Verification Tools Assessment Study,* DOT/FAA/AR-06/54 (Washington, DC: Office of Aviation Research, June 2007).

第10章

1. W. A. Babich, *Software Configuration Management* (Chichester, U.K.: John Wiley & Sons, 1991).

2. A. Leon, *Software Configuration Management Handbook,* 2nd ed. (Norwood, MA: Artech House, 2005).

3. A. Lager, The evolution of configuration management standards, *Logistics Spectrum,* Huntsville, AL, January-March 2002.

4. R. S. Pressman, *Software Engineering: A Practitioner's Approach,* 7th ed. (New York: McGraw-Hill, 2010).

5. RTCA DO-178C, *Software Considerations in Airborne Systems and Equipment Certification* (Washington, DC: RTCA, Inc., December 2011).

6. A. M. J. Haas, *Configuration Management Principles and Practice* (Boston, MA: Addison-Wesley, 2003).

7. IEEE, *IEEE Standard Glossary of Software Engineering Terminology,* IEEE Std-610-1990 (Los Alamitos, CA: IEEE Computer Society Press, 1990).

8. B. Aiello and L. Sachs, *Configuration Management Best Practices* (Boston, MA: Addison-Wesley, 2011).

9. J. Keyes, *Software Configuration Management* (Boca Raton, PL: CRC Press, 2004).

10. Federal Aviation Administration, *Software Approval Guidelines,* Order 8110.49 (Change 1, September 2011).

11. European Aviation Safety Agency, *Software Aspects of Certification,* Certification Memorandum CM-SWCEH-002 (Issue 1, August 2011).

12. L. Rierson, A systematic process for changing safety-critical software, *IEEE Digital Avionics Systems Conference* (Philadelphia, PA: 2000).

第11章

1. *The American Heritage Dictionary of the English Language,* 4th ed. (Boston, MA: Houghton Mifflin Company, 2009).

2. R. S. Pressman, *Software Engineering: A Practitioner's Approach,* 7th ed. (New York: McGraw-Hill, 2010).

3. E. R. Baker and M. J. Fisher, Chapter 1—Organizing for quality management, in *Software Quality Assurance Handbook,* 4th ed., G. Gordon Schulmeyer, Ed. (Norwood, MA: Artech House, 2008), pp. 1-34.

4. ISO/IEC 9126, *Software Engineering—Product Quality Int'l Standard* (International Standard, 2003).

5. H. Van Vliet, *Software Engineering: Principles and Practice,* 3rd ed. (Chichester, U.K.: Wiley, 2008).

6. W. E. Lewis, *Software Testing and Continuous Quality Improvement,* 2nd ed. (Boca Raton, FL: CRC Press, 2005).

7. DO-178C, *Software Considerations in Airborne Systems and Equipment Certification* (Washington, DC: RTCA, Inc., December 2011).

8. G. Gordon Schulmeyer, Chapter 2—Software quality lessons learned from the quality experts, in *Software Quality Assurance Handbook,* 4th ed., G. Gordon Schulmeyer, Ed. (Norwood, MA: Artech House, 2008), pp. 35-62.

9. Software Engineering Standards Committee of the IEEE Computer Society, *IEEE Standard for Software Quality Assurance Plans,* IEEE Std 730-2002 (New York: IEEE, 2002).

10. J. Meagher and G. Gordon Schulmeyer, Chapter 13—Development quality assurance, in *Software Quality Assurance Handbook,* 4th ed., G. Gordon Schulmeyer, Ed. (Norwood, MA: Artech House, 2008), pp. 311-330.

第12章

1. RTCA DO-178C, *Software Considerations in Airborne Systems and Equipment Certification* (Washington, DC: RTCA, Inc., December 2011).

2. Federal Aviation Administration, *Software Approval Guidelines,* Order 8110.49 (Change 1, September 2011).

3. European Aviation Safety Agency, *Software Aspects of Certification,* Certification Memorandum CM-SWCEH-002 (Issue 1, August 2011).

4. Federal Aviation Administration, *Conducting Software Reviews Prior to Certification,* Aircraft Certification Service (Rev. 1, January 2004).

5. W. Struck, Software maturity, presentation at 2009 *Federal Aviation Administration National Software and Complex Electronic Hardware Conference* (San Jose, CA, August 2009).

第13章

1. RTCA DO-330, *Software Tool Qualification Considerations* (Washington, DC: RTCA, Inc., December 2011).

2. RTCA DO-178C, *Software Considerations in Airborne Systems and Equipment Certification* (Washington, DC: RTCA, Inc., December 2011).

3. RTCA/DO-254, *Design Assurance Guidance for Airborne Electronic Hardware* (Washington, DC: RTCA, Inc., April 2000).

4. RTCA/DO-200A, *Standards for Processing Aeronautical Data* (Washington, DC: RTCA, Inc., September 1998).

5. RTCA/DO-178B, *Software Considerations in Airborne Systems and Equipment Certification* (Washington, DC: RTCA, Inc., December 1992).

6. Federal Aviation Administration, *Software Approval Guidelines,* Order 8110.49 (Change 1, September 2011).

第14章

1. RTCA DO-331, *Model-Based Development and Verification Supplement to DO-178C and DO-278A* (Washington, DC: RTCA, Inc., December 2011).

2. S. R Miller, Proving the shalls: Requirements, proofs, and model-based development, *Federal Aviation Administration 2005 Software and Complex Electronic Hardware Conference* (Norfolk, VA, 2005).

3. B. Dion, Efficient development of airborne software using model-based development, 2004 *FAA Software Tools Forum* (Daytona, FL, May 2004).

4. M. Heimdahl, Safety and software intensive systems: Challenges old and new, *Future of Software Engineering Conference* (Minneapolis, MN, 2007).

第15章

1. Federal Aviation Administration, *Handbook for Object-Oriented Technology in Aviation (OOTiA),* Vol. 1 (October 2004).

2. ANSI/IEEE Standard, *Glossary of Software Engineering Terminology* (1983).

3. RTCA DO-332, *Object-Oriented Technology and Related Techniques Supplement to DO-178C and DO-278A* (Washington, DC: RTCA, Inc., December 2011).

4. Aerospace Vehicle Systems Institute, *Guide to the Certification of Systems with Embedded Object-Oriented Software* (2001).

5. Federal Aviation Administration, *Handbook for Object-Oriented Technology in Aviation (OOTiA),* Vols. 1-4 (October 2004).

6. J. J. Chilenski, T. C. Timberlake, and J. M. Masalskis, *Issues Concerning the Structural Coverage of Object-Oriented Software,* DOT/FAA/AR-02/113 (Washington, DC: Office of Aviation Research, November 2002).

7. J. J. Chilenski and J. L. Kurtz, *Object-Oriented Technology Verification Phase 2 Report—Data Coupling and Control Coupling,* DOT/FAA/AR-07/52 (Washington, DC: Office of Aviation Research, August 2007).

8. J. J. Chilenski and J. L. Kurtz, *Object-Oriented Technology Verification Phase 2 Handbook—Data Coupling and Control Coupling,* DOT/FAA/AR-07/19(Washington, DC: Office of Aviation Research, August 2007).

9. J. J. Chilenski and J. L. Kurtz, *Object-Oriented Technology Verification Phase 3 Report—Structural Coverage at the Source-Code and Object-Code Levels,* DOT/FAA/AR-07/20 (Washington, DC: Office of Aviation Research, August 2007).

10. J. J. Chilenski and J. L. Kurtz, *Object-Oriented Technology Verification Phase 3 Handbook—Structural Coverage at the Source-Code and Object-Code Levels,* DOT/FAA/AR-07/17 (Washington, DC: Office of Aviation Research, June 2007).

第16章

1. R. W. Butler, V. A. Carreno, B. L. Di Vito, K. J. Hayhurst, C. M. Holloway, J. M. Maddalon, P. S. Miner, C. Munoz, A. Geser, and H. Gottliebsen, NASA Langley's research and technology-transfer program in formal methods (Hampton, VA: NASA Langley Research Center, May 2002).

2. D. Jackson, M. Thomas, and L. I. Millett, *Software for Dependable Systems: Sufficient Evidence?* (Washington, DC: Committee on Certifiably Dependable Software Systems, National Research Council, 2007).

3. J. Rushby, Formal methods and the certification of critical systems, Technical Report CSL-93-7 (Menlo Park, CA: SRI International, December 1993).

4. RTCA DO-333, *Formal Methods Supplement to DO-178C and DO-278A* (Washington, DC: RTCA, Inc., December 2011).

5. J. P. Bowen and M. G. Hinchey, Ten commandments of formal methods... Ten years later, *IEEE Computer* January, 40-48, 2006.

6. RTCA DO-248C, *Supporting Information for DO-178C and DO-278A* (Washington,DC: RTCA, Inc., December 2011).

7. D. Brown, H. Delseny, K. Hayhurst, and V. Wiels, Guidance for using formal methods in a certification context, *ERTS Toulouse Conference* (Toulouse, Prance, May 2010).

8. RTCA DO-178C, *Software Considerations in Airborne Systems and Equipment Certification* (Washington, DC: RTCA, Inc., December 2011).

第17章

1. RTCA DO-178C, *Software Considerations in Airborne Systems and Equipment Certification* (Washington, DC: RTCA, Inc., December 2011).

第18章

1. RTCA DO-178C, *Software Considerations in Airborne Systems and Equipment Certification* (Washington, DC: RTCA, Inc., December 2011).

2. Federal Aviation Administration, *Software Approval Guidelines,* Order 8110.49 (Washington, DC: Federal Aviation Administration, Change 1, September 2011).

3. Aeronautical Radio, Inc., Software data loader using ethernet interface, ARINC REPORT 615A-3 (Annapolis, MD: Airlines Electronic Engineering Committee, June 2007).

4. Aeronautical Radio, Inc., Portable multi-purpose access terminal (PMAT), ARINC REPORT 644A (Annapolis, MD: Airlines Electronic Engineering Committee, August 1996).

第19章

1. RTCA DO-178C, *Software Considerations in Airborne Systems and Equipment Certification* (Washington, DC: RTCA, Inc., December 2011).

2. Aeronautical Radio, Inc., Guidance for the management of field loadable software, ARINC Report 667-1 (Annapolis, MD: Airlines Electronic Engineering Committee, November 2010).

3. Federal Aviation Administration, *Software Approval Guidelines,* Order 8110.49 (Washington, DC: Federal Aviation Administration, Change 1, September 2011).

4. European Aviation Safety Agency, Software aspects of certification, Certification Memorandum CM-SWCEH-002 (Issue 1, August 2011).

5. RTCA DO-248C, *Supporting Information for DO-178C and DO-278A* (Washington, DC: RTCA, Inc., December 2011).

第20章

1. H. M. Deitel, *Operating Systems,* 2nd ed. (Reading, MA: Addison-Wesley, 1990).

2. W. Stallings, *Operating Systems Internals and Principles,* 3rd ed. (Upper Saddle River, NJ: Prentice Hail, 1998).

3. Aeronautical Radio, Inc., Avionics application software standard interface part 1—Required services, ARINC Specification 653P1-3 (Annapolis, MD: Airlines Electronic Engineering Committee, November 2010).

4. J. Cooling, *Software Engineering for Real-Time Systems* (Harlow, U. K.: Addison-Wesley, 2003).

5. I. Bate and P. Conmy, Safe composition of real time software, *Proceedings of the Ninth IEEE International Symposium on High-Assurance Systems Engineering* (Dallas, TX, 2005).

6. B. L. Di Vito, A formal model of partitioning for integrated modular avionics, NASA/CR-1998-208703 (Hampton, VA: Langley Research Center, August 1998).

7. E. Klein, RTOS design: How is your application affected? *Embedded Systems Conference* (San Jose, CA, Spring 1999).

8. S. Goiffon and P. Gaufillet, Linux: A multi-purpose executive support for civil avionics applications? *IFIP—International Federation for Information Processing,* 156, 719-724, 2004.

9. J. Krodel, Commercial off-the-shelf real-time operating system and architectural considerations, DOT/FAA/AR-03/77 (Washington, DC: Office of Aviation Research, February 2004).

10. K. Driscoll, Integrated modular avionics (IMA) requirements and development, *Integrated Modular Avionics Conference for the European Network of Excellence on Embedded Systems* (Rome, Italy, 2007).

11. RTCA DO-297, *Integrated Modular Avionics (IMA) Development Guidance and Certification Considerations* (Washington, DC: RTCA, Inc., November 2005).

12. J. Krodel and G. Romanski, Real-time operating systems and component integration considerations in integrated modular avionics systems report, DOT/FAA/AR-07/39 (Washington, DC: Office of Aviation Research, August 2007).

13. P. J. Prisaznuk, ARINC 653 role in integrated modular avionics (IMA), *IEEE Digital Avionics Systems Conference* (St. Paul, MN, 2008), pp. 1.E.5-1-1.E.5-10.

14. D. Kleidermacher and M. Griglock, Safety-critical operating systems, *Embedded Systems Programming* 14(10), 22-36, September 2001.

15. W. Lamie and J. Carbone, Measure your RTOS's real-time performance, *Embedded Systems Design* 20(5), 44-53, May 2007.

16. R. G. Landman, Selecting a real-time operating system, *Embedded Systems Programming* 79-96, April 1996.

17. N. Lethaby, Reduce RTOS latency in interrupt-intensive apps, *Embedded Systems Design* 23-27, June 2009.

18. G. Garcia, Choose an RTOS, *Embedded Systems Design* 36-41, November 2007.

19. IAR Systems, How to choose an RTOS, *Embedded Systems Conference* (San Jose, CA, 2011), pp. 1-22.

20. G. Romanski, Certification of an operating system as a reusable component, *IEEE Digital Avionics Systems Conference* (Irvine, CA, 2002), pp. 1-8.

21. S. Ferzetti, Real time operating systems (RTOS), on-line tutorial. http://www.slidefinder.net/r/real_time_operating_systems_rtos/realtimeoperatingsys-tems/26947789 (accessed December 2011).

22. P. Laplante, *Real-Time Systems Design and Analysis: An Engineer's Handbook* (New York: IEEE Press, 1992).

23. K. Renwick and B. Renwick, How to use priority inheritance, *EE Times,* article #4024970, May 2004. http://www.eetimes.com/General/PrintView/4024970 (accessed December 2011).

24. C. Z. Yang, Embedded RTOS memory management, YZUCSE SYSLAB tutorial. http://syslab.cse.yzu.edu.tw/~czyang (accessed December 2011).

25. F. M. Proctor and W. P. Shackleford, Real-time operating system timing jitter and its impact on motor control, *Proceedings of the SPIE Sensors and Controls for Intelligent Manufacturing II* (Boston, MA, October 2011), Vol. 4563, pp. 10-16.

26. V. Halwan and J. Krodel, Study of commercial off-the-shelf (COTS) real-time operating systems (RTOS) in aviation applications, DOT/FAA/AR-02/118 (Washington, DC: Office of Aviation Research, December 2002).

27. Federal Aviation Administration, *Reusable Software Components*, Advisory Circular 20-148 (December 2004).

28. Aeronautical Radio, Inc., Avionics application software standard interface part 2—Extended services, ARINC Specification 653P2-1 (Annapolis, MD: Airlines Electronic Engineering Committee, December 2008).

29. Á. Horváth, D. Varró, and T. Schoofs, Model-driven development of ARINC 653 configuration tables, *IEEE Digital Avionics Systems Conference* (Salt Lake City, UT, 2010), 6.E.3-1-6. E.3-15.

30. G. Heiser, Virtualizing embedded Linux, *Embedded Systems Design* 18-26, February 2008.

第21章

1. Certification Authorities Software Team (CAST), Guidelines for assessing software partitioning/protection schemes, Position Paper CAST-2 (February 2001).

2. RTCA DO-178C, *Software Considerations in Airborne Systems and Equipment Certification* (Washington, DC: RTCA, Inc., December 2011).

3. RTCA DO-297, *Integrated Modular Avionics (IMA) Development Guidance and Certification Considerations* (Washington, DC: RTCA, Inc., November 2005).

4. J. Rushby, Partitioning in avionics architectures: Requirements, mechanisms, and assurance, DOT/FAA/AR-99/58 (Washington, DC: Office of Aviation Research, March 2000). Also published as NASA/CR-1999-209347 (Hampton, VA: Langley Research Center, March 2000).

5. B. L. Di Vito, A formal model of partitioning for integrated modular avionics, NASA/CR-1998-208703 (Hampton, VA: Langley Research Center, August 1998).

6. K. Driscoll, Integrated modular avionics (IMA) requirements and development, *Integrated Modular Avionics Conference for the European Network of Excellence on Embedded Systems* (Rome, Italy, 2007), p. 440.

7. S. H. VanderLeest, ARINC 653 hypervisor, *IEEE Digital Avionics Systems Conference* (Salt Lake City, UT, 2010), pp. 5.E.2-1–5.E.2-20.

8. J. Krodel and G. Romanski, Real-time operating systems and component integration considerations in integrated modular avionics systems report, DOT/FAA/AR-07/39 (Hampton, VA: Langley Research Center, August 2007).

9. V. Halwan and J. Krodel, Study of commercial off-the-shelf (COTS) real-time operating systems (RTOS) in aviation applications, DOT/FAA/AR-02/118 (Washington, DC: Office of Aviation Research, December 2002).

10. J. Littlefield-Lawwill and L. Kinnan, System considerations for robust time and space partitioning in integrated modular avionics, *IEEE Digital Avionics Systems Conference* (Orlando, FL, October 2008).

11. J. Krodel, Commercial off-the-shelf real-time operating system and architectural considerations, DOT/FAA/AR-03/77 (Washington, DC: Office of Aviation Research, February 2004).

12. RTCA DO-248C, *Supporting Information for DO-178C and DO-278A* (Washington, DC: RTCA, Inc., December 2011).

13. J. Krodel and G. Romanski, *Handbook for Real-Time Operating Systems Integration and Component Integration Considerations in Integrated Modular Avionics Systems,* DOT/FAA/AR-07/48 (Washington, DC: Office of Aviation Research, January 2008).

第22章

1. European Aviation Safety Agency, Software aspects of certification, Certification Memorandum CM-SWCEH-002 (Issue 1, August 2011).

2. Federal Aviation Administration, *Software Approval Guidelines,* Order 8110.49 (Change 1, September 2011).

3. RTCA DO-178C, *Software Considerations in Airborne Systems and Equipment Certification* (Washington, DC: RTCA, Inc., December 2011).

4. RTCA DO-248C, *Supporting Information for DO-178C and DO-278A* (Washington, DC: RTCA, Inc., December 2011).

第23章

1. RTCA/DO-200A, *Standards for Processing Aeronautical Data* (Washington, DC: RTCA, Inc., September 1998).

2. Federal Aviation Administration, *Acceptance of Aeronautical Data Processes and Associated Databases,* Advisory Circular 20-153A (September 2010).

3. RTCA/DO-201A, *Standards for Aeronautical Information* (Washington, DC: RTCA, Inc., April 2000).

4. RTCA DO-272B, *User Requirements for Aerodrome Mapping Information* (Washington, DC: RTCA, Inc., April 2009).

5. RTCA DO-276A, *User Requirements for Terrain and Obstacle Data* (Washington, DC: RTCA, Inc., August 2005).

6. Federal Aviation Administration, *How to Evaluate and Accept Processes for Aeronautical Database Suppliers,* Order 8110.55A (November 2011).

7. RTCA DO-236B, *Minimum Aviation System Performance Standards: Required Navigation Performance for Area Navigation* (Washington, DC: RTCA, Inc., October 2003).

8. RTCA DO-272C, *User Requirements for Aerodrome Mapping Information* (Washington, DC: RTCA, Inc., September 2011).

9. RTCA DO-291B, *Interchange Standards for Terrain, Obstacle, and Aerodrome Mapping Data* (Washington, DC: RTCA, Inc., September 2011).

10. C. Pschierer, J. Kasten, J. Schiefele, H. Lepori, P. Bruneaux, A. Bourdais, and R. Andreae, ARINC 424A—A next generation navigation database specification, *IEEE Digital Avionics Systems Conference* (Orlando, FL, 2009), 4.D.2-1-4.D.2.10.

11. Aeronautical Radio, Inc., Navigation system database, ARINC Specification 424-19 (Annapolis, MD: Airlines Electronic Engineering Committee, December 2008).

12. C. Pschierer and J. Schiefele, Open standards for airport databases—ARINC 816, IEEE *Digital Avionics Systems Conference* (Dallas, TX, 2007), 2.B.6-1-2.B.6-8.

13. Aeronautical Radio, Inc., Embedded interchange format for airport mapping database, ARINC Specification 816-1 (Annapolis, MD: Airlines Electronic Engineering Committee, November 2007).

第24章

1. R. Reihl, Can software be safe?—An ADA viewpoint. *Embedded Systems Programming* December 1997.

2. N. Leyeson, *Software: System Safety and Computers* (Reading, MA: Addison-Wesley, 1995).

3. RTCA DO-178C, *Software Considerations in Airborne Systems and Equipment Certification* (Washington, DC: RTCA, Inc., December 2011).

4. A. Lattanze, A component-based construction framework for DoD software systems development, *CrossTalk* November 1997.

5. S. McConnell, *Rapid Development* (Redmond, WA: Microsoft Press, 1996).

6. B. Meyer, Rules for component builders, *Software Development* 7(5), 26-30, May 1999.

7. J. Sodhi and P. Sodhi, *Software Reuse: Domain Analysis and Design Process* (New York: McGraw-Hill, 1999).

8. RTCA DO-297, *Integrated Modular Avionics (IMA) Development Guidance and Certification Considerations* (Washington, DC: RTCA, Inc., November 2005).

9. A. Rhodes, Component based development for embedded systems, *Embedded Systems Conference* (San Jose, CA, Spring 1999), Paper #313.

10. J. D. Mooney, Portability and reuse: Common issues and differences, Report TR 94-2 (Morgantown, WV: West Virginia University, June 1994).

11. J. D. Mooney, Issues in the specification and measurement of software portability, Report TR 93-6 (Morgantown, WV: West Virginia University, May 1993).

12. Federal Aviation Administration, *Reusable Software Components,* Advisory Circular 20-148 (Washington, DC: Federal Aviation Administration, December 2004).

13. D. Allemang, Design rationale and reuse, *IEEE Software Reuse Conference* (Orlando, FL, 1996).

14. RTCA DO-278A, *Guidelines for Communications, Navigation, Surveillance, and Air Traffic Management* (CNS/ATM) systems software integrity assurance (Washington, DC: RTCA, Inc., December 2011).

15. U. D. Ferrell and T. K. Ferrell, Software service history report, DOT/FAA/AR-01/125 (Washington, DC: Office of Aviation Research, January 2002).

16. U. D. Ferrell and T. K. Ferrell, *Software Service History Handbook,* DOT/FAA/AR-01/116 (Washington, DC: Office of Aviation Research, January 2002).

17. RTCA DO-248C, *Supporting Information for DO-178C and DO-278A* (Washington, DC: RTCA, Inc., December 2011).

18. Federal Aviation Administration, *Software Approval Guidelines,* Order 8110.49 (Washington, DC: Federal Aviation Administration, Change 1, September 2011).

第25章

1. RTCA DO-178C, *Software Considerations in Airborne Systems and Equipment Certification* (Washington, DC: RTCA, Inc., December 2011).
2. R. S. Pressman, *Software Engineering: A Practitioner's Approach,* 4ed. (New York:McGraw-Hill, 1997).
3. Certification Authorities Software Team (CAST), Reverse engineering in certification projects, Position Paper CAST-18 (June 2003, Rev. 1).
4. G. Romanski, M. DeWalt, D. Daniels, and M. Bryan, Reverse engineering software and digital systems, Draft report to be published by FAA/DOT Office of Aviation Research (Washington, DC, October 2011).
5. L. Rierson and B. Lingberg, Reverse engineering of software life cycle data in certification projects, *IEEE Digital Avionics Systems Conference* (Indianapolis, IN, 2003).
6. C. Dorsey, Reverse engineering within a DO-178B framework, *Federal Aviation Administration National Software Conference* (Danvers, MA, 2001).

第26章

1. M. J. Powers, K. C. Desouza, and C. Bonifazi, *The Outsourcing Handbook: How to Implement a Successful Outsourcing Process* (Philadelphia, PA: Kogan Page, 2006).
2. Federal Aviation Administration, *Software Approval Guidelines,* Order 8110.49 (Washington, DC: Federal Aviation Administration, Change 1, September 2011).
3. S. Mezak, *Software Without Borders* (Los Altos, CA: Earthrise Press, 2006).
4. J. Rothman, 11 steps to successful outsourcing: A Contrarian's view, *Computer World* (article #84847, 2003). http://www.computerworld.com/s/article/84847/ll_Steps_to_Successful_Outsourcing_A_Contrarian_s_View (accessed August 2011).

附录B

1. V. Halwan and J. Krodel, *Study of Commercial Off-the-shelf (COTS) Real-time Operating Systems (RTOS) in Aviation Applications*, DOT/FAA/AR-02/118 (Washington, DC: Office of Aviation Research, December 2002).

附录C

1. Federal Aviation Administration, *Conducting Software Reviews Prior to Certification*, Aircraft Certification Service (Rev. 1, January 2004).
2. J. Krodel, *Commercial Off-the-shelf Real-time Operating System and Architectural Considerations*, DOT/FAA/AR-03/77 (Washington, DC: Office of Aviation Research, February 2004).

附录D

1. U. D. Derrell and T. K. Ferrell, *Software Service History Handbook*, DOT/FAA/AR-01/116 (Washington, DC: Office of Aviation Research, January 2002).

推 荐 读 物

第6章

1. K. E. Wiegers, *Software Requirements*, 2nd ed. (Redmond, WA: Microsoft Press, 2003). While not written for safety-critical software, this book is an excellent resource for requirements authors.

2. D. L. Lempia and S. P. Miller, *Requirements Engineering Management Handbook*, DOT/FAA/AR-08/32 (Washington, DC: Office of Aviation Research, June 2009). This handbook was sponsored by the FAA and provides valuable guidelines for those writing safety-critical software requirements.

第8章

1. S. McConnell, *Code Complete*, 2nd ed. (Redmond, WA: Microsoft Press, 2004).

2. A. Hunt and D. Thomas, *The Pragmatic Programmer* (Reading, MA: Addison-Wesley, 2000).

3. B. W. Kernighan and R. Pike, *The Practice of Programming* (Reading, MA: Addison-Wesley, 1999).

4. The Motor Industry Software Reliability Association (MISRA), *Guidelines for the Use of the C Language in Critical Systems*, MISRA-C:2004 (Warwickshire, U.K.: MISRA, October 2004).

5. ISO/IEC PDTR 15942, *Guide for the Use of the Ada Programming Language in High Integrity Systems*, http://anubis.dkuug.dk/JTCl/SC22/WG9/documents.htm (July 1999).

6. L. Hattan, *Safer C: Developing Software for High-Integrity and Safety-Critical Systems* (Maidenhead, U.K: McGraw-Hill, 1995).

7. S. Maguire, *Writing Solid Code* (Redmond, WA: Microsoft Press, 1993).

第9章

1. K. J. Hayhurst, D. S. Veerhusen, J. J. Chilenski, and L. K. Rierson, *A Practical Tutorial on Modified Condition/Decision Coverage*, NASA/TM-2001-210876 (Hampton, VA; Langley Research Center, May 2001). This tutorial provides a practical approach to assess aviation software for compliance the DO-178B (and DO-178C) objective for MC/DC (DO-178C Table A-7 objective 5). The tutorial presents a five-step approach to evaluate MC/DC coverage without a coverage tool. The tutorial also addresses factors to consider when selecting and/or qualifying a structural coverage analysis tool. Tips for reviewing MC/DC artifacts and pitfalls common to structural coverage analysis are also discussed.

2. J. J. Chilenski, *An Investigation of Three Forms of the Modified Condition Decision Coverage (MCDC) Criterion*, DOT/FAA/AR-01/18 (Washington, DC; Office of Aviation Research, April 2001). This report compares three forms of MC/DC and provides justification for why MC/DC should be part of the software system development process. The three forms of MC/DC are compared theoretically and empirically for minimum probability of error detection performance and ease of satisfaction.

3. V. Santhanam, J. J. Chilenski, R. Waldrop, T. Leavitt, and K. J. Hayhurst, *Software Verification Tools Assessment Study*, DOT/FAA/AR-06/54 (Washington, DC; Office of Aviation Research, June 2007). This

report documents the investigation of criteria to effectively evaluate structural coverage analysis tools for use on projects intended to comply with DO-178B (and now DO-178C). The research effort proposed a test suite to increase objectivity and uniformity in the application of the structural coverage tool qualification criteria. The prototype test suite identified anomalies in each of the three coverage analysis tools evaluated, demonstrating the potential for a test suite to help evaluate a tool's compatibility with the DO-178B (and now DO-178C) objectives.

4. J. J. Chilenski and J. L. Kurtz, *Object-Oriented Technology Verification Phase 3 Handbook—Structural Coverage at the Source-Code and Object-Code Levels*, DOT/FAA/AR-07/17 (Washington, DC; Office of Aviation Research, June 2007). This handbook provides guidelines for meeting DO-178B (and now DO-178C) structural coverage analysis objectives at the source code versus object code or executable object-code levels when using object-oriented technology (OOT) in commercial aviation. The differences between source code and object code or executable object-code coverage analyses for the object-oriented features and MC/OC are identified. An approach for dealing with the differences is provided for each issue identified. While the focus is OOT, many of the concepts are applicable to non-OOT projects.

5. CAST-17, Structural coverage of object code (Rev 3, June 2003). This paper, written by the international Certification Authorities Software Team (CAST), explains some of the motivations behind structural coverage at the object code or executable object code level and identifies issues to be addressed when using such an approach.

6. J. J. Chilenski and J. L. Kurtz, *Object-Oriented Technology Verification Phase 2 Handbook—Data Coupling and Control Coupling*, DOT/FAA/AR-07/19 (Washington, DC; Office of Aviation Research, August 2007). This handbook provides guidelines for the verification (confirmation) of data coupling and control coupling within OOT in commercial aviation. Coverage of inter-component dependencies is identified as an acceptable measure of integration testing in both non-OOT and OOT software to satisfy DO-1788 (and now DO-178C) Table A-7 objective 8. This approach is known as coupling-based integration testing.

第15章

1. M. Weisfeld, *The Object-Oriented Thought Process* (Indianapolis, IN: SAMS Publishing, 2000): This book provides a simple introduction to OOT fundamentals. It is a good resource for those transitioning from the functional approach to OOT.

2. G. Booch, *Object-Oriented Analysis and Design*, 2nd ed. (Reading, MA: Addison-Wesley, 1994): This book provides a practical introduction to OOT concepts, methods, and applications.

3. B.Webster, *Pitfalls of Object-Oriented Development* (New York: M&T Books, 1995): Although somewhat dated , this book provides a sound overview of the potential problems in OOT development.

4. E. Gamma, R. Helm, R. Johnson, and J. Vlissides, *Design Patterns: Elements of Reusable Object-Oriented Software* (Reading, MA: Addison-Wesley, 1995): Patterns are widely used by the OOT community to address analysis and design problems. This book provides a guide for effective development and use of patterns.

5. B. Meyer, *Object-Oriented Software Construction*, 2nd ed. (Upper Saddle River, NJ: Prentice Hall, 1997): This large book provides good fundamental information for OOT developers.

6. R. V. Binder, *Testing Object-Oriented Systems: Models, Patterns, and Tools* (Reading, MA: Addison-Wesley, 2000): This book addresses OOT testing, which is one of the more difficult aspects of OOT.